分形艺术
Fen Xing Yi Shu

45页

118页

978763228236215>

978763228236215>

178页

251页

61页

268页

45页

227页

249页

126页

126页

245页

132页

133页

136页

131页

138页

134页

Honey

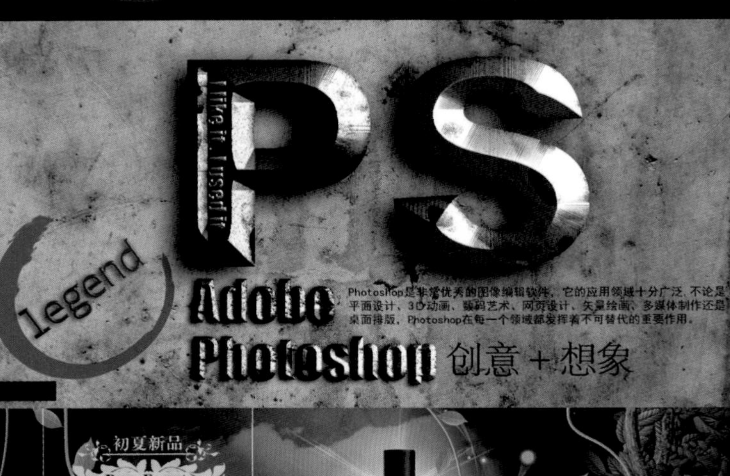

CLEAN AIR

SILENCE

TOLERANCE

1/4UNCONDITIONAL LOVE

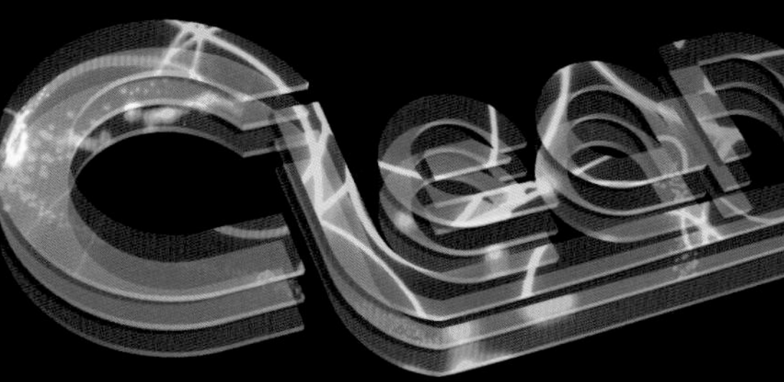

PATH TEXT

199页

40页

38页

112页

255页

110页

89页

58页

274页

71页

31页

119页

144页
172页
150页
147页
162页

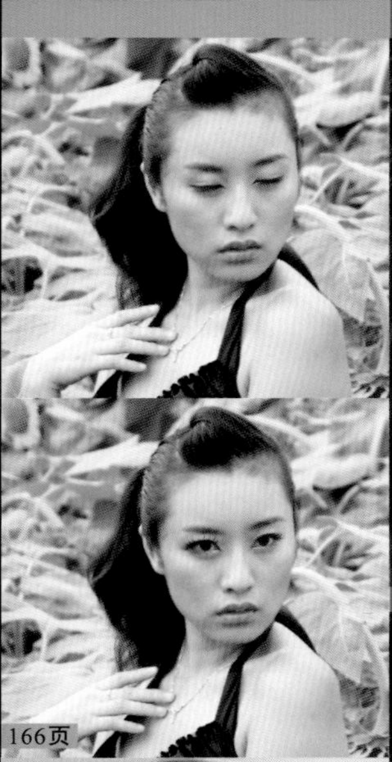

166页

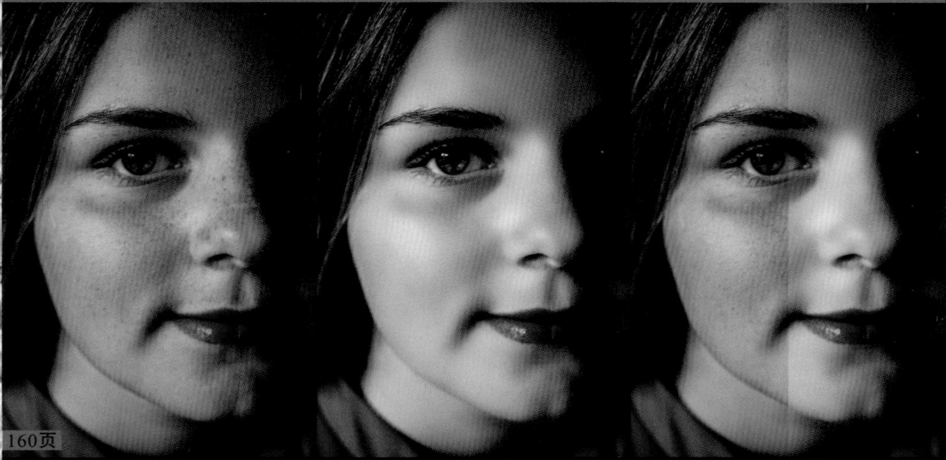

160页

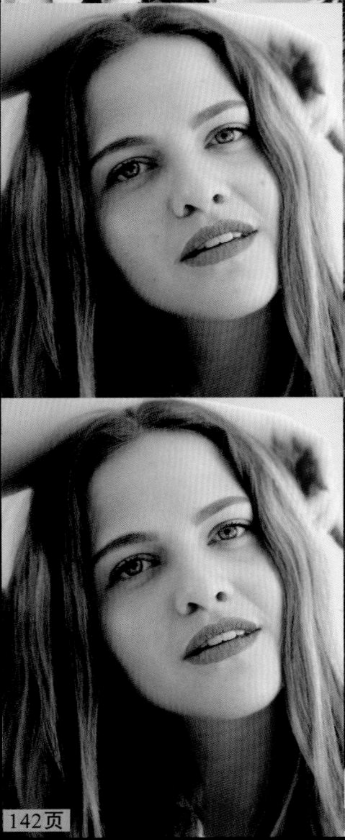

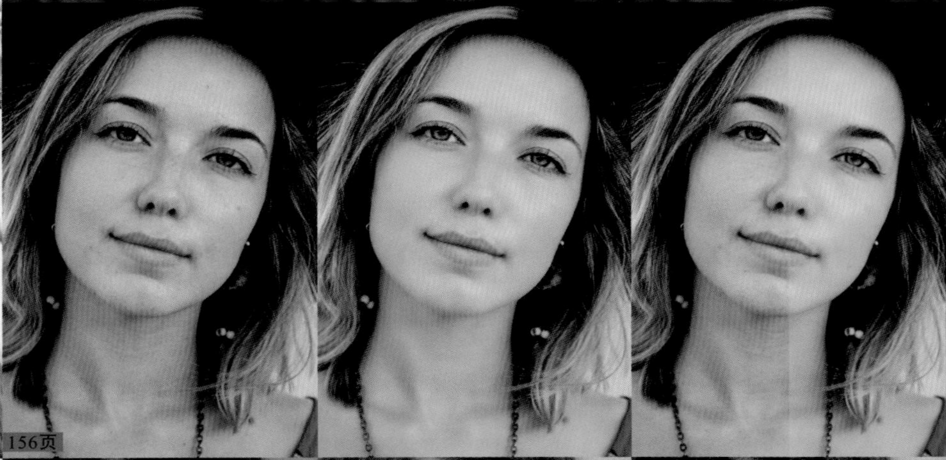

156页

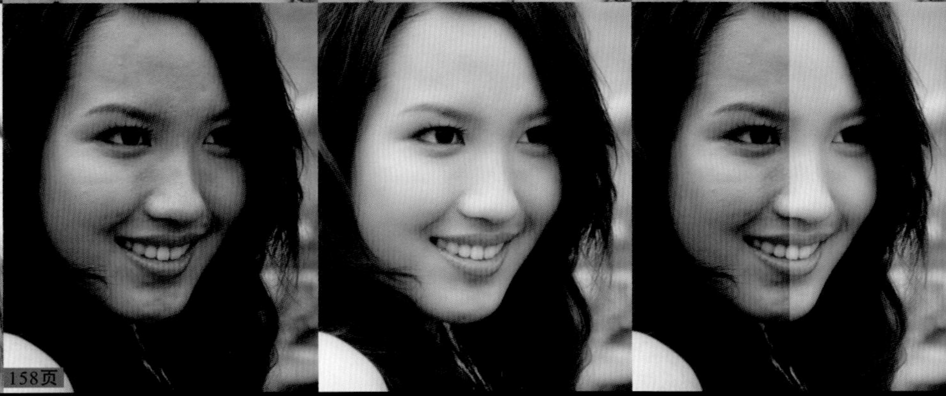

142页

158页

113页
81页
168页
80页
88页
235页
137页
104页
105页
21页
115页
70页
108页
66页
151页

64页
115页
139页
166页
258页
73页
235页
94页
66页
164页

798
78页
79页
JIESHI
洁士
净白在洁士
专业牙齿美白口腔护理
洁士再突破
J5升级版声波级洁齿
264页
首页
洁士系列
口腔护理
店铺活动
SALES
50%
OFF
官方旗舰店限时5折
活动时间8月12日-15日
210页
269页
VANESSA BAI
温妮莎的新年计划
219页
Forest
ICON
LockScreen
瓷
109页
夏季满赠，惊喜换新
NEW
HIGH-HEELED
223页
LOVE
271页
97页
266页
postage stamp
2022
160
179页
184页
50页
190页

零基础 Photoshop 完全自学教程

李金明 李金蓉 编著

人民邮电出版社
北京

图书在版编目（CIP）数据

零基础 Photoshop完全自学教程 / 李金明，李金蓉编著. -- 北京 : 人民邮电出版社，2022.6
ISBN 978-7-115-59223-1

Ⅰ. ①零… Ⅱ. ①李… ②李… Ⅲ. ①图像处理软件－教材 Ⅳ. ①TP391.413

中国版本图书馆CIP数据核字(2022)第074111号

内 容 提 要

本书是百万册畅销书——《中文版Photoshop完全自学教程》的姊妹篇，是专为初学者快速入门定制的实战教程。全书从Photoshop 2022的安装和界面介绍开始讲起，以实战贯穿始终，读者通过动手练习，可以用较短的时间掌握特效制作、图像合成、照片调色、数码照片编辑、人像照片修图、抠图、矢量绘图、文字处理、Web图形编辑等技术。实战和实例类型丰富多彩，涵盖平面广告、UI设计、摄影后期、影楼修图、网店装修、视频和动画、商业插画等工作领域，数量多达198个（实战174+实例24），且全部配有在线教学视频。

本书赠送了大量资源，包括画笔、形状、动作、渐变、图案、样式，总计近千种，以及多个电子文档（可用于学习滤镜、外挂滤镜、Illustrator，以及色彩、图形、创意等设计知识）。

本书适合Photoshop初学者，以及想要从事设计和创意工作的人员使用，同时也适合高等院校相关专业的学生和各类培训班的学员阅读与参考。随书配套的PPT教学课件可在教学课堂上使用。

◆ 编　　著　李金明　李金蓉
责任编辑　张丹丹
责任印制　陈　犇
◆ 人民邮电出版社出版发行　　北京市丰台区成寿寺路 11 号
邮编　100164　　电子邮件　315@ptpress.com.cn
网址　https://www.ptpress.com.cn
北京捷迅佳彩印刷有限公司印刷
◆ 开本：787×1092　1/16　　彩插：4
印张：18　　2022 年 6 月第 1 版
字数：552 千字　　2025 年 3 月北京第 11 次印刷

定价：89.90 元

读者服务热线：(010)81055410　印装质量热线：(010)81055316
反盗版热线：(010)81055315

前言

我是小白，不想听大道理，就想在最短的时间内学会Photoshop，有没有捷径？

所谓捷径，就是少走弯路吧。Photoshop功能体系十分庞大，想在较短的时间内学会它，一是学最主要、最常用的技术，不在非必要功能上浪费时间；二是多做有效练习，在实战中增强能力。本书就是通过实战将各种Photoshop技术贯穿起来的。不敢说本书提供了学习捷径，但书中都是笔者基于多年经验挑选出来的实用性较强的功能及典型的操作方法和技巧，每种方法也讲清了在什么情况下使用，这一点很重要。虽然Photoshop容易上手操作，但很多任务可以用不同的方法完成，这会给初学者带来困扰。例如，仿制图章工具和污点修复画笔工具都能去除面部的色斑、皱纹等瑕疵。用仿制图章工具处理时，细节最完整，但皮肤融合的效果不好控制（见144页“实战：修疤痕”）；污点修复画笔工具修复速度快，皮肤融合效果好，但画笔边缘的图像细节会有所损失。这其中的差别若没有老师点明，单凭自己摸索很难领悟。一些人用不好Photoshop，也与此有关。本书旨在提供更为便捷的方法。

学习中遇到困难怎么办？

遇到搞不懂的问题可以扫描本页下方的二维码，根据提示进行操作，获得答疑服务；也可以暂时跳过去。有些重要功能后面还会出现，时间长了便可发现其规律，这时再做实战，就能轻松搞定了。学习Photoshop，掌握规律非常重要，它能帮助我们积累和完善经验，例如，能让我们一看到某效果，就知道是用什么方法做出来的。有了这种能力，实现设计创意自然游刃有余。

可以只挑自己急需的学吗？

可以，书中很多实战拿来即用，能解决工作中的一些常见问题。但是我们也要知道，用Photoshop做一个效果会用到多个功能，这些功能哪个先学、哪个后学，是有其内在规律的，初学者不清楚这些，如上来就学抠图，但连蒙版都还不知道是怎么回事，更别说钢笔工具和通道了，这显然是不行的。虽然照着书能够操作，但离开书本就寸步难行了。要学好Photoshop，还是要尽量按照书中的规划，循序渐进地来。

实战素材及附赠资源怎样下载？

扫描本页下方二维码，根据提示操作就可以领取实战素材、附赠资源和其他学习资料。

下载的资源需要安装吗？

资源下载后先不用安装，按书里的实战顺序学就可以。当涉及所需资源时，实战中会讲解怎样使用它们。

怎样看实战视频？

本书所有实战都配备教学视频，用手机或平板计算机扫描书中实战右侧的二维码即可在线观看；还可以扫描本页下方二维码根据提示操作，获取视频链接，在计算机中打开链接观看视频。

先看书还是先看视频？

简单的实战对照着书进行练习即可，有不清楚的地方再看视频。复杂些的案例，最好是先看一遍书上的步骤，再看视频中是如何操作的，之后自己动手练习。虽然书上的步骤和参数都很详细，但看视频讲解，更直观，学习效率也更高。

PPT教学课件是做什么用的？

PPT教学课件是专为学校老师上课准备的（请扫描下方二维码，根据提示获取教学课件），读者无须下载和学习。

下载本书学习资源和教学课件，请扫描此二维码。

编者

2022年4月

资源与支持

本书由“数艺设”出品，“数艺设”社区平台（www.shuyishe.com）为您提供后续服务。

配套资源

198 个不同类型实例的素材文件、效果文件和在线教学视频，以及 16 个 PPT 教学课件。

附赠资源

100 个视频：《多媒体课堂——Illustrator 20 讲》，80 集《Photoshop 案例教程》教学视频。

7 个设计类电子文档：UI 设计配色方案、网店装修设计配色方案、常用颜色色谱表、CMYK 色卡、色彩设计、图形设计、创意法则。

4 个软件学习类电子文档：Illustrator CC 自学教程、Photoshop 应用宝典、Photoshop 2022 滤镜、Photoshop 外挂滤镜使用手册。

635 个设计素材：46 个 PSD 格式分层设计素材、50 个 AI 格式矢量素材、60 个 EPS 格式素材、280 个卡通图稿，以及花纹、墨点、纹样和烟雾素材等。

Photoshop 资源库：画笔、形状、动作、渐变、图案和样式等，总计近千种。

资源获取请扫码

“数艺设”社区平台，为艺术设计从业者提供专业的教育产品。

与我们联系

我们的联系邮箱是szys@ptpress.com.cn。如果您对本书有任何疑问或建议，请您发邮件给我们，并请在邮件标题中注明本书书名及 ISBN，以便我们更高效地做出反馈。

如果您有兴趣出版图书、录制教学课程，或者参与技术审校等工作，也可以发邮件给我们。如果学校、培训机构或企业想批量购买本书或“数艺设”出版的其他图书，也可以发邮件联系我们。

如果您在网上发现任何针对“数艺设”出品图书的盗版行为，包括对图书全部或部分内容的非授权传播，请您将怀疑有侵权行为的链接通过邮件发给我们。您的这一举动是对作者权益的保护，也是我们持续为您提供有价值的内容的动力之源。

关于“数艺设”

人民邮电出版社有限公司旗下品牌“数艺设”，专注于专业艺术设计类图书出版，为艺术设计从业者提供专业的图书、视频电子书、课程等教育产品。出版领域涉及平面、三维、影视、摄影与后期等数字艺术门类，字体设计、品牌设计、色彩设计等设计理论与应用门类，UI 设计、电商设计、新媒体设计、游戏设计、交互设计、原型设计等互联网设计门类，环艺设计手绘、插画设计手绘、工业设计手绘等设计手绘门类。更多服务请访问“数艺设”社区平台（www.shuyishe.com）。我们将提供及时、准确、专业的学习服务。

目录

零基础 Photoshop
完全自学教程

Photoshop基本操作

【本章简介】

Photoshop是一款功能多、用途广的软件，但门槛并不高，非常容易上手。本章介绍Photoshop入门基础知识，其中有很多实战练习，读者可以初步体验学习和探索Photoshop的乐趣。

【学习目标】

通过本章的学习，我们要熟悉Photoshop的工作界面，了解工具、面板和命令，知道文件的创建和保存方法，学习缩放视图、查看图像的方法，掌握撤销操作、恢复图像的方法。

【学习重点】

Photoshop 2022简介

Photoshop工作界面非常友好，初学者可以轻松上手，而且Adobe公司的大部分软件的界面是类似的，因此，学会使用Photoshop，操作其他Adobe软件也不在话下。

1.1.1 下载及安装Photoshop 2022试用版

Adobe是一家具有全球影响力的软件公司，其产品有After Effects、Premiere、Illustrator、Adobe XD、InDesign、Lightroom、Acrobat、Animate、Substance 3D、Dreamweaver、Audition等，涵盖视频、图像和图形、移动设备、排版、摄影、电子文档、动画、3D、网页、音频编辑等各个设计领域。而其中应用最广泛的当属大名鼎鼎的Photoshop。

Photoshop最新版本是Photoshop 2022。以下是安装和运行Photoshop 2022的最低要求。

Windows 10 64位系统，macOS Catalina（Version 10.15）；支持64位的英特尔或AMD处理器；支持DirectX 12的GPU，1.5GB显存；内存不能低于8GB，最好16GB以上；4GB硬盘空间。

下面介绍Photoshop 2022试用版的下载和安装方法。首先打开Adobe公司中国官网，单击页面右上角的“登录”链接，如图1-1所示；切换到下一个页面，单击“创建账户”链接，如图1-2所示；进入下一个页面，如图1-3所示，输入姓名、邮箱、密码等信息，单击“创建账户”按钮，注册一个Adobe ID。完成注册后，可用账号和密码登录。

图1-1

图1-2

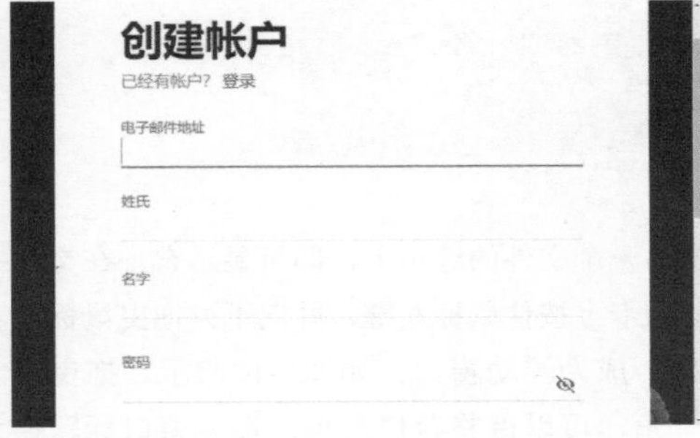

图1-3

登录Adobe ID后，单击“下载免费试用版”链接，如图1-4所示，切换到下一个页面，单击Photoshop图标，如图1-5所示，下载Creative Cloud桌面程序，之后使用该程序安装Photoshop试用版即可。从安装之日起，有7天的试用时间，过期之后，需要购买Photoshop正式版才能继续使用。

图1-4

图1-5

1.1.2 主页

运行Photoshop 2022后，最先映入眼帘的是主页，如图1-6所示。在此可以创建和打开文件、了解Photoshop新增功能、搜索资源。

图1-6

单击“学习”选项卡，可以显示学习页面，如图1-7所示。这里有很多练习教程，单击一个，便可在Photoshop中打开相关素材和“发现”面板，按照“发现”面板中的提示去操作，可以学到Photoshop入门知识，完成一些简单的实例。单击视频则可链接到Adobe网站，在线观看视频。如果不使用主页，可以按Esc键将它关闭。当需要显示主页时，单击工具选项栏左端的⌂按钮即可。

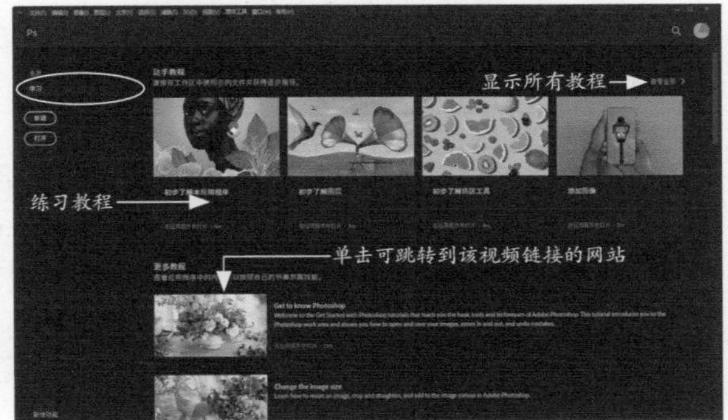

图1-7

1.1.3 工作界面

在主页中打开、新建文件或者关闭主页之后，就会进入Photoshop工作界面。它由菜单栏、工具选项栏、图像编辑区（文档窗口）和各种面板等组成，如图1-8所示。

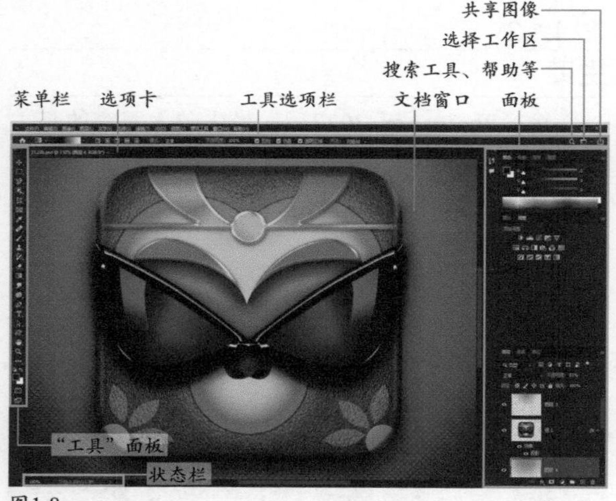

图1-8

默认的工作界面是黑色的，很炫酷。如果想将界面颜色调亮，可以执行“编辑>首选项>界面”命令，打开“首选项”对话框进行设置，如图1-9所示。也可按Alt+Shift+F2（由深到浅）和Alt+Shift+F1（由浅到深）快捷键循环切换。

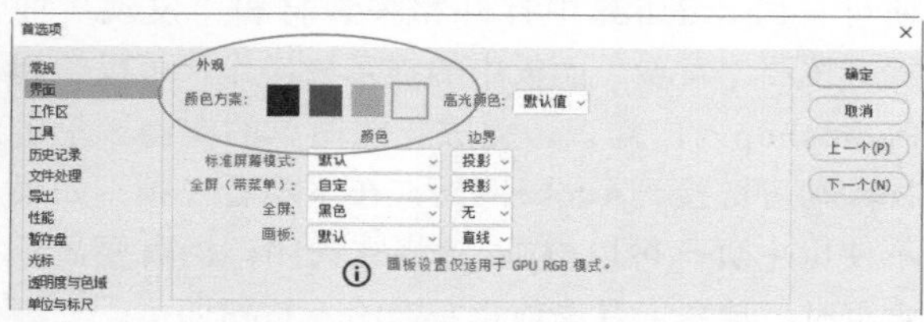

图1-9

1.1.4 实战：文档窗口的操作方法

文档窗口是观察和编辑图像的区域。打开的文档操作上与IE浏览器的页面差别不大，既可以放在选项卡中，也可将其拖曳出来，使之成为浮动窗口。浮动窗口更加灵活，可以移动位置、调整大小。

01 按Ctrl+O快捷键，弹出“打开”对话框，在配套资源的素材文件夹中，按住Ctrl键并单击两幅图像，将它们选中，如图1-10所示。按Enter键打开，当前只显示一幅图像，如图1-11所示。

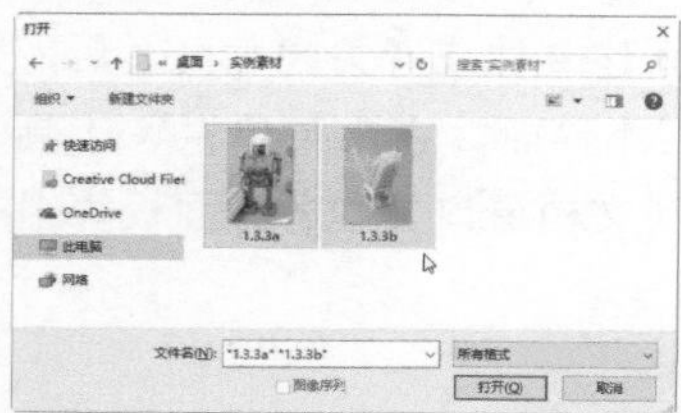

图1-10

图1-11

02 单击另一个文件的选项卡，即可显示它。在文件的选项卡上按住鼠标左键，并向下方拖曳鼠标，可将其拖出，成为浮动窗口，如图1-12所示。拖曳浮动窗口的一角，可以调整窗口大小。拖曳窗口标题栏至工具选项栏底边，可以将窗口重新以选项卡形式停放，如图1-13所示。

图1-12

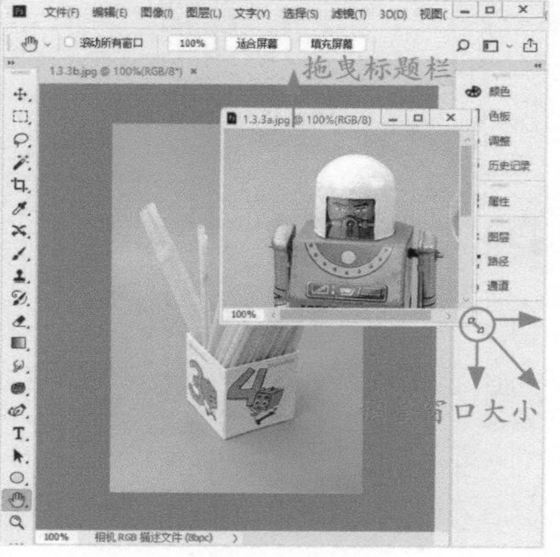

图1-13

03 将鼠标指针放在文件的选项卡上并水平拖曳，可以调整各个文件的排列顺序，如图1-14所示。

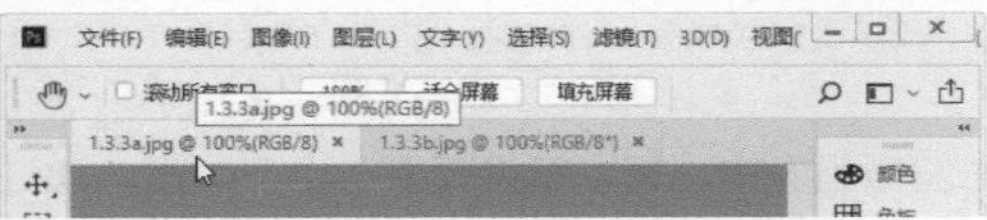

图1-14

04 单击一个选项卡上的 × 按钮，如图1-15所示，可以关闭该窗口。在选项卡上单击鼠标右键，打开快捷菜单，选择“关闭全部”命令，如图1-16所示，可以一次性关闭所有窗口。

图1-15

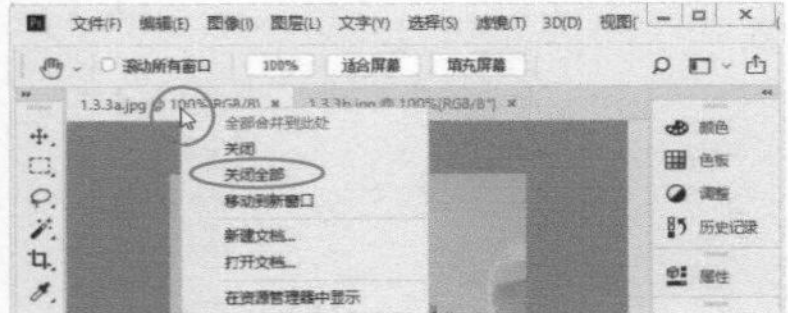

图1-16

1.1.5 “工具”面板

“工具”面板就像一个“武器库”，收纳了Photoshop中的所有“武器”，如图1-17所示。这些工具按用途分为7类，如图1-18所示。

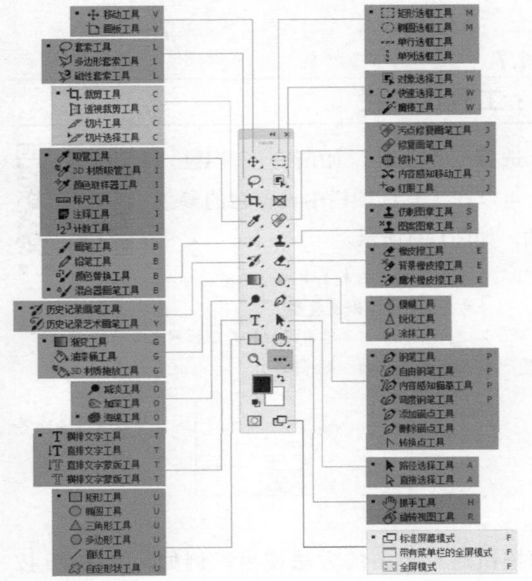

图1-17

图1-18

当需要使用一个工具时，单击它即可，如图1-19所示。右下角有三角形图标的是工具组，在其上方按住鼠标左键，可以显示其中隐藏的工具，如图1-20所示；将鼠标指针移动到一个隐藏的工具上，然后放开鼠标左键，即可选择该工具，如图1-21所示。如果将鼠标指针停放在工具上方，则可显示工具的名称和快捷键，以及使用方法的简短视频，通过它可快速了解工具的用途，如图1-22所示。

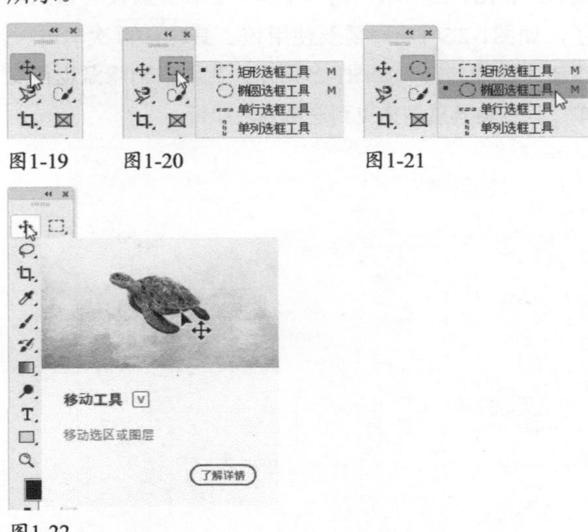

图1-19 图1-20 图1-21

图1-22

默认状态下，“工具”面板停放在文档窗口左侧。如果想将它摆放到其他位置，将鼠标指针移动到其顶部进行拖曳即可。单击“工具”面板顶部的 « （或 » ）按钮，则可将其切换为单排（或双排）显示。

1.1.6
实战：重新配置“工具”面板

01 执行“编辑>工具栏”命令，或单击“工具”面板中的•••按钮，在打开的下拉列表中选择“编辑工具栏”命令，打开“自定义工具栏”对话框，如图1-23所示。

扫码看视频

图1-23

02 对话框左侧列表是“工具”面板中包含的所有工具。将其中的一个工具拖曳到右侧列表中，如图1-24和图1-25所示，则“工具”面板中就没有该工具了，如图1-26所示。需要使用该工具时，再次单击•••按钮才能找到它，如图1-27所示。想要取消隐藏也很简单，只需将其重新拖曳到左侧列表即可。

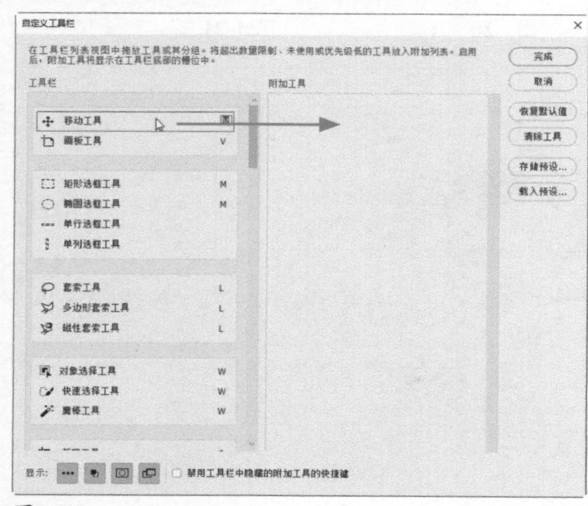
图1-24

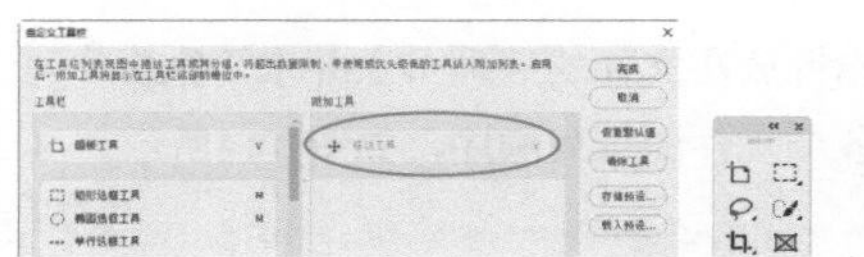
图1-25　图1-26　图1-27

03 在左侧列表中，每个窗格代表一个工具组，通过拖曳的方法可以重新配置工具组，如图1-28和图1-29所示。如果想创建新的工具组，可将工具拖曳到窗格外，如图1-30所示。Photoshop默认的分组一般无须变动，因为这是经过几代Photoshop版本检验过的、最适合使用的分组方式。

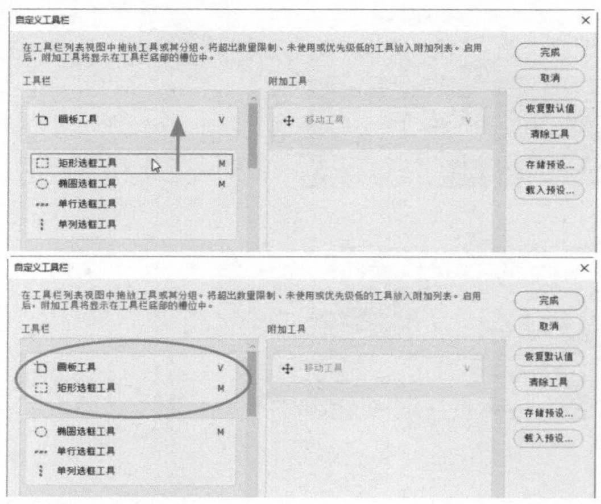
图1-28

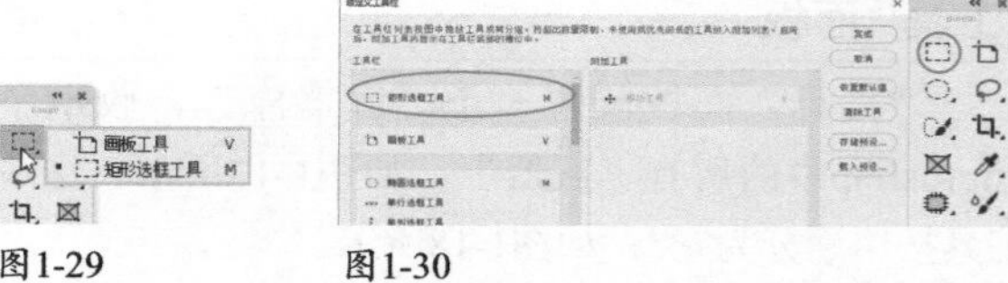
图1-29　图1-30

1.1.7
实战：工具选项栏

01 选择一个工具，如渐变工具，可以在工具选项栏中设置它的参数和选项，如图1-31所示。

扫码看视频

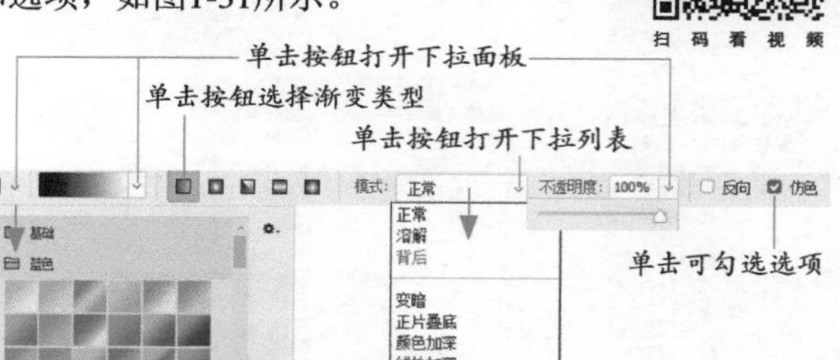

图1-31

02 按钮通过单击的方法使用。例如，单击按钮，表示当前选择的是线性渐变；单击⌄按钮，则可打开下拉面板或下拉列表。在复选框□上单击，可以勾选选项☑；需要取消勾选时，可在选项上再次单击。

03 如果想修改数值，可以通过4种方法操作。第1种方法是在数值上双击，将其选取，输入新数值并按Enter键确认，如图1-32所示；第2种方法是在文本框内单击，当出现闪烁的I形光标时，如图1-33所示，向前或向后滚动鼠标的滚轮，调整数值；第3种方法是单击⌄按钮，显示下拉面板后，拖曳滑块来进行调整，如图1-34所示；第4种方法是将鼠标指针放在选项的名称上，如图1-35所示，向左或右侧拖曳鼠标，可以快速调整数值。

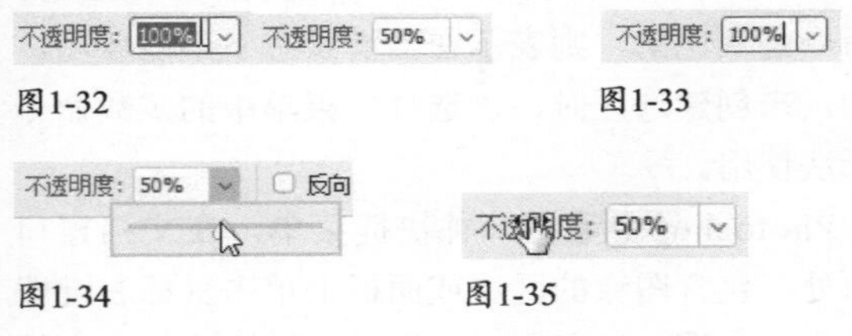

图1-32 图1-33

图1-34 图1-35

1.1.8 实战：调整面板组

Photoshop中的面板包含了用于创建和编辑图像、图稿、页面元素等的工具。

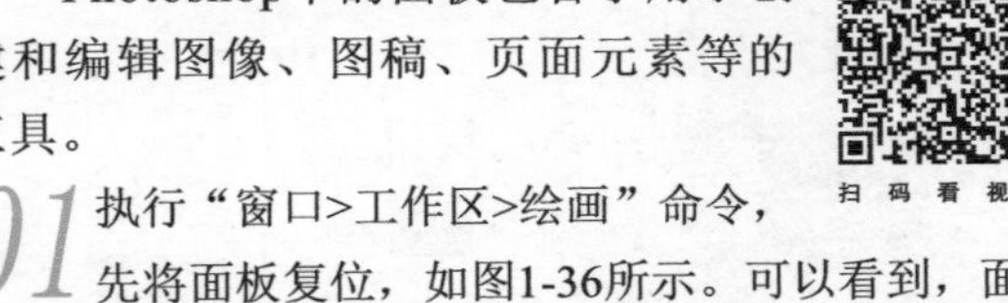

扫 码 看 视 频

01 执行“窗口>工作区>绘画”命令，先将面板复位，如图1-36所示。可以看到，面板分成了几组，并停靠在文档窗口的右侧。每个组只显示一个面板。要使用其他面板时，在其名称上单击即可，如图1-37所示。拖曳面板名称，可以调整面板的顺序，如图1-38所示。将一个面板拖曳至其他面板组中，当出现蓝色提示线时放开鼠标，可以将面板移到该面板组中，如图1-39和图1-40所示。

图1-36

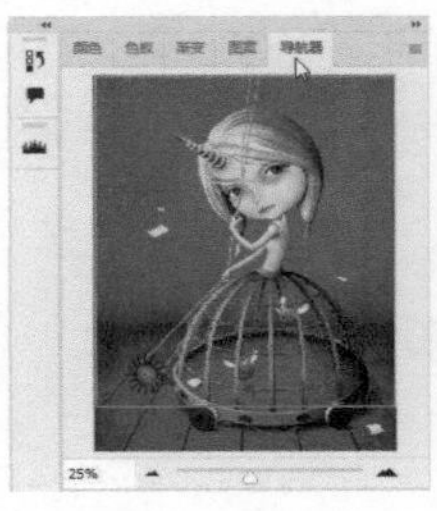

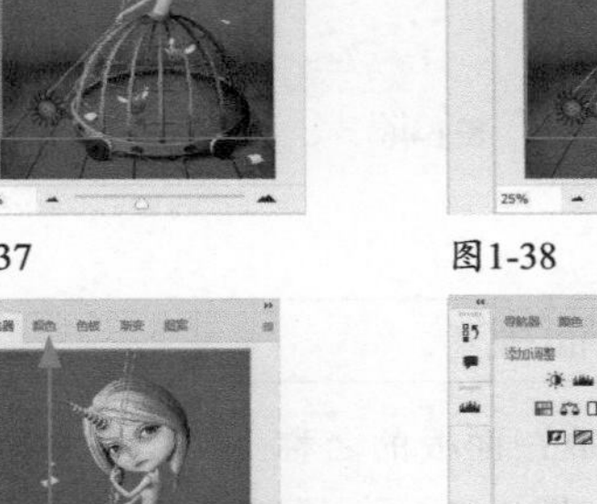

图1-37 图1-38

图1-39 图1-40

02 向下拖曳面板的底边并向左拖曳面板的左边，如图1-41所示，可将所有面板组拉长、拉宽。

03 单击最上方的面板组右上角的 ▸▸ 按钮，可以将所有面板折叠，只显示图标，如图1-42所示。单击一个图标，可展开相应的面板，如图1-43所示。再次单击图标，可将其收起来。拖曳面板的左边界，可以调整面板组的宽度，让面板的名称显示出来，如图1-44所示。

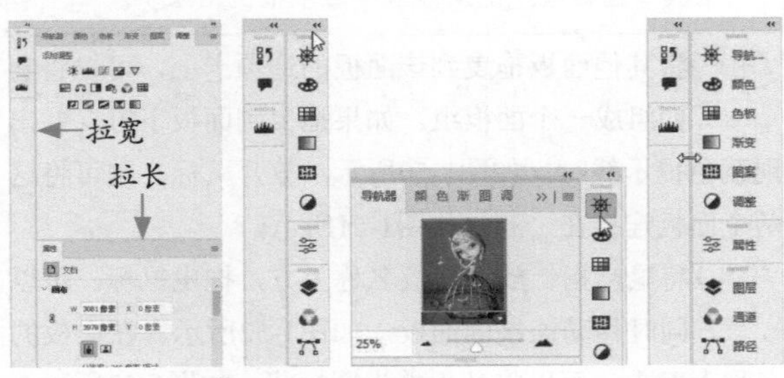

图1-41 图1-42 图1-43 图1-44

04 在最上方的面板组中，单击右上角的 ◂◂ 按钮，可将面板组重新展开。单击面板右上角的 ≡ 按钮，可以打开面板菜单，如图1-45所示。在面板的选项卡上单击鼠标右键，可以显示快捷菜单，如图1-46所示。执行快捷菜单的“关闭”命令，可以关闭当前面板；执行“关闭选项卡组”命令，可关闭当前面板组。

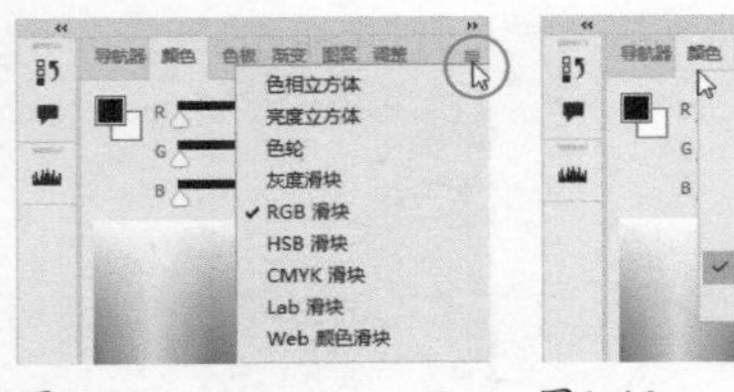

图1-45　　图1-46

1.1.9

实战：重新配置面板

01 将鼠标指针放在面板的名称上，向外拖曳，如图1-47所示，可将其从组中拖出，成为浮动面板，如图1-48所示。浮动面板可以摆放在窗口中的任意位置，拖曳其左、下、右侧边框，可调整面板的大小，如图1-49所示。

扫码看视频

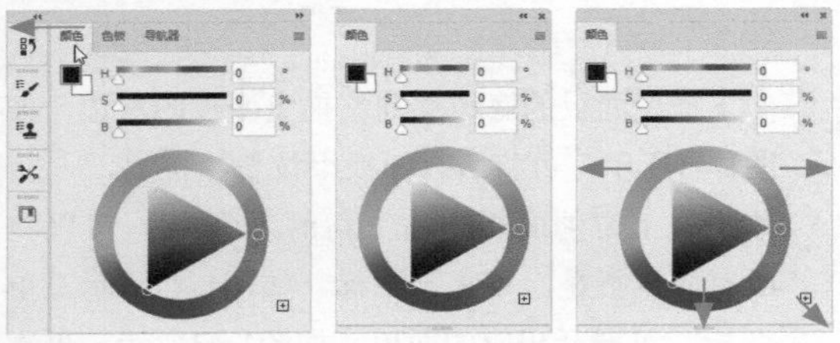

图1-47　　图1-48　　图1-49

> **提示**
>
> 执行“窗口>工作区>锁定工作区”命令，面板组及“工具”面板就不能从停放区域中拖曳出来了。

02 将其他面板拖曳到该面板的选项卡上，可以将它们组成一个面板组。如果拖曳到面板下方，并出现蓝色提示线时，如图1-50所示，放开鼠标，则可将这两个面板连接在一起，如图1-51所示。

03 将鼠标指针放在面板名称上方，拖曳鼠标，可以同时移动连接的面板，如图1-52所示。在面板的名称上双击，可以将其折叠为图标状，如图1-53所示。如果要展开面板，则在其名称上单击即可。如果要关闭浮动面板，则单击其右上角的 ✖ 按钮即可。

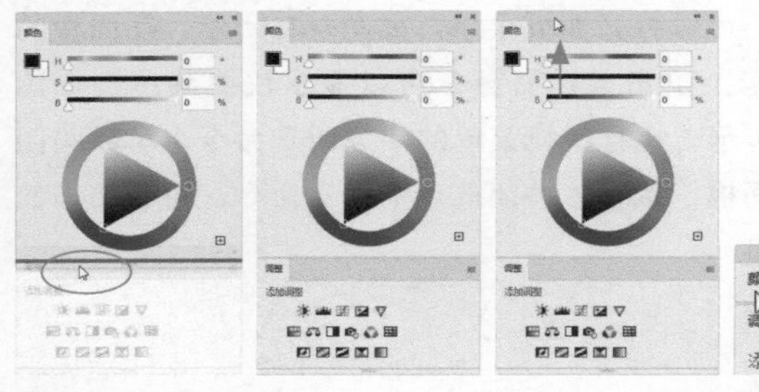

图1-50　　图1-51　　图1-52　　图1-53

1.1.10

使用菜单和快捷菜单

Photoshop中有11个主菜单。菜单中不同用途的命令间用分隔线隔开。单击有黑色三角标记的命令，可以打开其子菜单，如图1-54所示。

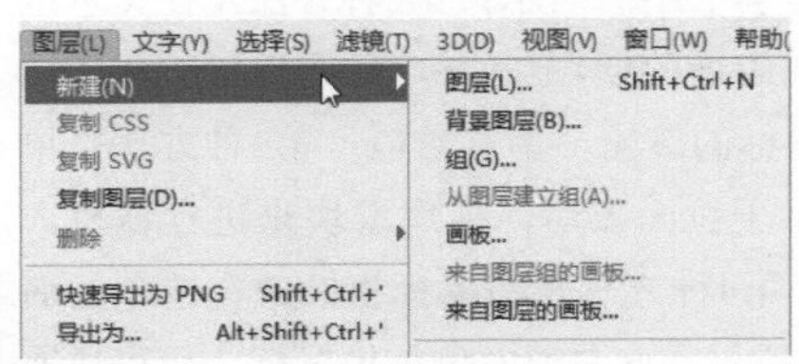

图1-54

选择菜单中的一个命令，即可执行该命令。如果命令是灰色的，则表示在当前状态下不能使用。例如，未创建选区时，“选择”菜单中的多数命令都无法使用。

Photoshop中还有一种快捷菜单，在文档窗口空白处、包含图像的区域或面板上单击鼠标右键即可显示，如图1-55和图1-56所示。快捷菜单包含的是与当前操作有关的命令，比在主菜单中选取这些命令要方便一些。

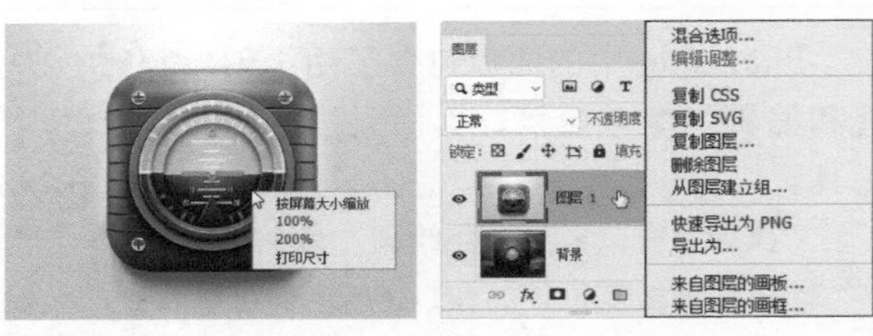

图1-55　　图1-56

1.1.11

使用快捷键

使用快捷键可以执行命令、选取工具和打开面板，这样就不用到菜单和面板中操作了，不仅能提高工作效率，而且能减轻频繁使用鼠标给手造成的疲劳感。需要注意的是，应先切换到英文输入法状态，之后才能使用快捷键。

Photoshop中的常用命令都配有快捷键（在命令的右侧）。例如，“选择>全部”命令的快捷键是Ctrl+A，如图1-57所示。使用快捷键的时候，先按住Ctrl键不放，之后按一下A键，便可执行这一命令。

如果快捷键是由3个按键组成的，则先按住前面两个键，再按一下最后那个键。例如，“选择>反选”命令的快捷键是Shift+Ctrl+I，就要这样操作：按住Shift键和Ctrl键不放，之后按一下 I 键。

有些命令的右侧只有单个字母，它不是快捷键，但仍可以通过快捷方法操作，即先按住Alt键不放，然后按主菜单右侧的字母按键（打开主菜单），再按一下命令右侧的字母按键，便可执行该命令。例如，按住Alt键不放，然后按一下L键，再按一下D键，就可执行“复制图层”命令，如图1-58所示。

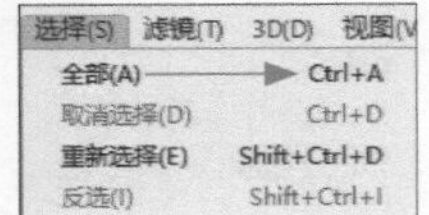

图1-57

图1-58

工具类快捷键分为两种情况。一种是只用于单个工具，如移动工具 ✥ 的快捷键是V，如图1-59所示，因此只要按一下V键，便可选取该工具。

另一种是用于工具组。例如，套索工具组中有3个工具，它们的快捷键都是L，如图1-60所示。当按L键时，将选择该组中当前显示的工具，想要选择被隐藏的工具，则需配合Shift键来操作，即按住Shift键不放，再按几次L键，便可在这3个工具中进行切换。

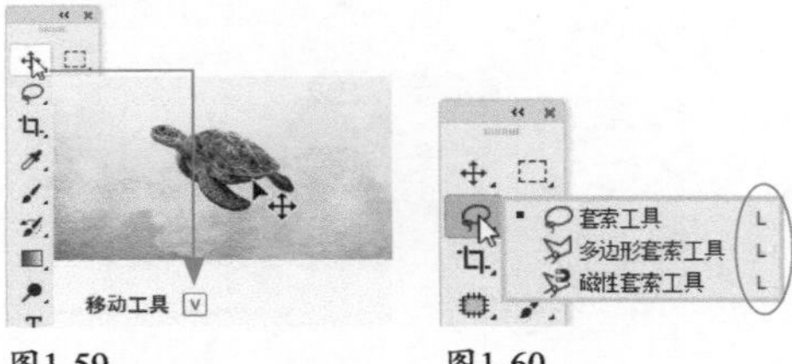

图1-59　　图1-60

技术看板　macOS 快捷键

本书给出的是Windows快捷键，macOS用户需要进行转换——将Alt键转换为Opt键，Ctrl键转换为Cmd键。例如，如果书中给出的快捷键是Alt+Ctrl+Z，则macOS用户应使用Opt+Cmd+Z快捷键来操作。

1.2 文件操作

Photoshop 2022

使用Photoshop编辑文件前，要先将其在Photoshop中打开，当然也可在Photoshop中创建一个空白文件，在此基础上进行创作。下面介绍与文件有关的操作。

1.2.1 实战：创建空白文件

扫 码 看 视 频

平面设计、UI设计、网页设计、视频编辑等不同领域、不同设计任务，对文件尺寸、分辨率、颜色模式的要求各不相同。初入此道的设计新人，很难记住那么多规范。在这方面，Photoshop中有非常贴心的安排，它为各个行业常用的文件项目提供了预设，可直接使用，这样我们就不用再费力去查各种要求，也能避免出错。

01 运行Photoshop。单击窗口左上角的“新建”按钮，如图1-61所示，或执行“文件>新建”命令（快捷键为Ctrl+N），打开“新建文档”对话框。最上方一排是选项卡，是按照设计项目进行分类的。例如，如果想做一个A4大小的海报，可单击 “打印”选项卡，在其下方选择A4预设，如图1-62所示，之后单击“创建”按钮即可。

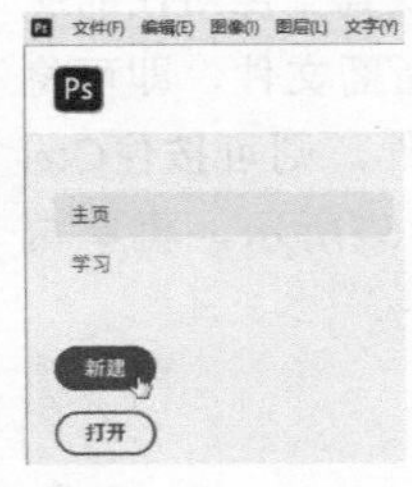

图1-61

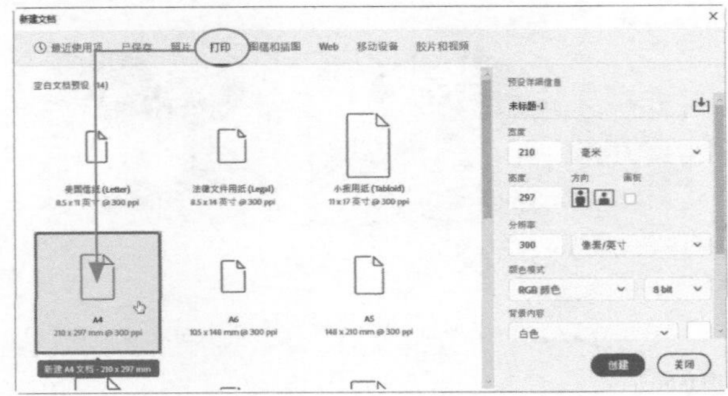

图1-62

02 如果想按照自己需要的尺寸、分辨率和颜色模式创建文件，则可在对话框右侧的选项中进行设置。自定义参数的文件还可以保存为预设，如图1-63~图1-65所示。以后需要创建相同的文件时，在“已保存”选项卡中选择保存的预设即可，这样就不必再设置选项了。

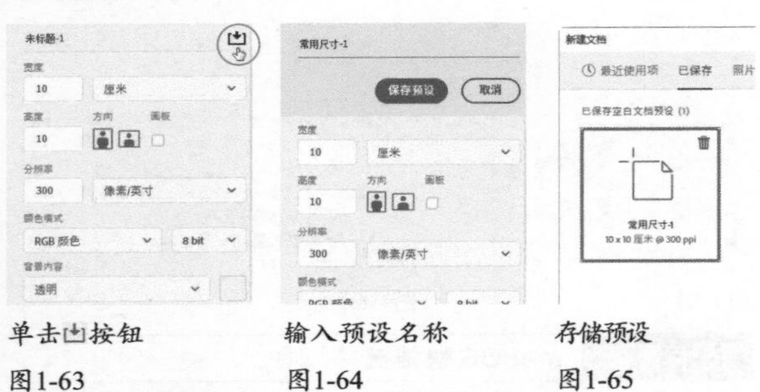

单击按钮 图1-63　　输入预设名称 图1-64　　存储预设 图1-65

> 提示
>
> 在“新建文档”对话框中，“最近使用项”选项卡收录了最近在Photoshop中使用的文件，并作为临时的预设，可用于创建相同尺寸的文件。

1.2.2 打开计算机中的文件

Photoshop是一个综合型的软件，不仅可以编辑图像、矢量图形，还能处理PDF文件、GIF动画和视频。如果想用Photoshop编辑上述文件，可以通过执行“文件>打开”命令将其打开。按Ctrl+O快捷键，或在Photoshop窗口内双击，也能弹出“打开”对话框。在左侧列表中找到文件所在的文件夹，如图1-66所示，之后双击所需文件，即可将其打开。如果想同时打开多个文件，则可按住Ctrl键单击，将其一同选取，如图1-67所示，再单击“打开”按钮或按Enter键。

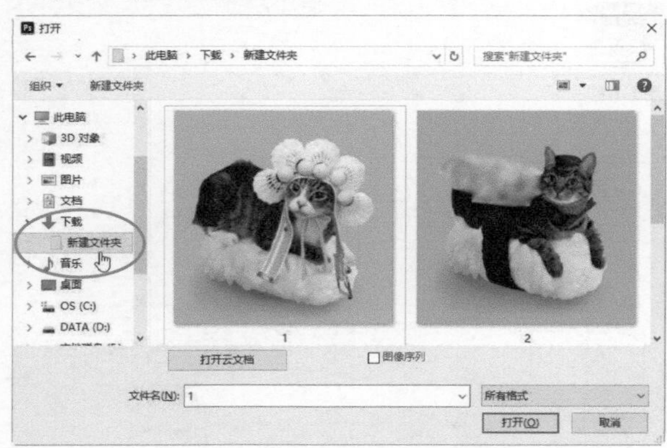

图1-66

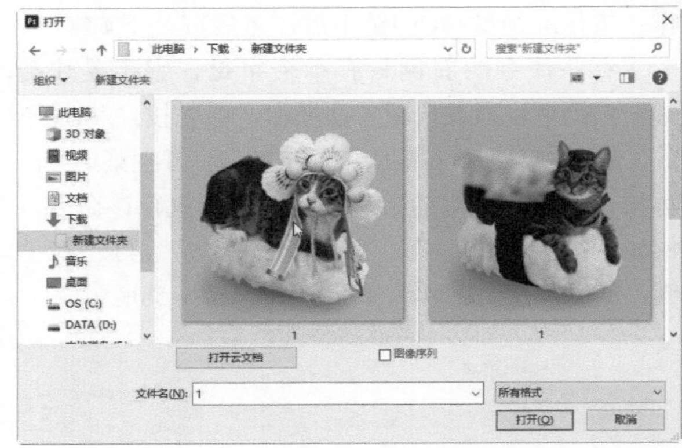

图1-67

1.2.3 实战：用快捷方法打开文件

扫码看视频

下面介绍怎样用快捷方法打开文件。如果运行了Photoshop，请先将它关闭。

01 先在计算机硬盘的文件夹中找到一幅图像，然后将它拖曳到桌面的Photoshop应用程序图标上，如图1-68所示，即可运行Photoshop并打开文件，如图1-69所示。

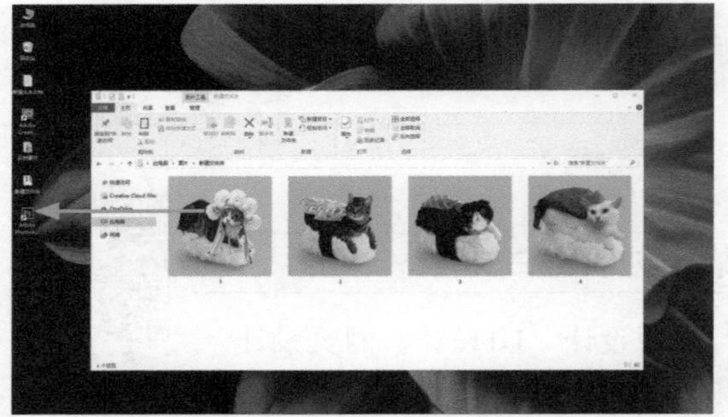

图1-68

图1-69

02 在Photoshop已打开的状态下，在Windows资源管理器中找一个文件，将它拖曳到Photoshop窗口中，可将其打开，如图1-70所示。

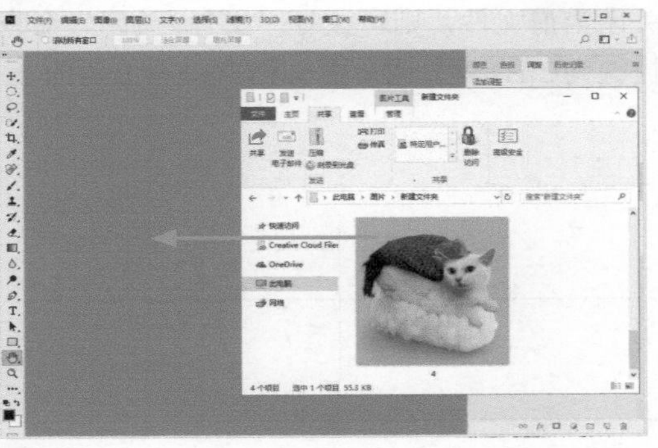

图1-70

03 如果要打开的是最近使用过的文件，可以在“文件>最近打开文件”子菜单中找到它，如图1-71所示。如果觉得文件目录有点少，可以执行“编辑>首选项>文件处理”命令，打开“首选项”对话框，在“近期文件列表包含”选项中增加数量。如果要清除该目录，可以选择菜单底部的“清除最近的文件列表”命令。

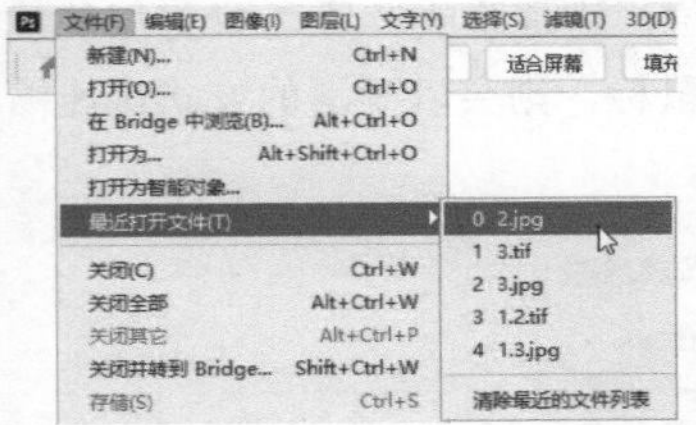

图1-71

1.2.4 保存文件

执行“文件>存储”命令（快捷键为Ctrl+S），在弹出对话框中输入文件名称，选择格式和保存位置，如图1-72所示，单击“保存”按钮，即可存储文件。

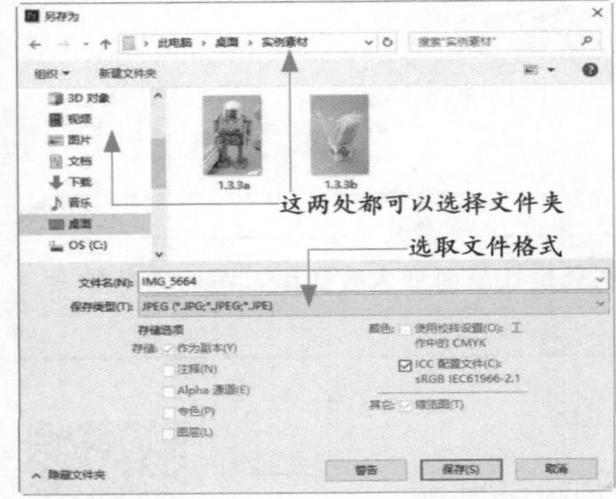

图1-72

对文件进行编辑时，刚开始操作的时候，就应该以PSD格式另存文件，如图1-73所示。将文件存储为该格式，以后不论何时打开文件，都可以对其中的内容（如图层、蒙版、通道、路径、可编辑的文字、图层样式、智能对象等）进行修改。

图1-73

如果想将图像用于打印、网络发布、E-mail传送，或者用于手机、平板计算机等显示设备时，可以执行“文件>存储为”命令，另存一份JPEG格式的文件以供使用。

1.2.5 用Bridge浏览及管理文件

有些文件的格式比较特殊，Windows和macOS系统无法提供预览，如图1-74所示，这会给查找和管理素材带来不便。

AI、PSD和EPS格式文件无法预览

图1-74

其实，Photoshop中有一个非常好用的文件浏览工具——Bridge。执行“文件>在Bridge中浏览”命令，便可用其预览图像、RAW格式照片、AI和EPS矢量文件、PDF文件、动态媒体文件等Photoshop所支持的各种文件，如图1-75所示。

图1-75

1.2.6
关闭文件

执行“文件>退出”命令或单击Photoshop窗口右上角的 ✕ 按钮，可以退出Photoshop。如果只是想关闭当前文件，则可执行“文件>关闭”命令（快捷键为Ctrl+W）或单击文档窗口右上角的 ✕ 按钮。

1.3 查看图像

查看图像也称文档导航，包括调整文档窗口的视图比例，使画面变大或变小，以及移动画面，方便观察图像的不同区域。

1.3.1
实战：缩放与定位画面

扫码看视频

打开一个文件时，它会在窗口中完整显示。处理图像细节时，我们会将视图比例调大，让图像以更大的画面显示，这样才能看清细节。当画面大到窗口中不能完全显示时，我们还会将需要编辑的区域移动到画面中心。缩放工具 可以完成这些操作。

01 按Ctrl+O快捷键，弹出“打开”对话框，打开素材。选择缩放工具 ，将鼠标指针放在画面中（鼠标指针会变为 状），单击可以按照预设的级别放大窗口，如图1-76所示。按住Alt键（鼠标指针会变为 状）并单击，可以缩小窗口的显示比例，如图1-77所示。

图1-76

图1-77

02 在工具选项栏中选取“细微缩放”选项。将鼠标指针放在需要仔细观察的区域，向右侧拖曳鼠标，能够以平滑的方式快速放大窗口，鼠标指针所指的图像会出现在窗口中央，如图1-78所示。这样操作，可同时完成放大和定位，这是缩放工具 最好用的技巧。如果向左侧拖曳鼠标，则会以平滑的方式快速缩小窗口，如图1-79所示。

图1-78

图1-79

> **提示**
> 调整视图比例只是让画面变大或变小，图像自身并没有被缩放。

1.3.2
实战：缩放与移动画面

扫码看视频

缩放工具 可以进行缩放和定位，但不能移动画面，而抓手工具 可以。如果再配合快捷键，那么它能完成缩放工具的所有操作。

01 打开素材。选择抓手工具，将鼠标指针放在窗口中，如图1-80所示。按住Alt键单击，可以缩小视图比例，如图1-81所示。按住Ctrl键单击，则可放大视图比例，如图1-82所示。放开按键，拖曳鼠标，可以移动画面。

图1-80

图1-81

图1-82

02 下面学习抓手工具的使用技巧。当视图被放大，窗口中不能显示全部图像时，如图1-83所示，按住H键，然后按住鼠标左键不放，画面中会出现一个矩形框，此时拖曳鼠标，可将其定位到需要查看的区域，如图1-84所示；放开H键和鼠标左键，即可放大视图并让矩形框内的图像出现在画面中央，如图1-85所示。

图1-83 图1-84

图1-85

03 抓手工具也可像缩放工具那样进行细微缩放。操作方法为选择缩放工具并勾选“细微缩放”选项；选择抓手工具，按住Ctrl键并向右拖曳鼠标，能够以平滑的方式快速放大视图，同时，鼠标指针所指的图像会出现在画面中央；按住Ctrl键并向左侧拖曳鼠标，则会以平滑的方式快速缩小视图。

1.3.3

实战：快速定位画面中心

与抓手工具类似，“导航器”面板也集缩放和定位功能于一身。它适合导航大尺寸的文件，就是窗口中不能显示完整图像，以及视图比例被放大后的图像。

扫码看视频

01 打开素材。单击按钮，可按照预设的比例逐级放大窗口，如图1-86所示。单击按钮可缩小窗口，如图1-87所示。

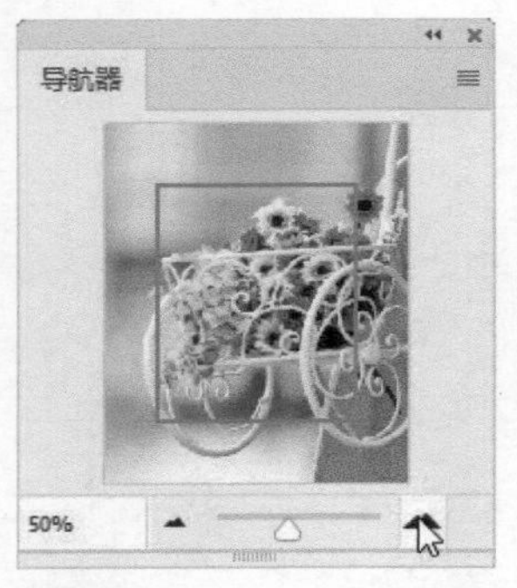

图1-86

图1-87

02 拖曳滑块，可进行动态缩放，如图1-88所示。这种方法速度更快。如果想要精确缩放，可以在左下角的文本框中输入百分比值并按Enter键，如图1-89所示。

03 拖曳红色小方框可以移动画面，如图1-90所示。在它外面单击，如图1-91所示，则可将画面迅速切换到这一区域。

图1-88

图1-89

图1-90

图1-91

撤销操作

编辑图像时，谁也避免不了出现操作失误，这不是大问题，Photoshop中有“月光宝盒”一样的“宝物”，能撤销操作，将效果恢复到未出现失误的编辑状态。

1.4.1 撤销与恢复

执行“编辑>还原”命令，可以撤销一步操作。该命令的快捷键为Ctrl+Z，一般情况下，可通过连续按该快捷键依次向前撤销操作。

进行撤销后，如果需要将效果恢复过来，可以执行“编辑>重做”命令（快捷键为Shift+Ctrl+Z，可连续按）。如果想直接恢复到最后一次保存时的状态，可以执行“文件>恢复”命令。

1.4.2 实战：“历史记录”面板

编辑文件时，每进行一步操作，“历史记录”面板都会将其记录下来，并可用于撤销操作。下面介绍它的具体使用方法，从而学会撤销部分操作、恢复部分操作，以及将图像恢复为打开时的状态，即撤销所有操作。

扫码看视频

01 打开素材，如图1-92所示。当前“历史记录”面板状态如图1-93所示。执行“滤镜>模糊>径向模糊”命令，打开“径向模糊”对话框，将模糊中心拖曳到图1-94所示的位置上并设置参数，图像效果如图1-95所示。

图1-92 图1-93

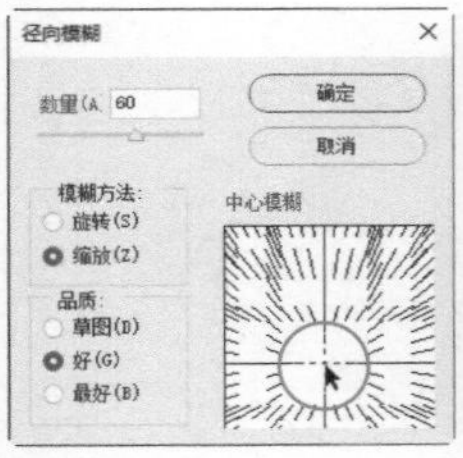
图1-94

图1-95

02 单击“调整”面板中的按钮，创建“渐变映射”调整图层。使用图1-96所示的渐变，创建热成像效果，如图1-97所示。

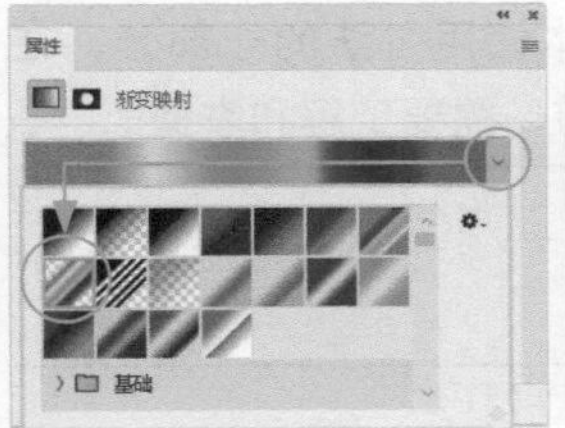
图1-96

图1-97

提示

如果没有此渐变，可以加载本实战的热成像渐变资源。

03 下面来撤销操作。单击“历史记录”面板中的“径向模糊”，即可将图像恢复到该步骤的编辑状态中，如图1-98和图1-99所示。

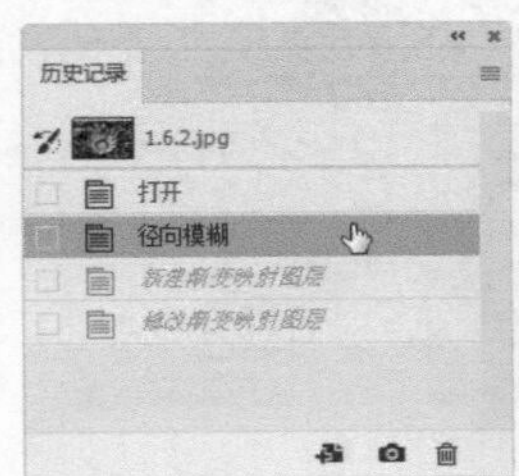
图1-98

图1-99

04 打开文件时，快照区会保存初始图像，单击它可撤销所有操作，即使中途保存过文件，也能将其恢复到最初的打开状态，如图1-100和图1-101所示。

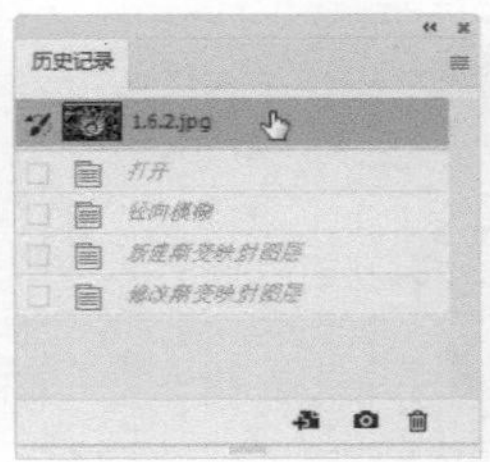
图1-100

图1-101

05 如果要恢复所有被撤销的操作，可以单击最后一步操作，如图1-102和图1-103所示，或者执行“编辑>切换最终状态”命令。

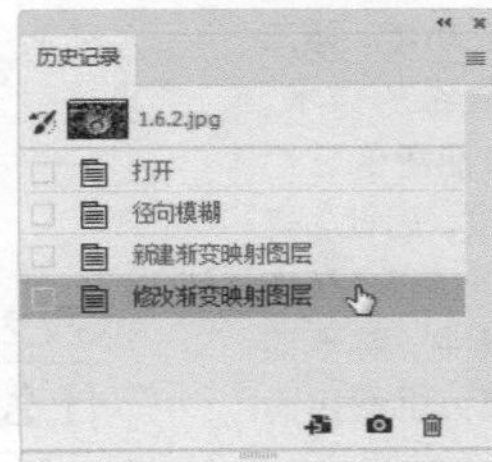
图1-102

图1-103

1.4.3 快照

编辑图像时，在完成重要操作以后，可以单击“历史记录”面板底部的创建新快照按钮，将当前状态保存为快照，如图1-104所示。这样以后不管进行多少步操作，只要单击快照，就可恢复到其记录的状态，如图1-105所示。

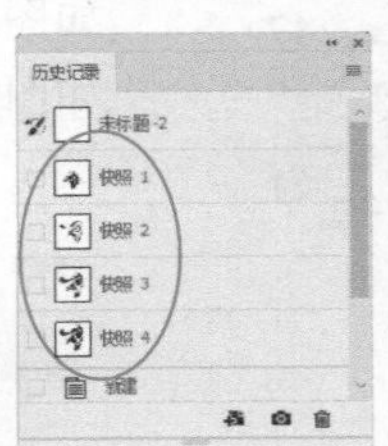
图1-104

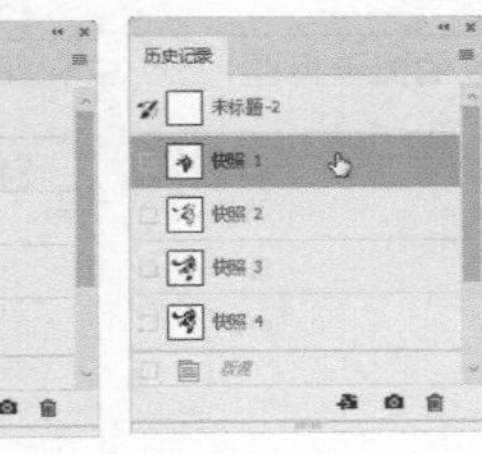
图1-105

选区与通道

【本章简介】

选区和通道都是Photoshop的核心功能，与二者相关的既有简单的操作，也有复杂的技术。可以说，Photoshop中没有多少功能能像它们一样，从易到难，有那么大的跨度。因此，需要通过多个章节才能将二者完全讲清楚。在本章，主要介绍它们的基本用途。其中，前半部分是选区的基本使用方法，后半部分讲解用通道保存选区的方法，以及用通道制作特效。

【学习目标】

本章我们只要明白选区有什么用途，知道它分为几种类型、如何进行羽化和保存即可。目前阶段，不要求理解通道，会用它保存选区即可。

【学习重点】

选区基本操作

如同查看图像一样，选区的简单操作也属于Photoshop基本使用方法的一部分，在学习其他功能之前，需要了解和掌握。

2.1.1 什么是选区

在图像中，选区是一圈边界线，且不断闪动，犹如蚂蚁在行军，因此这圈边界线也被称为“蚁行线”。

选区可以限定编辑范围。为什么要这样做呢？因为在Photoshop中进行编辑操作时，会产生两种结果：一种是全局性的，另一种是局部性的。全局性编辑影响的是整幅图像（或所选图层中的全部内容）。例如，在无选区的情况下，使用“彩色半调”滤镜处理图像时，会修改整幅图像，如图2-1和图2-2所示。如果想要进行局部编辑（如只处理背景，人保持原样），就需要创建选区，将背景选取，如图2-3所示，再应用滤镜，这样选区之外就不受影响了，如图2-4所示。

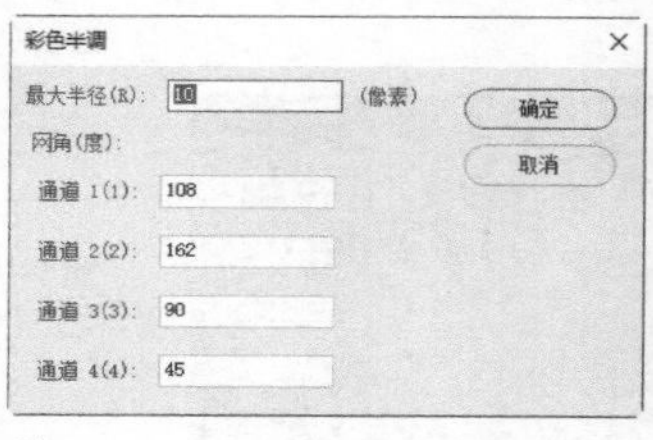

图2-1

图2-2

图2-3

图2-4

选区还可用于抠图，即可用将图像（人、物品等）从背景中分离出来。

2.1.2
羽化选区

选区分为两种：普通选区和羽化的选区。普通选区边界明确，如图2-5所示，用它抠图时，图像的边缘也是明确、清晰的，如图2-6所示。进行其他编辑，如调色时，选区内、外的颜色变化泾渭分明。

图2-5

图2-6

羽化是指对普通选区进行柔化处理，使其能够部分地选取图像。使用此羽化的选区抠图时，图像边缘有柔和的、半透明的区域，如图2-7所示。进行调色时，选区边缘处的调整效果会出现衰减。

图2-7

使用套索类或选框类工具时，可以在工具选项栏中的“羽化”选项中提前设置“羽化”值，如图2-8所示。创建选区后，可用执行“选择>修改>羽化”命令，打开“羽化选区”对话框进行羽化，如图2-9所示。此外，也可使用“选择>选择并遮住”命令来进行操作。

图2-8

图2-9

2.1.3
全选与反选

想要复制整个画面中的图像时，可以执行“选择>全部”命令（快捷键为Ctrl+A）进行全选，再按Ctrl+C快捷键复制，然后根据需要将其粘贴（快捷键为Ctrl+V）到图层、通道或选区内，或者其他文档中。

如果需要选择的对象比较复杂，但背景相对简单，可运用逆向思维，先选择背景，如图2-10所示，再执行“选择>反选”命令（快捷键为Shift+Ctrl+I），反转选区，将对象选中，如图2-11所示。这比直接选择对象简便得多。

图2-10

图2-11

2.1.4
取消选择与重新选择

执行“选择>取消选择”命令（快捷键为Ctrl+D）可以取消选择。如果由于操作不当导致的取消选择，则可立即执行“选择>重新选择”命令（快捷键为Shift+Ctrl+D），将选区恢复选择。

2.1.5 选区运算

选区运算是指在已有选区的状态下，创建新选区或者加载其他选区时，让新选区与现有的选区发生运算。其必要性在于：多数情况下，一次操作无法将对象完全选中，需要创建多个选区，将对象的各个部分分别选取，再通过布尔运算进行整合的方法，才能将对象全部选取。

图2-12所示为选框类、套索类和魔棒类工具选项栏中的选区运算按钮。

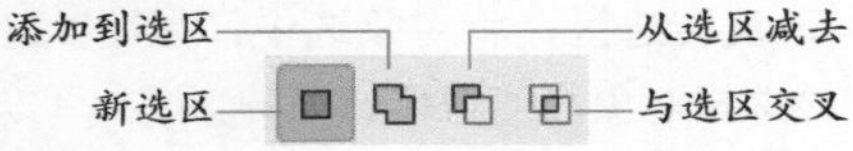

添加到选区　从选区减去
新选区　与选区交叉

图2-12

- 新选区：单击该按钮后，如果图像中没有选区，可以创建一个选区，图2-13所示为创建的矩形选区。如果图像中有选区存在，则新创建的选区会替换原有的选区。
- 添加到选区：单击该按钮后，可以在原有选区的基础上添加新的选区。图2-14所示为在现有矩形选区的基础上添加圆形选区。

图2-13

图2-14

- 从选区减去：单击该按钮后，可以在原有选区中减去新创建的选区，如图2-15所示。
- 与选区交叉：单击该按钮后，可以保留原有选区与新创建的选区相交的部分，如图2-16所示。

图2-15

图2-16

2.1.6 实战：通过选区运算的方法抠图

01 按Ctrl+O快捷键，打开3个素材，如图2-17所示。选择魔棒工具，在工具选项栏中设置参数，如图2-18所示。在背景上单击，创建选区，如图2-19所示。下面进行选区相加运算。按住Shift键（鼠标指针旁边会出现“+”号）并在手掌和手指空隙处的背景上单击，将这几处背景添加到选区中，这样就将背景全部选中了，如图2-20所示。按Shift+Ctrl+I快捷键反选，选中人物，单击“图层”面板中的按钮，基于选区创建蒙版，将背景隐藏，完成人像抠图，如图2-21和图2-22所示。

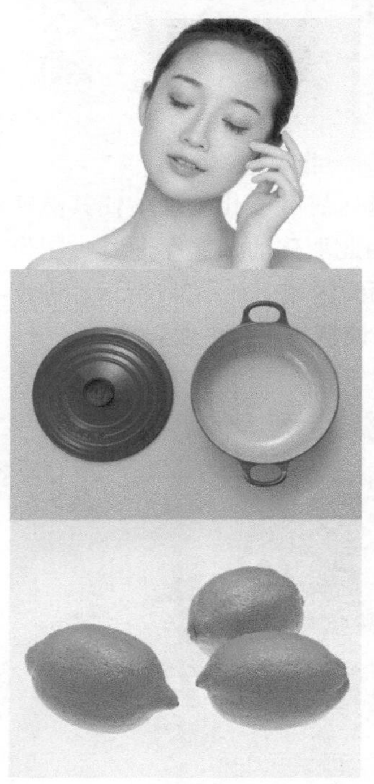
图2-17

取样大小：取样点　容差：30　消除锯齿　连续

图2-18

图2-19

图2-20

图2-21

图2-22

02下面进行选区相减运算。切换到砂锅文件中。选择矩形选框工具[]，在砂锅上方拖曳鼠标，创建矩形选区，将砂锅大致选取出来，如图2-23所示。选择魔棒工具，按住Alt键（鼠标指针旁会出现“－”号），在选区内部的背景图像上单击，将多余背景排除到选区之外，如图2-24所示。图2-25所示为抠出的砂锅。

图2-23

图2-24

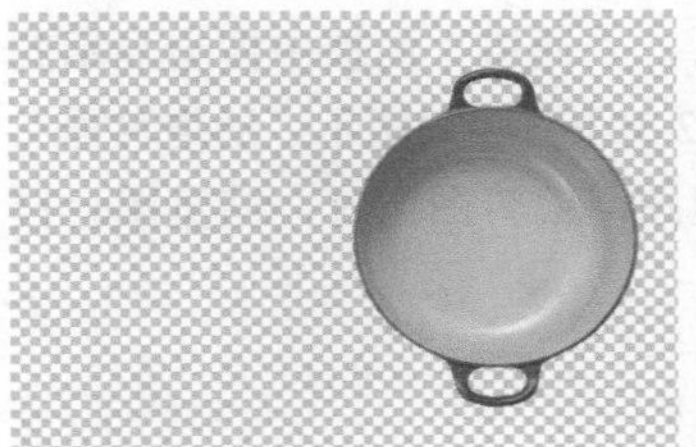
图2-25

03下面学习选区交叉运算方法。切换到柠檬文件中。使用魔棒工具选取背景，如图2-26所示。按Shift+Ctrl+I快捷键反选，将3个柠檬选中，如图2-27所示。选择矩形选框工具[]，按住Shift+Alt键（鼠标指针旁会出现“×”号）配合鼠标在左侧的柠檬上拖曳出一个矩形选框（同时按住空格键可以移动选区），如图2-28所示，放开鼠标后，可与选区进行交叉运算，这样就将左侧的柠檬单独选出来了，如图2-29所示。

图2-26

图2-27

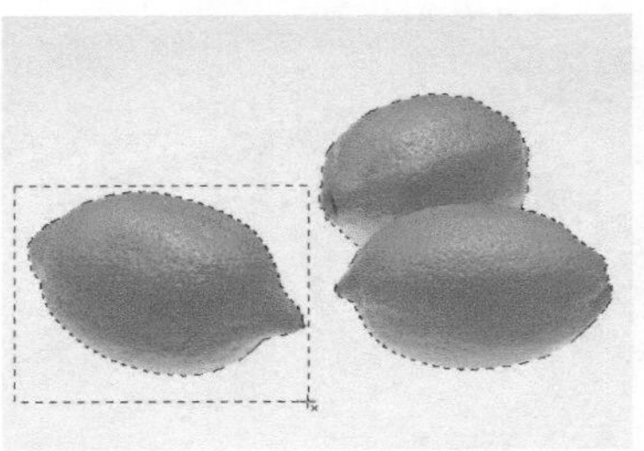

图2-28

图2-29

通道基本操作

Photoshop中有3种通道：Alpha通道、颜色通道和专色通道，它们分别与选区、色彩和图像内容有关，可用于抠图、调色、制作专色图像。

2.2.1 "通道"面板

打开一幅图像后，"通道"面板中便会显示其颜色通道信息，如图2-30和图2-31所示。通道名称左侧是通道内容的缩览图，编辑图像时，缩览图会自动更新。

图2-30

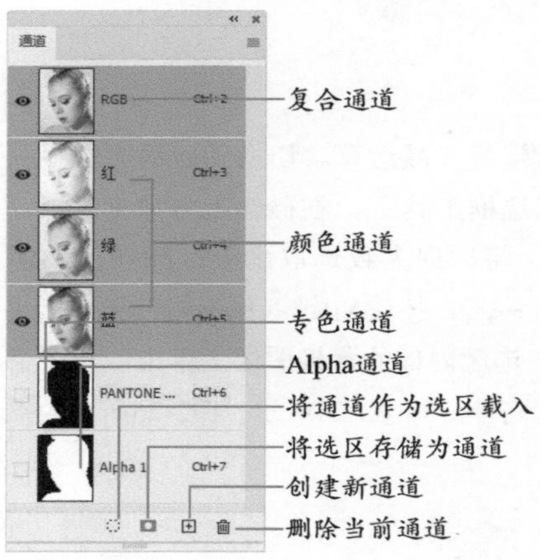

图2-31

颜色通道就像摄影胶片，记录了图像内容和颜色信息。Alpha通道用于存储选区。专色通道用于存储印刷用的专色（专色是预混油墨，如金属类金银色油墨、荧光油墨等，用于替代或补充普通的印刷色油墨）。

2.2.2 存储选区

需要选取的对象越复杂，制作选区所花费的时间就越多，为避免选区丢失及方便以后使用，可在创建选区后，单击“通道”面板中的 按钮，将选区存储到Alpha通道中，使之变为一幅灰度图像，如图2-32所示。以后需要使用该选区时，从中加载便可。Alpha通道是用户自行添加的，无论有多少个，都不会改变图像的外观。

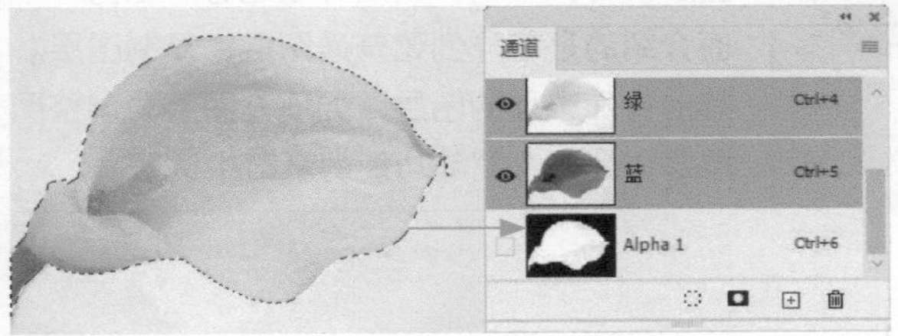

图2-32

当选区变为灰度图像以后，可编辑性会大大提升。例如，可以使用画笔、加深、减淡等工具，以及各种滤镜进行修改，此类修改选区的方法在抠图上有着广泛的应用。保存文件时，要存储Alpha通道，应使用PSD、PSB、PDF或TIFF格式。

2.2.3 实战：制作抖音效果

由于颜色通道保存了颜色信息和图像内容，所以，修改颜色通道时，图像的这两个要素就会发生变化。下面利用这一原理制作类似套印不准的错位效果。

扫码看视频

01 打开素材，如图2-33所示。单击“红”通道，之后在RGB通道前方单击，显示眼睛图标 ，如图2-34所示。此时选取的是“红”通道，但窗口中会重新显示彩色图像，这样就能观察颜色如何变化了。

图2-33

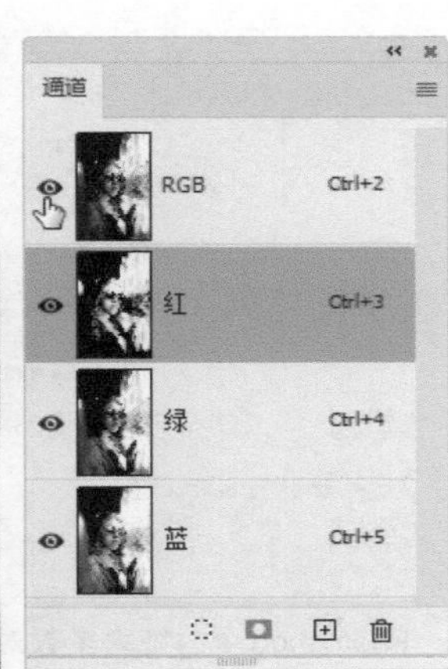

图2-34

02 选择移动工具 ，向右下方拖曳图像，如图2-35所示。单击“蓝”通道，向右上方拖曳，如图2-36和图2-37所示。如果弹出提示信息——不能使用移动工具，那么可以先按Ctrl+A快捷键全选，再进行拖曳。

图2-35

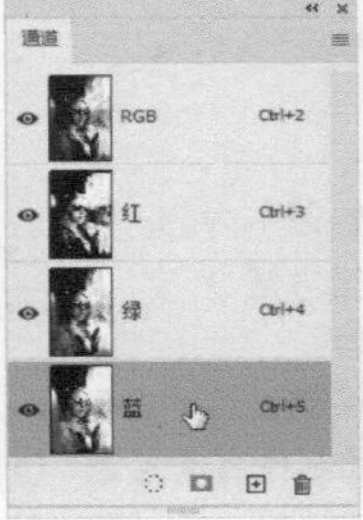

图2-36

图2-37

03 选择裁剪工具 并在工具选项栏中选择“原始比例”选项，在画面中单击，显示裁剪框，拖曳左上角的控制点，调整画面，如图2-38所示。按Enter键，将画面边缘的重影图像裁掉，如图2-39所示。

图2-38

图2-39

图层与效果

【本章简介】

Photoshop中的绝大多数对象都由图层来承载，因此，如果不会图层操作，在Photoshop中几乎“寸步难行”。图层功能多，涉及的应用范围也很广，本书按照从易到难的原则，将其使用方法分散到各个章节中。本章主要介绍图层的基本操作方法。其中图层样式比较重要，它也叫“效果”，可用于制作特效。

【学习目标】

在这一章我们会学到以下内容。

- 图层的创建和编辑方法
- 用图层组管理图层
- 在众多的图层中快速找到所需图层
- 使用图层样式，并制作真实投影、压印图像、霓虹灯、激光字等特效
- 使用预设样式制作特效
- 根据图像大小缩放效果

【学习重点】

创建图层、复制图层

图层的种类丰富，创建方法也各不相同，下面介绍的是怎样创建普通图层、复制图层。其他特殊类型的图层，如填充图层、调整图层等，会在介绍其功能的章节中讲解。

3.1.1 创建空白图层

“图层”面板用于创建、编辑和管理图层，如图3-1所示。

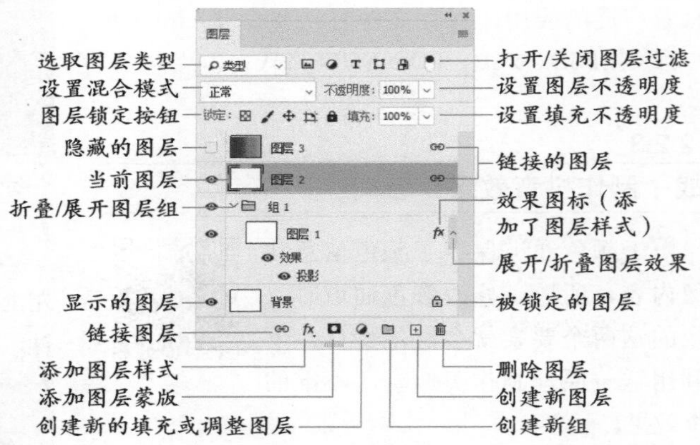

图3-1

单击“图层”面板中的 ⊞ 按钮，可以在当前图层上方创建一个图层，同时新建图层自动成为当前图层，如图3-2和图3-3所示。如果想在当前图层下方创建图层，可按住Ctrl键单击 ⊞ 按钮，如图3-4所示。需要注意的是，“背景”图层下方不能创建图层。

图3-2 图3-3 图3-4

如果想在创建图层时设置图层的名称、颜色和混合模式等属性，可以执行“图层>新建>图层”命令，或按住Alt键单击 ⊞ 按钮，打开“新建图层”对话框进行设置，如图3-5和图3-6所示。勾选“使用前一图层创建剪贴蒙版”选项，还可将其与下方图层创建为剪贴蒙版组。此外，用该命令还可创建中性色图层。

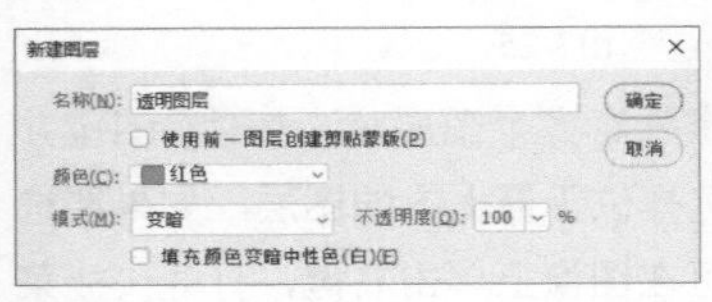

图3-5

图3-6

3.1.2 实战：复制图层，保留原始信息

扫码看视频

01 打开素材。图3-7所示的“图层1”为当前图层。复制当前图层的方法最为简单，执行“图层>新建>通过拷贝的图层”命令即可，如图3-8所示。用该命令的快捷键（Ctrl+J）操作会更方便。

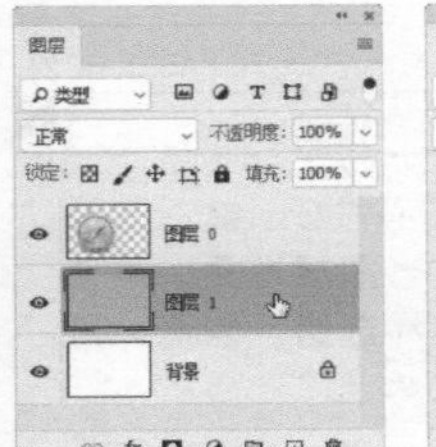
图3-7

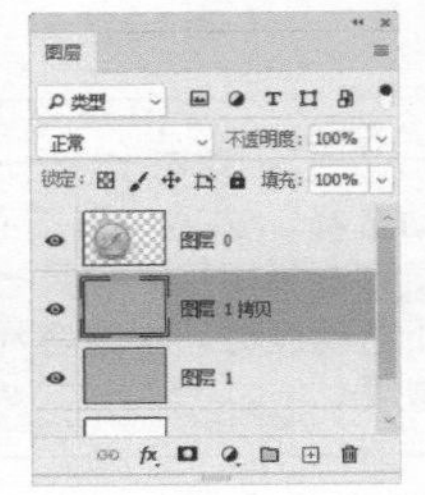
图3-8

02 如果要复制其他图层，可将其拖曳到“图层”面板底部的 ⊞ 按钮上，如图3-9和图3-10所示。

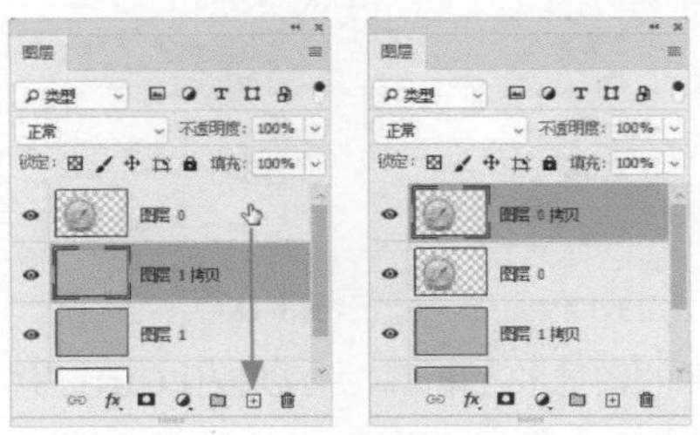
图3-9　图3-10

03 如果想要将一个图层复制到另一个图层的上方（或下方），可以将鼠标指针移动到其上方，如图3-11所示，按住Alt键并将其拖曳到目标位置，当出现蓝色横线时，如图3-12所示，放开鼠标即可，如图3-13所示。

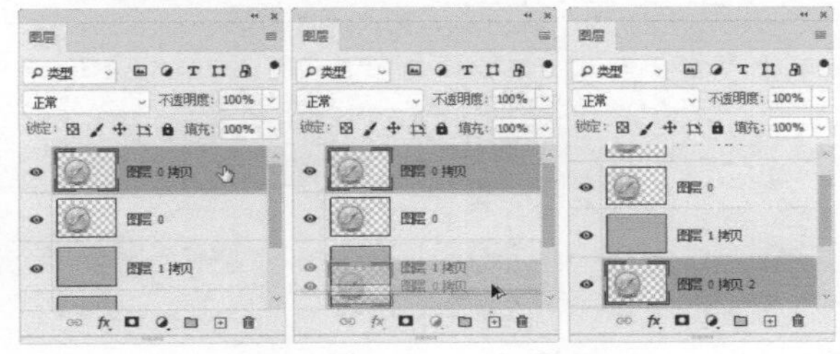
图3-11　图3-12　图3-13

04 对于承载图像的图层，还可使用移动工具 ✥ 复制。操作方法是：将鼠标指针移动到图像上方，如图3-14所示，按住Alt键，拖曳鼠标即可，如图3-15所示，此时复制的图像将位于一个新的图层中。

图3-14

图3-15

编辑图层

下面介绍图层的基本编辑方法，包括选择图层、调整图层的堆叠顺序、隐藏和显示图图层，以及如何进行编组等。

3.2.1 实战：图层的选择方法

扫码看视频

01 打开素材。单击一个图层，即可将其选择，同时它会成为当前图层，如图3-16所示。

02 当需要选择多个图层时，如果它们上下相邻，可单击第一个图层，如图3-17所示，再按住Shift键并单击最后一个图层，如图3-18所示。

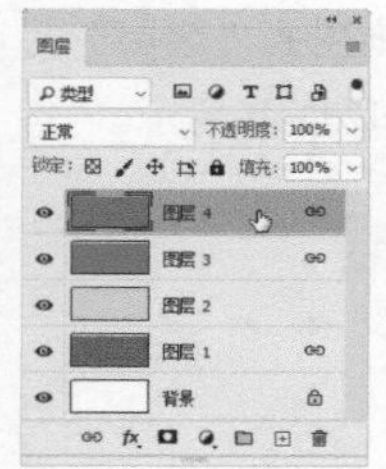

图3-16

图3-17

图3-18

03 如果要选择的图层并不相邻，可以按住Ctrl键并分别单击它们，如图3-19所示。

04 右侧有 图标的图层建立了链接。单击其中的一个，如图3-20所示，执行“图层>选择链接图层”命令，可将其他链接图层一同选取，如图3-21所示。如果要同时选择所有图层，则执行“选择>所有图层”命令会更加方便。

图3-19

图3-20

图3-21

3.2.2 实战：使用移动工具选择图层

移动工具 是Photoshop中最常用的工具，可以移动对象，进行变换和变形处理。该工具还可用于选择图层，这样就不必通过“图层”面板操作了。

扫 码 看 视 频

01 打开素材，如图3-22所示。这是个包含多个图层的文件，而且前后图像还互相遮挡。选择移动工具 ，取消工具选项栏中“自动选择”选项的勾选，如图3-23所示。将鼠标指针移动到图像上，按住Ctrl键并单击，可以选择鼠标指针所指的图层，如图3-24和图3-25所示。

图3-22

自动选择： 图层 显示变换控件

图3-23

图3-24

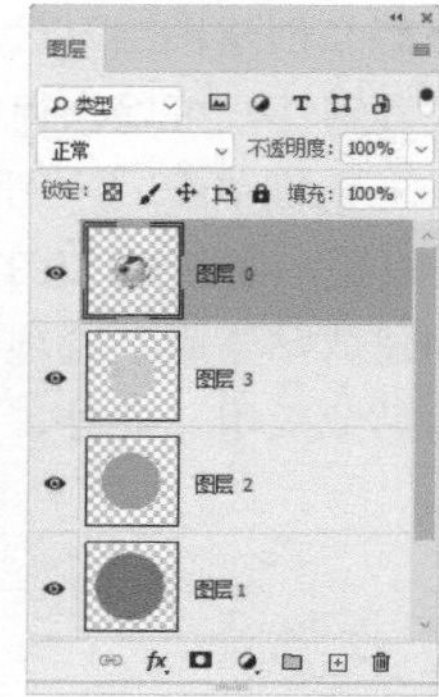

图3-25

02 当鼠标指针所指处有多个图层时，按住Ctrl键并单击图像，将选择位于最上方的图层。如果要选择位于下方的图层，可在图像上单击右键，打开快捷菜单，菜单中会列出鼠标指针所在位置的所有图层，从中选择需要的即可，如图3-26和图3-27所示。

图3-26

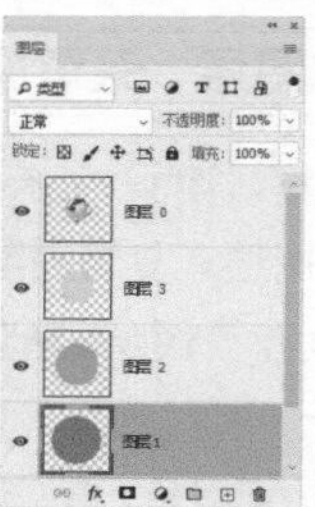

图3-27

> **提示**
>
> 如果勾选“自动选择”选项，则不必按Ctrl键，直接在图像上单击便可选择图层。但是当图层堆叠、设置了混合模式或不透明度时，非常容易选错。因此，最好不要勾选该选项。

03 当需要选择多个图层时，可以通过两种方法操作。第1种方法是按住Ctrl+Shift键并结合鼠标分别单击各个图像，如图3-28和图3-29所示。如果想要将被遮挡的下方图像也添加进来，可以按住Ctrl+Shift键并单击右键，打开快捷菜单，在其中进行选取。

图3-28

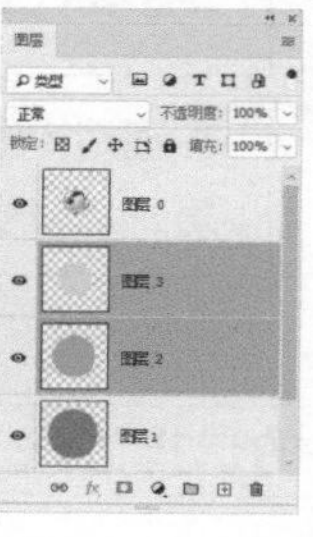

图3-29

04 第2种方法是按住Ctrl键并拖曳出一个选框，如图3-30所示，释放鼠标左键后，进入选框范围内的图像都会被选取，如图3-31所示。需要注意的是，应该先按住Ctrl键再进行拖曳，并且一定要在图像旁边的空白区域拖出选框，否则会移动图像。

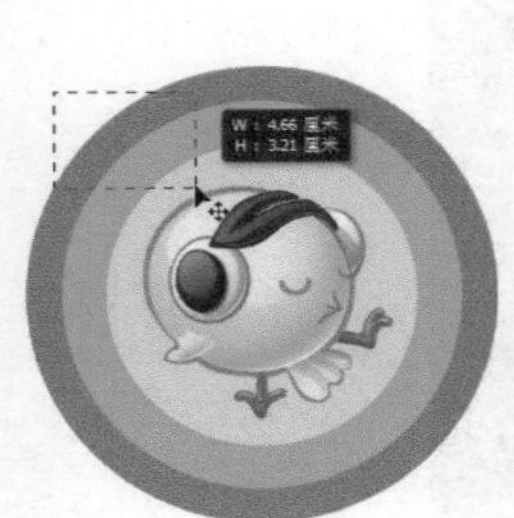

图3-30

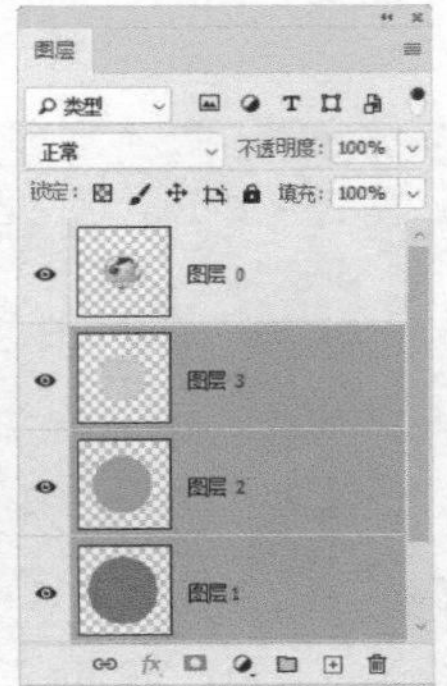

图3-31

3.2.3 实战：调整图层的堆叠顺序

扫码看视频

01 打开素材，如图3-32所示。将鼠标指针放在一个图层上方，如图3-33所示，将选中的图层拖曳到另一个图层的下方（也可是上方），当出现突出显示的蓝色横线时，如图3-34所示，释放鼠标左键即可完成操作，如图3-35所示。由于遮挡关系改变了，图像效果也发生了变化，如图3-36所示。

图3-32

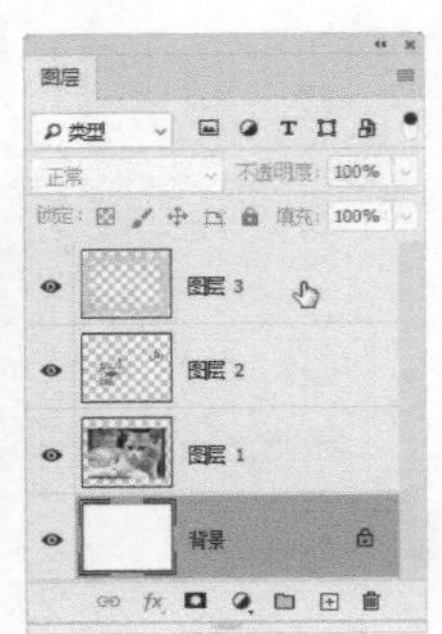

图3-33

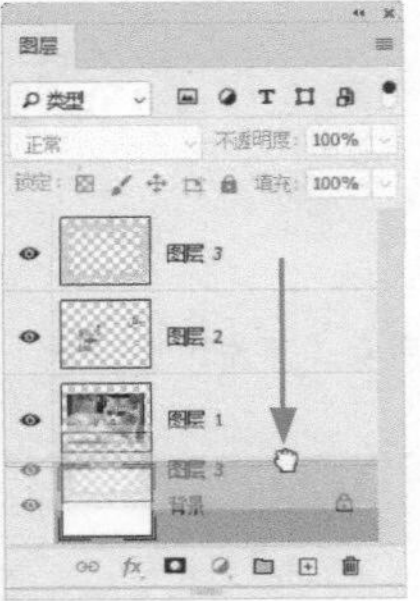

图3-34

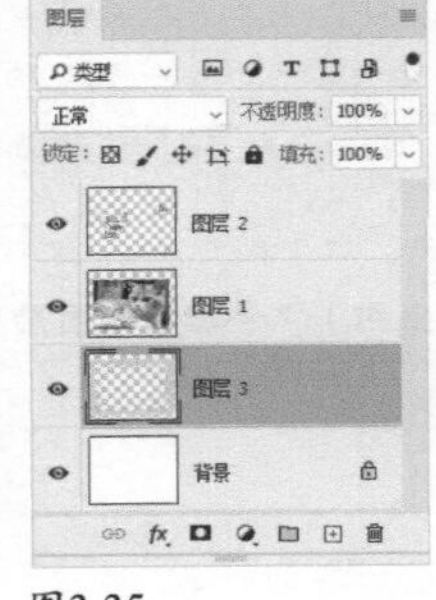

图3-35

图3-36

02 使用命令也可调整，只是需要按部就班地操作，速度慢了一些。先单击图层，将其选择，再打开“图层>排列”菜单，如图3-37所示，然后选择其中的命令。

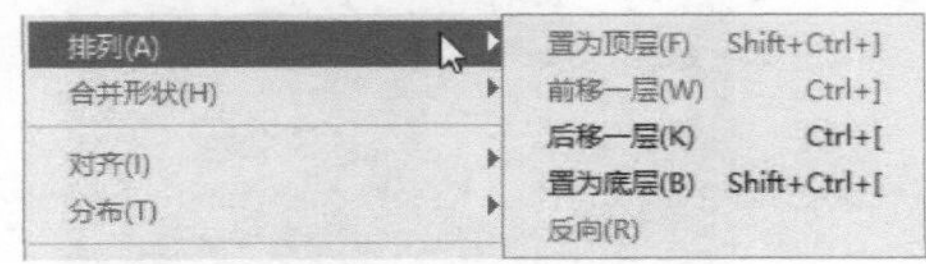

图3-37

03 如果图层数量特别多，要快速将某个图层调整到特定的位置，包括最顶层、最底层（“背景”图层上方）、向上或向下移动一个堆叠顺序，通过拖曳的方法也要费一些功夫，这时使用“排列”菜单中的命令操作会更加方便。其中的“反向”命令可以反转所选图层的堆叠顺序，如图3-38和图3-39所示，但只有同时选取了多个图层时才能使用。除该命令外，其他命令都有快捷键，使用快捷键能提高工作效率，最好背下来。

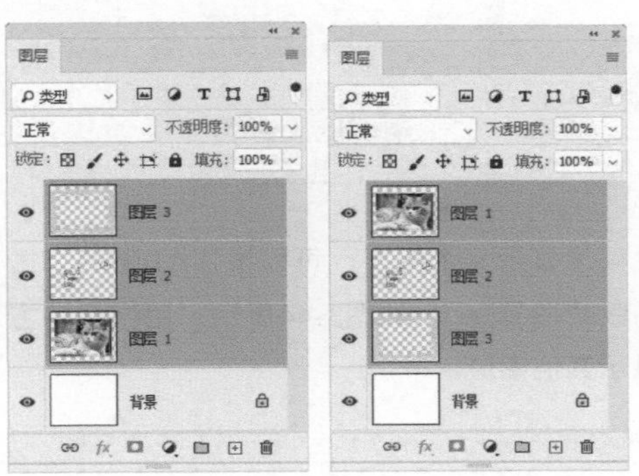

图3-38　　图3-39

3.2.4 实战：隐藏和显示图层

扫码看视频

01 单击一个图层左侧的眼睛图标，即可隐藏该图层，如图3-40所示。隐藏的图层不能编辑，但可以合并和删除。如果要重新显示图层，可在原眼睛图标处单击，如图3-41所示。

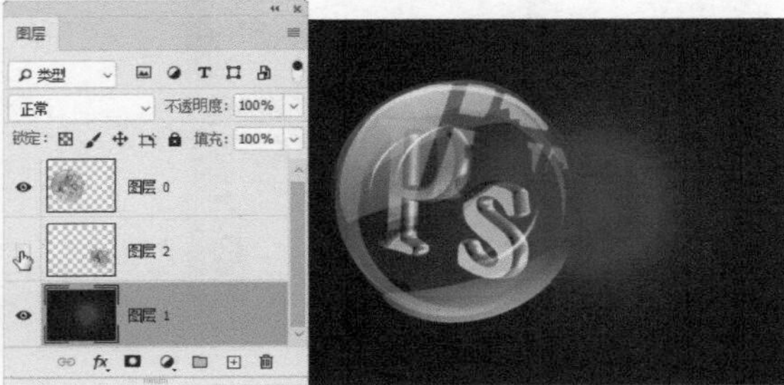

图3-40

图3-41

02 将鼠标指针移动到一个图层的眼睛图标 上，如图3-42所示，在眼睛图标列上、下拖曳，可将相邻的图层全部隐藏，如图3-43所示。恢复显示图层也采用同样的操作即可。

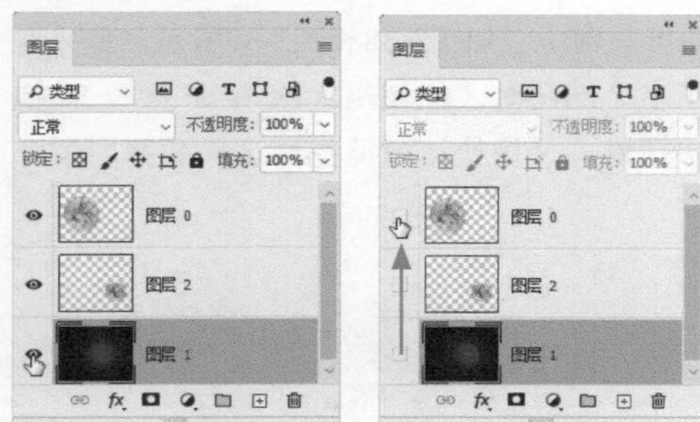

图3-42　　图3-43

03 如果只想显示一个图层，可以按住Alt键并单击它的眼睛图标 ，如图3-44所示。用同样的方法可重新显示其他图层。

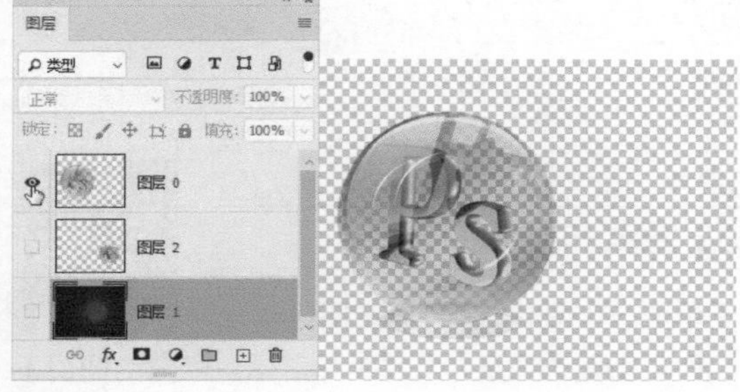

图3-44

3.2.5 分组管理，简化主结构

Photoshop中的文件可以包含几千个图层。图像效果越丰富，用到的图层就会越多。只有做好分组管理，才能使“图层”面板清楚、明了，如图3-45所示。

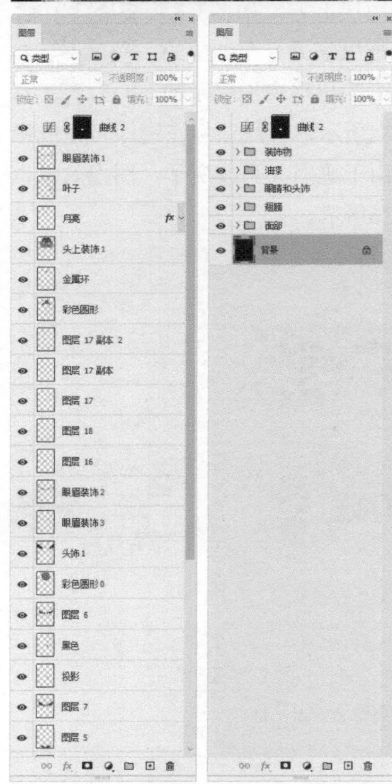

图像合成作品（上图），整理前的图层列表（下左图），分组后的清晰列表（下右图）

图3-45

单击“图层”面板中的 □ 按钮，可以创建一个空的图层组，如图3-46所示。如果想在创建图层组的同时设置名称、颜色、混合模式和不透明度等属性，则可以执行“图层>新建>组”命令操作，如图3-47和图3-48所示。

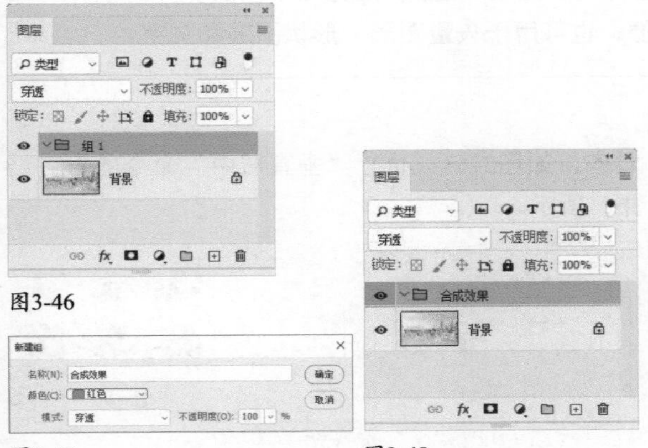

图3-46

图3-47

图3-48

创建或单击一个图层组后，单击 ⊞ 按钮，可在该组中创建图层。此外，也可将其他图层拖入组中，如图3-49和图3-50所示；还可以将组中的图层拖曳到组外，如图3-51和图3-52所示。

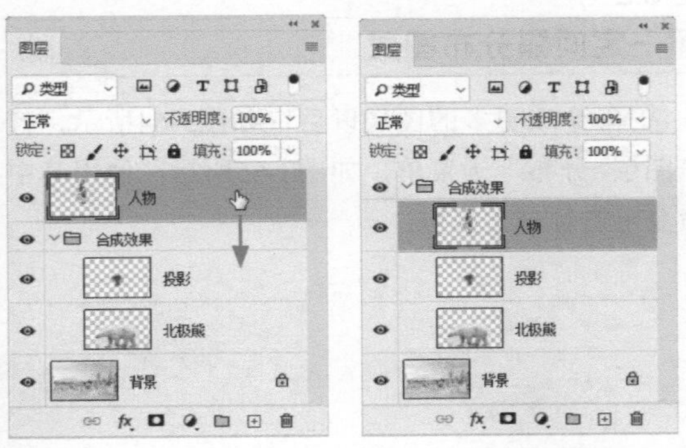

图3-49

图3-50

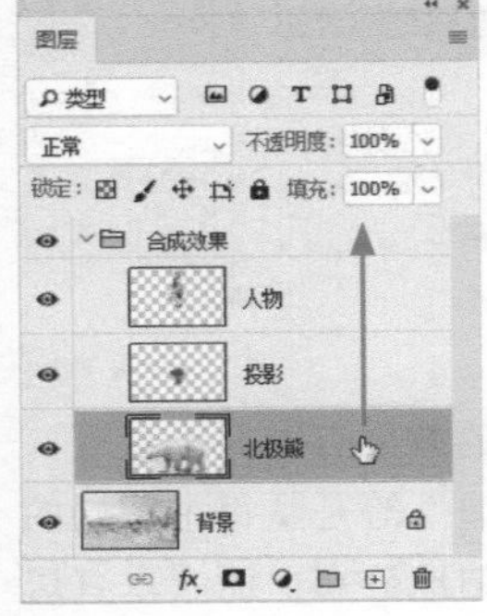

图3-51

图3-52

如果要将多个图层编入一个图层组中，可先将它们选取，如图3-53所示，然后执行“图层>图层编组”命令（快捷键为Ctrl+G），如图3-54所示。图层组会使用默认的名称、不透明度和混合模式。如果想要在创建组时设置这些属性，可以执行“图层>新建>从图层建立组”命令。图层组中可以继续创建图层组，也可将一个图层组拖入另一组中，如图3-55所示，这种多级结构称为嵌套图层组。

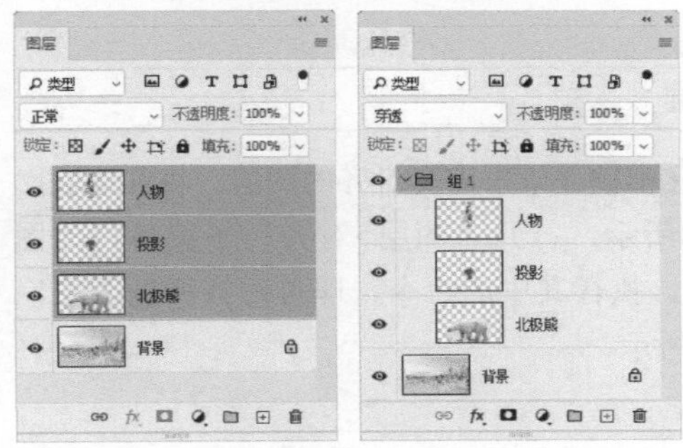

图3-53

图3-54

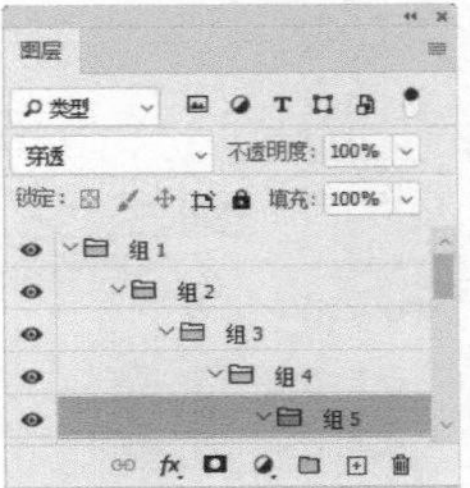

图3-55

当图层组完成使命以后，可单击它，将其选取，如图3-56所示，执行“图层>取消图层编组”命令（快捷键为Shift+Ctrl+G）将其解散，如图3-57所示。如果要删除组及其中包含的图层，将其拖曳到“图层”面板下方的 🗑 按钮上即可。

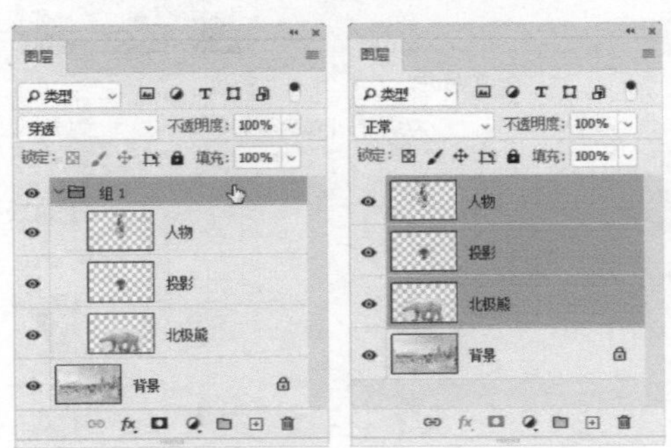

图3-56

图3-57

对齐和分布图层

对齐图层是指以一个图层中的像素边缘为基准，让其他图层中的像素边缘与之对齐。分布图层是指让3个或更多图层按照一定的间隔分布（注意，至少3个图层，才可进行分布操作）。对齐和分布操作不仅限于图像，也可用于矢量图形、形状图层和文字。

3.3.1 对齐图层

按住Ctrl键并单击需要对齐的图层，将其选取，如图3-58所示，打开“图层>对齐”子菜单，如图3-59所示，执行其中的命令，即可对齐所选图层，如图3-60所示。

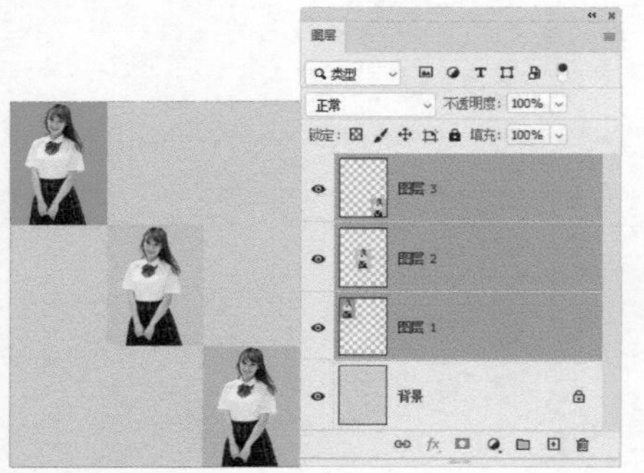

图3-58

顶边(T)
垂直居中(V)
底边(B)
左边(L)
水平居中(H)
右边(R)

图3-59

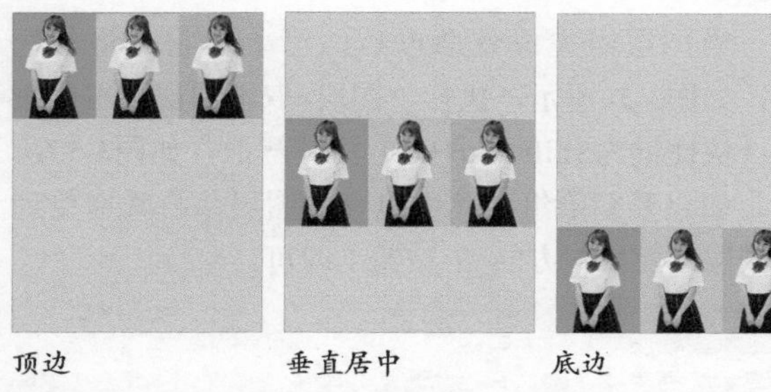

顶边　垂直居中　底边

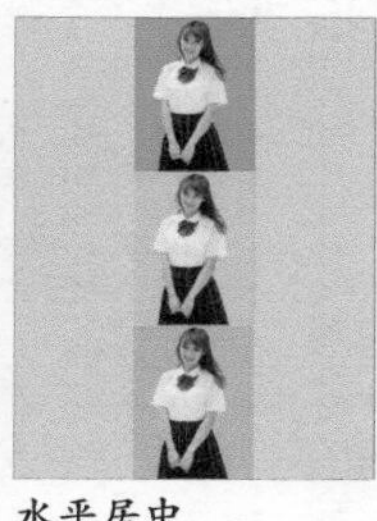

左边　水平居中　右边

图3-60

如果选取并将图层链接，如图3-61所示，之后单击其中的一个图层，如图3-62所示，再执行“对齐”菜单中的命令，则它们会与单击的那一图层对齐，如图3-63（执行“垂直居中”命令的对齐结果）所示。

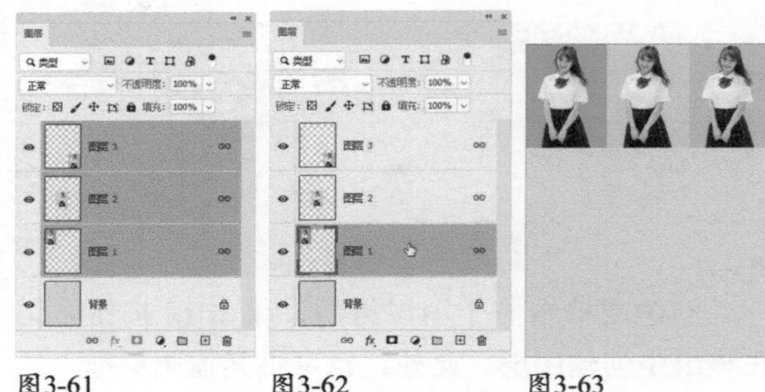

图3-61　图3-62　图3-63

3.3.2 按照一定间隔分布图层

选择3个或更多的图层以后，如图3-64所示，打开“图层>分布”子菜单，如图3-65所示，使用其中的命令可进行分布操作。

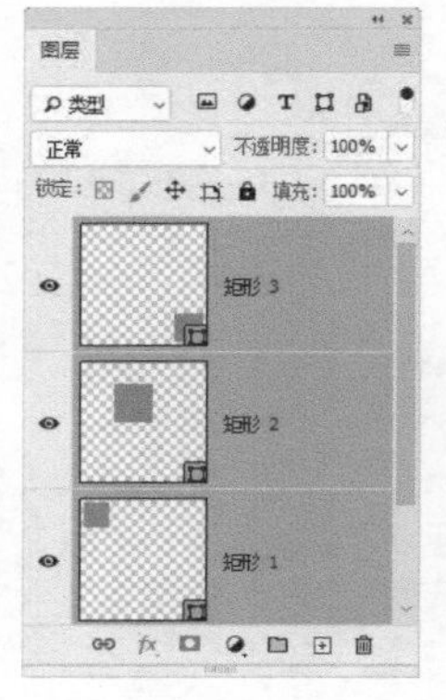

图3-64

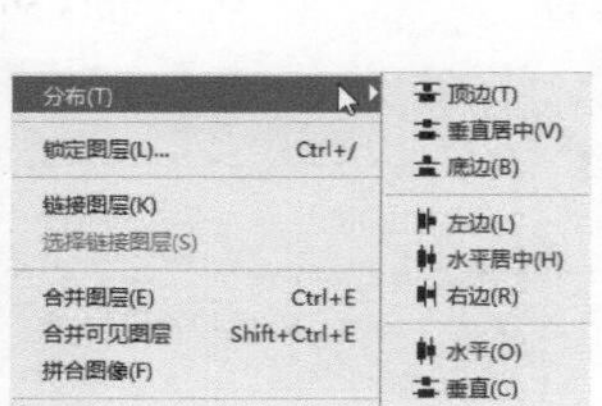

图3-65

与对齐命令相比，分布的效果有时并不直观，其要点在于：“顶边”“底边”等是从每个图层的顶端或底端像素开始间隔均匀地分布；而“垂直居中”“水平居中”则是从每个图层的垂直或水平中心像素开始间隔均匀地分布，如图3-66所示。

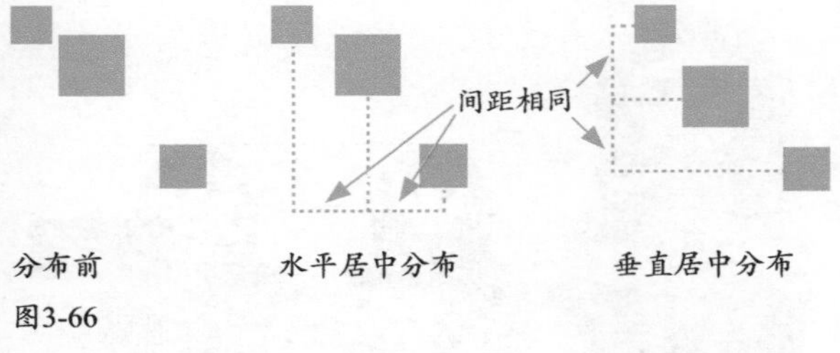

图3-66

3.3.3 巧用移动工具进行对齐和分布

选择需要对齐或分布的图层后，再选择移动工具✥，它的工具选项栏中会显示一排按钮，如图3-67所示。单击其中的按钮，便可进行对齐和分布操作，这要比使用菜单命令方便。

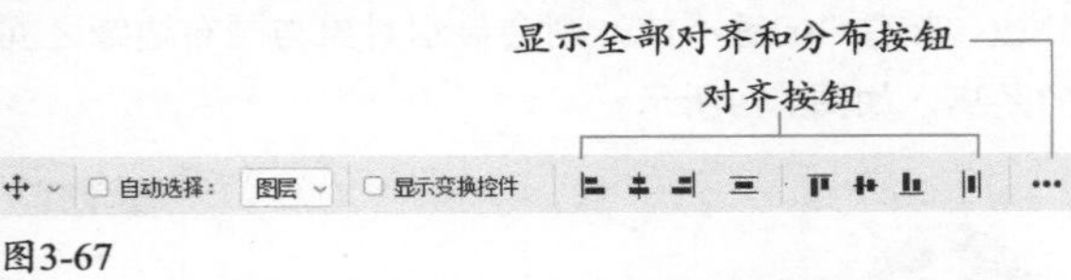

图3-67

这些按钮与“对齐”“分布”菜单命令前方的图标完全一样，只是没有名称。如果要查看名称，可以将鼠标指针移动到按钮上，停留片刻便会显示出来。

3.3.4 实战：使用标尺和参考线对齐对象

标尺是一种测量工具。从标尺中可以拖曳出参考线。

扫码看视频

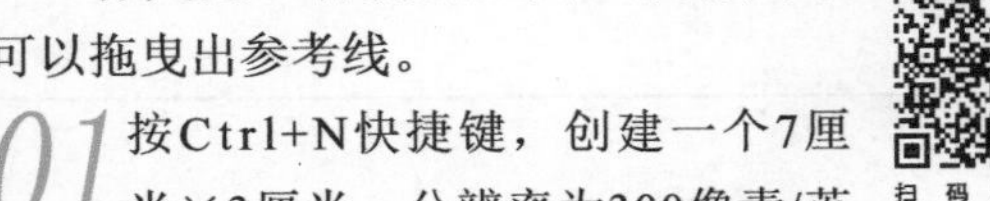

01 按Ctrl+N快捷键，创建一个7厘米×3厘米、分辨率为300像素/英寸的文档（注：1英寸约等于2.54厘米），如图3-68所示。执行“视图>标尺”命令（快捷键为Ctrl+R），窗口顶部和左侧会显示标尺。在标尺上单击鼠标右键，打开快捷菜单，将测量单位改为厘米，如图3-69所示。

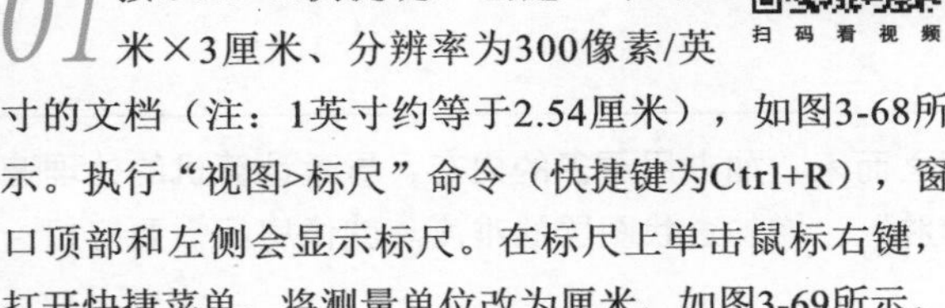

图3-68

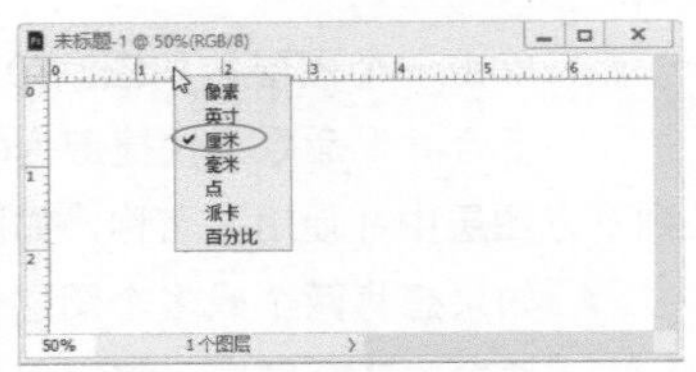

图3-69

02 将鼠标指针放在水平标尺上，向下拖曳，可拖出水平参考线。在垂直标尺上拖出3条垂直参考线，操作时需要按住Shift键，以便让参考线与标尺上的刻度对齐，如图3-70所示。如果参考线没有对齐，可以选择移动工具✥，将鼠标指针放在参考线上，鼠标指针变为⟺状时进行拖曳，便可将其移动到准确位置上，如图3-71所示。

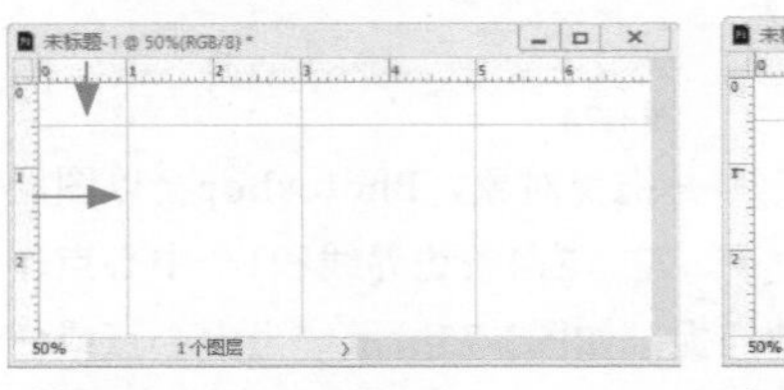

图3-70

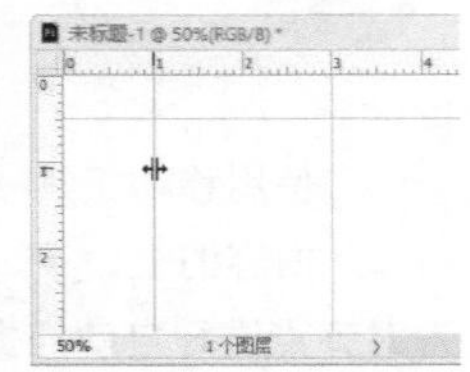

图3-71

03 打开素材。使用移动工具✥将图标拖入创建了参考线的文件中，并以参考线为基准进行对齐，如图3-72所示。

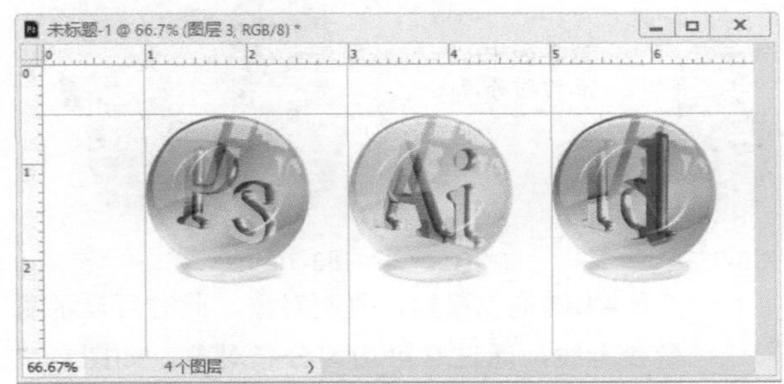

图3-72

技术看板　锁定、删除参考线

如果手动放置参考线无法准确定位（如放在水平方向5.23厘米处就很难操作），可以执行“视图>新建参考线”命令，打开“新建参考线”对话框进行设置。如果不想创建好的参考线被意外移动，可以执行“视图>锁定参考线”命令，将参考线的位置锁定（解除锁定也是执行该命令）。

将参考线拖曳回标尺，可将其删除。如果要删除某个画板上的所有参考线，可以在“图层”面板中单击该画板，然后执行“视图>清除所选画板参考线”命令。如果只想删除画布上的参考线，保留画板上的参考线，可以执行“清除画布参考线”命令。如果要删除所有参考线，可以执行“视图>清除参考线”命令。

3.3.5 实战：使用智能参考线和测量参考线对齐对象

扫码看视频

01 打开素材，如图3-73所示。执行“视图>显示>智能参考线”命令，启用智能参考线（关闭智能参考线也是执行这个命令）。单击图像所在的图层，如图3-74所示。

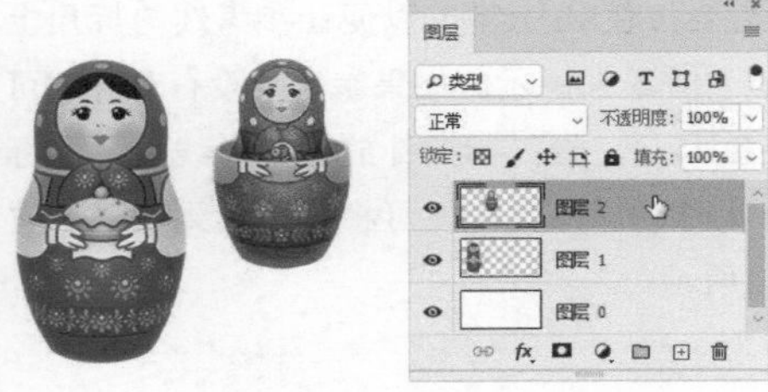

图3-73　　图3-74

02 使用移动工具 ✥ 拖曳对象，Photoshop会以图层内容的上、下、左、右4条边界线和1个中心点作为对齐点进行自动捕捉，如图3-75所示，当中心点或任意一条边界线与其他图层内容对齐时，就会出现智能参考线，通过它便可手动对齐图层，非常容易操作。图3-76所示为底对齐效果。

边界和中心点为对齐点

图3-75

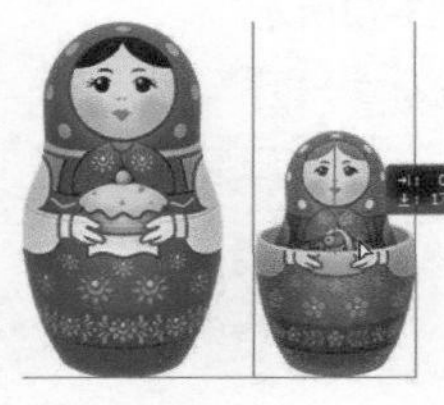

图3-76

03 按住Alt键拖曳鼠标，复制对象，此时可显示测量参考线，通过它可均匀分布对象，如图3-77所示。

图3-77

04 将鼠标指针放在图像上方，按住Ctrl键不放，也会显示测量参考线。在这种状态下，可以查看当前对象与其他对象的距离参数，如图3-78所示；也可以按→、←、↑、↓键轻移图层。将鼠标指针放在对象外边，按住Ctrl键不放，则会显示对象与画布边缘之间的距离，如图3-79所示。

图3-78　　图3-79

合并、删除图层

当图层数量增多以后，很多麻烦也会随之而来，如占用更多的内存，导致计算机的处理速度变慢，也会使“图层”面板变得“臃肿”，增加查找图层的难度。就像房间需要打扫一样，图层也应及时整理。

3.4.1

实战：合并图层

为减少图层数量，或者需要将设计图稿交与第三方审核、排版、打印时，可以合并图层。有一个重要提醒：合并前，一定要把原始的PSD格式分层文件做一个备份，否则合并并关闭文件后，无法恢复为分层状态。

扫 码 看 视 频

01 单击一个图层，如图3-80所示，执行“图层>向下合并”命令（快捷键为Ctrl+E），可将它合并到下方图层中并使用其名称，如图3-81所示。

02 如果想将两个或多个图层合并，可以按住Ctrl键并单击各个图层，将它们选取，如图3-82所示，之后按Ctrl+E快捷键。合并后使用的是合并前位于最上方的图层的名称，如图3-83所示。

图3-80

图3-81

图3-82

图3-83

3.4.2
实战：删除图层

01 单击一个图层，如图3-84所示，按Delete键，可将其删除，如图3-85所示。如果选取了多个图层，则可将它们全部删除。如果要删除当前图层，则直接按Delete键即可。

02 由于单击一个图层就会将其设置为当前图层，因此，上面的方法会改变当前图层。如果不想改变当前图层，可将图层拖曳到“图层”面板中的 🗑 按钮上进行删除，如图3-86和图3-87所示。

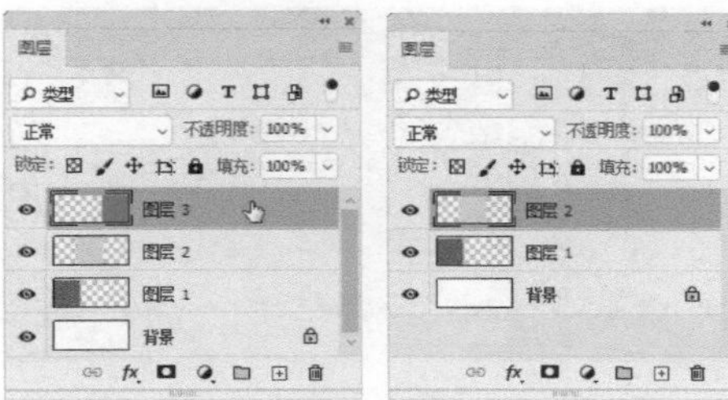

图3-84 图3-85

图3-86 图3-87

03 如果图层列表较长，则需要拖曳很长距离才能将图层拖到 🗑 按钮上，这样操作并不方便。在这种情况下，可以在图层上单击右键，打开快捷菜单，选择“删除图层”命令来进行删除，如图3-88所示。此外，执行“图层>删除”子菜单中的命令，也可以删除当前图层或“图层”面板中所有隐藏的图层。

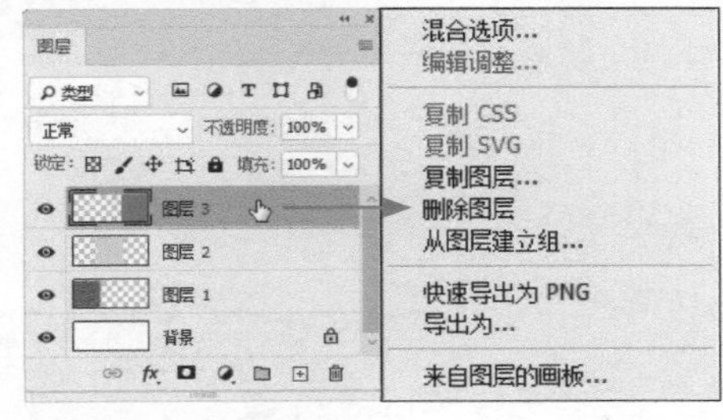

图3-88

图层样式

需要给对象添加阴影，使其散发光芒、呈现立体效果、表现金属质感等，可以使用图层样式。图层样式能创建真实的质感、纹理和特效，操作方法简便、灵活并可修改。图层样式也称“图层效果”或“效果”。如果看到本书中出现为图层添加某一效果时，如“阴影”效果，指的就是添加“阴影”图层样式。

3.5.1
实战：在笔记本上压印图像（斜面和浮雕效果）

下面使用“斜面和浮雕”效果在笔记本上制作压印的图形和文字，如图3-89所示。本实战的重点是等高线和“填充”值的设置方法。等高线决定了浮雕形状，是表现压印立体感的关键。调整“填充”值可以让压印痕迹看上去浑然天成。

图3-89

01 打开素材，这是一个分层文件，包含文字图形和瓦当图像，如图3-90所示。单击“瓦当”图层，将其“填充”设置为0%以隐藏瓦当图像，如图3-91所示。双击该图层，打开“图层样式”对话框，添加“斜面和浮雕”效果，如图3-92所示，以创建压印痕迹。

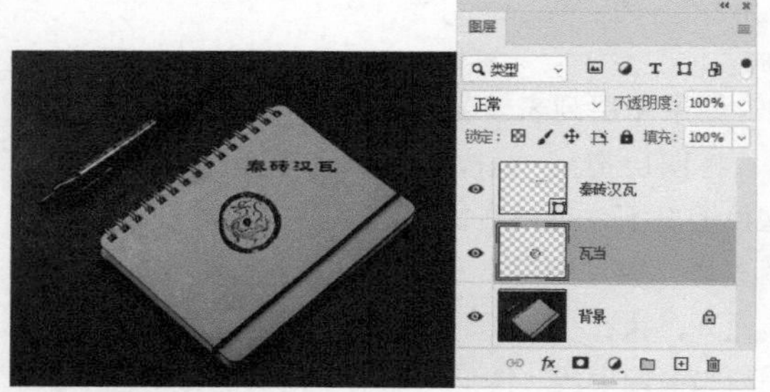

图3-90

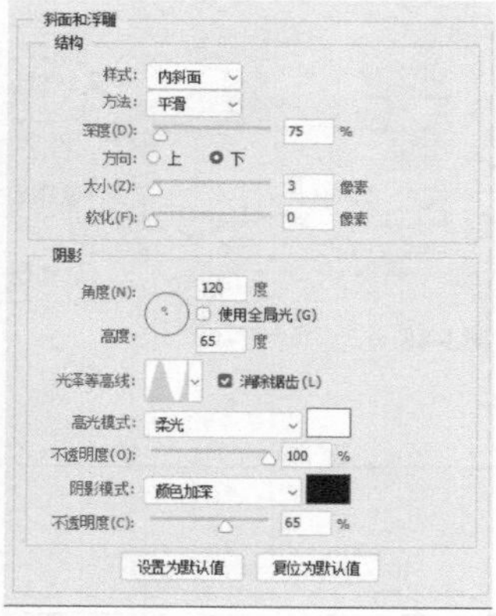

图3-91

图3-92

> **提示**
>
> 设置“填充”为0%后，瓦当图像已被隐藏，为它添加的效果便留在了笔记本的封面上，这是一种偷梁换柱的技巧。

02 按Ctrl+T快捷键显示定界框，将鼠标指针放在定界框外，进行拖曳，使图像旋转，如图3-93所示，按Enter键确认。单击文字所在的图层，如图3-94所示。

图3-93

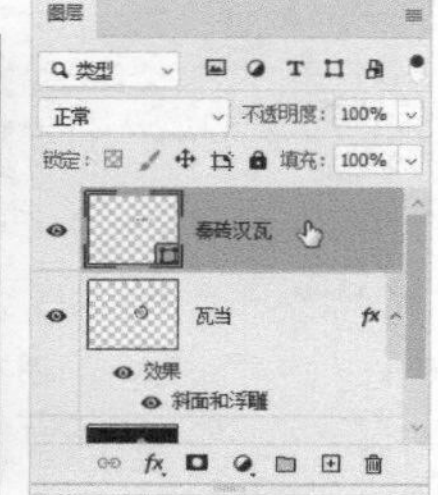

图3-94

03 按Ctrl+T快捷键显示定界框，对文字进行旋转，如图3-95所示。按住Alt+Ctrl键并配合鼠标拖曳右上角的控制点，进行斜切扭曲处理，如图3-96所示，按Enter键确认。

图3-95

图3-96

04 按住Alt键，将“瓦当”图层的效果图标 *fx* 拖曳给文字所在的图层，如图3-97所示，将效果复制给文字图层。然后将文字所在图层的“填充”也设置为0%，如图3-98和图3-99所示。

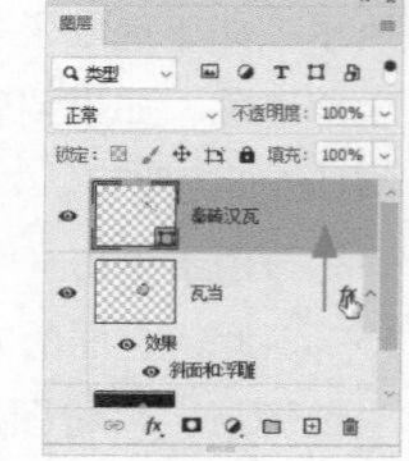

图3-97

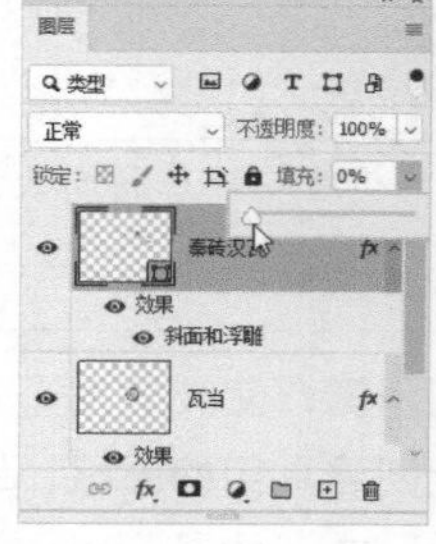

图3-98

图3-99

3.5.2 描边效果

“描边”效果可以使用颜色、渐变和图案描画对象的轮廓，如图3-100~图3-102所示。该效果对于硬边形状，如文字特别有用。另外，创建“描边浮雕”效果时，也需要先添加该效果。

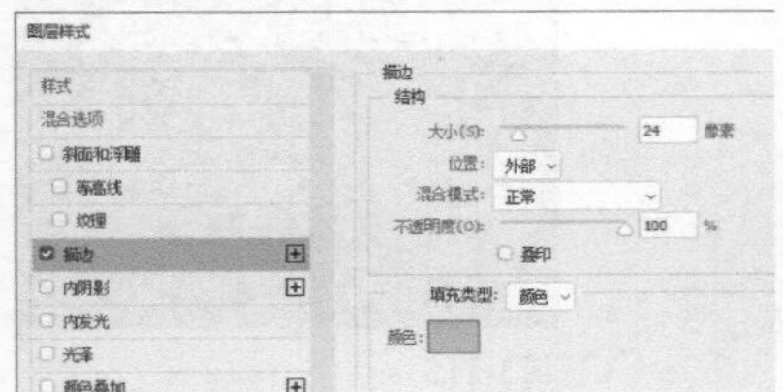

“描边”选项

原图像

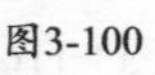

图3-100　　图3-101

颜色描边　　渐变描边　　图案描边

图3-102

“描边”效果的参数比较简单。“大小”用来设置描边宽度；“位置”用来设置位于轮廓内部、中间还是外部；“填充类型”用来设置描边内容。

3.5.3 光泽效果

“光泽”与“等高线”都属于效果之上的效果，也就是说，它们是用来增强其他效果的，很少单独使用。

“光泽”效果可以生成光滑的内部阴影，常用来模拟光滑度和反射度较高的对象，如金属的表面光泽、瓷砖的高光面等。使用该效果时，可通过选择不同的“等高线”来改变光泽，如图3-103和图3-104所示。

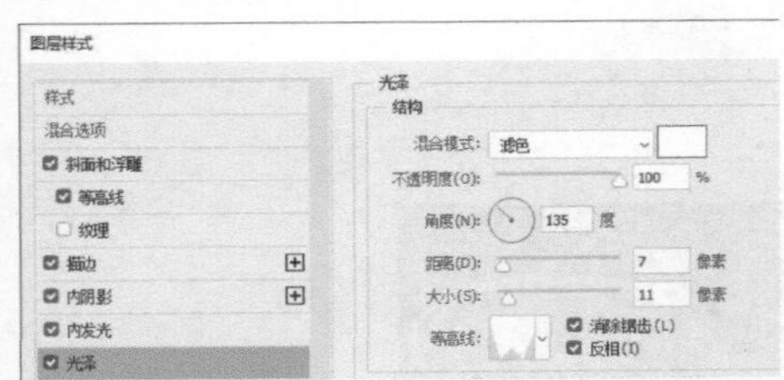

“光泽”选项

图3-103

无光泽

添加光泽

图3-104

- 角度：用来控制图层内容副本的偏移方向。
- 距离：添加“光泽”效果时，Photoshop将图层内容的两个副本进行模糊和偏移处理，从而生成光泽，“距离”选项用来控制这两个图层副本的重叠量。
- 大小：用来控制图层内容副本（即效果图像）的模糊程度。

3.5.4 实战：制作霓虹灯（外发光和内发光效果）

扫码看视频

“外发光”和“内发光”效果可以沿图层内容的边缘创建向外或向内的发光效果，常用于制作发光类特效，如图3-105所示。本实战用到的功能较多，最好先看视频，再进行操作。如果还是有难度，可以暂时放一放，等学过“第6章 混合模式与蒙版”内容后回过头来再做也不迟。

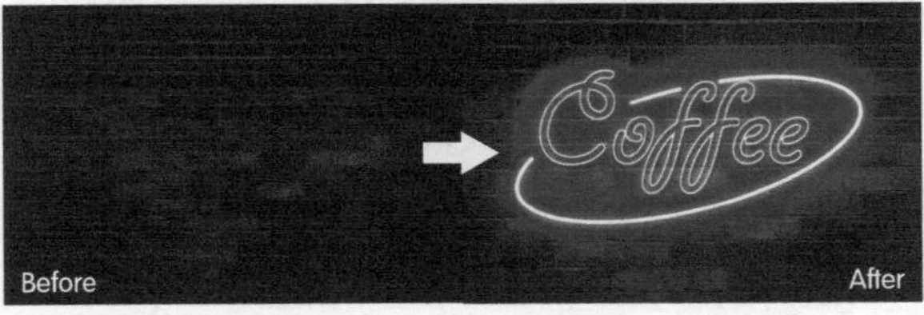

图3-105

01 选择横排文字工具 T ，在工具选项栏中选择字体，设置文字大小和颜色，如图3-106所示。在画布上单击，然后输入文字，如图3-107所示。如果没有相应字体，可以打开本实战的文字素材，从第2步开始操作。

Giddyup Std　Regular　500点　锐利

图3-106

图3-107

02 按住Ctrl键并单击文字缩览图，如图3-108所示，从文字中载入选区，如图3-109所示。

图3-108

图3-109

03 单击文字图层左侧的眼睛图标，将该图层隐藏。单击按钮，新建一个图层。执行“编辑>描边”命令，对选区进行描边，如图3-110所示。按Ctrl+D快捷键取消对选区的选择，如图3-111所示。

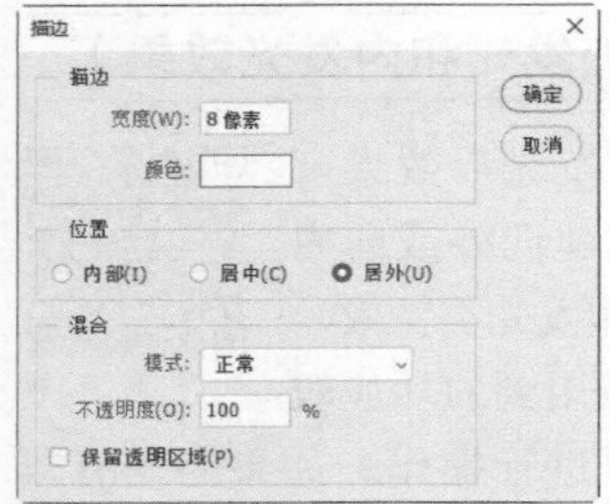

图3-110

图3-111

04 双击当前图层，打开“图层样式”对话框，添加“内发光”“外发光”“投影”效果，如图3-112~图3-115所示。

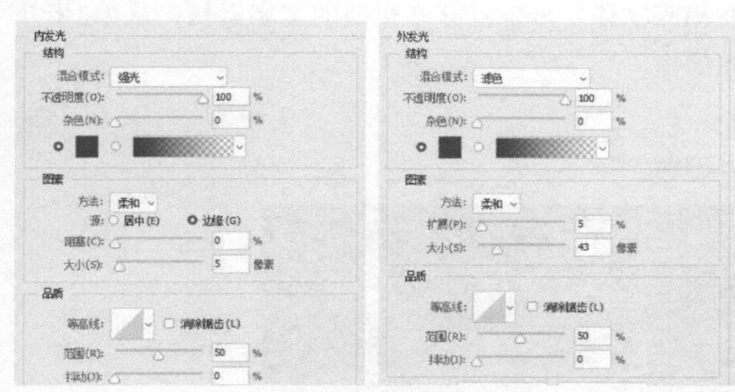

图3-112　　图3-113

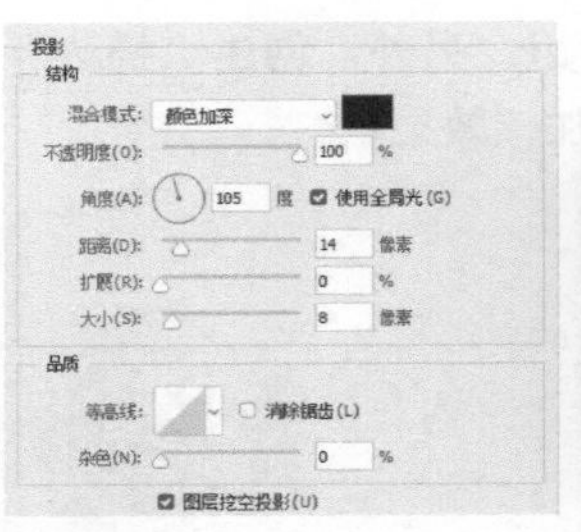

图3-114

图3-115

05 选择椭圆工具，在工具选项栏中选取“形状”选项，并设置描边颜色及宽度，如图3-116所示。在画面中创建椭圆图形，如图3-117所示。执行“图层>栅格化>形状”命令，将形状栅格化，使其转换为图像，并拖曳到文字图层下方，如图3-118所示。

图3-116

图3-117

图3-118

06 单击“图层”面板中的按钮，添加蒙版。此时，前景色会自动变为黑色，选择画笔工具及硬边圆笔尖，在椭圆与文字重叠的区域涂抹黑色，用蒙版将涂抹处遮盖住，这样椭圆上就出现缺口（将缺口处理成圆角）了，如图3-119和图3-120所示。

图3-119

图3-120

07 按住Alt键，将文字的效果图标 fx 拖曳给椭圆，为椭圆复制相同的效果，如图3-121和图3-122所示。

图3-121

图3-122

08 双击当前图层，打开“图层样式”对话框，修改两个发光效果的发光颜色，如图3-123~图3-125所示。

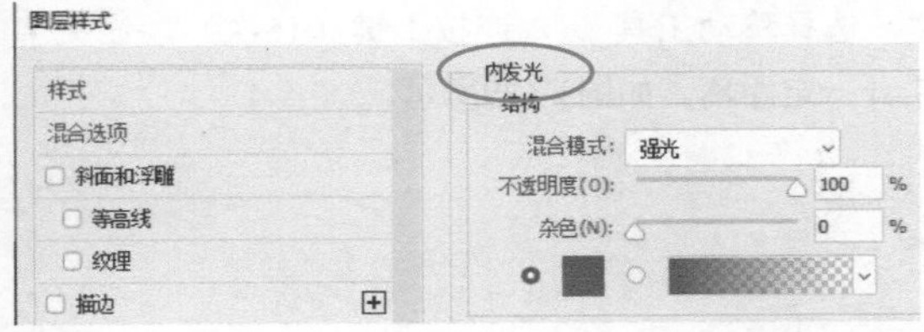

图3-123

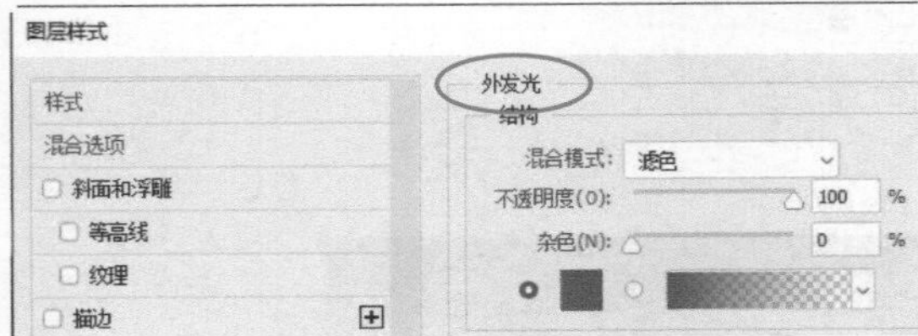

图3-124

图3-125

提示

如果椭圆缺口处效果生硬，或者缺口内出现效果，可以在“图层样式”对话框中勾选“图层蒙版隐藏效果”选项，将效果隐藏。

09 在“背景”图层上方新建一个图层。选择画笔工具 及柔边圆笔尖，在霓虹灯管下方涂抹蓝色和洋红色，增强光效，如图3-126和图3-127所示。

图3-126　图3-127

10 按住Shift键并单击最上方的图层，将图3-128所示的图层都选取。按Ctrl+G快捷键将选择的图层编入图层组中，设置组的混合模式为“线性减淡（添加）”，如图3-129和图3-130所示。

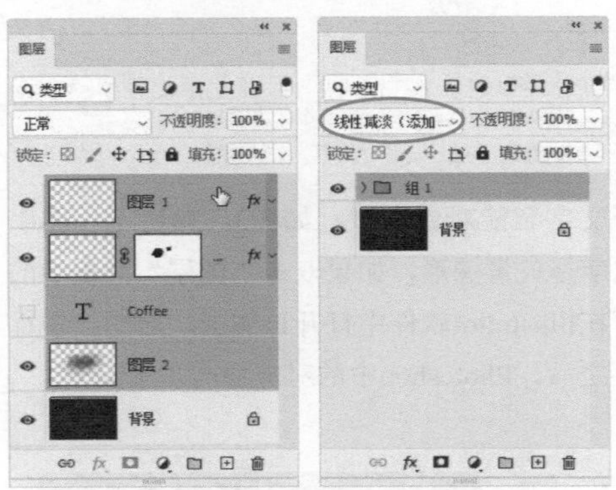

图3-128　图3-129

图3-130

3.5.5

实战：制作激光字（图案叠加效果）

下面使用“图案叠加”效果制作激光字，如图3-131所示。

扫 码 看 视 频

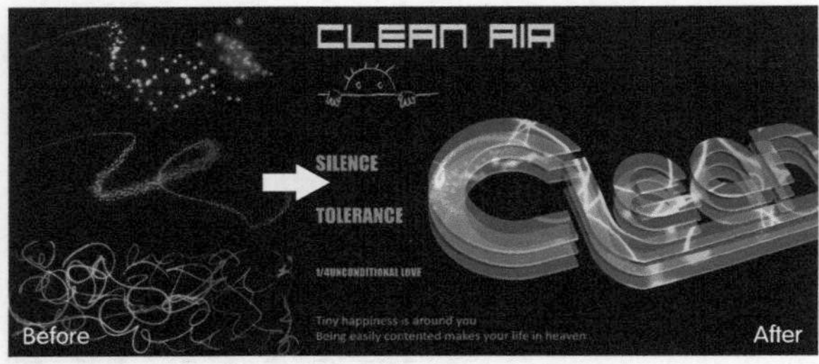

图3-131

01 打开3个素材。执行“编辑>定义图案”命令，打开“图案名称”对话框，设置名称为“图案1”，如图3-132所示，单击“确定”按钮，将图像定义为图案。使用同样的方法将另外两个图像也定义为图案。

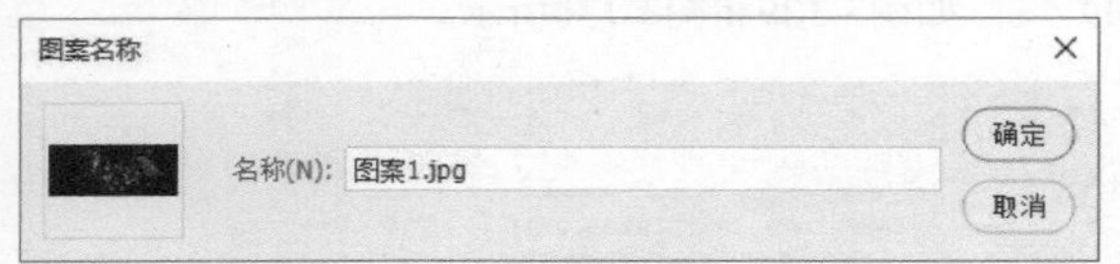

图3-132

02 打开文字智能对象素材，如图3-133所示。图中的文字是矢量图形，如果双击“图层”面板中的图标，可在Illustrator软件中打开该图形，对图形进行编辑并保存之后，Photoshop中的对象会同步更新。

图3-133

03 双击该图层，打开“图层样式”对话框，添加“投影”效果，如图3-134所示。继续添加“图案叠加”效果，在图案下拉面板中选择自定义的“图案1”，设置缩放参数为184%，如图3-135和图3-136所示。

04 不要关闭对话框。将鼠标指针移动到文字上，此时鼠标指针会自动变为状，拖曳可以调整图案的位置，如图3-137所示。调整完成后将对话框关闭。

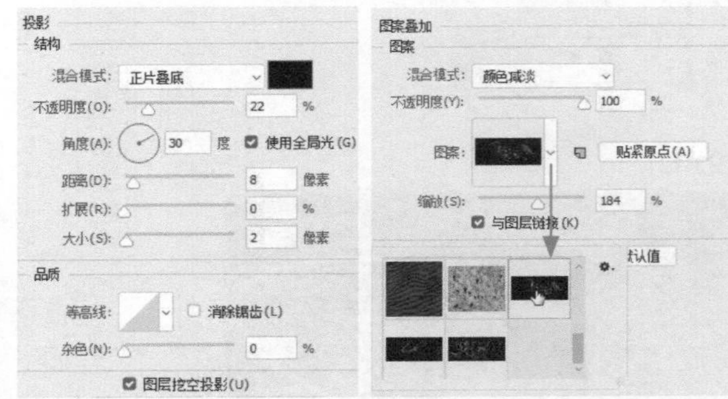

图3-134　图3-135

图3-136　图3-137

05 按Ctrl+J快捷键复制当前图层，如图3-138所示。选择移动工具，连按↑键（15次），让文字间错开一定距离，如图3-139所示。

图3-138

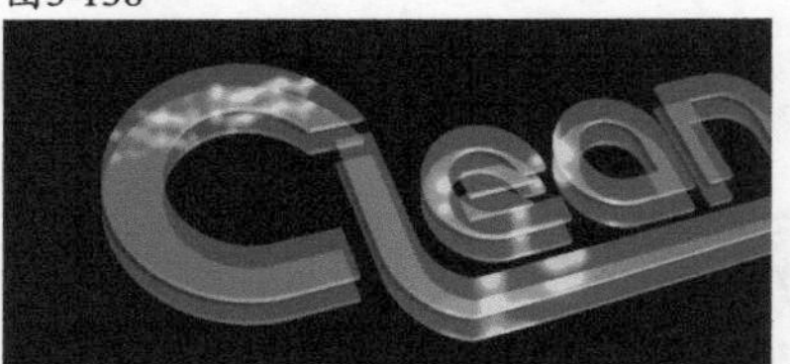

图3-139

06 双击该图层右侧的fx图标，打开“图层样式”对话框，选择“图案叠加”效果，在图案下拉面板中选择“图案2”，修改缩放参数为77%，如图3-140和图3-141所示。

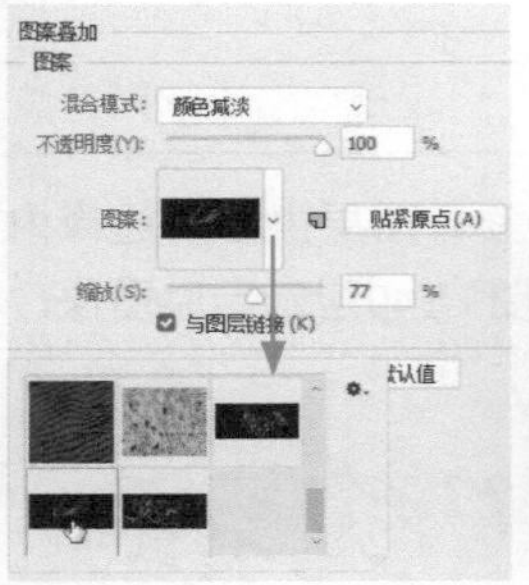

图3-140　图3-141

07 在不关闭对话框的状态下调整图案位置，让更多的光斑出现在文字中，如图3-142所示。

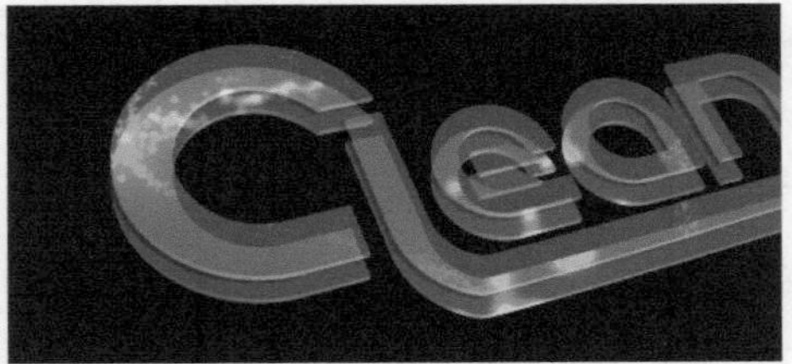

图3-142

08 重复上面的操作。复制图层，再将复制后的文字向上移动一段距离，如图3-143所示。使用自定义的“图案3”对文字进行填充，完成本实战特效的制作，如图3-144和图3-145所示。如果想让特效字成为一幅平面设计作品，可以添加一些文字和卡通元素来丰富版面，如图3-146所示。

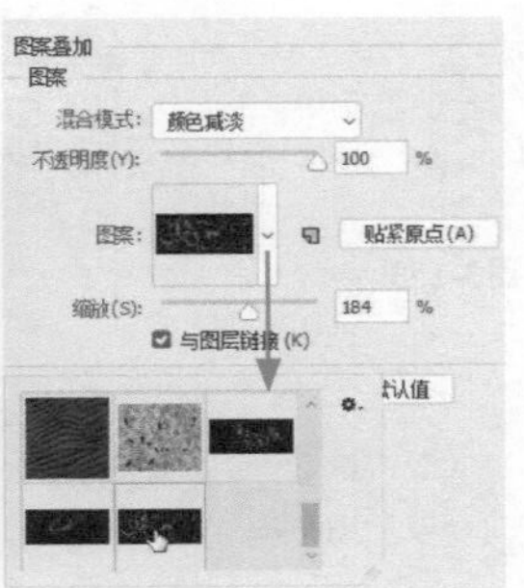

图3-143　图3-144

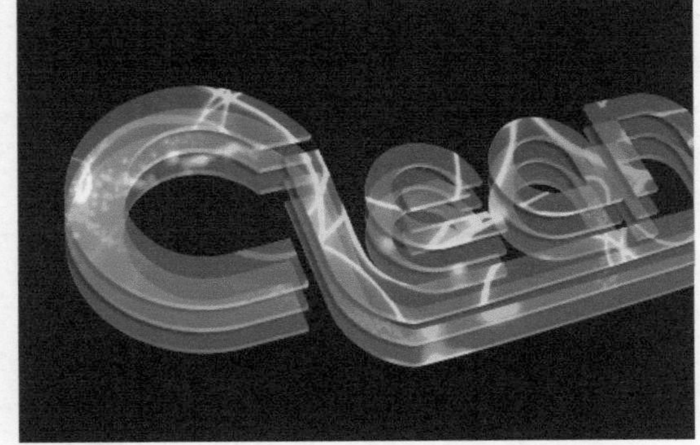

图3-145

图3-146

3.5.6 颜色叠加、渐变叠加和图案叠加效果

“颜色叠加”“渐变叠加”“图案叠加”效果可以在图层上覆盖纯色、渐变和图案，如图3-147所示。默认状态下，这3种效果完全遮盖下方图层，因此，使用时需要配合混合模式和不透明度来改变效果强度，或者让效果与下方图层混合。

原图

颜色叠加（淡红色）

渐变叠加（蓝~淡绿色）

图案叠加（水池图案）

图3-147

3.5.7 投影效果

“投影”效果可以在图层内容的后方生成投影，并可调整其角度、距离和颜色，使对象看上去

像是从画面中凸出来的，如图3-148所示。

图3-148

3.5.8
内阴影效果

“内阴影”效果可以在紧靠图层内容的边缘内添加阴影，创建凹陷效果。图3-149所示为原图像，图3-150所示为内阴影效果。

图3-149

图3-150

3.6 编辑和使用样式

图层样式可编辑性非常强，添加之后可修改参数、进行缩放，效果的数量和种类也能增加或减少，并可从附加的图层中剥离出来。此外，Photoshop中还有大量预设的样式可供使用。

3.6.1
实战：修改效果，制作卡通字

01 打开素材，如图3-151所示。双击一个效果的名称，如图3-152所示，可以打开“图层样式”对话框并显示该效果的设置面板，此时可修改参数，如图3-153和图3-154所示。

扫码看视频

图3-151

图3-152

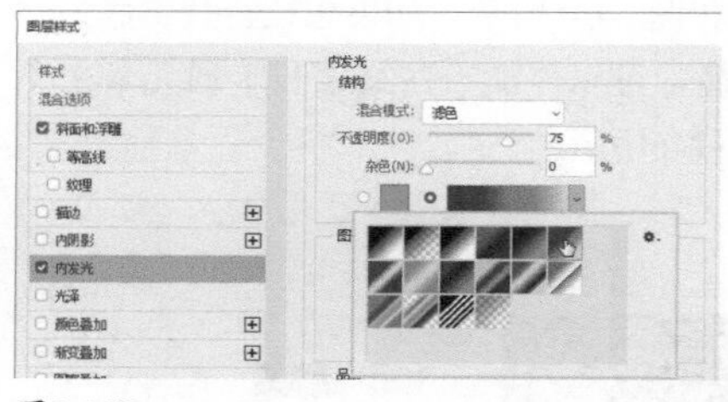
图3-153

图3-154

02 在左侧的列表中单击一个效果，为图层添加新的效果并设置参数，如图3-155所示。关闭对话框，修改后的效果会应用于图像，如图3-156所示。

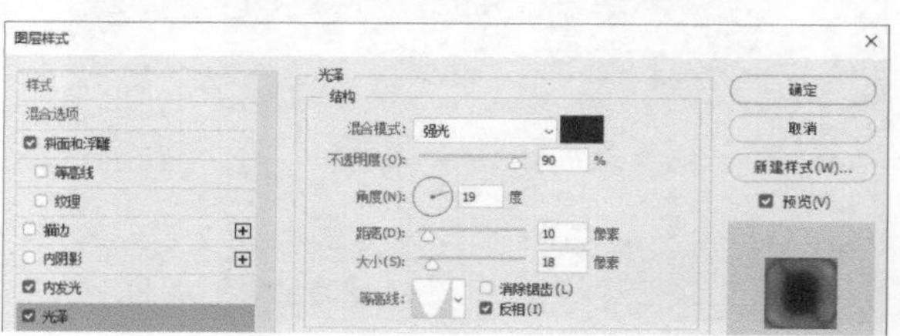
图3-155

图3-156

技术看板　怎样隐藏效果

单击某个效果左侧的眼睛图标，可以隐藏该效果。单击“效果”左侧的眼睛图标，则可隐藏此图层中的所有效果。如果其他图层也添加了效果，执行“图层>图层样式>隐藏所有效果”命令，可以隐藏文件中的所有效果。如果想重新显示效果，在原眼睛图标处单击即可。

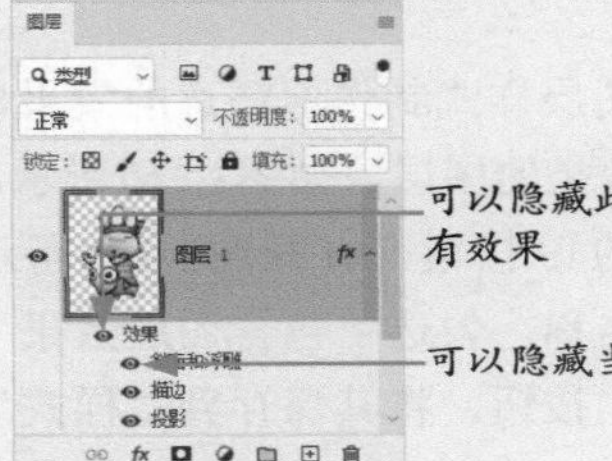

3.6.2

实战：复制效果

01 打开素材。“0”图层中添加了多个效果。将鼠标指针放在一个效果上，按住Alt键拖曳到另一个图层上，可将该效果复制给目标图层，如图3-157和图3-158所示。

扫码看视频

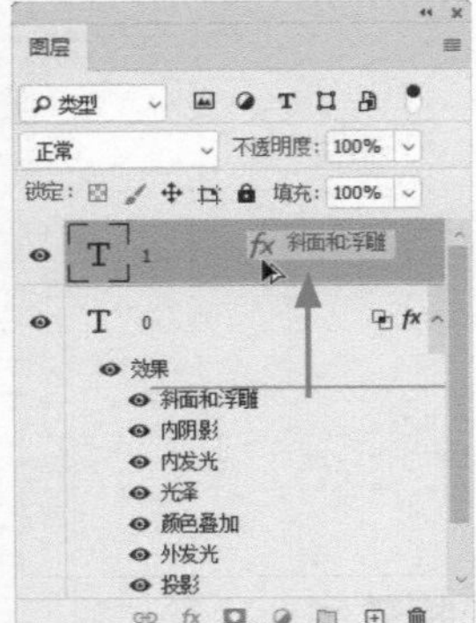

图3-157

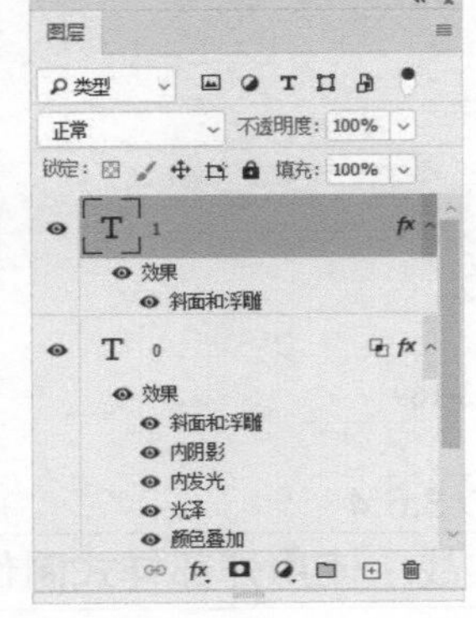

图3-158

02 如果想复制图层中的所有效果，可以按住Alt键，将效果图标 fx 拖曳给另一图层，如图3-159和图3-160所示。没有按住Alt键操作，将会转移效果，原图层不再有效果，如图3-161所示。

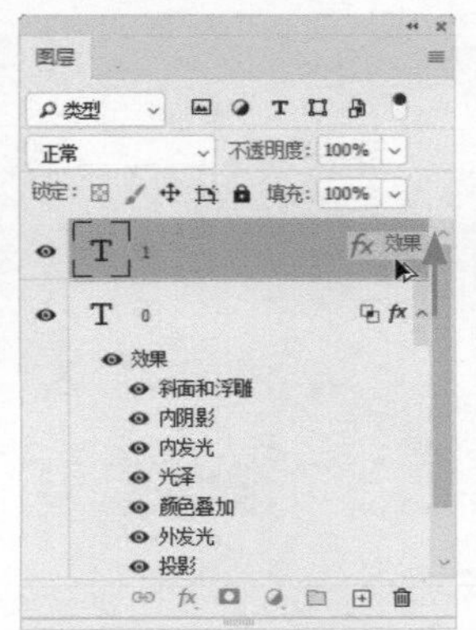

图3-159

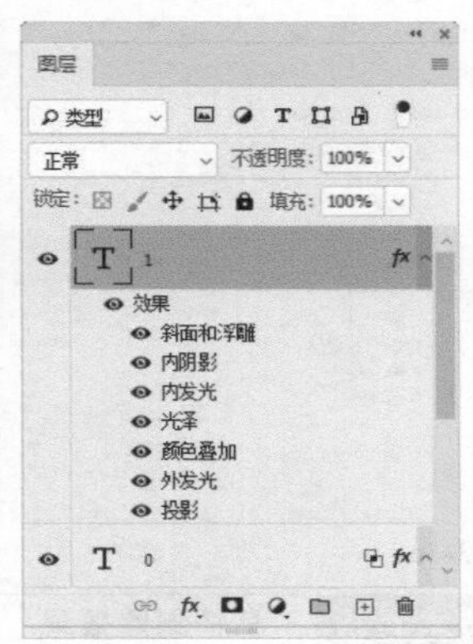

图3-160

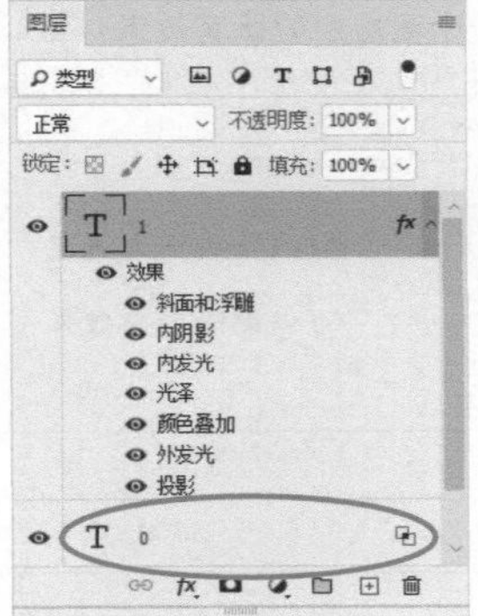

图3-161

03 下面学习怎样同时复制一个图层的所有效果+“填充”值+混合模式。按Ctrl+Z快捷键撤销复制操作。单击添加了效果的图层，如图3-162所示。可以看到，它的“填充”值为85%，执行“图层>图层样式>拷贝图层样式”命令，单击另一个图层，如图3-163所示，执行“图层>图层样式>粘贴图层样式”命令，便可将该图层的所有效果、填充属性全都复制给目标图层，如图3-164所示。如果设置了混合模式，则混合模式也会一同复制。

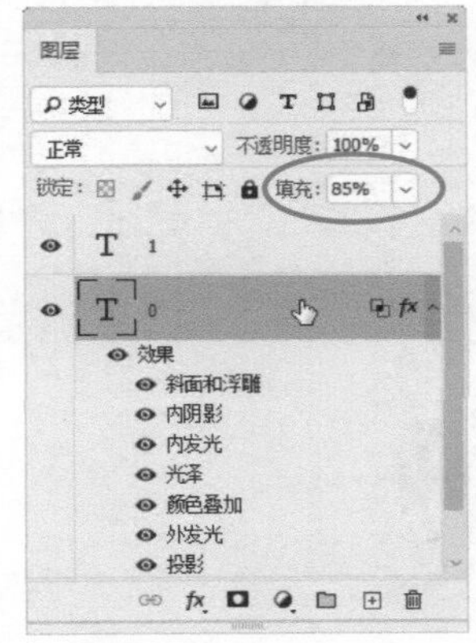

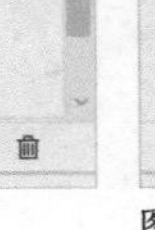

图3-162

图3-163

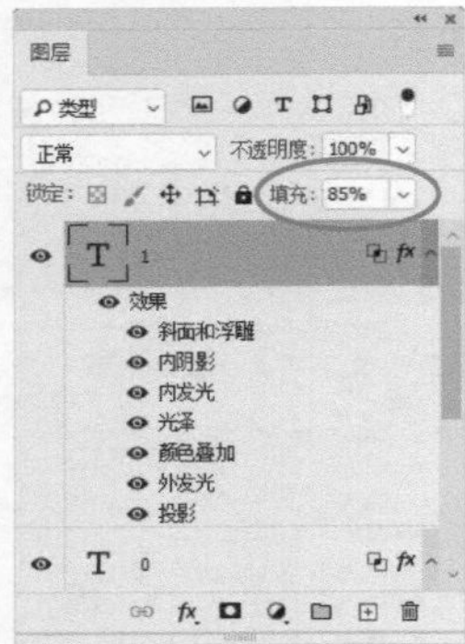

图3-164

技术看板　怎样删除效果

如果要删除一种效果，可将其拖曳到“图层”面板中的 按钮上。如果要删除一个图层中的所有效果，可以将效果图标 fx 拖曳到 按钮上。也可以选择图层，执行“图层>图层样式>清除图层样式”命令。

可以清除所有效果

可以删除当前效果

3.6.3 “样式”面板

“样式”面板可以存储、管理和应用图层样式。此外，Photoshop预设的样式，以及从网络上下载的样式库也可加载到该面板中。

选择一个图层，如图3-165所示，单击“样式”面板中的一个样式，即可为它添加该样式，如图3-166所示。

图3-165

图3-166

用图层样式制作出满意的效果以后，可以单击添加了效果的图层，如图3-167所示，单击“样式”面板中的 按钮，打开图3-168所示的对话框，输入效果名称，勾选“包含图层效果”选项，并单击“确定”按钮，将其保存到“样式”面板中，成为预设样式，以方便以后使用，如图3-169所示。如果图层设置了混合模式，则勾选“包含图层混合选项”选项，预设样式将具有这种混合模式。

图3-167　图3-168

图3-169

3.6.4 实战：使用外部样式制作特效字

01 打开素材，如图3-170所示。打开“样式”面板菜单，执行“导入样式”命令，如图3-171所示，打开“载入”对话框，选择本书配套资源中的样式

文件，如图3-172所示。单击“载入”按钮，将其加载到“样式”面板中。

图3-170

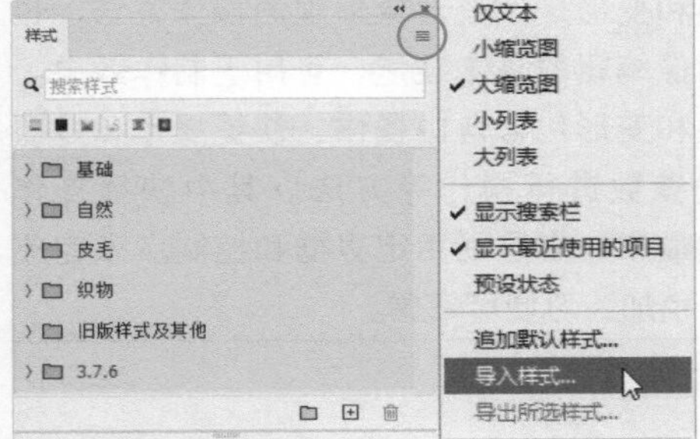

图3-171

图3-172

02 单击要添加样式的图层，如图3-173所示。单击新载入的样式，为图层添加效果，如图3-174和图3-175所示。

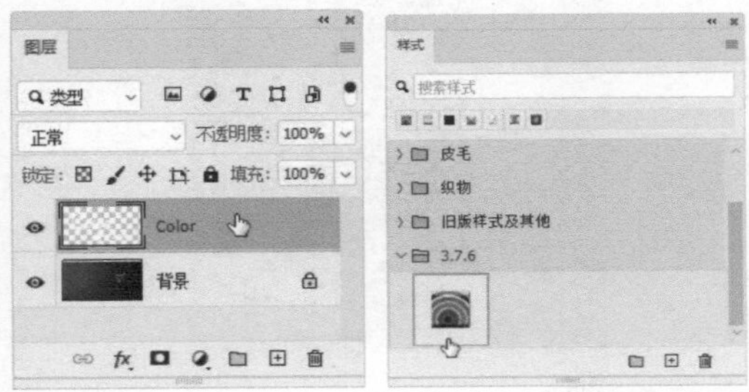

图3-173　图3-174

图3-175

3.6.5 缩放效果

使用Photoshop预设的图层样式、使用加载的外部图层样式，或者在不同分辨率的文件之间复制图层样式时，往往会出这样的情况：效果变得跟之前不一样了，如图3-176和图3-177所示。

当效果与图层中的对象不匹配时，可以双击“图层”面板中的效果，打开“图层样式”对话框，重新调整参数即可。这种方法非常适合做局部微调。但是，如果效果不是一种，而是几种的组合，这种方法就有个缺点：无法保证效果的整体比例不变。要想对效果进行整体缩放，可以执行“图层>图层样式>缩放效果”命令，打开“缩放图层效果”对话框进行设置，如图3-178所示。这种方法可以解决复制或是使用预设效果时，效果与对象的大小不匹配的问题。

描边25像素（文件大小为10厘米×10厘米，分辨率为72像素/英寸）
图3-176

描边25像素（文件大小为10厘米×10厘米，分辨率为300像素/英寸）
图3-177

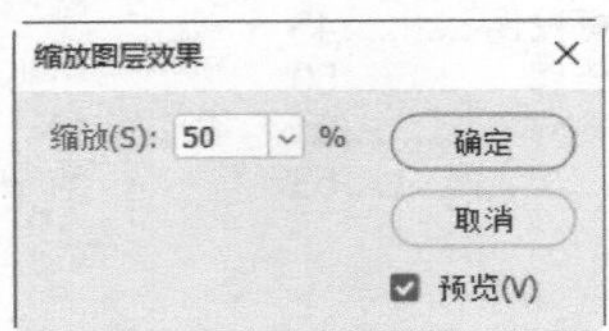

图3-178

第4章 变换与变形

【本章简介】

本章讲解使用Photoshop中的变换和变形功能编辑图像、制作各种效果。其中的实战都很有趣，并且针对性较强，有一定的实用性，可以解决设计工作中的一些常见问题。

【学习目标】

通过本章的学习，我们能掌握以下技能。

- 了解定界框、参考点和控制点的用途
- 掌握常规变换、变形操作方法
- 用操控变形功能扭曲对象
- 用透视变形功能校正照片
- 学习智能对象编辑方法，并知道在哪些情况下应该使用智能对象

【学习重点】

4.1 常规变换、变形方法

变换和变形是改变对象外观的操作方法，也是图像编辑的基本技能，可用于制作效果。变换和变形包含自由操作、快捷操作和按照精确参数进行操作等方法。其中快捷操作用途最广，它是利用定界框和控制点来完成的，稍加练习便可掌握。

4.1.1 实战：移动

当需要移动图层、选中的图像，或者将图像、调整图层等拖曳到其他文件中时，就会用到移动工具✥。

扫码看视频

01 打开素材。在进行移动前，先单击对象所在的图层，如图4-1所示。选择移动工具✥，在文档窗口中进行拖曳，即可移动对象，如图4-2所示。按住Shift键操作，可沿水平、垂直或45°角方向移动。

图4-1

图4-2

> *提示*
>
> 使用移动工具✥时，按住Alt键并拖曳，可以复制对象。每按一下键盘中的→、←、↑、↓键，可以将对象移动1像素的距离；如果同时按住Shift键，则可移动10像素的距离。

02 选择矩形选框工具⬚，创建一个选区，如图4-3所示。将鼠标指针放在选区内，按住Ctrl键（切换为移动工具✥）进行拖曳，可以移动选中的图像，如图4-4所示。

图4-3

图4-4

4.1.2

实战：在多个文件之间移动对象

01 打开两个素材，如图4-5和图4-6所示。当前操作的是长颈鹿文件。单击长颈鹿所在的图层，如图4-7所示。

图4-5

图4-6

图4-7

02 选择移动工具✥，在画面中单击，然后拖曳图像至另一个素材文件的标题栏，如图4-8所示；停留片刻，可切换到该文件，如图4-9所示；此时将鼠标指针移动到画面中，放开鼠标左键，即可将图像拖入该文件，如图4-10所示。

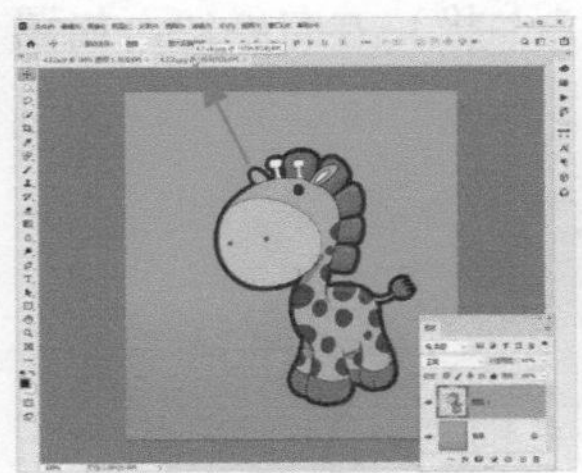

图4-8

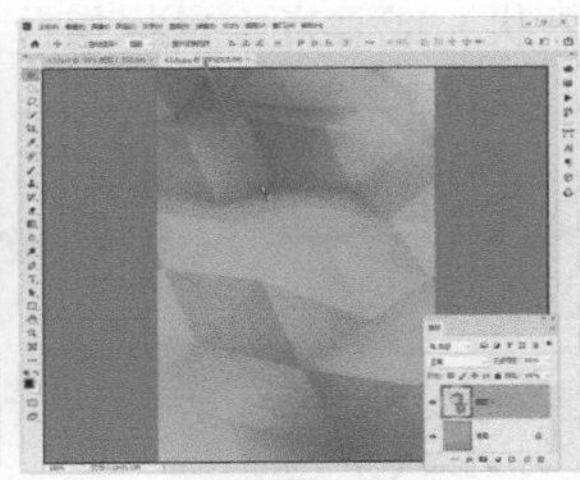

图4-9

图4-10

> **提示**
>
> 将一个图像拖入另一个文件时，按住Shift键操作，图像会位于当前文件的中心。如果这两个文件的大小相同，则图像会与原文件处于同一位置。

4.1.3

实战：制作水面倒影

01 使用矩形选框工具⬚选取图像，如图4-11所示。按Ctrl+J快捷键，将其复制到新的图层中，如图4-12所示。

图4-11

图4-12

02 执行“编辑>变换>垂直翻转”命令，将图像翻转。选择移动工具✥，按住Shift键（锁定垂直方向）并向下拖曳图像，如图4-13所示。执行“图像>显示全部”命令，显示完整的图像，如图4-14所示。

图4-13

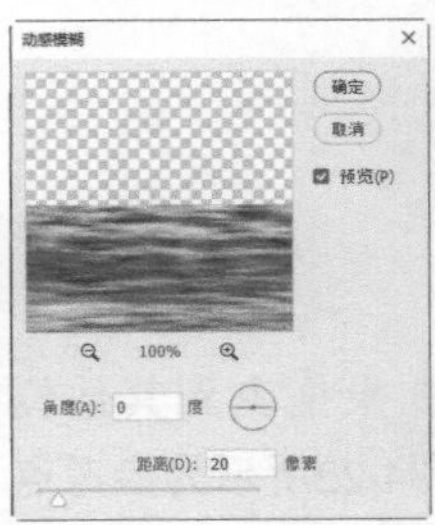

图4-14

03 执行“滤镜>模糊>动感模糊”命令，对倒影进行模糊处理，如图4-15和图4-16所示。

图4-15

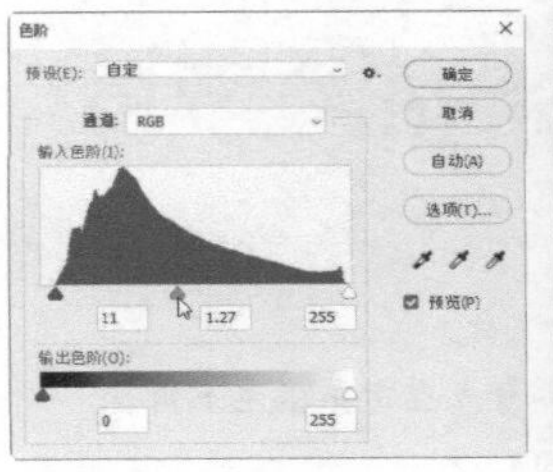

图4-16

04 按Ctrl+L快捷键，打开“色阶”对话框，拖曳滑块，将倒影调亮，如图4-17和图4-18所示。

图4-17

图4-18

4.1.4

定界框、控制点和参考点

Photoshop中的变换和变形命令位于“编辑>变换”（快捷键为Ctrl+T）子菜单中，如图4-19所示。除直接进行翻转，或者以90°或90°的倍数旋转外，使用其他命令时，所选对象上会显示定界框、控制点和参考点，如图4-20所示。使用它们可直接进行相应的处理。

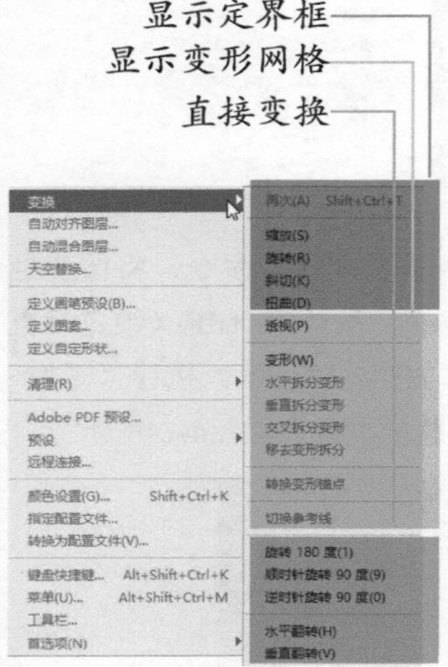

图4-19

图4-20

参考点位于对象的中心。如果拖曳到其他位置，则会改变基准点。图4-21和图4-22所示为参考点在不同位置时的旋转效果。

参考点在默认位置

图4-21

参考点在定界框左下角

图4-22

4.1.5

旋转、缩放与拉伸

当定界框显示以后，可以将鼠标指针放在其外部（鼠标指针变为↻状），进行拖曳便可旋转对象，如图4-23所示。如果拖曳控制点，则会以对角线处的控制点为基准等比缩放，如图4-24和图4-25所示。按住Shift键操作，可进行不等比拉伸，如图4-26和图4-27所示。操作完成后，在定界框外单击或按Enter键可确认操作。按Esc键则取消操作。

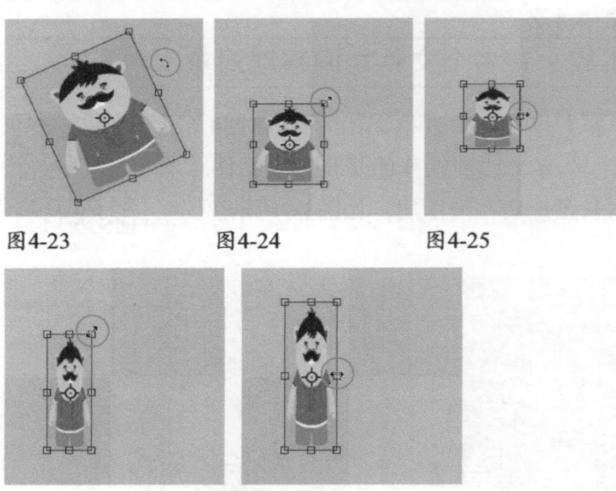

图4-23　图4-24　图4-25

图4-26　图4-27

4.1.6

斜切、扭曲与透视扭曲

将鼠标指针移动到水平定界框附近，按住Shift+Ctrl键并拖曳鼠标，可沿水平（鼠标指针为▷状）或垂直（鼠标指针为▷状）方向斜切，如图4-28和图4-29所示。

图4-28　图4-29

将鼠标指针放在定界框4个角的某个控制点上，按住Ctrl键（鼠标指针变为▷状）并拖曳鼠标，可以进行扭曲，如图4-30所示；按住Ctrl+Alt键并拖曳鼠标，可对称扭曲，如图4-31所示；按住Shift+Ctrl+Alt键（鼠标指针变为▷状）并拖曳鼠标，则可进行透视扭曲，如图4-32所示。

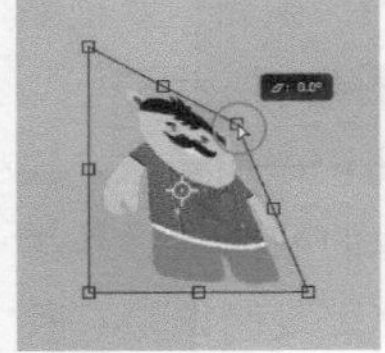
图4-30

图4-31

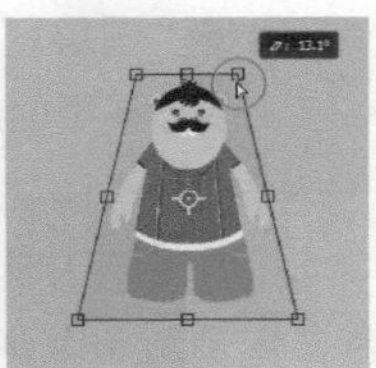
图4-32

4.1.7

实战：制作分形图案（再次变换）

进行变换操作后，执行“编辑>变换>再次”命令（快捷键为Shift+Ctrl+T），可再次应用相同的变换。如果通过Alt+Shift+Ctrl+T快捷键操作，则不仅会变换，还能复制出新的对象。

01 打开素材，如图4-33所示。单击小蜘蛛人所在的图层，按Ctrl+J快捷键复制，如图4-34所示。

图4-33

图4-34

02 按Ctrl+T快捷键显示定界框。在工具选项栏最左侧的选项前勾选一下，如图4-35所示，这样定界框内就会显示参考点⌖。先将参考点⌖拖曳到定界框外；之后在工具选项栏中输入数值，精确定位其位置（X为700像素，Y为460像素）；再输入旋转角度（14°）和缩放比例（94.1%），如图4-36所示，将图像旋转并等比缩小。按Enter键确认。

图4-35 图4-36

03 按住Alt+Shift+Ctrl键，然后连续按38次T键。每按一次会旋转复制出一个较之前缩小的新图像，新图像在单独的图层中，如图4-37所示。

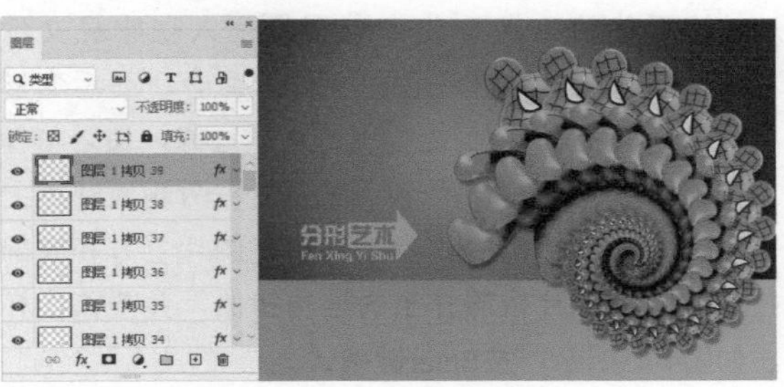
图4-37

04 按住Shift键并单击第一个小蜘蛛人图层，这样可以选取所有小蜘蛛人图层，如图4-38所示。执行“图层>排列>反向”命令，如图4-39所示，反转图层的堆叠顺序，如图4-40所示。

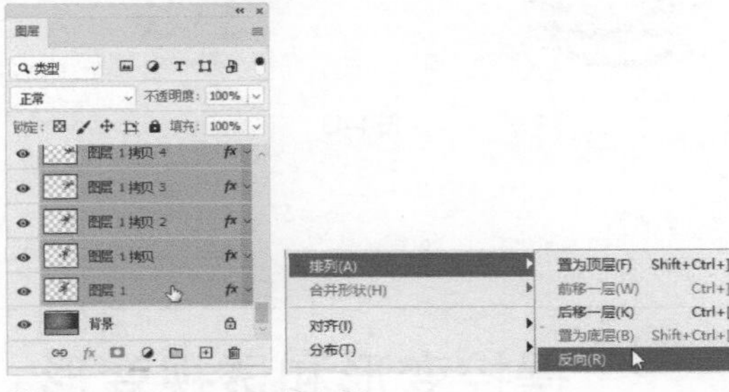
图4-38 图4-39

图4-40

4.1.8

实战：使用变形网格为咖啡杯贴图

变形网格可以对图像（尤其是局部内容）进行扭曲。它由网格和控制点构成。控制点类似锚点，拖曳控制点和方向点可以改变网格形状，进而扭曲对象。下面使用该功能为咖啡杯贴图，如图4-41所示。

图4-41

01 使用移动工具✣将卡通图像拖入咖啡杯文件中。执行“编辑>变换>变形”命令，显示变形网格。将4个角上的控制点拖曳到杯体边缘，使之与杯体边缘对齐，如图4-42所示。拖曳左右两侧控制点上的方向点，使图片向内收缩，再调整图片上方和底部的控制点，使图片依照杯子的结构扭曲，并覆盖住杯子，如图4-43所示，按Enter键确认。

图4-42

图4-43

02 将“图层1”的混合模式设置为“柔光”，使贴图与杯子的结合更加真实，如图4-44所示。

03 单击“图层”面板中的■按钮，添加蒙版。使用画笔工具 在超出杯子边缘的贴图上涂抹黑色，用蒙版将其遮盖。按Ctrl+J快捷键复制图层，使贴图更加清晰。按数字键5，将图层的不透明度调整为50%，如图4-45所示，效果如图4-46所示。

图4-44

图4-45

图4-46

Photoshop 2022

4.2

操控变形和透视变形

“变形”命令提供的是水平和垂直网格线，而“操控变形”命令则用的是三角形网格结构，因而网格线更多，变形能力更强。透视变形能改变画面中的透视关系，适合处理出现透视扭曲的建筑物和房屋，可与校正画面扭曲、超广角变形、“镜头校正”滤镜等功能结合，作为照片画面的校正工具来使用。

4.2.1 实战：扭曲长颈鹿

操控变形可以编辑图像、图层蒙版和矢量蒙版，但不能处理“背景”图层。如果要将“背景”图层转换为普通图层，可按住Alt键并双击“背景”图层。

扫码看视频

进行操控变形时，先要在图像的关键点（需要扭曲的位置上）添加图钉，之后在其周围会受到影响的区域也添加图钉，用于固定图像、减小扭曲范围，然后通过拖曳图钉来扭曲图像，制作出需要的效果，如图4-47所示。

01 打开PSD分层素材。单击“长颈鹿”图层，如图4-48所示。执行“编辑>操控变形”命令，显示变形网格，如图4-49所示。在工具选项栏中将“模式”设置为“正常”，“密度”设置为“较少点”。在长颈鹿的身体上单击，添加几个图钉，如图4-50所示。

图4-47

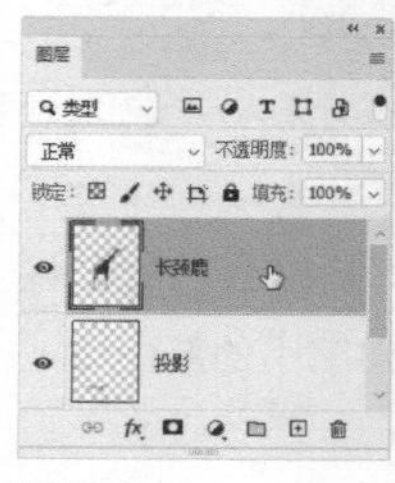

图4-48

图4-49

图4-50

02 在工具选项栏中取消“显示网格”选项的勾选，以便更好地观察变化效果。单击图钉并拖曳鼠标，可以让长颈鹿低头或抬头，如图4-51和图4-52所示。

图4-51

图4-52

> **提示**
>
> 单击一个图钉以后，按Delete键可将其删除。此外，按住Alt键并单击图钉也可以将其删除。如果要删除所有图钉，可以在变形网格上单击鼠标右键，打开快捷菜单，执行“移去所有图钉”命令。

03 单击一个图钉后，在工具选项栏中会显示其旋转角度，如图4-53所示。此时可以直接输入数值来进行调整，如图4-54所示。单击工具选项栏中的✓按钮，完成操作。

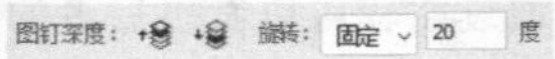

图钉深度： 旋转： 固定 20 度

图4-53

图4-54

4.2.2 实战：校正出现透视扭曲的建筑照片

透视变形是通过调整图像局部来改变透视角度，同时造成的其他部分的变化则由Photoshop自动修补或拉伸。该功能可以帮助摄影师纠正广角镜头带来的被摄物体的变形问题，如图4-55所示，也能让长焦镜头照片呈现广角镜头所拍摄的变形效果。

扫码看视频

图4-55

01 执行“编辑>透视变形”命令，图像上会出现提示，将其关闭。在画面中拖曳鼠标，沿建筑的侧立面绘制四边形，如图4-56所示。拖曳四边形各边上的控制点，使其与侧立面平行，如图4-57所示。

图4-56

图4-57

02 在画面右侧的建筑立面上拖曳鼠标，创建四边形，并调整结构线，如图4-58和图4-59所示。

图4-58

图4-59

03 单击工具选项栏中的“变形”按钮，如图4-60所示，切换到变形模式。拖曳画面底部的控制点，向画面中心移动，让倾斜的建筑立面恢复为水平状态，如图4-61和图4-62所示。按Enter键确认，如图4-63所示。使用裁剪工具 将空白图像裁掉，如图4-64所示。

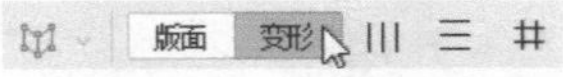

版面 变形

图4-60

图4-61

图4-62

图4-63

图4-64

智能化的内容识别缩放

使用“编辑>变换>缩放”命令进行缩放时，会缩放所有内容。内容识别缩放则具有自动识别能力，能保护图像中的重要内容，如人物、动物、建筑等不变形，只缩放非重要内容。

4.3.1

实战：体验智能缩放的强大功能

01 打开素材。由于内容识别缩放不能处理“背景”图层，因此按住Alt键并双击“背景”图层，或单击它右侧的 图标，将其转换为普通图层。

扫码看视频

02 执行“编辑>内容识别缩放”命令，显示定界框。按住Shift键，向左侧拖曳控制点，横向压缩画面空间，如图4-65所示。如果直接拖曳控制点，则可进行等比缩放。

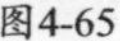
图4-65

03 从缩放结果中可以看到，人物变形非常严重。单击工具选项栏中的 按钮，Photoshop会分析图像，修正包含皮肤颜色的区域，此时画面虽然变窄了，但人物比例没有明显变化，如图4-66所示。

图4-66

04 按Enter键确认。如果要取消变形，则可以按Esc键。图4-67和图4-68所示分别为用普通方法和用内容识别缩放处理的效果。通过比较可以看出后者的功能非常强大。

普通缩放
图4-67

内容识别缩放
图4-68

> **提示**
> 内容识别缩放不适用于调整图层、图层蒙版、各个通道、智能对象、视频图层、图层组，或者同时处理多个图层。

4.3.2
实战：用Alpha通道保护图像

扫码看视频

进行内容识别缩放时，如果Photoshop不能识别重要对象，导致其变形，则可以选取对象，并将选区保存到Alpha通道中，再用Alpha通道保护图像。本实战介绍具体操作方法，效果如图4-69所示。

图4-69

01 按住Alt键并双击“背景”图层，将其转换为普通图层。执行“编辑>内容识别缩放”命令，显示定界框。按住Shift键并向左侧拖曳控制点，使画面变窄，如图4-70所示。可以看到，小女孩的胳膊变形比较严重。单击工具选项栏中的按钮，效果如图4-71所示。问题有了一些改善，但变形仍然非常明显。按Esc键取消操作。

图4-70

图4-71

02 选择快速选择工具，在小女孩身上拖曳鼠标，将其选取，如图4-72所示。单击“通道”面板中的按钮，将选区保存到Alpha 1通道中，如图4-73所示。按Ctrl+D快捷键取消选择。

图4-72

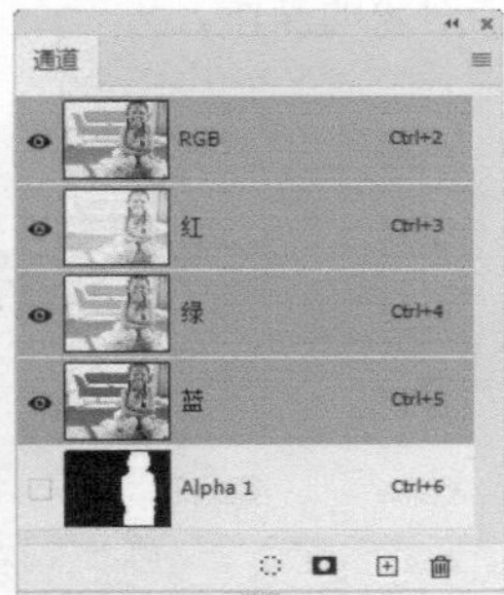

图4-73

03 执行“编辑>内容识别缩放”命令，按住Shift键并向左侧拖曳控制点。单击按钮，使该按钮处于未选择状态。在“保护”下拉列表中选择Alpha 1通道，通道中白色区域所对应的图像（女孩）便会受到保护，这样就只压缩背景，如图4-74所示。

图4-74

智能对象

智能对象是一种可以包含位图图像和矢量图形的特殊图层。将普通对象转换为智能对象后，再进行变换和变形，可以最大化地减小损害程度。不仅如此，智能对象还可替换和更新内容，以及进行还原。

4.4.1 将文件打开为智能对象

执行“文件>打开为智能对象”命令，可以将文件打开并转换为智能对象。智能对象的图层缩览图右下角有状图标，如图4-75和图4-76所示。该命令比较适合打开要进行变形、变换操作或使用智能滤镜处理的文件，因为打开之后，不必进行转换为智能对象的操作。

图4-75

图4-76

4.4.2 实战：制作可更换图片的广告牌

下面制作一个可更换内容的广告牌，如图4-77所示。从中我们能学到怎样将图层转换为智能对象、智能对象原始文件的打开方法，以及怎样在Photoshop中置入文件等。

图4-77

01 打开素材，如图4-78所示。选择矩形工具及“形状”选项，创建一个矩形，如图4-79所示。

图4-78　图4-79

02 执行“图层>智能对象>转换为智能对象”命令，将图层转换为智能对象，如图4-80所示。按Ctrl+T快捷键显示定界框，按住Ctrl键并拖曳4个角的控制点，将其对齐到广告牌边缘，如图4-81所示，按Enter键确认。

图4-80

图4-81

> *提示*
>
> 如果选择了多个图层，在执行“转换为智能对象”命令后，可以将它们打包到一个智能对象中。

03 双击智能对象的缩览图，如图4-82所示，或执行“图层>智能对象>编辑内容”命令，打开智能对象的原始文件，如图4-83所示。执行“文件>置入嵌入对象”命令，在打开的对话框中选择图像素材，如图4-84所示，单击“置入”按钮。按Ctrl+T快捷键显示定界框，调整图像大小，如图4-85所示。

图4-82

图4-83

图4-84

图4-85

04 将智能对象文件关闭。弹出提示后单击“确定”按钮，图像就会贴到广告牌上，并依照广告牌的角度产生透视变形，如图4-86所示。需要更换广告牌内容时，只要双击智能对象图层的缩览图，打开其原始文件，再重新置入一幅图像进行替换即可，效果如图4-87所示。

图4-86

图4-87

4.4.3 实战：创建可自动更新的智能对象

使用“打开为智能对象”命令和“置入嵌入对象”命令所创建的智能对象，不具备自动更新的能力。也就是说，当源文件被修改之后，Photoshop文件中的智能对象不会同步作出改变。下面介绍怎样置入可自动更新的智能对象，如图4-88所示。

扫码看视频

图4-88

01 选择矩形工具，在工具选项栏中选取“形状”选项，设置填充颜色为黑色，描边为白色，按住Shift键并拖曳鼠标，创建一组图形，如图4-89和图4-90所示。

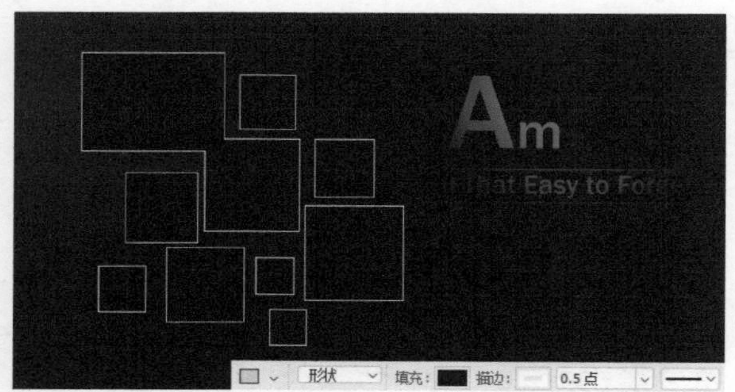

图4-89

图4-90

02 单击“图层”面板中的 ⊞ 按钮，新建一个图层。在工具选项栏中设置填充颜色为蓝色，使用矩形工具 ▭ 再创建一组图形，如图4-91和图4-92所示。

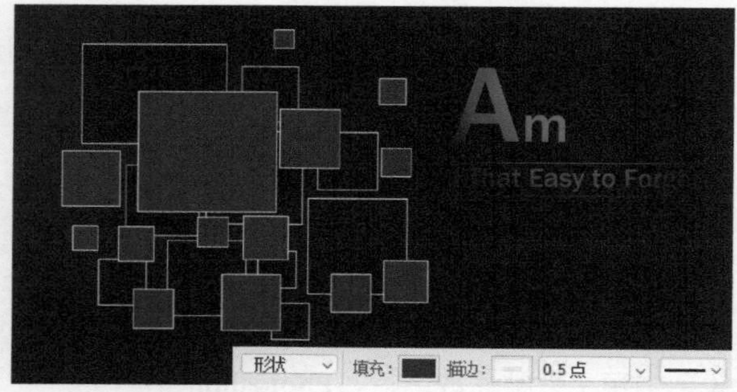

图4-91

图4-92

03 执行“文件>置入链接的智能对象”命令，在弹出的对话框中选择图像，如图4-93所示，按Enter键置入。拖曳控制点，调整图像大小，按Enter键确认，如图4-94所示。按Alt+Ctrl+G快捷键创建剪贴蒙版，将图像的显示范围限定在蓝色图形内部，如图4-95和图4-96所示。

图4-93

图4-94

图4-95

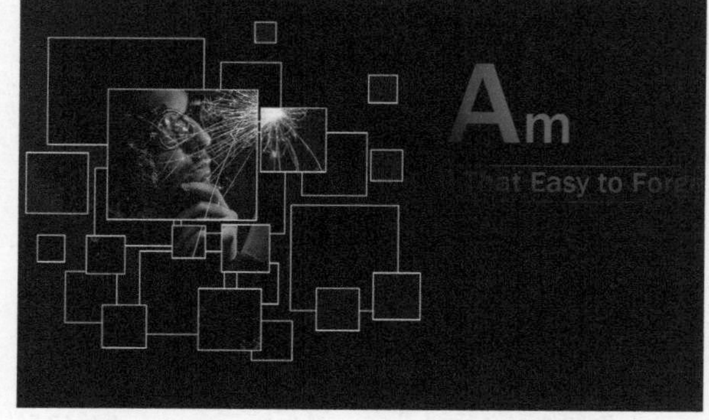

图4-96

04 按住Alt键并向下拖曳图层，如图4-97所示。放开鼠标后，可将图像复制到黑色矩形上方。按Alt+Ctrl+G快捷键创建剪贴蒙版，用黑色矩形限定图像，如图4-98和图4-99所示。

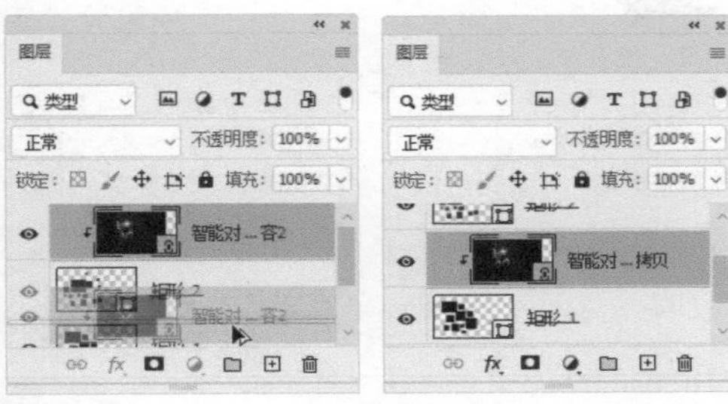
图4-97　图4-98

图4-99

05 执行“文件>存储”命令，将文件保存。下面来检验智能对象能否自动更新。按Ctrl+O快捷键，在Photoshop中打开智能对象的原始文件，如图4-100所示。按Shift+Ctrl+U快捷键去色，如图4-101所示。

图4-100

图4-101

06 按Ctrl+S快捷键保存修改结果。可以看到，此时另一个文件中的智能对象更新为与之相同的效果，如图4-102所示。

图4-102

4.4.4

实战：替换智能对象

01 使用前一个实战的效果文件作为本实战的素材并将其打开。单击智能对象所在的图层，如图4-103所示。

扫码看视频

图4-103

02 执行“图层>智能对象>替换内容”命令，打开“替换文件”对话框，选择素材，如图4-104所示，单击“置入”按钮，将其置入文件中，替换智能对象，其他与之链接的智能对象也会被替换，如图4-105所示。

图4-104

图4-105

第5章 绘画与填充

【本章简介】

本章要学的知识比较多。首先介绍的是颜色选取和设置方法。颜色设置在Photoshop中的应用场景比较多，像绘画、调色、编辑蒙版、添加图层样式、使用某些滤镜时，都需要指定颜色。本章还会介绍画笔笔尖及绘画类工具。此外，还包含如何使用渐变颜色和填充图层，这些绘画和填充类功能也都与颜色的应用有关。

【学习目标】

通过这一章的学习，我们应掌握下面这些操作方法和实用技能。

- 通过不同的方法设置颜色
- 了解笔尖，学会用画笔和蒙版绘制飘散开的人像特效
- 熟练使用渐变，并用不同透明渐变制作太阳光晕
- 利用填充图层填充颜色
- 制作四方连续图案

【学习重点】

5.1 选取颜色

在Photoshop中进行绘画、创建文字、填充和描边选区、修改蒙版、修饰图像等操作时，需要先将颜色设置好。颜色选取及设置有不同的工具和方法，下面逐一介绍。

5.1.1 前景色和背景色的用途

“工具”面板底部显示了当前状态下的前景色、背景色及相关操作按钮，如图5-1所示，这两种颜色都可用于填充画面。但前景色用处更大，使用绘画类工具（画笔和铅笔等）绘制线条、使用文字类工具创建文字，以及填充渐变（默认的渐变颜色从前景色开始，到背景色结束）时，都会用到它。背景色通常在使用橡皮擦工具擦除图像时呈现，另外，在增大画布时，新增区域以背景色填充。

单击前景色或背景色图标都能打开“拾色器”对话框。单击按钮（快捷键为X），则可让它们互换，如图5-2所示。修改前景色或背景色后，如图5-3所示。如果想恢复为默认的黑、白颜色，可单击按钮（快捷键为D），如图5-4所示。

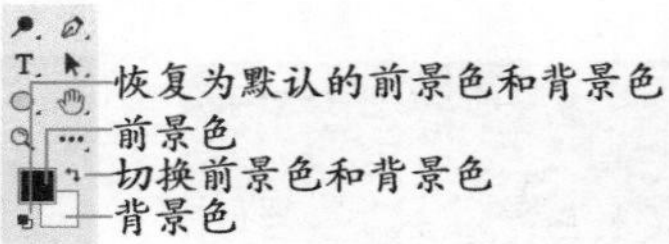

恢复为默认的前景色和背景色
前景色
切换前景色和背景色
背景色

图5-1

图5-2

图5-3

图5-4

5.1.2 实战：用拾色器选取颜色

下面介绍怎样使用“拾色器”对话框选取颜色、修改当前颜色的饱和度和亮度，以及怎样选取印刷用专色。

扫码看视频

01 单击“工具”面板中的前景色图标，打开“拾色器”对话框。默认状态下是HSB颜色模型。在渐变条上单击，可选取颜色，如图5-5所示。在色域中单击，可以

定义所选颜色的饱和度和亮度，如图5-6所示。

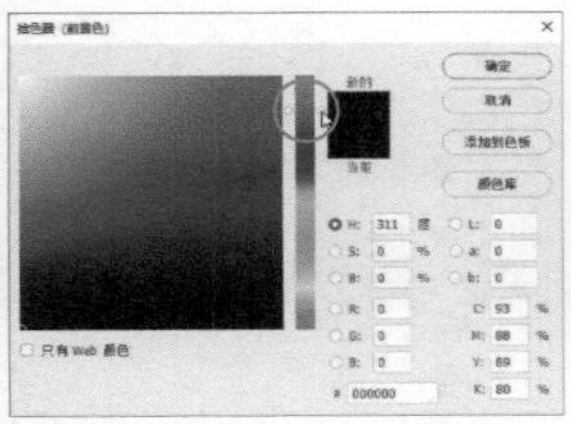
图5-5

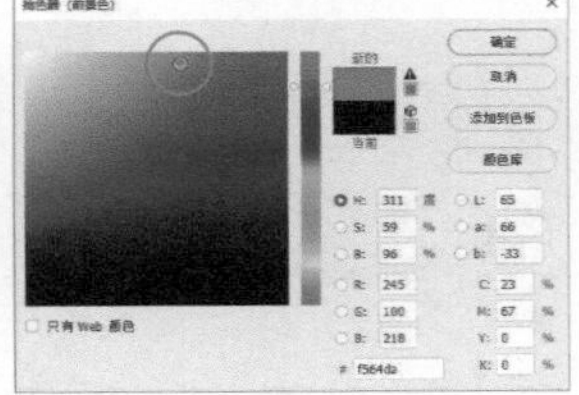
图5-6

02 颜色选取好之后，单击“确定”按钮或按Enter键关闭对话框，即可将其设置为前景色（或背景色）。此处我们先不关闭对话框。选中S单选按钮，如图5-7所示。此时拖曳渐变条上的颜色滑块，可以单独调整当前颜色的饱和度，如图5-8所示。

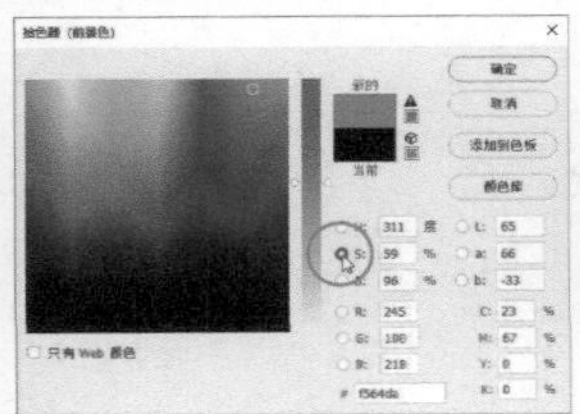
图5-7

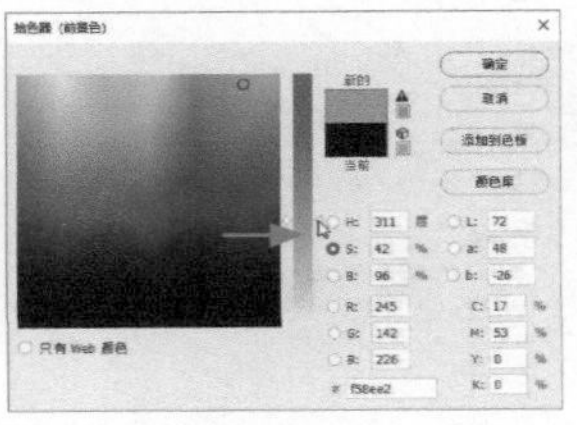
图5-8

03 选中B单选按钮并拖曳渐变条上的颜色滑块，可以对当前颜色的亮度做出调整，如图5-9和图5-10所示。如果知道所需颜色的色值，可以在颜色模型右侧的文本框中输入值，精确定义颜色。

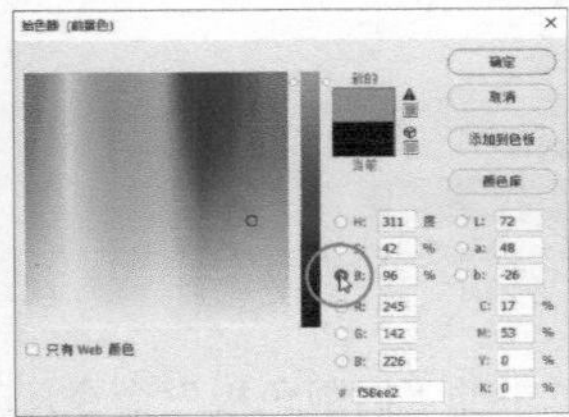
图5-9

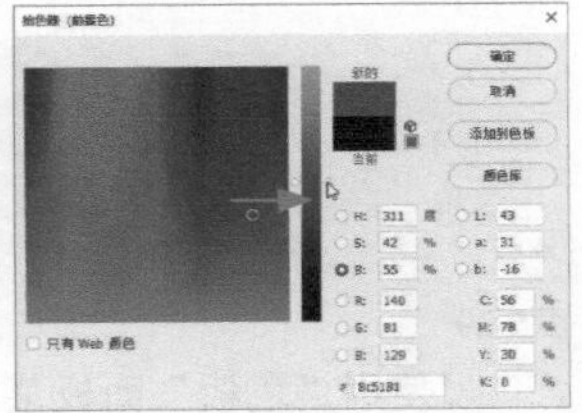
图5-10

04 单击“颜色库”按钮，切换到“颜色库”对话框，如图5-11所示。先在“色库”下拉列表中选择一个颜色系统，如图5-12所示；然后在光谱上选择颜色范围，如图5-13所示；最后在颜色列表中单击需要的颜色，可将其设置为当前颜色，如图5-14所示。如果要切换回“拾色器”对话框，单击“颜色库”对话框右侧的“拾色器”按钮即可。

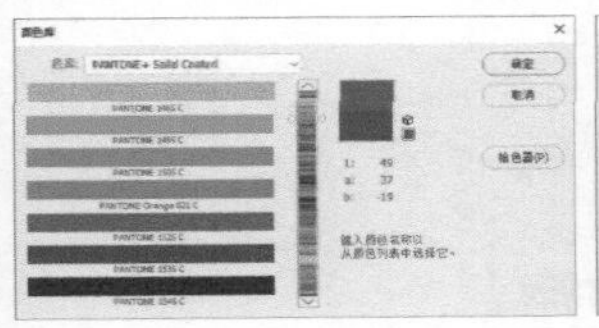
图5-11

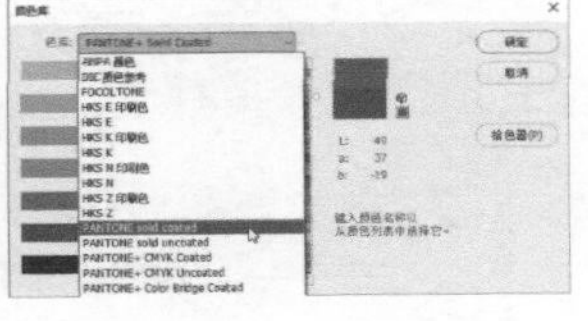
图5-12

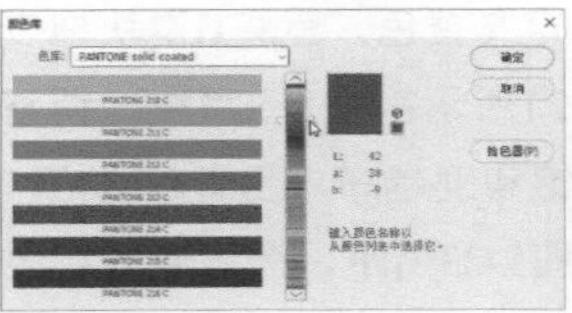
图5-13

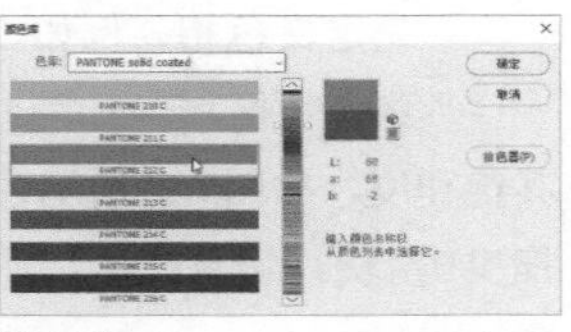
图5-14

5.1.3

实战：像调色盘一样配色

学过传统绘画的人习惯在调色盘上混合并调配颜料。Photoshop中的“颜色”面板与调色盘类似，也可以通过混合的方法设置颜色。

01 执行“窗口>颜色”命令，打开“颜色”面板。单击前景色块，使前景色处于当前编辑状态，如图5-15所示。如果要编辑背景色，则单击背景色块，也可按X键来进行切换。

02 在R、G、B文本框中输入数值或拖曳滑块，可调配颜色。例如，选取红色，如图5-16所示，之后向右拖曳G滑块，从而得到橙色，如图5-17所示。

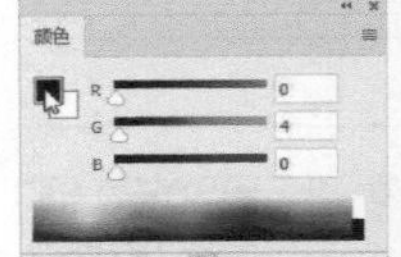
图5-15

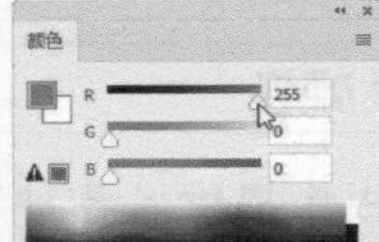
图5-16

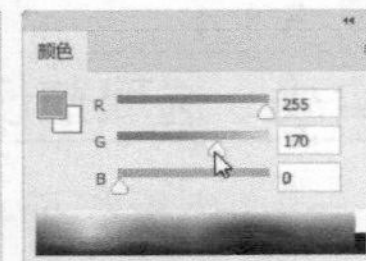
图5-17

03 在色谱上单击，则可采集鼠标指针所指处的颜色，如图5-18所示。在色谱上拖曳鼠标，可动态地采集颜色，如图5-19所示。

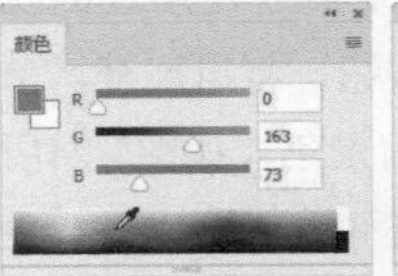
图5-18

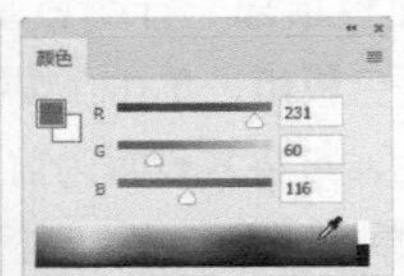
图5-19

04 在前面学习“拾色器”时，曾采用色相、饱和度和亮度分开调整的方法定义颜色。“颜色”面板也可以这样操作。打开“颜色”面板的菜单，执行“HSB滑块”命令，此时面板中的3个滑块分别对应H→色相、S→饱和度、B→亮度，如图5-20所示。

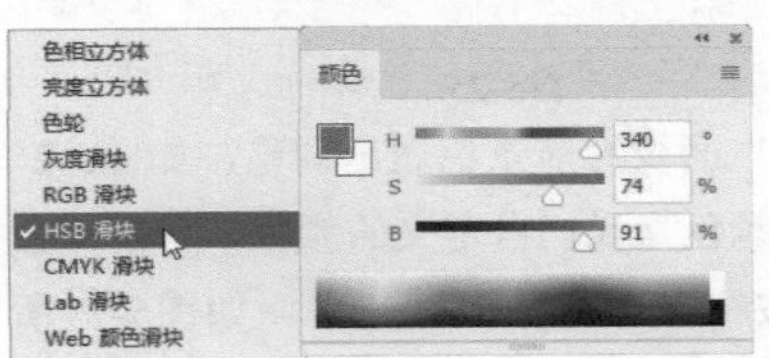

图5-20

05 先定义色相。例如，定义黄色，就将H滑块拖曳到黄色区域，如图5-21所示；拖曳S滑块，调整其饱和度，如图5-22所示，饱和度越高，色彩越鲜艳；拖曳B滑块，调整亮度，如图5-23所示，亮度越高，色彩越明亮。

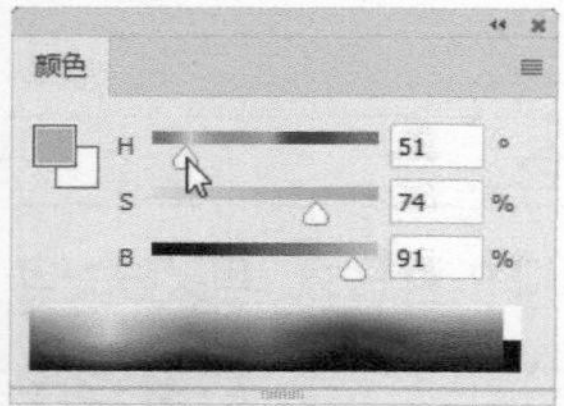

图5-21

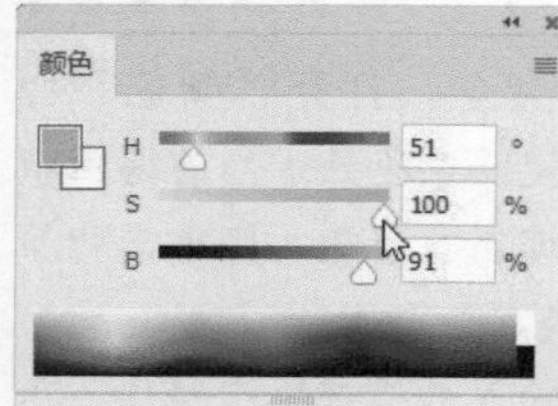

图5-22

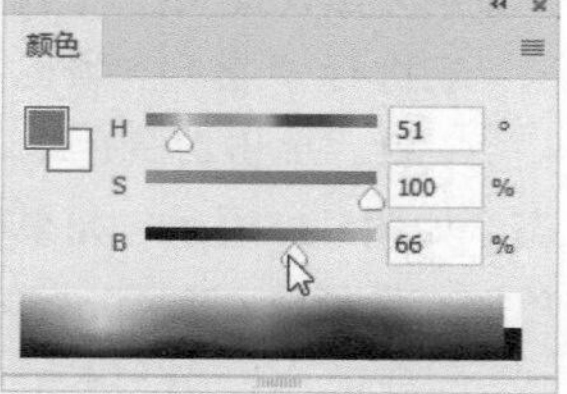

图5-23

5.1.4 实战：选取预设颜色

“色板”面板中提供了各种常用的颜色，如果其中有需要的，单击即可将其选取，这是最快速的颜色选取方法。此外，将自己调配好的颜色保存到该面板中，也可作为预设的颜色来使用。

扫码看视频

01 “色板”面板顶部一行颜色是最近使用过的颜色，下方是色板组。单击 〉按钮，将组展开，单击其中的一个颜色，可将其设置为前景色，如图5-24所示。按住Alt键并单击一种颜色，则可将其设置为背景色，如图5-25所示。

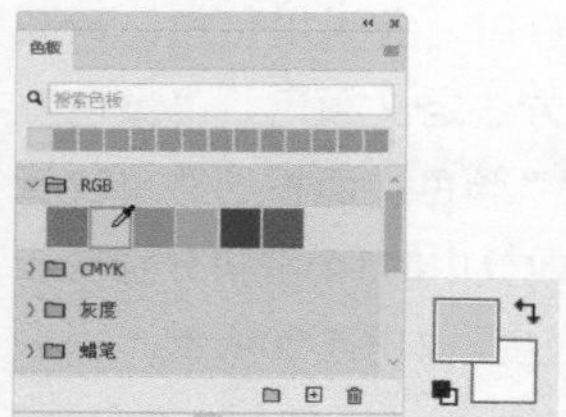

图5-24

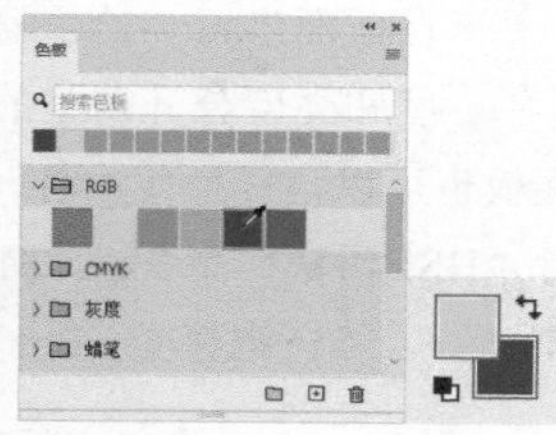

图5-25

02 使用“颜色”面板对前景色做出调整，如图5-26所示。当前颜色是我们自定义的颜色，单击“色板”面板中的 ⊞ 按钮，可将其保存起来，如图5-27所示。如果面板中有不需要的颜色，可以拖曳到面板中的 🗑 按钮上删除。

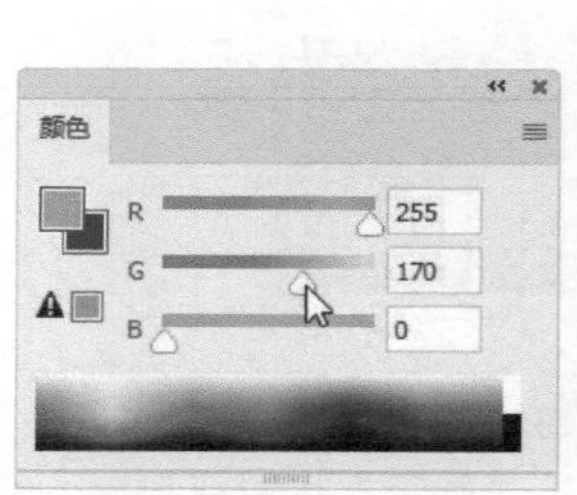

图5-26

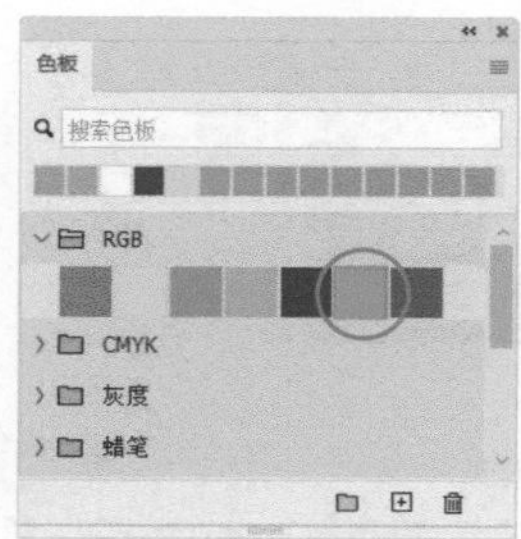

图5-27

03 鼠标指针停留在一个颜色上，会显示其名称，如图5-28所示。如果想让所有颜色都显示名称，可以从“色板”面板菜单中选择“小列表”命令，如图5-29所示。

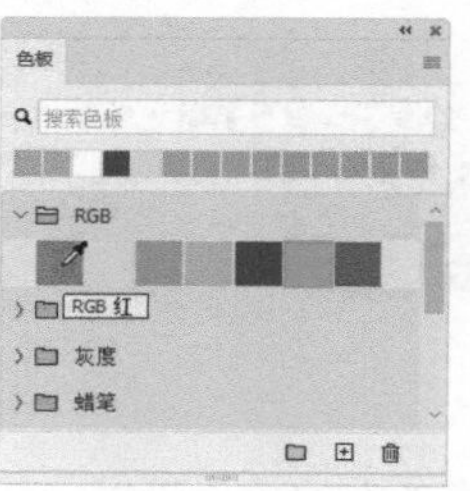

图5-28

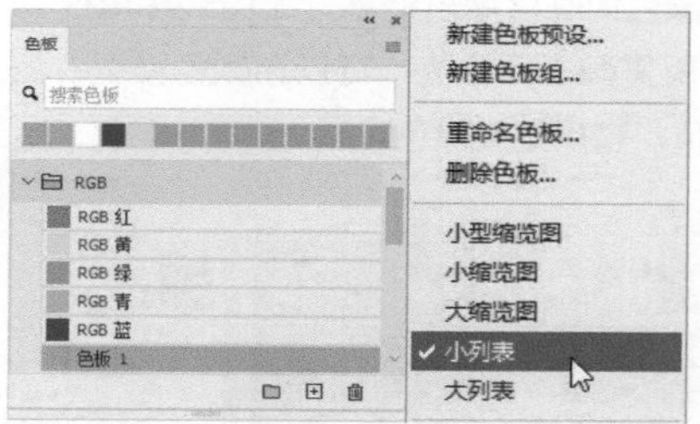

图5-29

04 使用“色板”面板菜单中的“旧版色板”命令，如图5-30所示，可以加载之前版本的色板库，其中包含了ANPA、PANTONE等专色。添加、删除或载入色板库后，可以执行面板菜单中的“复位色板”命令，让“色板”面板恢复为默认的颜色，以减少内存的占用。

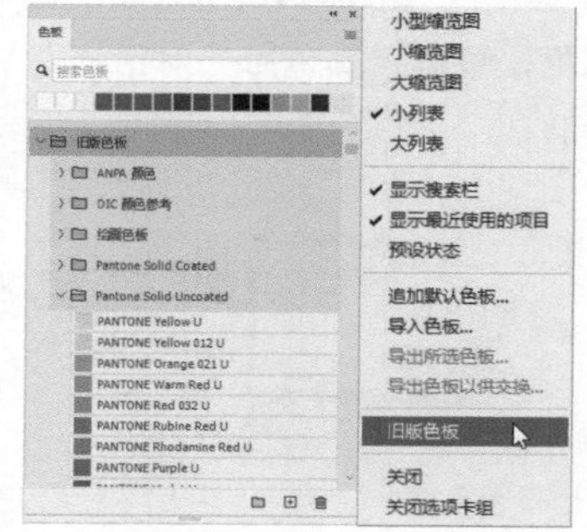

图5-30

画笔笔尖

传统绘画中，每个画种都有专用的工具、纸张和颜料。用Photoshop绘画时，只需一个工具，通过更换笔尖就可以表现铅笔、炭笔、水彩笔、油画笔等不同的笔触效果，以及颜色晕染、颜料颗粒、纸张纹理等细节。

5.2.1 什么是笔尖

与传统绘画一样，在Photoshop中绘画时，下笔之前也要调好颜料，即设置好前景色。但前景色只呈现颜料中色彩那一部分，而颜料是像铅笔那样呈现颗粒痕迹，还是像马克笔那样色彩平滑；是像水彩那样稀薄、透明，还是像水粉那样厚重、有覆盖力等，则需要通过特定的笔尖才能表现出来。

Photoshop中的笔尖分为圆形笔尖、图像样本笔尖、硬毛刷笔尖、侵蚀笔尖和喷枪笔尖五大类，如图5-31所示。圆形笔尖是标准笔尖，常用于绘画、修改蒙版和通道。图像样本笔尖是使用图像定义的，只在表现特殊效果时才能用到。其他几种笔尖适合模拟真实绘画工具的笔触效果。

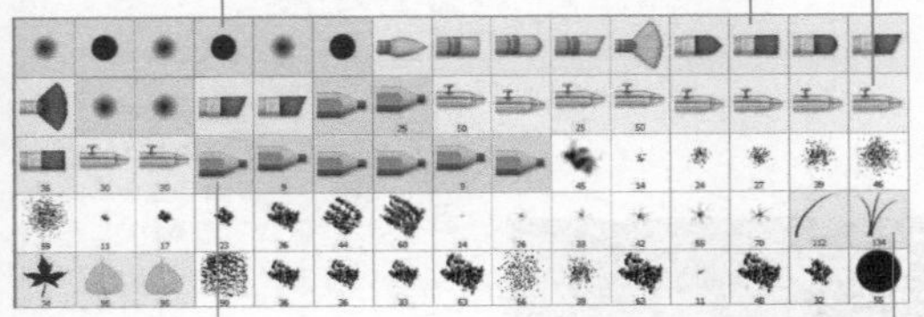

图5-31

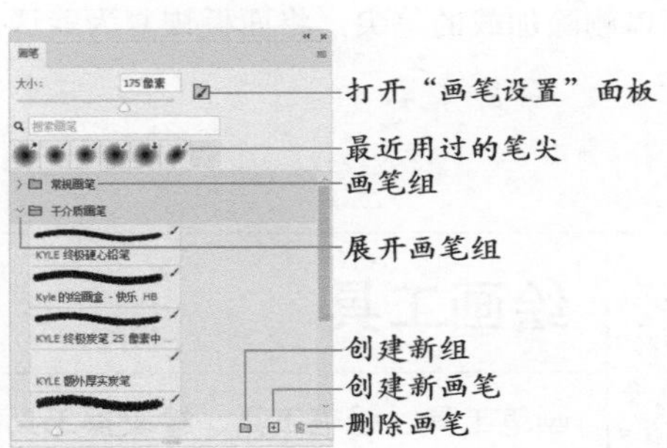

图5-32

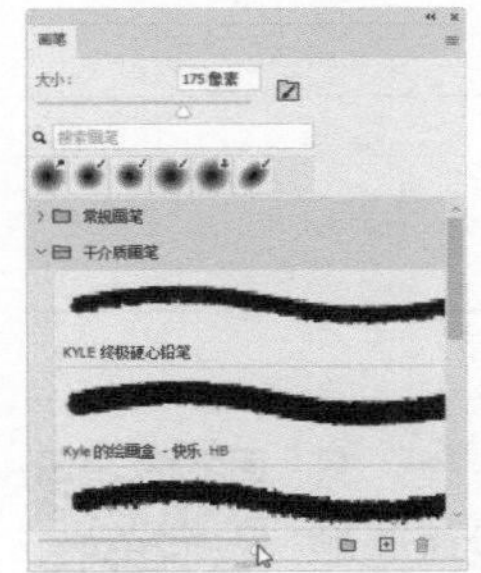
图5-33

5.2.2 导入和导出笔尖

在“画笔”面板中，顶层一行是最近使用过的笔尖，下面是几个画笔组，如图5-32所示。单击组左侧的 › 按钮，可以展开组。笔尖的大小通过“大小”选项设置。向右拖曳面板底部的滑块，可将笔尖的预览图调大，如图5-33所示。

单击面板右上角的 ≡ 按钮，打开面板菜单，如图5-34所示。执行其中的“导入画笔”命令，可以导入外部画笔库，如图5-35和图5-36所示。如果从网上下载了画笔（也称笔刷），或者想使用本书附赠的画笔资源，便可用该命令加载到Photoshop中。执行“获取更多画笔”命令，可链接到Adobe网站上，下载来自Kyle T. Webster的独家画笔。

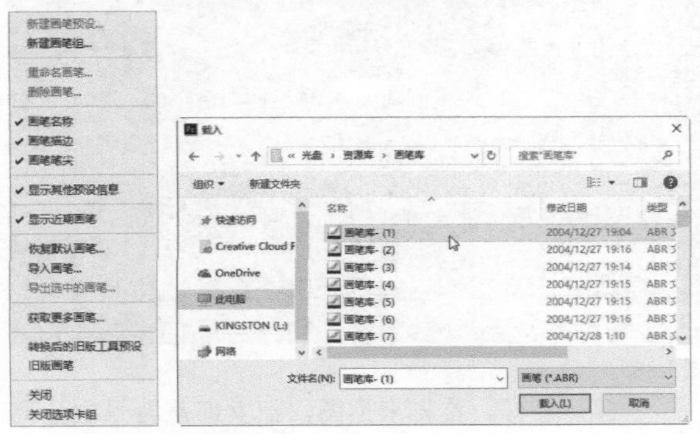

图5-34 图5-35

如果想将常用的笔尖创建为画笔库，并保存到计算机硬盘上，以便今后软件升级时加载到新版软件中使用，可按住Ctrl键并单击所需笔尖，将其选取，如图5-37所示，执行面板菜单中的“导出选中的画笔”命令即可。

要注意的是，笔尖占用系统资源，数量过多会影响Photoshop的运行速度，因此，最好在使用时导入，不需要时删掉。使用面板菜单的“恢复默认画笔”命令可以删除加载的笔尖，将面板恢复为默认状态。

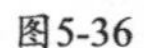
图5-36

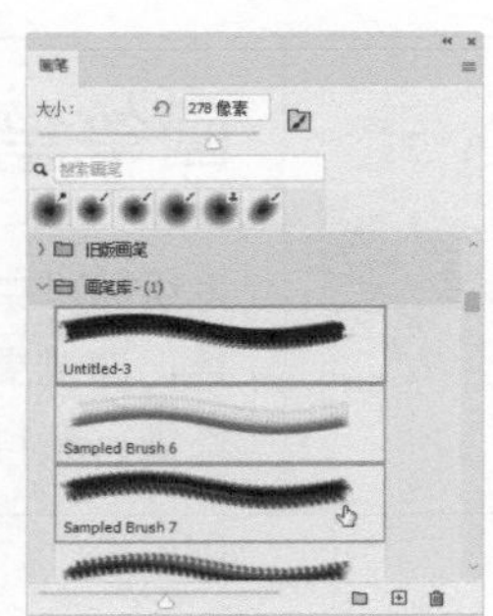
图5-37

绘画工具

画笔工具、铅笔工具、橡皮擦工具、颜色替换工具、涂抹工具、混合器画笔工具、历史记录画笔工具和历史记录艺术画笔工具是Photoshop中用于绘画的工具，可以绘制图画和修改像素。

5.3.1 实战：解体消散效果

画笔工具使用前景色绘画。只要笔尖选用得当，不同画种的绘画笔触都可用它模拟出来。该工具还常用于修改图层蒙版和通道。下面使用画笔工具及图层蒙版和“液化”滤镜制作解体消散效果，如图5-38所示。

扫码看视频

图5-38

01 打开素材。首先来抠图，把女郎从背景中分离出来。执行“选择>主体”命令，将女郎大致选取，如图5-39所示。执行“选择>选择并遮住”命令，对选区进行细化处理。当切换界面以后，原选区之外的图像会罩上一层淡淡的红色。勾选“智能半径”选项，并设置“半径”为250像素，如图5-40所示，这样可以将头发选中。

图5-39

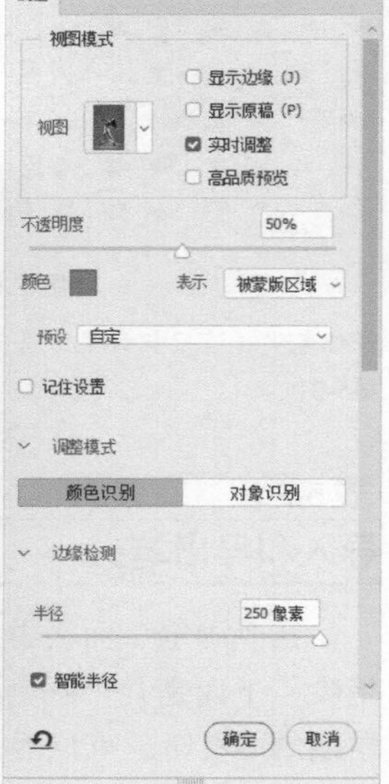

图5-40

02 使用快速选择工具在漏选的区域拖曳，将其添加到选区中，如图5-41和图5-42所示。如果有多选的区域，则按住Alt键并在其上方拖曳，取消其选区（即为其罩上一层红色），如图5-43和图5-44所示。在处理手指、脚趾等细节时，可以按 [键将笔尖调小，或按] 键将笔尖调大。

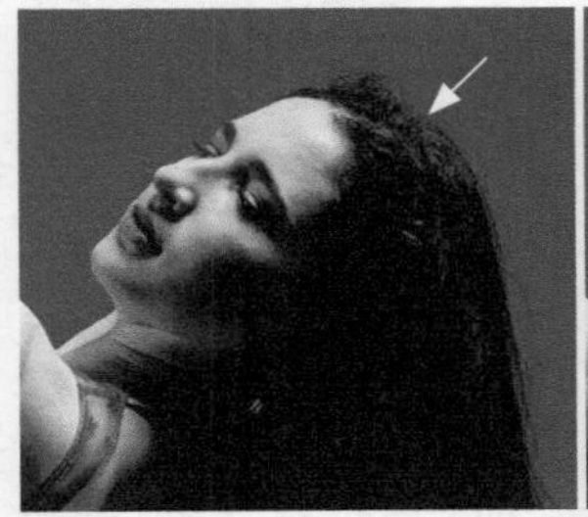
图5-41

图5-42

图5-43

图5-44

03 在“输出到”下拉列表中选择“选区”选项，单击“确定”按钮，得到修改后的精确选区。按Ctrl+J快捷键，将选中的图像复制到新的图层中，并修改图层名称，完成抠图，如图5-45所示。按Ctrl+J快捷键复制该图层，并修改名称，如图5-46所示。

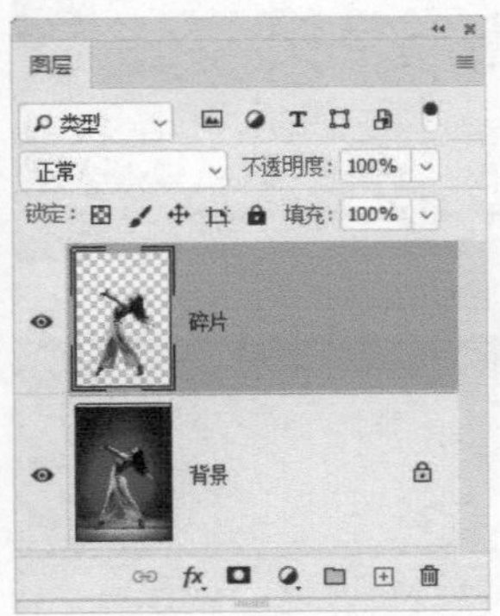

图5-45

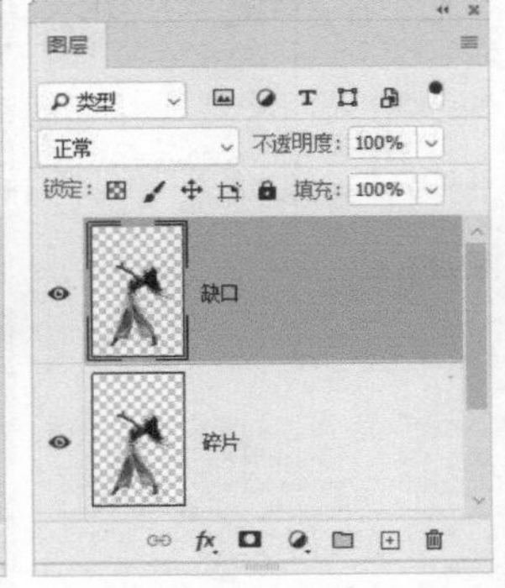

图5-46

04 下面制作一个没有女郎的背景图像。将“背景”图层拖曳到“图层”面板中的 ⊞ 按钮上进行复制，如图5-47所示。使用套索工具在人物外侧创建选区，如图5-48所示。执行“编辑>填充”命令，填充选区，操作时选取“内容识别”选项，如图5-49所示，填充效果如图5-50（此图为“碎片”和“缺口”两个图层隐藏后的效果）所示。

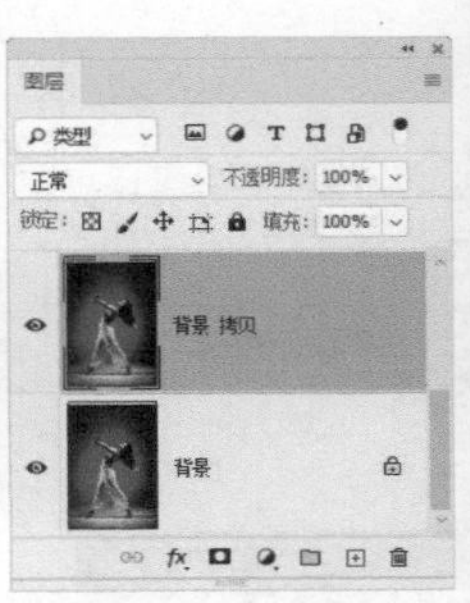

图5-47

图5-48

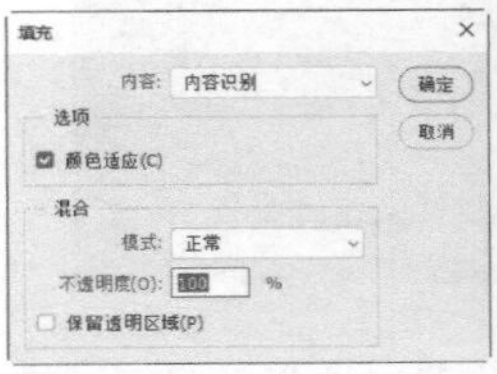

填充
内容: 内容识别
确定
取消
选项
颜色适应(C)
混合
模式: 正常
不透明度(O): 100 %
保留透明区域(P)

图5-49

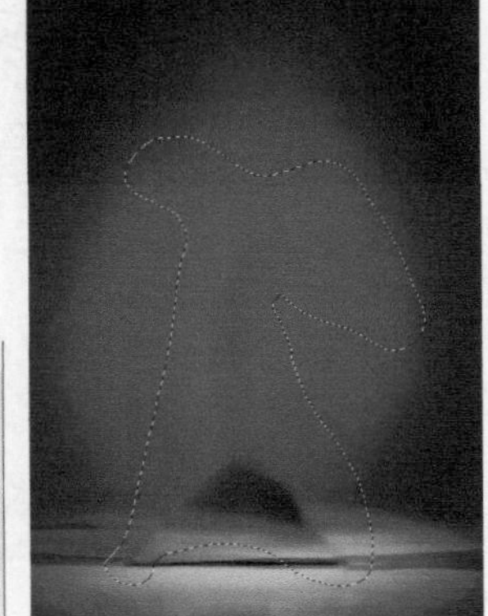
图5-50

05 按Ctrl+D快捷键取消选择。单击 按钮添加蒙版。选择画笔工具及柔边圆笔尖，在两脚之间涂抹黑色，如图5-51所示。这里填充效果不好，将其隐藏，让“背景”图像显现出来，如图5-52所示。

图5-51

图5-52

06 隐藏“碎片”图层，选择“缺口”图层并为它添加蒙版，如图5-53所示。打开工具选项栏中的画笔下拉面板，在“特殊效果画笔”组中选择图5-54所示的笔尖。用 [键和] 键调整笔尖大小。从头发开始，沿女郎身体边缘拖曳鼠标，画出缺口效果，如图5-55和图5-56所示。

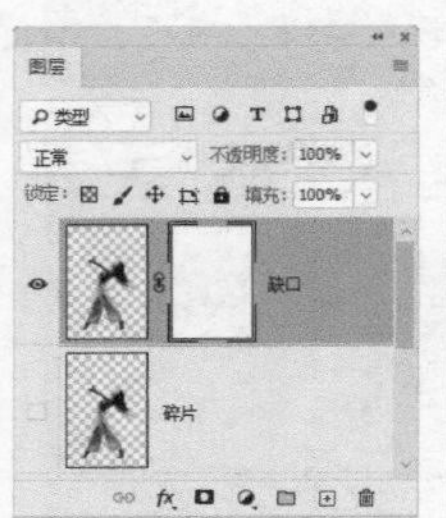

图5-53

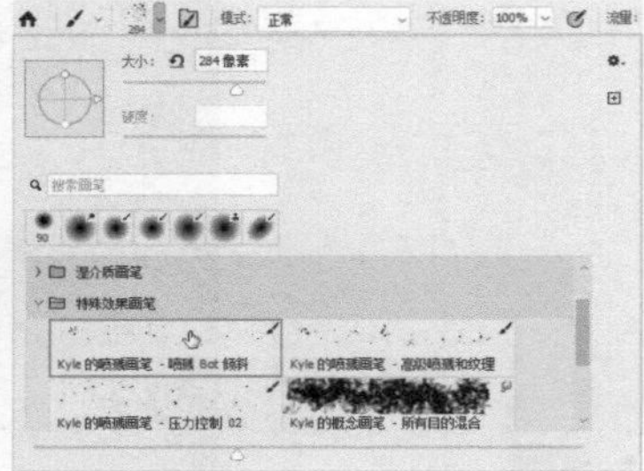

图5-54

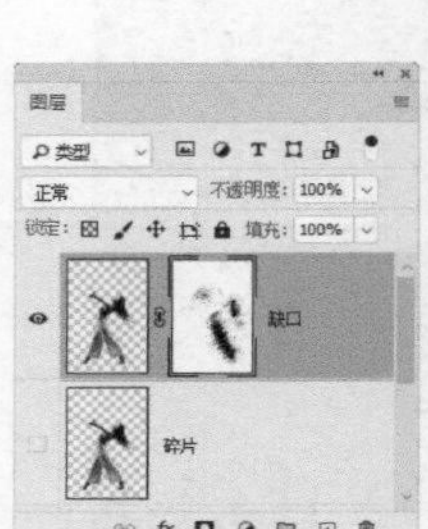

图5-55

图5-56

07 处理好以后，将该图层隐藏。选择并显示“碎片”图层，执行“图层>智能对象>转换为智能对象”命令，将其转换为智能对象，如图5-57所示。执行“滤镜>液化”命令，打开“液化”对话框，如图5-58所示。使用向前变形工具在女郎身体靠近右侧位置单击，然后向右拖曳，将图像往右拉曳，处理成图5-59所示的效果。单击“确定”按钮，关闭对话框，如图5-60所示。

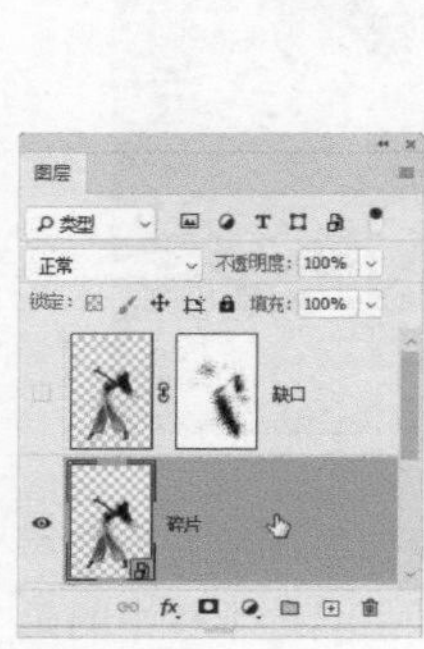

图5-57

图5-58

图5-59

图5-60

08 按Alt键并单击“图层”面板中的按钮，添加一个反相的蒙版，即黑色蒙版，将当前液化效果遮盖住，如图5-61和图5-62所示。显示“缺口”图层，使用画笔工具修改蒙版，不用更换笔尖，但可适当调整笔尖大小。从靠近缺口的位置开始，向画面右侧涂抹白色，让液化后的图像以碎片的形式显现，如图5-63和图5-64所示。为了做好衔接，可以先将“缺口”图层显示出来，再处理碎片效果。

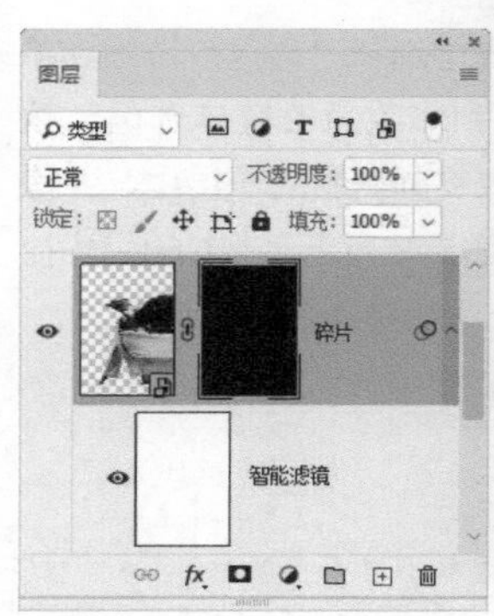

图5-61

图5-62

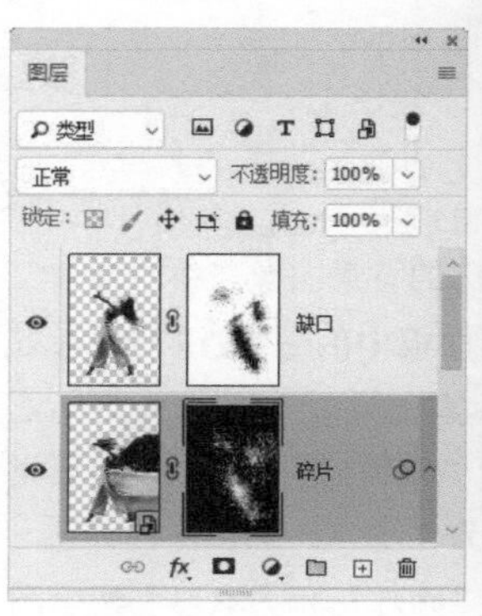

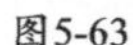
图5-63

图5-64

提示

将“液化”滤镜应用到智能对象上，它就变成智能滤镜了。这样做有一个非常大的好处：在任何时候，只要对液化效果不满意，双击智能对象图层，都能打开“液化”对话框修改效果。此外，碎片位置、发散程度等可通过编辑蒙版来修改和调节。智能滤镜和图层蒙版都是非破坏性编辑功能，用在这个实例上可谓恰到好处。

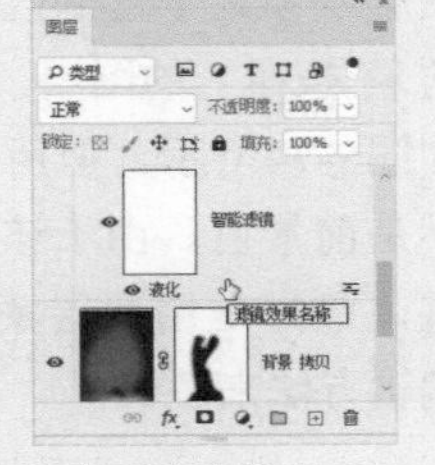

双击智能滤镜

修改液化效果

图像自动更新

5.3.2

实战：可爱风，美女变萌猫

扫码看视频

铅笔工具与画笔工具一样，也使用前景色绘画。二者最大的区别在于：用画笔工具绘制的线条的边缘呈柔和效果，即便硬度为100%的硬边圆笔尖，如果用缩放工具放大观察，也能看到其边缘是柔和的，而非硬边。只有铅笔工具才能绘制出真正意义上的100%的硬边。

由于铅笔工具不能绘制柔边，所以应用场景并不多，但它也有独到之处。当文件的分辨率较低时，用铅笔工具绘制的线条会出现锯齿，这正是像素画的基本特征，因此，该工具可用于绘制像素画，如图5-65所示。

像素风格角色

像素画风游戏：《超级马里奥》

图5-65

此外，铅笔工具绘画速度快，非常适合将创意和想法快速呈现出来，如图5-66所示。绘制草稿、描边路径时也会用到它。

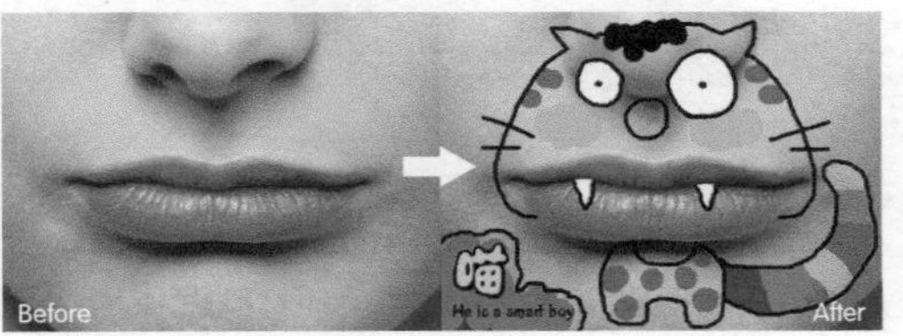

图5-66

01 打开素材，新建一个图层。选择铅笔工具及柔边圆笔尖，将大小设置为15像素，如图5-67所示。将前景色设置为黑色，在底层图像鼻子和嘴的位置画出一个小猫轮廓，如图5-68所示。

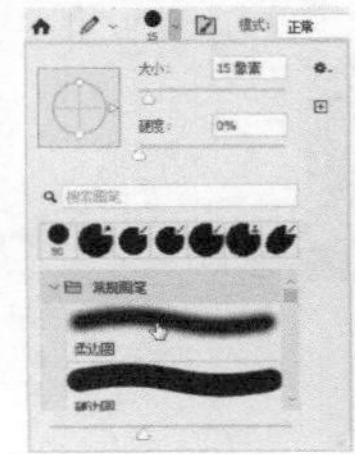

图5-67 图5-68

02 按住Ctrl键并单击“图层”面板中的按钮，在当前图层下方创建一个图层。将前景色设置为白色。按] 键将笔尖调大，将小猫的眼睛和牙齿涂上白色，再用黑色画出小猫的头发，如图5-69所示。

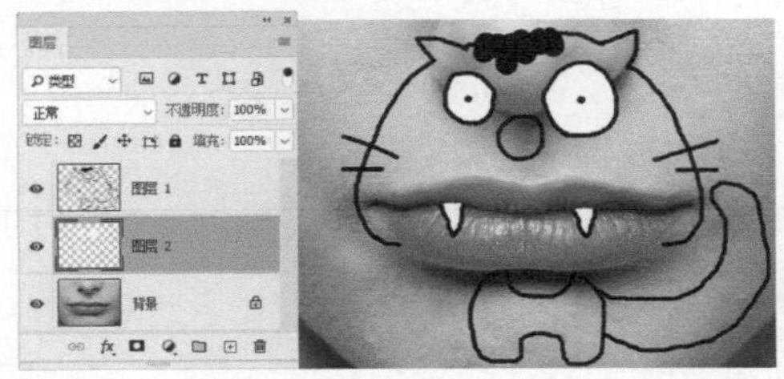

图5-69

03 在“图层”面板最上方新建一个图层。在“色板”面板中选择一些鲜艳的颜色，画出小猫的花纹，如图5-70所示。设置该图层的混合模式为“正片叠底”，使色彩融合到皮肤中，如图5-71所示。

图5-70

图5-71

04 小猫的花纹虽与画面色调协调，但还不够鲜艳。按Ctrl+J快捷键复制图层，设置混合模式为“叠加”，不透明度为50%。最后在画面左下角输入文字，用铅笔工具给文字描边，画上粉红色的底色，如图5-72所示。

图5-72

5.3.3 橡皮擦工具

橡皮擦工具具有双重身份，既可擦除图像，也能像画笔工具或铅笔工具那样绘画，具体扮演哪个角色取决于图层。在普通图层上使用该工具时，可以擦除图像，如图5-73所示；如果处理“背景”图层或锁定了透明区域（即单击了“图层”面板中的按钮）的图层，则能像画笔工具一样绘画，如图5-74所示。但所绘内容是以背景色填充的，而不是前景色。由于该工具会破坏图像，使用时需慎重，最好是用图层蒙版+画笔工具这种非破坏性编辑方法来替代。

图5-73

图5-74

5.4 填充渐变

渐变在Photoshop中的应用非常广泛，可用于填充画面、图层蒙版、快速蒙版和通道。此外，图层样式、调整图层和填充图层也包含渐变类选项。

5.4.1 渐变样式

当一种颜色的明度或饱和度逐渐变化，或者两种或多种颜色平滑过渡时，就会产生渐变效果。渐变有5种样式，可在渐变工具的工具选项栏中选取，如图5-75所示。图5-76所示为使用渐变工具填充的渐变（线段起点代表渐变的起点，线段终点箭头代表渐变的终点，箭头方向代表鼠标的移动方向）。其中，线性渐变从鼠标指针起点开始到终点结束，如果未横跨整个图像区域，则其外部会以渐变的起始颜色和终止颜色填充，其他几种渐变以鼠标指针起始点为中心展开。

渐变样式

图5-75

线性渐变 ：以直线从起点渐变到终点

径向渐变 ：以圆形图案从起点渐变到终点

角度渐变 ：围绕起点以逆时针扫描方式渐变

对称渐变 ：在起点的两侧镜像相同的线性渐变

菱形渐变 ：遮蔽菱形图案从中间到外边角的部分

图5-76

5.4.2 渐变编辑器

选择渐变工具，单击工具选项栏中的渐变按钮，以确定该样式，单击渐变颜色条，如图5-77所示，可以打开“渐变编辑器”对话框。

图5-77

在“预设”选项中选择一个预设的渐变，它会出现在下面的渐变颜色条上，如图5-78所示。渐变颜色条中最左侧的色标代表了渐变的起点颜色，最右侧的是终点颜色。渐变颜色条下方的图标是色标，单击色标，可将其选取，如图5-79所示。

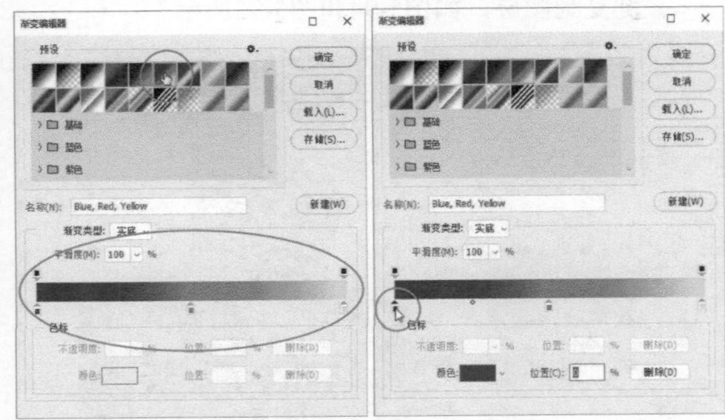

图5-78　图5-79

单击“颜色”选项右侧的颜色块，或双击该色标都能打开“拾色器”对话框，调整该色标的颜色后，即可修改渐变颜色，如图5-80和图5-81所示。

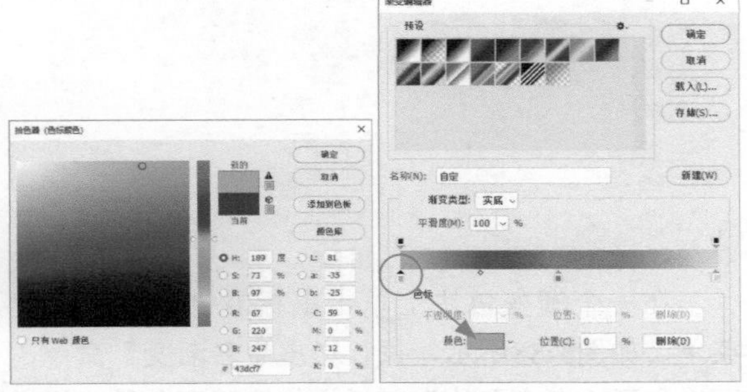

图5-80　图5-81

拖曳一个色标（也可在“位置”文本框中输入数值），可以改变渐变色的混合位置，如图5-82所示。拖曳两个色标之间的菱形图标（中点），则可调整该点两侧颜色的混合位置，如图5-83所示。在渐变颜色条下方单击则可添加新色标，如图5-84所示。选择一个色标后，单击“删除”按钮，或将其拖曳到渐变颜色条以外，都可将其删除，如图5-85所示。

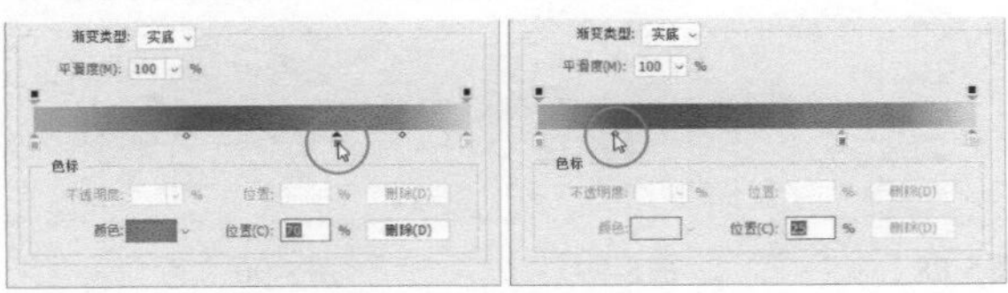

图5-82　图5-83

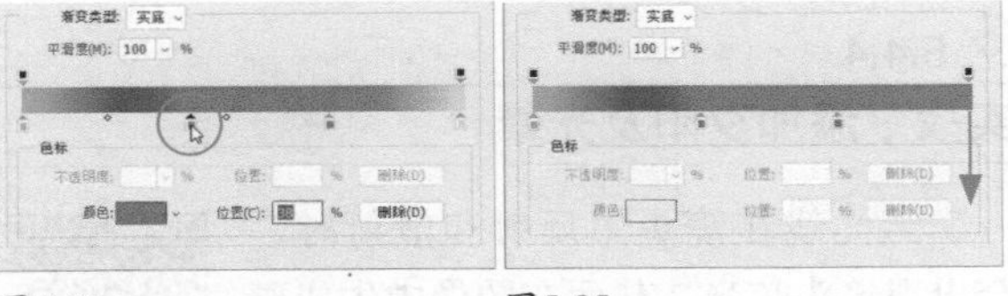

图5-84　图5-85

技术看板　保存渐变

调整好一个渐变后，在“名称”选项中输入名称，然后单击“新建”按钮，可将其保存到渐变列表中，成为一个预设。这一渐变会同时保存到渐变下拉面板和“渐变”面板中。

5.4.3 “渐变”面板及下拉面板

单击工具选项栏中的按钮，可以打开渐变下拉面板，如图5-86所示。在该面板及“渐变”面板中，都有预设的渐变颜色可以使用，如图5-87所示。

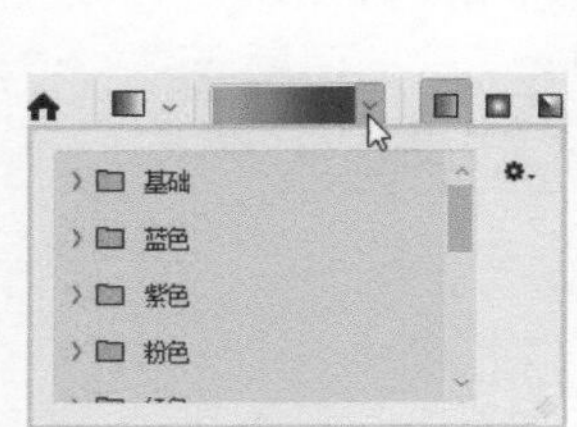

图5-86　　图5-87

在一个渐变色块上单击鼠标右键，打开快捷菜单，如图5-88所示，执行“重命名渐变”命令，可以打开“渐变名称”对话框修改渐变名称。执行“删除渐变”命令，则可删除当前渐变。选取多个渐变（按住Ctrl键单击各个渐变）后，如图5-89所示，执行“导出所选渐变”命令，或单击“渐变编辑器”对话框中的“导出”按钮，可将其保存为一个渐变库。执行“新建渐变组”命令，则可将它们添加到单独的渐变组中，如图5-90所示。

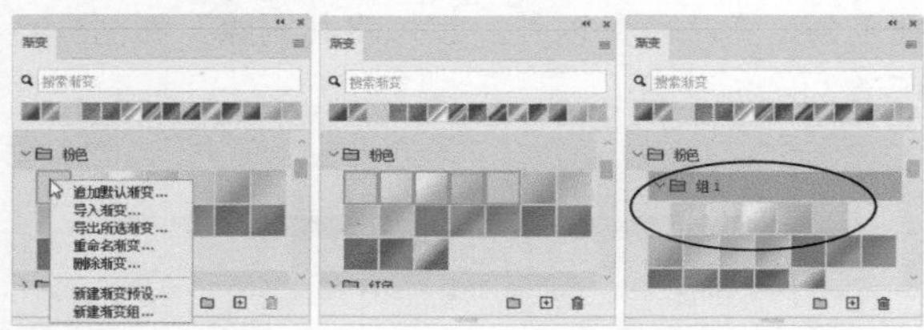

图5-88　　图5-89　　图5-90

5.4.4

实战：添加夕阳及光晕

当光线在镜头中反射和散射时，会出现镜头眩光，从而在图像中生成斑点或阳光光环，这便是镜头光晕。镜头光晕的出现可以为照片增添缥缈、梦幻般的气氛，使其呈现戏剧效果，如图5-91所示。

扫码看视频

图5-91

01 新建一个图层。选择渐变工具，单击工具选项栏中的按钮及渐变颜色条，打开“渐变编辑器”对话框，设置渐变颜色，如图5-92所示。在人物面部右侧填充渐变，如图5-93所示。

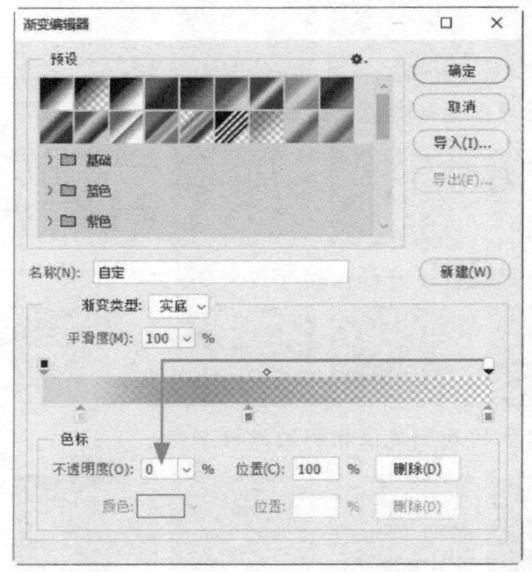

图5-92

图5-93

02 设置图层的混合模式为“滤色”。按Ctrl+J快捷键复制图层，如图5-94和图5-95所示。

图5-94　　图5-95

03 新建一个图层，填充渐变，如图5-96所示。将该图层的混合模式也设置为“滤色”，效果如图5-97所示。

图5-96

图5-97

04 按住Alt键并单击“图层”面板中的 ⊞ 按钮，在弹出的对话框中设置选项，如图5-98所示，创建一个“叠加”模式的中性色图层。执行“滤镜>渲染>镜头光晕”命令，在热气球右侧添加光晕，模拟阳光直射镜头所形成的光晕和光圈，如图5-99所示。如果光晕位置不准确，可以用移动工具 ✥ 调整。

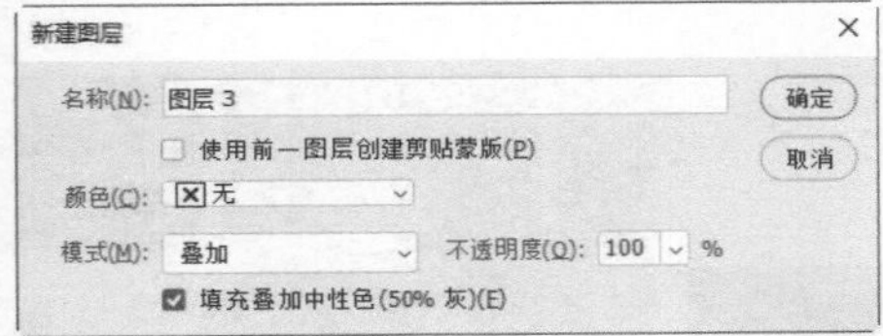

图5-98

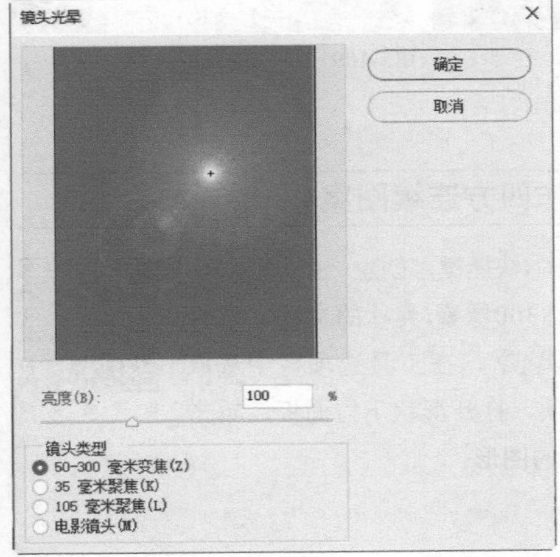

图5-99

05 按两下Ctrl+J快捷键复制图层，让光晕更清晰，如图5-100和图5-101所示。再按一下Ctrl+J快捷键复制图层，将这一层光晕移动到左下角，如图5-102所示。

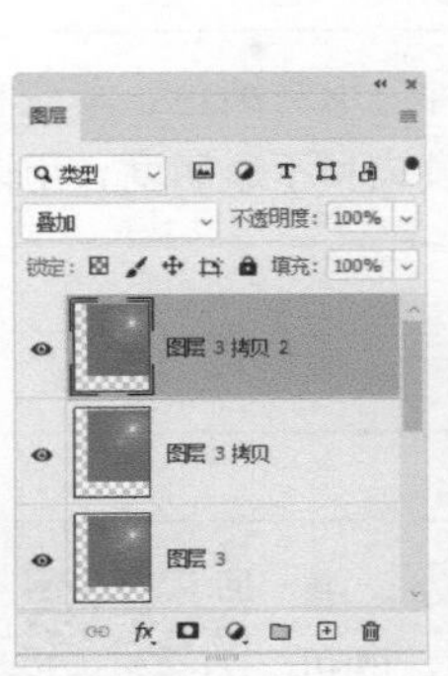

图5-100

图5-101

图5-102

5.4.5 加载渐变库

打开“渐变”面板菜单，执行“导入渐变”命令，或单击“渐变编辑器”对话框中的“导入”按钮，都能弹出“载入”对话框，此时便可将导出的渐变库、从网上下载的渐变资源或本书附赠的渐变库加载到Photoshop中。

使用填充图层

填充图层是一种只承载纯色、渐变和图案3种对象的图层，属于非破坏性编辑。在使用时，可以设置混合模式和不透明度，用以改善其他对象的颜色或创建混合效果。

5.5.1

实战：制作发黄旧照片

填充图层有很多独到之处。首先，它具备普通图层的所有属性，既可以添加图层样式、复制和删除，也可通过调整不透明度、混合模式等，对图像的色彩施加影响，如图5-103所示；其次，创建填充图层后，可以随时修改填充内容（颜色、渐变和图案），而普通图层则无法修改，只能重新填充；另外，填充图层自带图层蒙版，可用于控制填充范围，而普通图层则需要使用选区或添加蒙版来进行控制。

图5-103

01 打开照片素材。打开“图层>新建填充图层”子菜单，或单击“图层”面板中的 按钮，打开下拉列表，执行“纯色”命令，如图5-104所示，打开“拾色器”对话框，设置颜色为浅酱色（R138，G123，B92），如图5-105所示，单击“确定”按钮关闭对话框，创建填充图层。

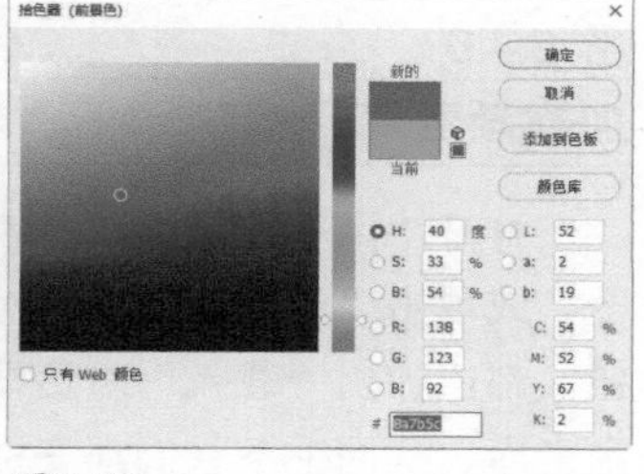

图5-104　　图5-105

提示

如果当前选择的是纯色填充图层，则单击“色板”面板中的一个色板，可修改填充颜色。

02 将该图层的混合模式设置为“颜色”，即可为下方图像上色，如图5-106和图5-107所示。

图5-106　　图5-107

03 打开纹理素材，如图5-108所示。使用移动工具 将其拖入照片文件，并设置混合模式为“柔光”，不透明度为70%，在照片上生成划痕效果，如图5-109所示。

图5-108　　图5-109

5.5.2

实战：制作四方连续图案

01 按Ctrl+N快捷键，创建一个5厘米×5厘米、300像素/英寸的文档。选择自定形状工具 ，在工具选项栏中选取“形状”选项，打开形状下拉面板，单击图5-110所示的图形。

图5-110

02 执行“视图>图案预览”命令，开启图案预览。连续按Ctrl+−快捷键，将视图比例缩小。将前景色设置为浅粉色，按住Shift键拖曳鼠标，创建图形，如图5-111所示。按Ctrl+T快捷键显示定界框，在右下角拖曳，旋转图形，如图5-112所示，按Enter键确认。在操作的同时，画布外会显示图案的拼贴效果，如图5-113所示。

图5-111　图5-112　图5-113

03 继续在“花卉”形状组中选取花卉，按住Shift键拖曳鼠标创建图形，如图5-114所示。

图5-114

04 在“背景”图层的眼睛图标 上单击，将该图层隐藏，如图5-115所示。执行“编辑>定义图案”命令，将花纹定义为图案，如图5-116所示。

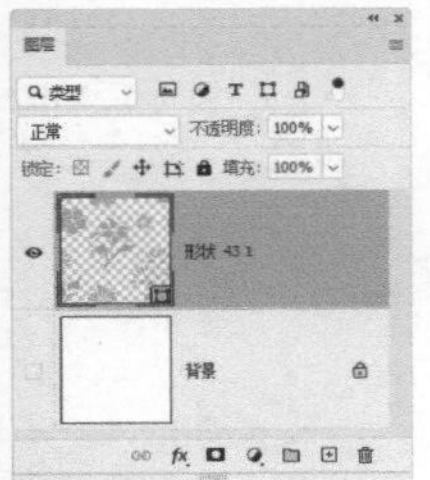

图5-115

图5-116

05 打开素材，如图5-117所示。执行“选择>主体”命令，将布袋选取，如图5-118所示。

图5-117　图5-118

06 单击“图层”面板底部的 按钮，打开下拉列表，选择“图案”命令，创建图案填充图层并弹出“图案填充”对话框，选取图案，如图5-119和图5-120所示。

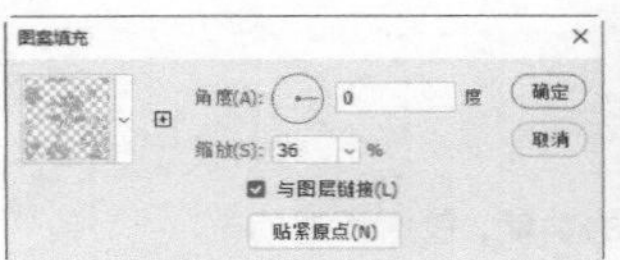

图5-119　图5-120

07 设置填充图层的混合模式为“划分”。单击蒙版缩览图，将前景色设置为黑色，用画笔工具 在图案上拖曳鼠标进行涂抹，用蒙版进行遮盖，只保留袋子蓝色部分的图案，如图5-121和图5-122所示。

图5-121　图5-122

08 再创建一个图案填充图层，参数设置与前一个相同，将混合模式设置为“深色”，用画笔工具 编辑蒙版，将除上半部袋子之外的图案涂黑，如图5-123和图5-124所示。

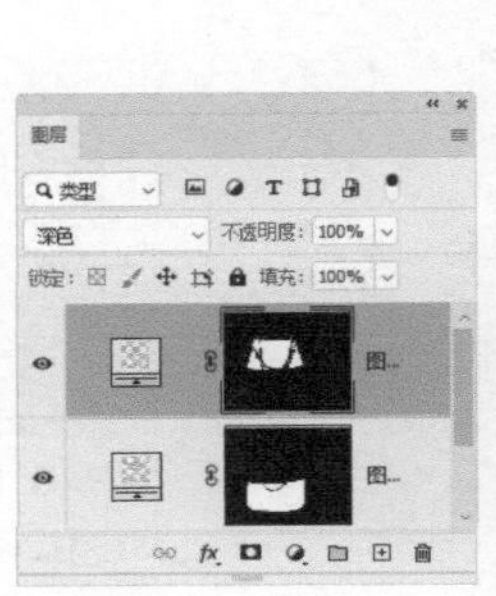

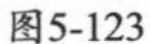

图5-123　图5-124

混合模式与蒙版

【本章简介】

本章介绍与图像合成有关的功能，包括不透明度、混合模式和各种类型的蒙版。这些都是非破坏性编辑功能，掌握了它们的使用方法，就能在不破坏原始文件的条件下合成图像、尝试不同的效果。

【学习目标】

通过本章的学习，我们要在理解蒙版原理的基础上，掌握合成图像的各种方法。本章的内容非常重要，因为不只图像合成，调整颜色、修饰照片、制作特效时，都会用到这些功能。

【学习重点】

不透明度与混合模式

不透明度与混合模式都可以混合像素或图层中所承载的对象，在图像合成、特效制作方面有很大用处。

6.1.1 不透明度

调整不透明度，可以让图层中的对象呈现透明效果，进而使位于其下方的图层显现并与之叠加，如图6-1所示。由此可见，不透明度既是调节对象显示程度的功能，又是一种混合图像、图形、文字等对象的简单方法。

不透明度为100%时，图层内容完全显现

不透明度低于100%时，图层内容的显现程度被削弱

如果下方图层包含图像，图像会与下方图像混合

图6-1

应用于图层的不透明度有两种——不透明度和填充不透明度。使用时，可以在“图层”面板中选取，如图6-2所示。另外，“图层样式”对话框中也包含这两个选项，如图6-3所示。

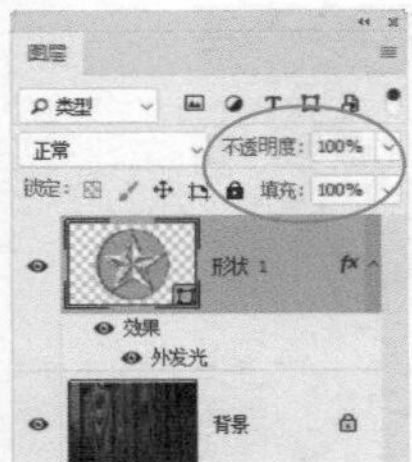

图6-2

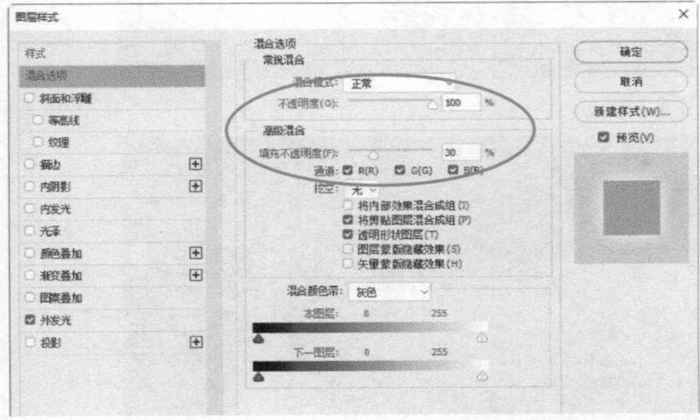

图6-3

二者的区别在于："不透明度"对图层中的所有对象一视同仁，"填充不透明度"（"填充"选项）则有所"顾忌"，它对图层样式和形状图层的描边不起作用。我们也可将其视为Photoshop对这两种对象的刻意保护。例如，图6-4所示为一个形状图层，形状的内部填充了颜色，其轮廓设置了描边，而整个图层添加了"外发光"效果。当调整"不透明度"值时，会对当前图层中的所有内容产生影响，包括填色、描边和"外发光"效果，如图6-5所示。而调整"填充"值时，只有填色变得透明，描边和"外发光"效果都保持原样，如图6-6所示。也就是说，填充不透明度对这两种对象无效。

图6-4

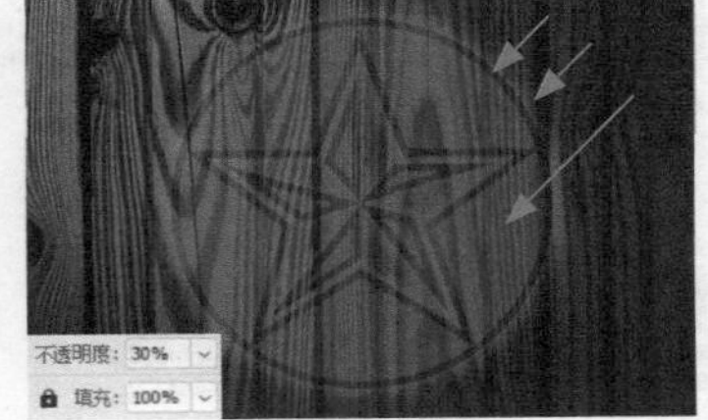

图6-5

图6-6

6.1.2 混合模式

混合模式是一种混合对象的高级功能，常用于合成图像，如图6-7和图6-8所示，以及制作选区、创建特效，以及通道抠图。

上层图像（设置混合模式）

下层图像

混合效果（文档窗口中的图像）

图6-7

变暗模式效果

变亮模式效果

图6-8

混合模式分为6组，共27种，如图6-9所示。

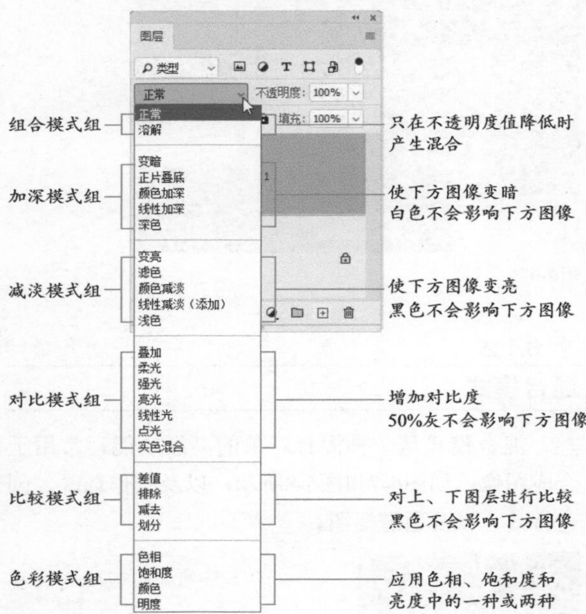

图6-9

单击“图层”面板中的一个图层，将其选取之后，单击“图层”面板中混合模式右侧的 ⌄ 按钮，打开下拉列表，即可为图层选择一种混合模式。当鼠标指针在各个模式上移动时，文档窗口中会实时显示混合效果。此外，也可在该列表上双击，之后滚动鼠标滚轮，或按↓、↑键来依次切换（工具选项栏中的混合模式选项亦可采用此方法操作）。

6.1.3 实战：制作镜片反射效果

本实战使用混合模式和图层蒙版等功能制作镜片反射彩灯形成的漂亮光斑，如图6-10所示。

扫码看视频

图6-10

01 使用移动工具 将光斑素材拖入人物文件中，并调整大小，如图6-11所示。在“图层”面板中设置混合模式为“滤色”，效果如图6-12所示。

图6-11

图6-12

02 单击“图层”面板中的 按钮添加蒙版。选择画笔工具 及硬边圆笔尖，将镜片外的光斑涂黑，这样可以通过蒙版将多余的光斑隐藏，如图6-13和图6-14所示。

图6-13

图6-14

03 按Ctrl+J快捷键复制图层。按Ctrl+T快捷键显示定界框，将图像旋转一定的角度并移动位置，使用画笔工具 修改蒙版，如图6-15和图6-16所示。

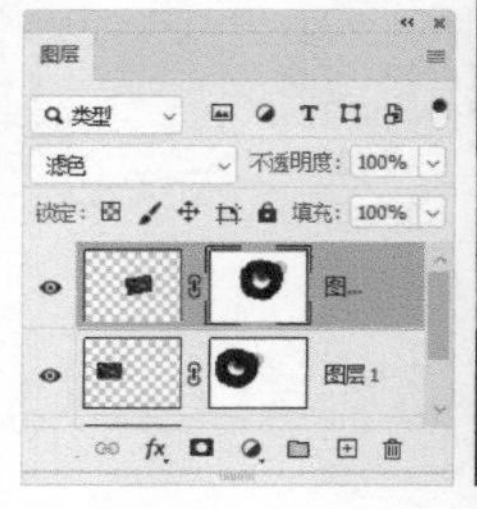
图6-15

图6-16

图层蒙版

图层蒙版、剪贴蒙版和矢量蒙版同属于非破坏性编辑功能，也是重要的影像合成工具。其中图层蒙版用处最大，本节介绍它的原理和使用方法。

6.2.1 什么是图层蒙版

图层蒙版是一种灰度图像，包含从黑~白共256级色阶，它附加在图层上并对图层内容进行遮挡，使其隐藏或呈现透明效果，但蒙版本身并不可见。其原理及使用规律如下。

在蒙版图像中，黑、白、灰控制图层内容是否显示。其中，黑色区域会完全遮挡图层内容，就相当于将图层内容的不透明度设置为0%；白色区域所对应的图层内容完全显示，也就是说，图层蒙版将这一区域的不透明度设置为100%；蒙版中的灰色遮挡程度没有黑色强，因此，图层内容会呈现透明效果（灰色越深、透明度越高），即灰色区域的不透明度被蒙版设置为1%~99%。

图6-17所示展示了上面所说的几种情况。从中可以看到，图层蒙版能让图像呈现出不同的透明效果，这是用“不透明度”选项实现不了的，因为“不透明度”只能控制整个图层，无法分区调节。由此也能总结出图层蒙版的使用规律：当想要隐藏某些内容时，将蒙版中相应的区域涂黑即可；如果想让其重新显示，就涂成白色；如果想让图层内容呈现半透明效果，则将蒙版涂灰。

在黑白渐变区域，图像从完全隐藏到完全显示　白色处对应的图像完全显示　灰色使图像呈现透明效果　黑色完全遮挡图像　被蒙版遮挡的图像　图层蒙版

图6-17

6.2.2 实战：多重曝光影像

多重曝光是摄影中采用两次或多次独立曝光并重叠起来组成一张照片的技术，可以在一张照片中展现双重或多重影像，如图6-18所示。用图层蒙版合成多重曝光效果很容易操作，如果再配合混合模式，就不单是影像叠加了，还可以展现色彩变化效果及更加丰富的细节，如图6-19所示。

扫码看视频

摄影师布兰登·基德韦尔（Brandon Kidwell）作品

摄影师高桥美纪（Miki Takahashi）作品

图6-18

图6-19

01 选择移动工具，将素材拖入人像文件中，设置其混合模式为“变亮”，如图6-20和图6-21所示。

图6-20

图6-21

02 单击“图层”面板中的按钮，添加图层蒙版。选择画笔工具及柔边圆笔尖，在画面中涂抹黑色和深灰色（可用数字键调整工具的不透明度），对蒙版进行编辑，处理好建筑与人像的衔接，如图6-22和图6-23所示。

图6-22

图6-23

技术看板　图层蒙版创建方法

选择一个图层后，单击“图层”面板中的按钮，或执行“图层>图层蒙版>显示全部”命令，可以为其添加一个完全显示图层内容的白色蒙版；按住Alt键并单击按钮，或执行“图层>图层蒙版>隐藏全部”命令，则会添加一个完全隐藏图层内容的黑色蒙版。如果图层中包含透明区域，执行“图层>图层蒙版>从透明区域”命令，可以创建一个隐藏透明区域的蒙版。

如果创建了选区，单击按钮，可以从选区中生成蒙版，将图像从背景中抠出来。

选取海雕

从选区中生成蒙版遮盖背景

03 单击“调整”面板中的按钮，创建“渐变映射”调整图层，设置渐变色，如图6-24所示。将调整图层的混合模式设置为“滤色”，营造暖黄色的整体颜色氛围，如图6-25和图6-26所示。

图6-24

图6-25

图6-26

6.2.3 链接图层内容与蒙版

蒙版和图像缩览图中间有一个状图标，它表示蒙版与图像正处于链接状态，此时进行变换操作，如旋转、缩放，蒙版会与图像一同变换，就像处于链接状态的图层一样。如果想单独移动或变换其中的一个，可单击图标，或执行“图层>图层蒙版>取消链接”命令，取消链接。要重新建立链接，在原图标处单击即可。

6.2.4 应用与删除蒙版

执行“图层>图层蒙版>应用”命令，可以将蒙版及被它遮盖的图像删除。执行“图层>图层蒙版>删除”命令，可只删除图层蒙版。如果觉得用命令操作比较麻烦，可以将蒙版缩览图拖曳到“图层”面板中的按钮上。

6.3 剪贴蒙版

图层蒙版只对一个图层有效，而剪贴蒙版可以处理多个图层。由于它是用一个图层控制其上方多个图层的，因而具有连续性的特点，因此调整图层的堆叠顺序时应加以注意，否则会将其解散。

6.3.1 什么是剪贴蒙版

在剪贴蒙版组中，最下面的图层叫作基底图层（名称带下画线），上方的图层则为内容图层（有↓状图标并指向基底图层），如图6-27所示。在内容图层中，只有处于基底图层非透明区域的部分才可见。因此，移动基底图层时，内容图层的显示状况也会随之改变，如图6-28所示。

图6-27

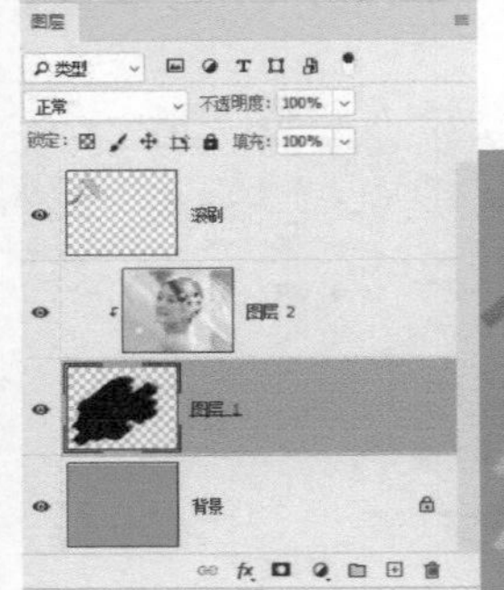

图6-28

6.3.2 实战：神奇的放大镜

01 打开素材。使用魔棒工具在镜片处单击，创建选区，如图6-29所示。新建一个图层，按Ctrl+Delete快捷键，在选区内填充背景色（白色）。按Ctrl+D快捷键取消选择，如图6-30和图6-31所示。

02 按住Ctrl键并单击“图层0”和“图层1”，将其选取，单击链接图层按钮，将两个图层链接在一起，如图6-32所示。

图6-29

图6-30

图6-31

图6-32

03 打开素材。该文件包含两个图层，上面的图层是一张写真照片，下面的是女孩的素描画像，如图6-33所示。使用移动工具将放大镜拖入该文件中，如图6-34所示。

图6-33

图6-34

04 在“图层”面板中，将白色圆形所在图层拖曳到人像写真照片图层的下方，如图6-35和图6-36所示。

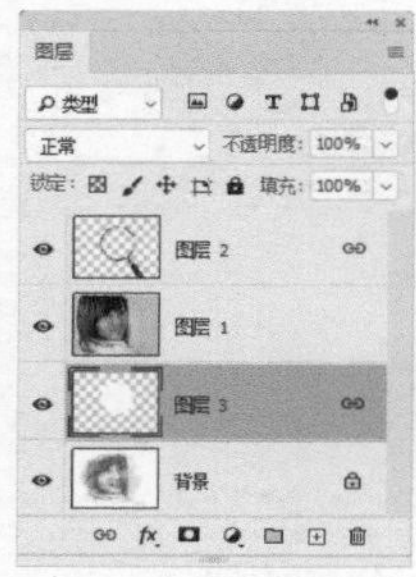

图6-35　图6-36

05 下面使用快捷方法创建剪贴蒙版。将鼠标指针放在分隔两个图层的线上，按住Alt键（鼠标指针为↓□状）单击，创建剪贴蒙版，如图6-37所示。现在放大镜外面显示的是“背景”图层中的素描画，如图6-38所示。选择移动工具✣，在画面中拖曳鼠标（即移动“图层3”），可以看到，放大镜移动到哪里，哪里就会显示人物写真，非常神奇。

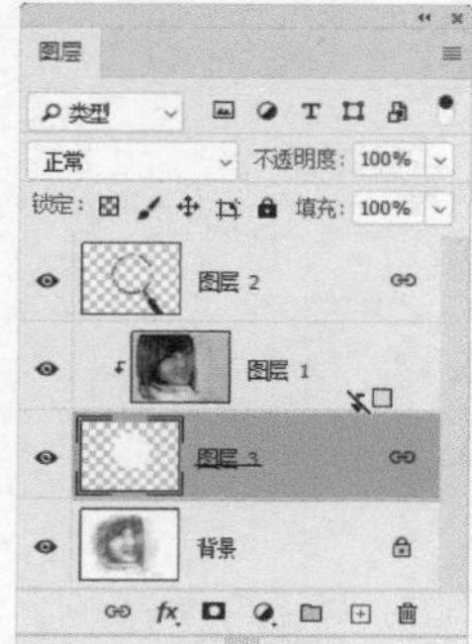

图6-37

图6-38

6.3.3 将图层移入、移出剪贴蒙版组

将一个图层拖曳到基底图层上方，可将其加入剪贴蒙版组中。将内容图层拖出剪贴蒙版组，可将其从剪贴蒙版组中释放出来。

6.3.4 释放剪贴蒙版

选择基底图层正上方的内容图层，如图6-39所示，执行“图层>释放剪贴蒙版”命令（快捷键为Alt+Ctrl+G），可以解散剪贴蒙版组，释放所有图层，如图6-40所示。

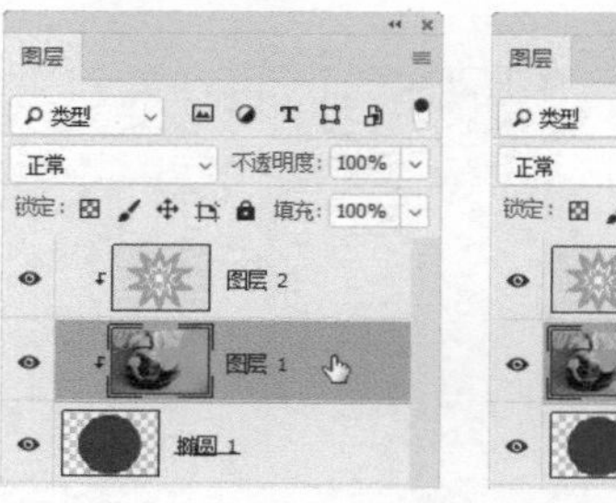

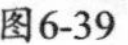

图6-39　图6-40

如果要释放单个内容图层，可以采用拖曳的方法将其拖出剪贴蒙版组。如果要释放多个内容图层，并且它们位于整个剪贴蒙版组的最顶层，可以单击其中最下面的一个图层，然后按Alt+Ctrl+G快捷键，将它们一同释放。

矢量蒙版

矢量蒙版通过矢量图形控制图层内容的显示范围，本节学习它的创建和编辑方法。关于矢量功能，如路径、锚点等内容，在“第11章 路径与UI设计”中有详细介绍。

6.4.1 实战：创建矢量蒙版

图层蒙版和剪贴蒙版都是基于像素的蒙版，而矢量蒙版则通过矢量图形控制图层中对象的显示范围。由于矢量图形与分辨率无关，所以矢量蒙版无论以怎样的比例缩放、旋转和扭曲，其轮廓都是光滑的。

扫码看视频

01 打开素材，如图6-41所示。单击“图层1”，如图6-42所示。下面为该图层添加矢量蒙版。

图6-41

图6-42

02 选择自定形状工具，在工具选项栏中选择“路径”选项，单击按钮，打开形状下拉面板，选择心形图形，如图6-43所示，在画布上拖动鼠标绘制该图形，如图6-44所示。

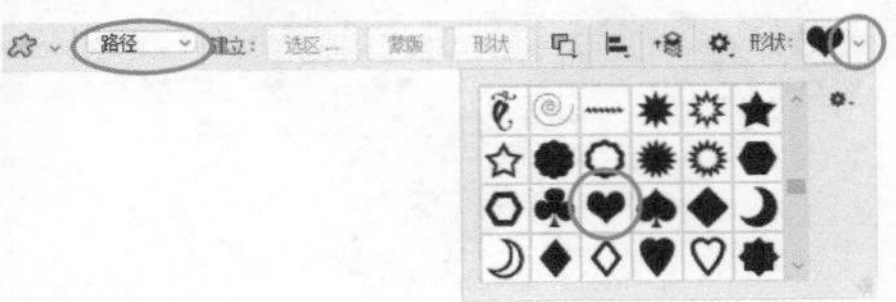

图6-43

图6-44

03 执行“图层>矢量蒙版>当前路径”命令，或按住Ctrl键并单击“图层”面板中的按钮，可基于路径创建矢量蒙版，路径外的图像会被蒙版遮挡，如图6-45和图6-46所示。如果要查看原始图像，可以按住Shift键并单击蒙版，或执行“图层>矢量蒙版>停用”命令，暂时停用蒙版。

图6-45 图6-46

> **提示**
>
> 矢量蒙版可以通过3种方法创建。除从路径中生成蒙版外，还可以按住Ctrl键并单击“图层”面板底部的按钮，或执行“图层>矢量蒙版>显示全部”命令，创建一个显示全部填充内容的矢量蒙版，类似于空白的图层蒙版。如果当前图层中已有图层蒙版，则单击按钮可以直接创建矢量蒙版。此外，执行“图层>矢量蒙版>隐藏全部”命令，可创建隐藏全部图层内容的矢量蒙版。

6.4.2 实战：在矢量蒙版中添加形状

01 单击矢量蒙版缩览图，进入蒙版编辑状态，此时缩览图外面会出现一个外框，画布上会显示矢量图形，如图6-47和图6-48所示。

扫码看视频

图6-47

图6-48

02 选择自定形状工具，在工具选项栏中选择合并形状选项，在形状下拉面板中选择月亮图形，绘制该图形，将它添加到矢量蒙版中，如图6-49和图6-50所示。

图6-49

图6-50

03 在形状下拉面板中选择星状图形，在画面中继续绘制图形，将这些星形也添加到矢量蒙版中，如图6-51和图6-52所示。

图6-51

图6-52

6.4.3 实战：移动和变换矢量蒙版中的形状

01 单击矢量蒙版的缩览图，如图6-53所示，画布上会显示矢量图形，如图6-54所示。

扫码看视频

图6-53

图6-54

02 使用路径选择工具 单击画面左下角的星形，将它选取，如图6-55所示，按住Alt键并拖曳鼠标复制图形，如图6-56所示。如果要删除图形，可在选取之后按Delete键。

图6-55

图6-56

03 按Ctrl+T快捷键显示定界框，拖曳控制点将图形旋转并适当缩小，如图6-57所示，按Enter键确认。用路径选择工具 拖曳矢量图形可将其移动，蒙版的遮挡区域也会随之改变，如图6-58所示。

图6-57

图6-58

> *提示*
>
> 显示定界框后，可按住相应的按键并拖曳控制点对图形进行旋转、缩放和扭曲，具体方法与图像变换相同。矢量蒙版与图像缩览图之间有一个链接图标，如果想要单独变换图像或蒙版，可单击该图标，或执行“图层>矢量蒙版>取消链接”命令取消链接，再进行其他操作。

6.4.4 删除矢量蒙版

选择矢量蒙版，如图6-59所示，执行“图层>矢量蒙版>删除”命令，可将其删除，如图6-60所示。也可将矢量蒙版拖曳到 按钮上进行删除，如图6-61所示。

图6-59

图6-60

图6-61

滤镜

【本章简介】

将滤镜比作是Photoshop 中的“魔法师”一点也不为过，它只要“随手”一变，就能呈现令人惊叹的神奇效果。本章介绍滤镜和智能滤镜的使用方法及操作技巧。Photoshop 各个滤镜的详细说明放在附赠资源的滤镜电子书中，如需了解，可查看电子书。

对于初学者，滤镜的吸引力体现在其不需要复杂的操作，只需简单地设置几个参数，就能生成特效。但这只是滤镜应用的一个方面，随着学习的深入，我们会逐渐接触滤镜应用的更多层面，如可用滤镜校正数码照片的镜头失真缺陷，编辑图层蒙版、快速蒙版和通道等。

【学习目标】

在后面的章节中，滤镜的使用率比较高，会用它们完成各种工作任务。本章要做的是了解滤镜的基本使用方法，以及智能滤镜如何操作，以便为后面的实战练习打好基础。

【学习重点】

滤镜的使用方法

Photoshop中的滤镜可以改变像素的位置和颜色，进而生成特效。滤镜可用于制作特效、调整照片、磨皮、抠图等。

7.1.1

实战：制作动感荧光字

01 按Ctrl+N快捷键，打开“新建文档”对话框，使用其中的“网页-大尺寸”预设创建一个文档（背景为黑色）。使用横排文字工具 T 输入文字，如图7-1所示。执行“图层>栅格化>文字”命令，将文字栅格化，否则不能添加滤镜。按Ctrl+J快捷键复制文字图层。在上方文字图层的眼睛图标上单击，将该图层隐藏。单击下方的文字图层，如图7-2所示。

扫码看视频

图7-1

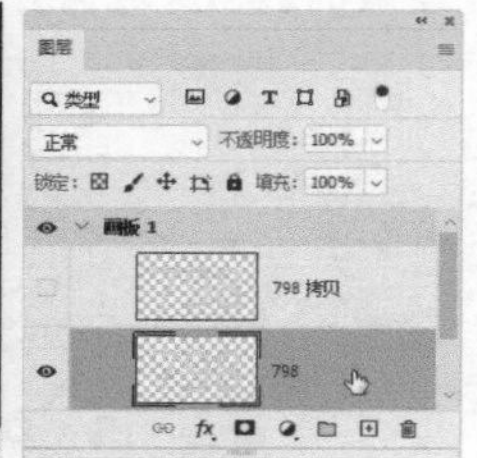

图7-2

02 执行“滤镜>模糊>径向模糊”命令，打开“径向模糊”对话框，设置参数，并在图7-3所示的位置单击，调整模糊的中心点，单击“确定”按钮关闭对话框，文字效果如图7-4所示。执行“滤镜>模糊>高斯模糊”命令，增加模糊范围，如图7-5和图7-6所示。

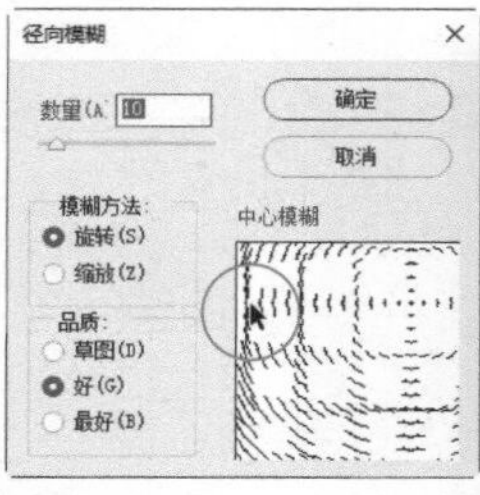

图7-3

图7-4

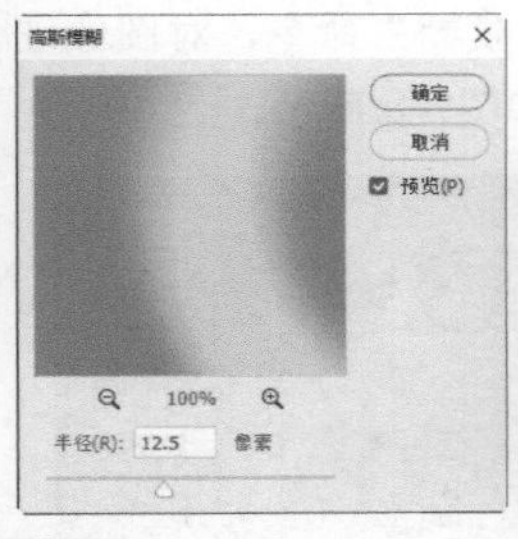

图7-5

图7-6

03 双击当前图层，打开“图层样式”对话框，添加“描边”效果，如图7-7和图7-8所示。

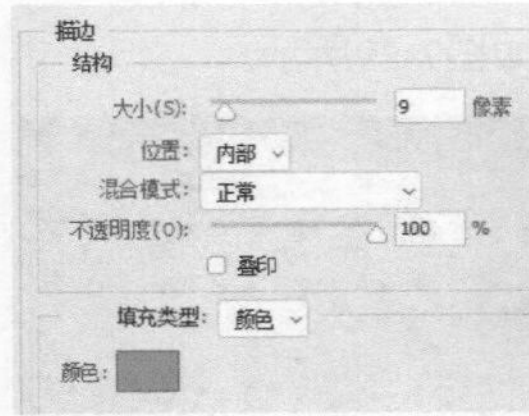

图7-7

图7-8

04 将上方文字显示出来，并单击该图层，如图7-9所示。为它添加“径向模糊”滤镜，参数与第2步滤镜相同，效果如图7-10所示。

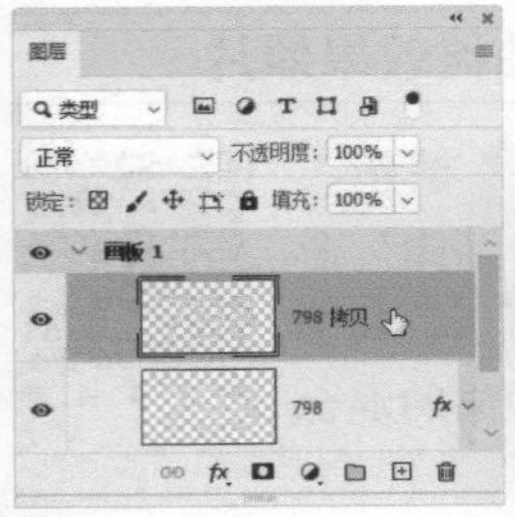

图7-9

图7-10

7.1.2

实战：制作运动主体海报

01 按Ctrl+O快捷键，打开素材，如图7-11所示。

扫 码 看 视 频

02 按住Ctrl键并单击“人物”图层缩览图，加载人物选区。新建一个图层，将前景色设置为蓝色（R15、G46、B173），按Alt+Delete快捷键填色，如图7-12所示。

图7-11

图7-12

03 按两次Ctrl+J快捷键复制图层，按Shift+Ctrl+[快捷键将当前图层移至底层，如图7-13所示。隐藏两个图层，选择“图层1”，如图7-14所示。

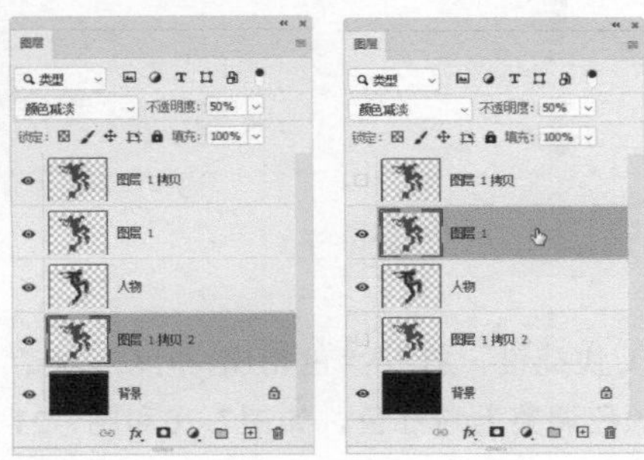

图7-13　图7-14

04 执行“滤镜>扭曲>波浪”命令，设置参数如图7-15所示，效果如图7-16所示。设置“图层1”的混合模式为“颜色减淡”，效果如图7-17所示。

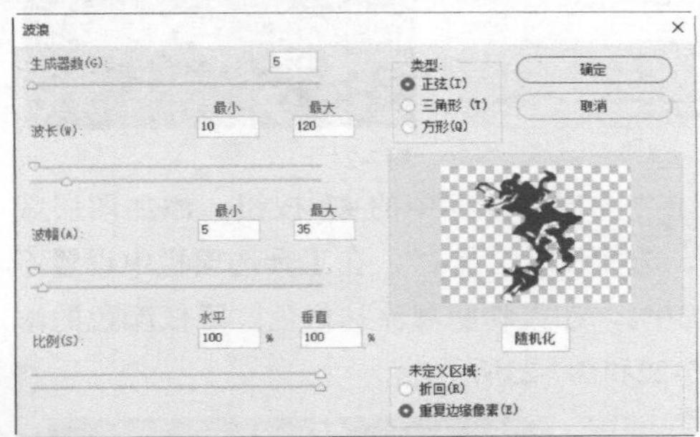

图7-15

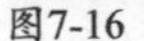

图7-16

图7-17

05 选择并显示顶部图层，设置混合模式为“颜色减淡”，如图7-18所示。将前景色设置为白色，背景色设置为黑色。执行“滤镜>像素化>点状化”命令，如图7-19所示。

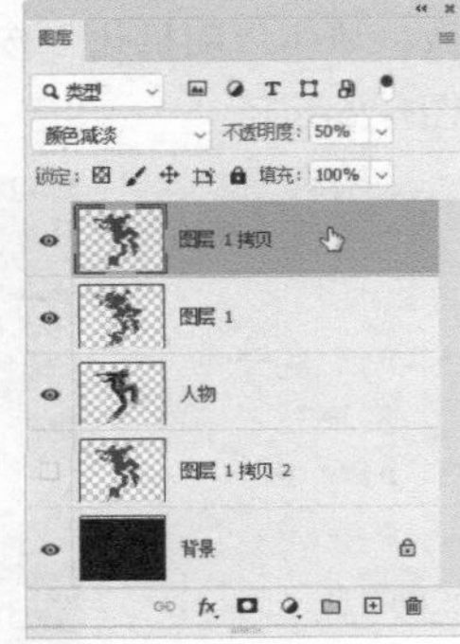

图7-18

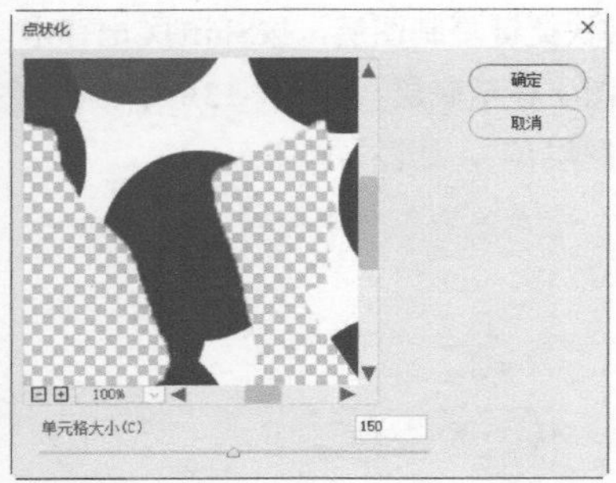

图7-19

06 按Ctrl+U快捷键，打开“色相/饱和度”对话框，将颜色调整为粉红色，如图7-20和图7-21所示。

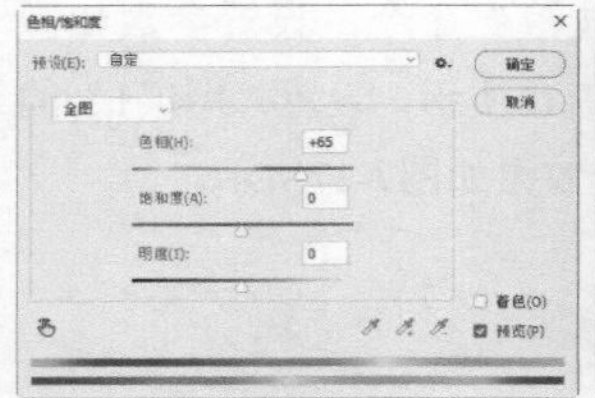

图7-20　图7-21

07 单击“图层”面板中的 按钮，添加图层蒙版。选择画笔工具，在工具选项栏中设置不透明度为30%，在人物腿部涂抹黑色，降低颜色的浓度，如图7-22和图7-23所示。

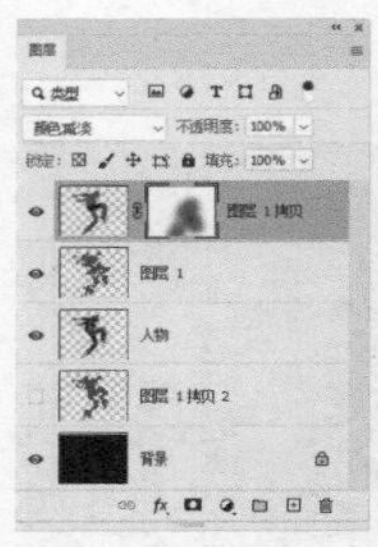

图7-22　图7-23

08 选择并显示“图层1拷贝2”，如图7-24所示。执行“滤镜>扭曲>波浪”命令，使用上一次的参数，单击“随机化”按钮，使纹理随机变化，效果如图7-25所示。

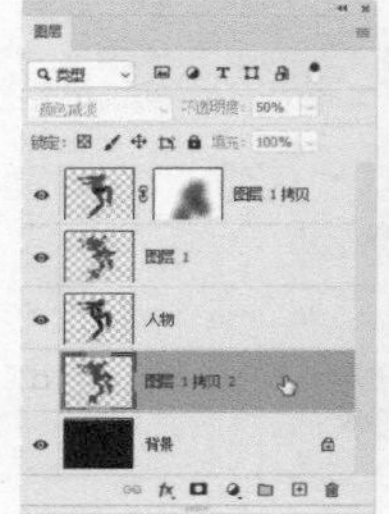

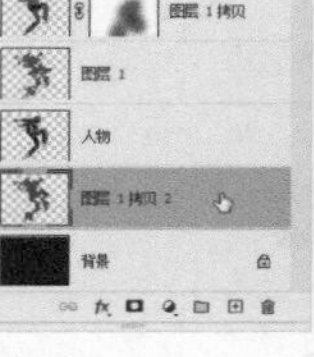

图7-24　图7-25

09 执行“滤镜>模糊>高斯模糊”命令，对图像进行模糊处理，如图7-26和图7-27所示。

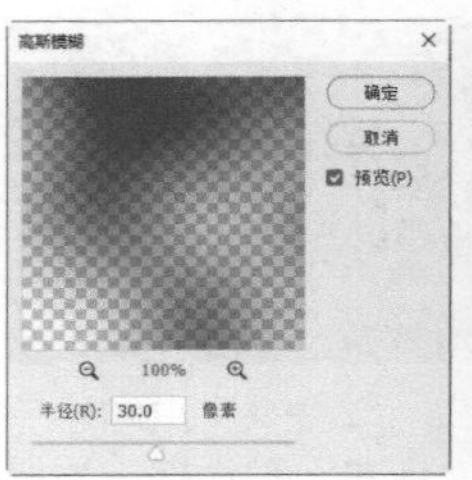

图7-26　图7-27

10 打开素材，如图7-28所示。使用移动工具 将其拖入人物文档，效果如图7-29所示。

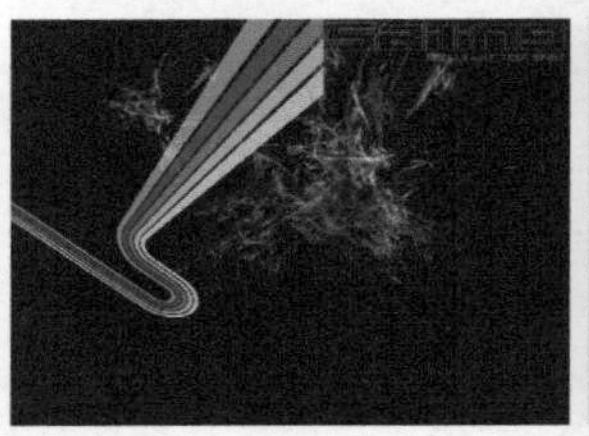

图7-28　图7-29

7.1.3

实战：用“滤镜库”制作抽丝效果照片

本实战使用“半调图案”滤镜、“镜头校正”滤镜和“编辑>渐隐”命令制作抽丝效果，如图7-30所示。其中“渐隐”命令用来修改滤镜效果的混合模式和不透明度。

扫码看视频

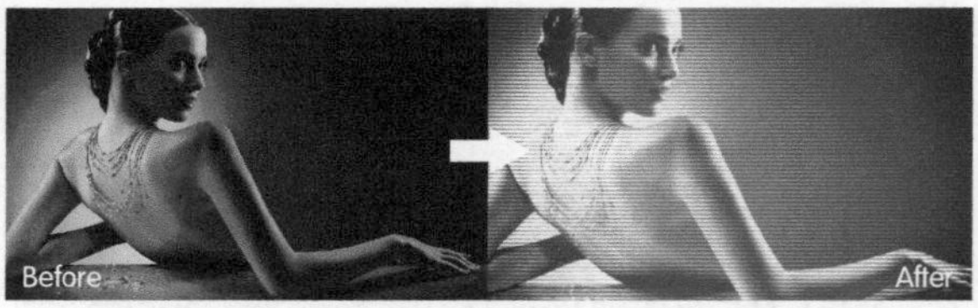

图7-30

01 打开素材，如图7-31所示。首先将前景色设置为蓝色，背景色设置为白色，如图7-32所示。

图7-31　图7-32

02 执行“滤镜>滤镜库”命令，打开“滤镜库”对话框，单击“素描”滤镜组左侧的 ▶ 按钮展开滤镜组，单击其中的“半调图案”滤镜，然后在对话框右侧选项组中将“图案类型”设置为“直线”，“大小”设置为3，“对比度”设置为8，如图7-33所示。单击“确定”按钮关闭“滤镜库”对话框。

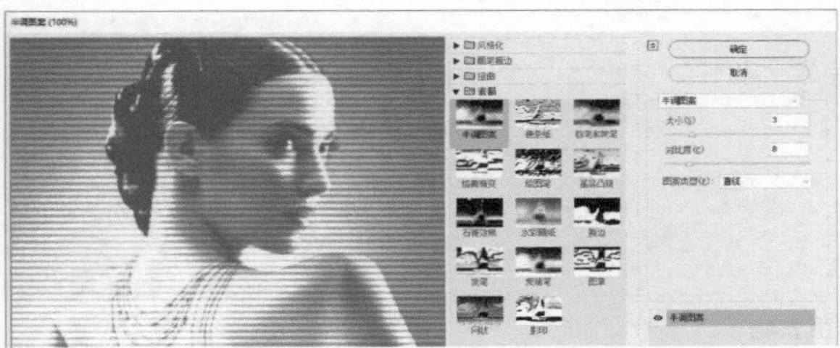
图7-33

03 执行“滤镜>镜头校正”命令，打开“镜头校正”对话框，单击“自定”选项卡，将“晕影”选项组中的“数量”滑块拖曳到最左侧，为照片添加暗角效果，如图7-34和图7-35所示。

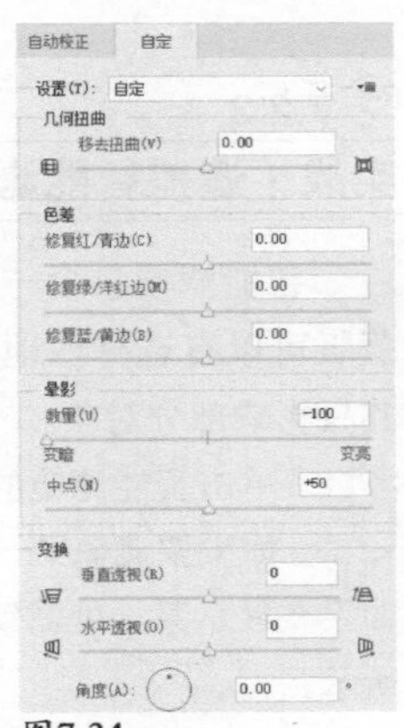
图7-34

图7-35

04 执行“编辑>渐隐镜头校正”命令，在打开的对话框中将滤镜的混合模式设置为“叠加”，如图7-36和图7-37所示。

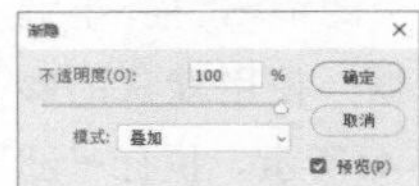
图7-36

图7-37

7.2 智能滤镜的使用方法

当滤镜应用于智能对象时它便成为智能滤镜。智能滤镜可以图层样式一样附加在智能对象所在的图层上，可修改和删除。

7.2.1 实战：用智能滤镜制作网点照片

01 打开照片素材，如图7-38所示。执行“滤镜>转换为智能滤镜”命令，弹出一个提示框，单击“确定”按钮，将“背景”图层转换为智能对象，如图7-39所示。

扫码看视频

图7-38

图7-39

02 按Ctrl+J快捷键复制图层。将前景色设置为蓝色。执行“滤镜>滤镜库”命令，打开“滤镜库”对话框，展开“素描”滤镜组，单击“半调图案”滤镜，将“图案类型”设置为“网点”，其他参数如图7-40所示。单击“确定”按钮，应用智能滤镜，效果如图7-41所示。

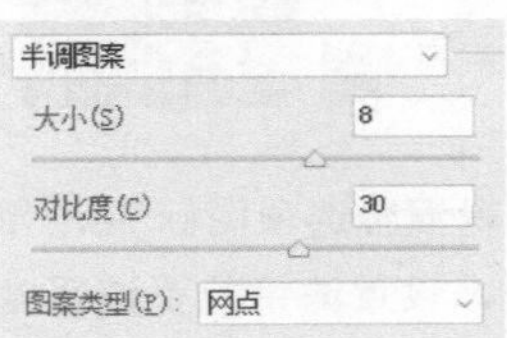

图7-40

图7-41

03 执行“滤镜>锐化>USM锐化”命令，对效果进行锐化，使网点变得清晰，如图7-42和图7-43所示。

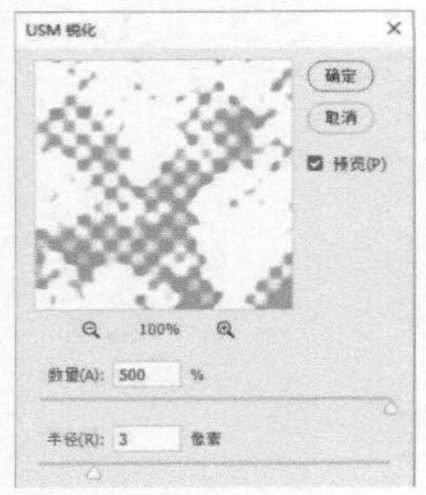
图7-42

图7-43

04 将“图层0拷贝”图层的混合模式设置为“正片叠底”，选择“图层0”。将前景色调整为紫红色（R173，G95，B198）。执行“滤镜>素描>半调图案”命令，打开“滤镜库”对话框，使用默认的参数，将图像处理为网点效果，如图7-44所示。执行“滤镜>锐化>USM锐化”命令，锐化网点。选择移动工具，按←键和↓键微移图层，使上下两个图层中的网点错开。使用裁剪工具将照片的边缘裁齐，效果如图7-45所示。

图7-44

图7-45

7.2.2

实战：修改智能滤镜

01 打开前一个实战的效果文件。双击智能滤镜，如图7-46所示，打开“滤镜库”对话框，修改滤镜，将“图案类型”设置为“圆形”，单击“确定”按钮关闭对话框，更新滤镜效果，如图7-47所示。

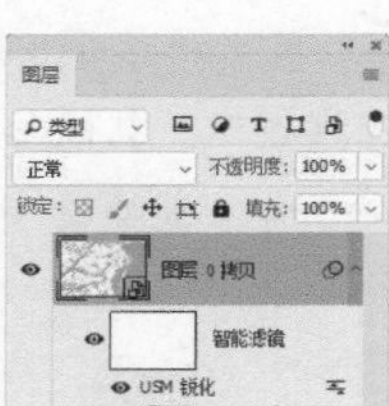
图7-46

图7-47

02 双击智能滤镜旁边的编辑混合选项图标，弹出“混合选项”对话框，设置滤镜的不透明度和混合模式，如图7-48和图7-49所示。虽然对普通图层应用滤镜时，也可执行“编辑>渐隐”命令做同样的修改，但这需要在应用完滤镜以后马上操作，否则不能使用“渐隐”命令。

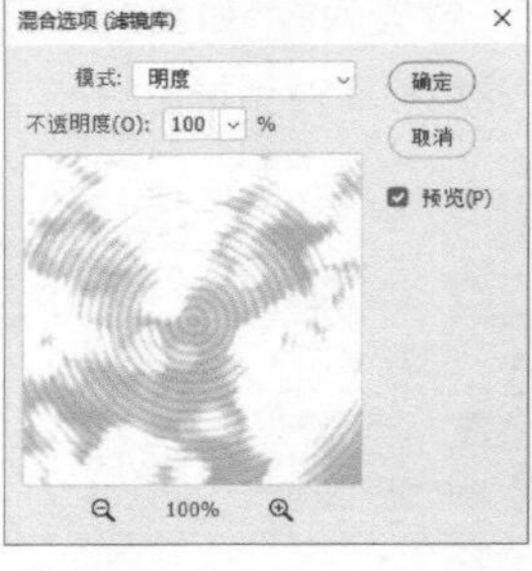
图7-48

图7-49

7.2.3

实战：遮盖智能滤镜

智能滤镜包含一个图层蒙版，编辑蒙版可以有选择性地遮盖智能滤镜，使其只影响部分对象。

01 单击智能滤镜的蒙版，将其选择，如果要遮盖某一处滤镜效果，可以用黑色绘制；如果要显示某一处滤镜效果，则用白色绘制，如图7-50所示。

图7-50

02 如果要减弱滤镜效果的强度，可以用灰色绘制，滤镜将呈现不同级别的透明度。也可以使用渐变工具在图像中填充黑白渐变，渐变会应用到蒙版中，对滤镜效果进行遮盖，如图7-51所示。

图7-51

7.2.4

实战：显示、隐藏和重排滤镜

智能滤镜包含眼睛图标，可用于控制滤镜隐藏或重新显示。此外，智能滤也可以调整堆叠顺序。

扫码看视频

01 打开素材，如图7-52所示。在智能滤镜行及其下方列表中，每一个滤镜左侧都有眼睛图标，单击某个滤镜的眼睛图标，可以隐藏该滤镜，如图7-53所示。

图7-52

图7-53

02 单击智能滤镜行左侧的眼睛图标，或执行“图层>智能滤镜>停用智能滤镜”命令，可以隐藏智能对象的所有智能滤镜，如图7-54所示。在原眼睛图标处单击，可以重新显示滤镜。

图7-54

03 上下拖曳滤镜，可以重新排列它们的顺序。由于Photoshop是按照由下而上的顺序应用滤镜的，因此，改变滤镜顺序后图像效果会发生改变，如图7-55所示。

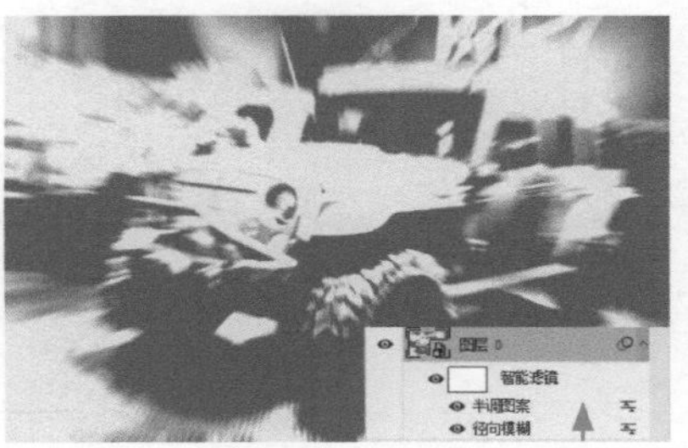

图7-55

7.2.5

实战：复制与删除滤镜

01 打开素材，如图7-56所示。在“图层”面板中，按住Alt键，将智能滤镜从一个智能对象拖曳到另一个智能对象上，或拖曳到智能滤镜列表中的新位置，放开鼠标以后，可以复制智能滤镜，如图7-57~图7-59所示。

扫码看视频

图7-56 图7-57

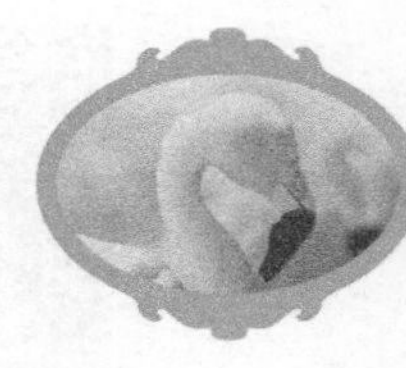

图7-58 图7-59

02 按住Alt键，拖曳智能对象旁边的图标，可以将所有智能滤镜复制给目标对象，如图7-60~图7-62所示。如果要删除单个智能滤镜，将它拖曳到“图层”面板中的删除图层按钮上即可。如果要删除应用于智能对象的所有智能滤镜，可以将图标拖曳到按钮上。

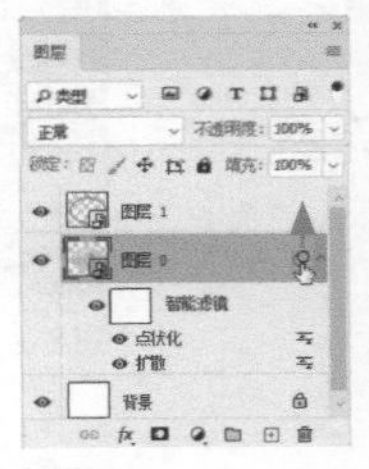

图7-60 图7-61 图7-62

第8章 图像颜色调整

【本章简介】

Photoshop中有25个调整命令，数量虽多，但门类清晰，而且基本可以划分成调整色调和调整色相两大类。本章主要分两部分，前面讲解色调调整方法，包括亮度控制、对比度调整、阴影和高光分区调整；后面讲解色彩调整方法由易到难，逐渐过渡到高级调整工具——色阶和曲线。

【学习目标】

通过本章的学习，我们可以掌握以下知识技能。

- 运用简单的工具快速调整亮度和对比度
- 用“阴影/高光”命令处理高反差照片，从阴影中还原图像细节，并兼顾高光不会过曝
- 了解Photoshop色彩调整命令的分类情况，使用各种调色命令调整照片
- 从直方图中判断照片的曝光是否正常，掌握像素的分布情况
- 会使用色阶和曲线，知道它们如何映射色调

【学习重点】

色调与亮度调整

色调范围关系着图像中的信息是否充足，也影响着图像的亮度和对比度，而亮度和对比度又决定了图像的清晰度。由此可见，色调和亮度调整在图像编辑中非常重要。

8.1.1 自动对比度调整

对于曝光不足或者不够清晰的照片，如图8-1所示，最快速的调整方法是使用“图像”菜单中的“自动色调”命令进行处理。执行该命令时，Photoshop会检查各个颜色通道，并将每个颜色通道中最暗的像素映射为黑色（色阶0），最亮的像素映射为白色（色阶255），中间像素按照比例重新分布，这样色调范围就完整了，对比度得到增强，如图8-2所示。

图8-1

图8-2

“自动色调”命令会对各个颜色通道做出不同程度的调整，可能破坏色彩平衡。如果不希望颜色改变，可以使用

“图像”菜单中的“自动对比度”命令进行处理，效果如图8-3所示。

图8-3

8.1.2 提升清晰度

“图像>调整”子菜单中的“色调均化”命令可以改变像素的亮度值，使最暗的像素变为黑色，最亮的像素变为白色，其他像素在整个亮度色阶内均匀地分布。

该命令具有这样的特点：处理色调偏亮的图像时，能增强高光和中间调的对比度，如图8-4和图8-5所示；处理色调偏暗的图像，则可提高阴影区域的亮度，如图8-6和图8-7所示。

原图：色调偏亮的图像

图8-4

处理后：高光区域（天空）和中间调（建筑群）的色调对比得到增强，清晰度明显提升

图8-5

原图：色调偏暗的图像

图8-6

处理后：阴影区域（画面左下方的礁石）变亮，展现出更多的细节

图8-7

8.1.3 控制亮度和对比度

执行“图像>调整>亮度/对比度”命令，打开“亮度/对比度”对话框，向右拖曳滑块，可以提高亮度和对比度；向左拖曳滑块，则可降低亮度和对比度。图8-8所示为原图及使用该命令调整后的效果。

原图

降低亮度，增强对比度，让画面呈现油画般的质感

图8-8

8.1.4

实战：调整逆光高反差人像

扫码看视频

逆光拍摄时，场景中亮的区域特别亮，暗的区域又特别暗。如果照顾亮调区域，使其不过曝，就会造成暗调区域过暗，漆黑一片，看不清内容，色调也形成较高的反差。这种照片最好是将阴影和高光区域分开来调整——提高阴影区域的色调，而高光区域尽量保持不变，或者根据需要降低亮度，这样才能获得最佳效果。

01 打开素材，如图8-9所示。这张逆光照片的色调反差非常大，人物几乎变成了剪影。如果使用“亮度/对比度”或“色阶”命令将图像调亮，则整个图像都会变亮，人物的细节虽然可以显示出来，但背景几乎完全变白了，如图8-10和图8-11所示。我们需要的是将阴影区域（人物）调亮，但又不影响高光区域（人物背后的窗户）的亮度，使用“阴影/高光”命令可以实现这种效果。

02 执行“图像>调整>阴影/高光”命令，打开“阴影/高光”对话框，Photoshop会自动调整，让暗色调中的细节初步展现出来。将“数量”滑块拖曳到最右侧，提高调整强度，将画面提亮。向右拖曳“半径”滑块，将更多的像素定义为阴影，以便Photoshop对其应用调整，从而使色调变得平滑，消除不自然感，如图8-12和图8-13所示。

图8-9

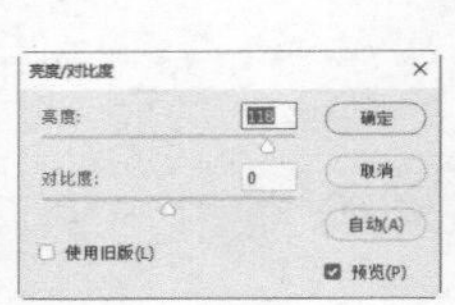
图8-10

图8-11

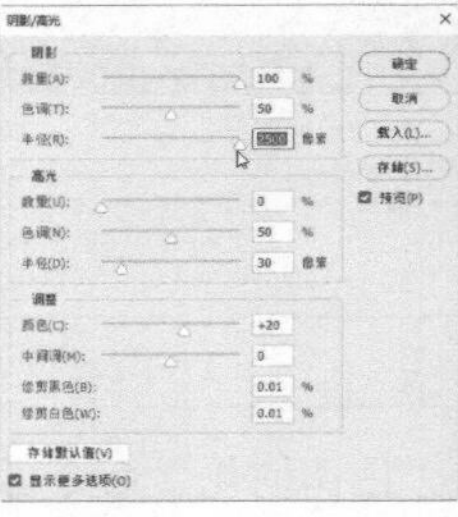
图8-12

图8-13

03 当前状态下颜色有些发灰，向右拖曳“颜色”滑块，增加颜色的饱和度，如图8-14和图8-15所示。

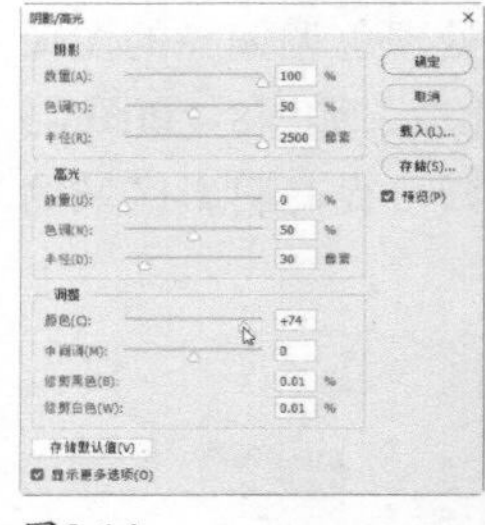
图8-14

图8-15

调整色相和饱和度

如果有这样一张照片，天不蓝、草不绿、花不红、水不清，那么就要针对蓝、绿和红这3种颜色做出调整。调整色相，让颜色更准确；调整饱和度，让颜色更鲜艳；调整明度，使颜色更明亮。下面介绍怎样将一种或多种颜色调成我们想要的效果。

8.2.1

实战：用“色相/饱和度”命令调色

扫码看视频

色彩的三要素是色相、饱和度和明度，“色相/饱和度”命令可以针对其中任何一个要素进行调整。而这种调整，既可应用于整幅图像，也可以只针对单一颜色。例如，可以用它提高图像中所有颜色的饱和度，也可只增加红色的饱和度，而其他颜色不变。下面学习操作方法，效果如图8-16所示。

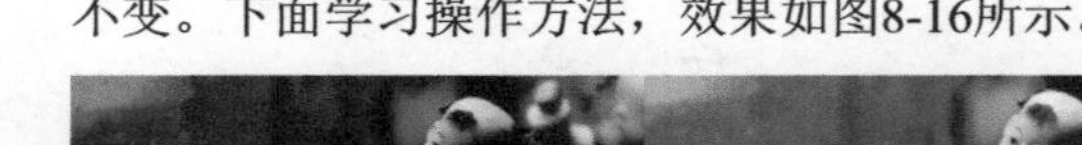

图8-16

01 这张照片曝光不足，色调较暗，色彩不鲜艳且偏黄。首先处理色调。按Ctrl+L快捷键，打开“色阶”对话框。可以看到，直方图大致呈“L”形，山脉都在左侧，说明阴影区域包含很多信息。向左侧拖曳中间调滑块，将色调调亮，就可以显示更多的细节，如图8-17和图8-18所示。单击“确定”按钮，关闭对话框。

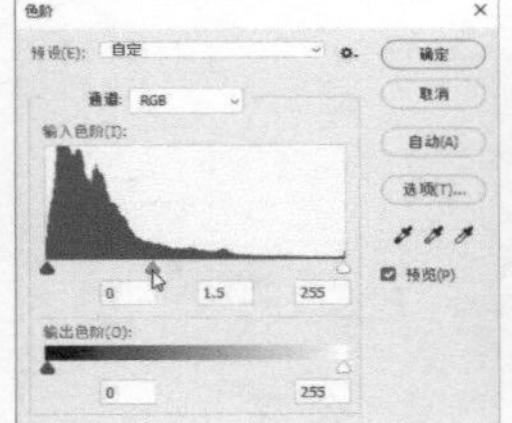

图8-17

图8-18

02 按Ctrl+U快捷键，打开“色相/饱和度”对话框，提高色彩的整体饱和度，如图8-19所示。再分别调整红色、黄色、绿色的饱和度，如图8-20~图8-22所示。

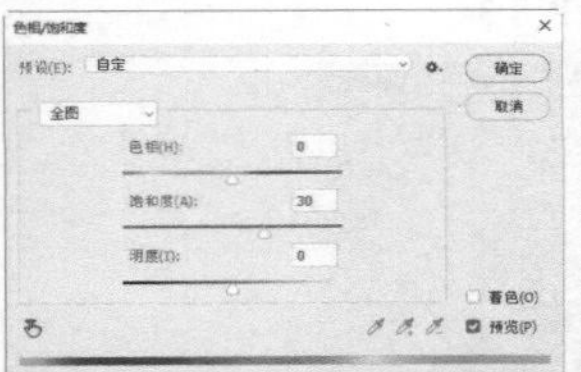

图8-19

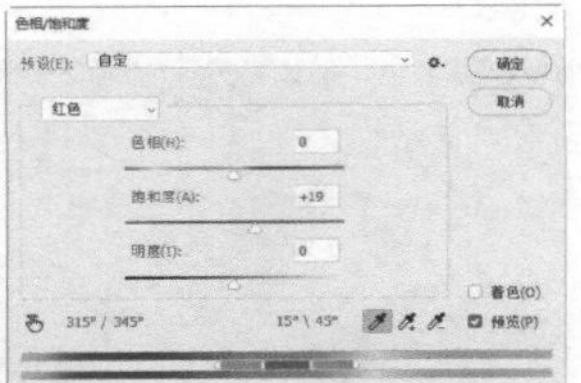

图8-20

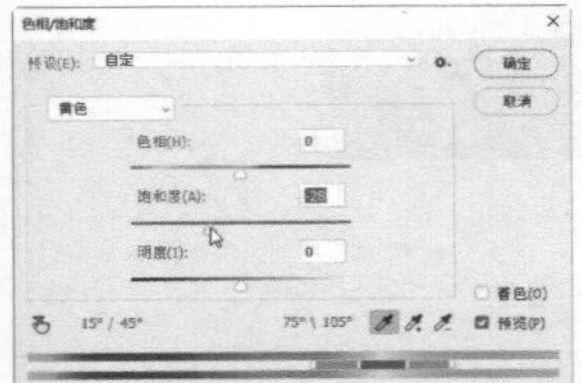

图8-21

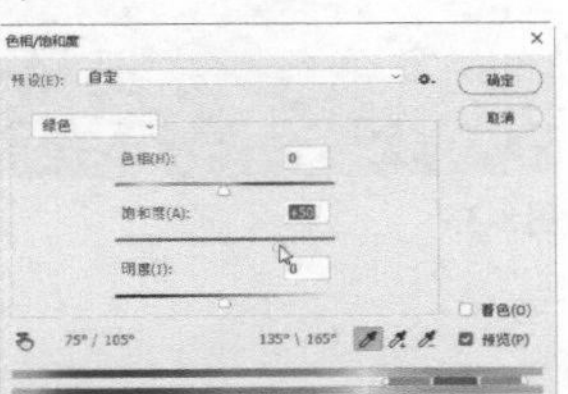

图8-22

03 现在色彩已经比较鲜艳了，如图8-23所示，但有些偏黄绿色。执行“图像>自动色调”命令，校正色偏，如图8-24所示。

图8-23

图8-24

8.2.2

实战：调出健康红润肤色（“自然饱和度”命令）

扫码看视频

虽然提高饱和度可以让色彩看起来赏心悦目，但在肤色处理上，这个规则就不太适用。肤色的调整空间比较小，如果用“色相/饱和度”命令处理，极易出现过饱和颜色，令肤色变得很难看，也不自然。像这类比较温和、精细的调整，用“自然饱和度”命令效果更好，如图8-25所示。该命令能给饱和度设置上限，以避免出现溢色，因此，非常适合处理人像照片和印刷用的图像。

图8-25

01 这张照片由于拍摄时天气不太好，所以模特的肤色不够红润，色彩也有些苍白。执行“图像>调整>自然饱和度”命令，打开“自然饱和度”对话框。首先尝试用“饱和度”滑块调整，如图8-26所示。图8-27所示为增加饱和度时的效果。可以看到，色彩过于鲜艳，人物皮肤的颜色显得非常不自然。不仅如此，画面中还出现了溢色。执行“视图>色域警告”命令，可以查看溢色，如图8-28所示。再次执行该命令，关闭警告。

02 将“自然饱和度”调整到最高值，如图8-29所示。皮肤颜色变得红润以后，仍能保持自然、真实的效果。

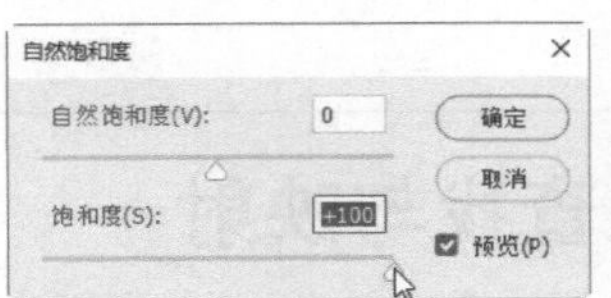

图8-26

图8-27

图8-28

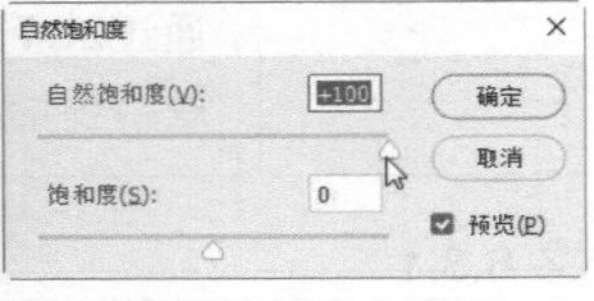

图8-29

8.2.3

实战：制作风光明信片（“替换颜色”命令）

扫码看视频

“替换颜色”，顾名思义，就是用一种颜色替换另一种颜色。在使用时，它采用与“色彩范围”命令相同的方法选取颜色，之后又用与“色相/饱和度”命令相同的方法修改所选颜色。下面就通过实战来学习其用法，如图8-30所示。

图8-30

01 打开照片素材。执行“图像>调整>替换颜色”命令，打开“替换颜色”对话框，将鼠标指针放在画面中的黄色枫叶上，如图8-31所示，单击鼠标，对颜色进行取样，如图8-32所示。

02 拖曳“颜色容差”滑块，将黄色的枫叶全部选取（在对话框的预览图中，白色部分代表了选中的内容），如图8-33所示。拖曳“色相”滑块，调整枫叶颜色，如图8-34和图8-35所示。

图8-31

图8-32

图8-33

图8-34

图8-35

颜色查找与映射

“颜色查找”命令与“渐变映射”命令都可进行颜色映射。“颜色查找”命令是原始颜色通过LUT的颜色查找表映射到新的颜色上去；“渐变映射”命令则将相等的图像灰度范围映射到指定的渐变颜色上。

8.3.1 实战：电影分级调色（“颜色查找”命令）

扫 码 看 视 频

电影在拍摄完成之后，需要后期调色。例如，调色师会利用LUT查找颜色数据，确定特定图像所要显示的颜色和强度，将索引号与输出值建立对应关系，以避免影片在不同显示设备上表现出来的颜色出现偏差。

01 单击“调整”面板中的▦按钮，创建“颜色查找”调整图层，在“3DLUT文件”下拉列表中选择一个预设文件，如图8-36和图8-37所示。

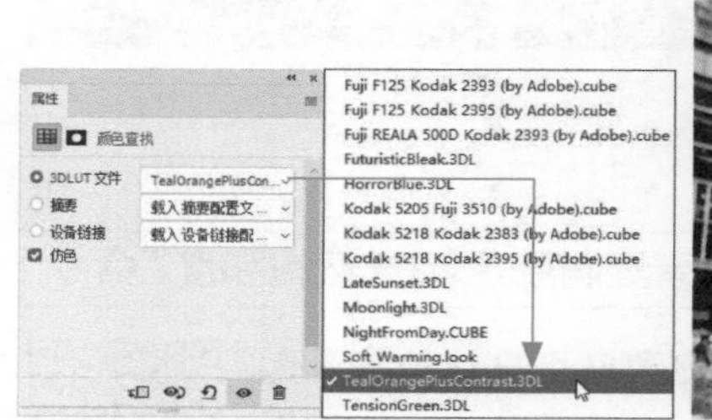

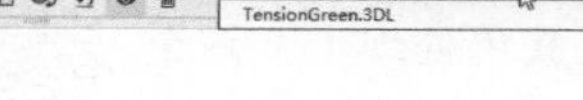

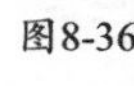

图8-36

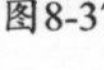

图8-37

> 提示
>
> 需要调整图像时，最好使用调整图层操作，它是非破坏性编辑功能，不会真正修改对象，并可修改和删除。

02 创建“曲线”调整图层，设置混合模式为“滤色”，如图8-38所示。调整绿通道曲线，在暗色调里增加绿色，如图8-39和图8-40所示。

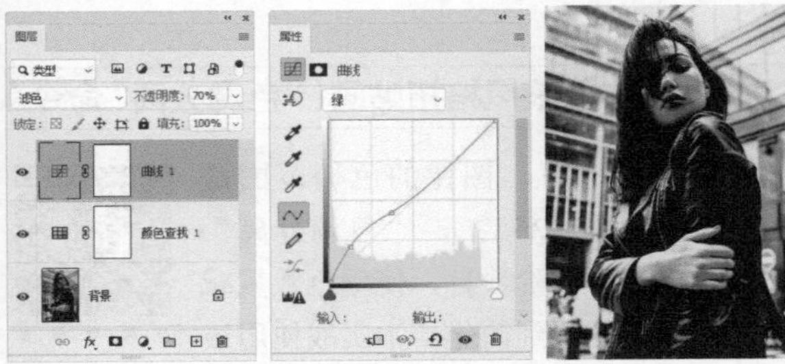

图8-38　图8-39　图8-40

03 调整蓝通道曲线，在阴影里增加蓝色，如图8-41和图8-42所示。

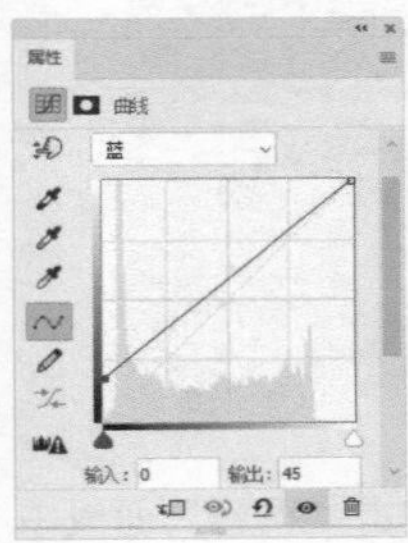

图8-41

图8-42

8.3.2

实战：调出霓虹光感（“渐变映射”命令）

本实战介绍怎样使用“渐变映射”命令替换图像中原有的颜色，制作流行的、呈现霓虹光感的颜色效果，如图8-43所示。

扫 码 看 视 频

图8-43

01 按Ctrl+J快捷键复制“背景”图层。执行“滤镜>模糊>高斯模糊”命令，进行模糊处理，如图8-44所示。设置图层的混合模式为“滤色”，如图8-45和图8-46所示。

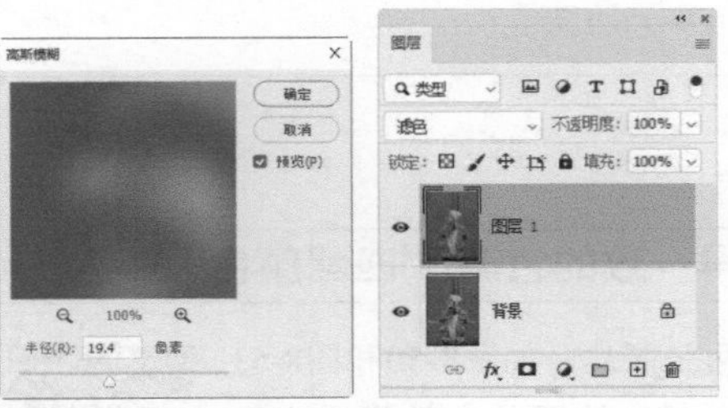

图8-44　图8-45

图8-46

02 单击“调整”面板中的 按钮，创建“渐变映射”调整图层。单击渐变颜色条，如图8-47所示，打开“渐变编辑器”对话框，设置渐变颜色，如图8-48和图8-49所示。

图8-47

图8-48

图8-49

颜色匹配、分离与创意性调整

Photoshop处理色彩的功能十分强大。下面要介绍的命令，就能让色彩发生创造性的改变。

8.4.1

实战：获得一致的色调（“匹配颜色”命令）

01 打开两张照片，如图8-50和图8-51所示。第一张照片在拍摄时由于没有阳光照射，色调偏冷。第二张照片是在阳光充足的条件下拍摄的，效果就比较好。下面让第一张照片与之相匹配。首先将色调偏冷的荷花设置为当前操作的文件。

图8-50

图8-51

02 执行“图像>调整>匹配颜色”命令，打开“匹配颜色”对话框。在“源”下拉列表中选择另一张照片，将“渐隐”设置为50，让调整强度处于合理的区间内；为避免色调过亮，将“明亮度”设置为140；“颜色强度”设置为120，以提高饱和度，如图8-52所示。单击“确定”按钮，关闭对话框，即可将这张照片的色调转换过来。

图8-52

8.4.2

实战：制作摇滚风格招贴画（“色调分离”命令）

默认状态下，图像的色调范围是256级色阶（0~255），“色调分离”命令可以减少色阶数目，使颜色数量减少，图像细节得到简化。本实战使用该命令制作招贴画，如图8-53所示。

图8-53

01 打开素材，如图8-54所示。单击“调整”面板中的 按钮创建“色调分离”调整图层，如图8-55所示。

图8-54

图8-55

02 拖曳“属性”面板中的滑块，将色阶调整为4，对色彩进行简化，如图8-56所示。

图8-56

03 单击“调整”面板中的 ■ 按钮，创建“渐变映射”调整图层，设置渐变颜色，如图8-57所示。

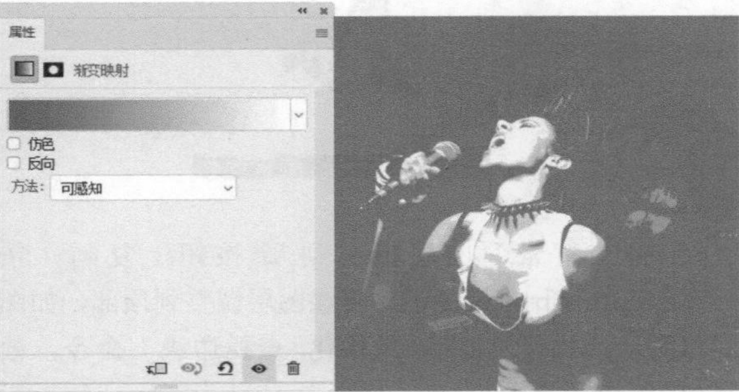

图8-57

04 打开一个素材，如图8-58所示。使用移动工具 ✥ 将其拖入人像文档，设置混合模式为“滤色”，效果如图8-59所示。

图8-58

图8-59

8.4.3 黑白效果（“黑白”命令）

打开一张照片，如图8-60所示。单击“调整”面板中的 ◧ 按钮，创建“黑白”调整图层，“属性”面板中会显示图8-61所示的选项（之所以用调整图层操作，是因为“黑白”命令的对话框中没有 ☝ 工具）。

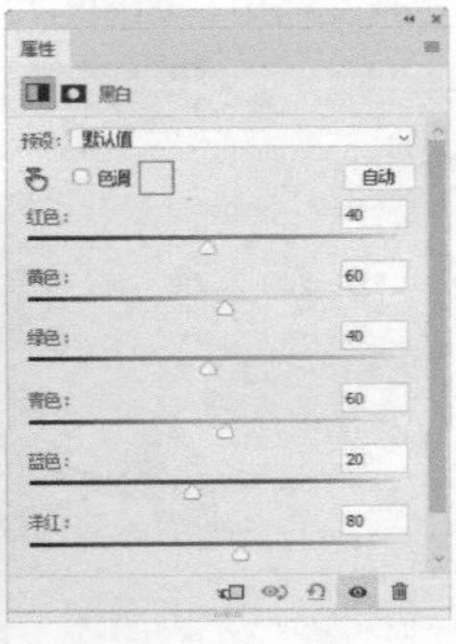

图8-60

图8-61

拖曳各个原色滑块，即可调整图像中特定颜色的灰色调。例如，向左拖曳绿色滑块时，可以使图像中由绿色转换而来的灰色调变暗，如图8-62所示；向右拖曳，则会使其色调变亮，如图8-63所示。

图8-62

图8-63

如果要对某种颜色进行手动调整，可以单击“属性”面板中的 ☝ 工具，然后将鼠标指针放在这种颜色上，如图8-64所示，向右拖曳鼠标可以将此颜色调亮，如图8-65所示；向左拖曳可将其调暗，如图8-66所示。与此同时，“属性”面板中相应的颜色滑块也会自动移动到相应的位置上。

图8-64

图8-65

图8-66

提示

按住 Alt 键并单击某个色卡，可以将单个滑块复位到其初始设置。另外，按住 Alt 键时，对话框中的“取消”按钮将变为“复位”按钮，单击“复位”按钮可复位所有的颜色滑块。

8.4.4 实战：制作负片和彩色负片（“反相”命令）

扫码看视频

“反相”命令可以将图像中的每一种颜色都转换为其互补色（黑色、白色比较特殊，它们互相转换），如图8-67所示。这是一种可逆的操作，因为再次执行该命令，就能将原有的颜色转换回来。

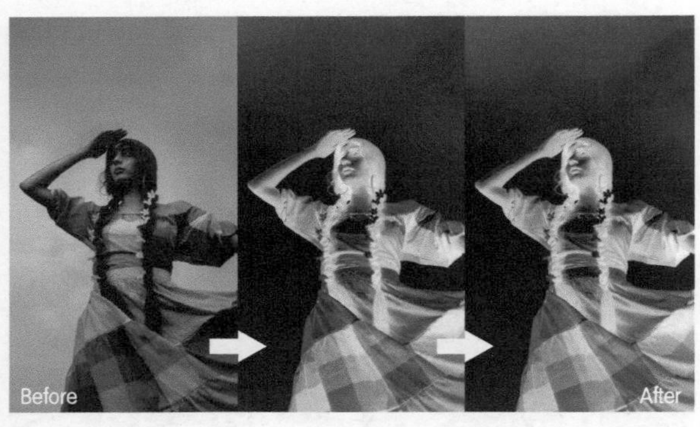

图8-67

01 执行“图像>调整>反相”命令，得到彩色负片，如图8-68所示。单击“调整”面板中的 按钮，创建“曲线”调整图层。将曲线左下角的滑块拖曳到直方图的左侧边缘，以增强对比度，如图8-69和图8-70所示。

图8-68　图8-69　图8-70

02 单击“调整”面板中的 按钮，创建“黑白”调整图层，进行去色处理，可得到黑白负片。

8.4.5

实战：制作涂鸦效果卡片（“阈值”命令）

01 按Ctrl+O快捷键，打开素材，如图8-71所示。

扫 码 看 视 频

图8-71

02 单击“调整”面板中的 按钮，创建“阈值”调整图层并进行调整，所有比阈值亮的像素会转换为白色，比阈值暗的转换为黑色，如图8-72所示。

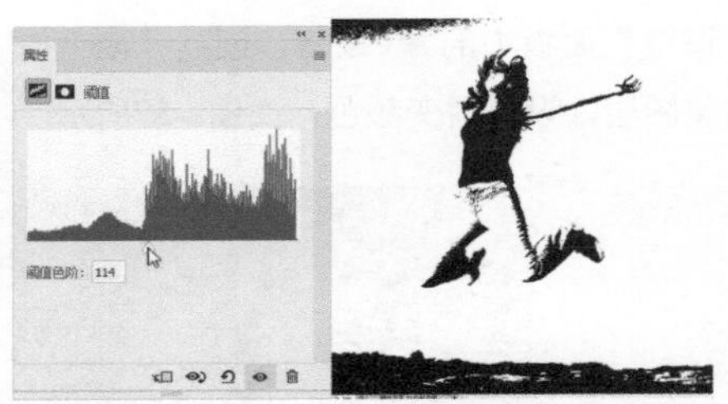

图8-72

03 将“背景”图层拖曳到 按钮上复制，按Shift+Ctrl+]快捷键，将该图层调整到顶部，如图8-73所示。执行“滤镜>风格化>查找边缘”命令，效果如图8-74所示。

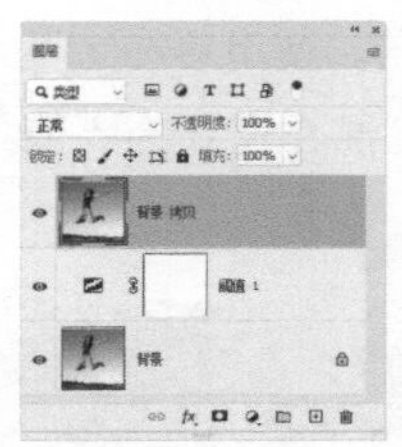

图8-73　图8-74

04 按Shift+Ctrl+U快捷键去除色。将该图层的混合模式设置为“正片叠底”，如图8-75和图8-76所示。

图8-75　图8-76

05 按Shift+Ctrl+E快捷键合并图层。使用多边形套索工具 选取人像。打开背景素材，使用移动工具 将人像拖入该文档中，设置混合模式为“正片叠底”，以隐藏人物中的白色背景，将人物合成到新的背景文档中，如图8-77所示。

图8-77

色阶与曲线调整

“色阶”和“曲线”可以调整阴影、中间调和高光的强度级别，扩展或收缩色调范围，还可以改变色彩平衡，即调整色彩。

8.5.1 直方图

直方图是一种统计图形，描述了图像的亮度信息如何分布，以及每个亮度级别中的像素数量。在调整照片前，可以先打开“直方图”面板，通过分析直方图了解照片的状况。

在直方图中，从左（色阶为0，黑）至右（色阶为255，白）共256级色阶。直方图上的“山峰”和“峡谷”反映了像素数量的多少。例如，如果照片中某一个色阶的像素较多，该色阶所在处的直方图就会较高，形成“山峰”；如果“山峰”坡度平缓，或者形成凹陷的“峡谷”，则表示该区域的像素较少，如图8-78所示。

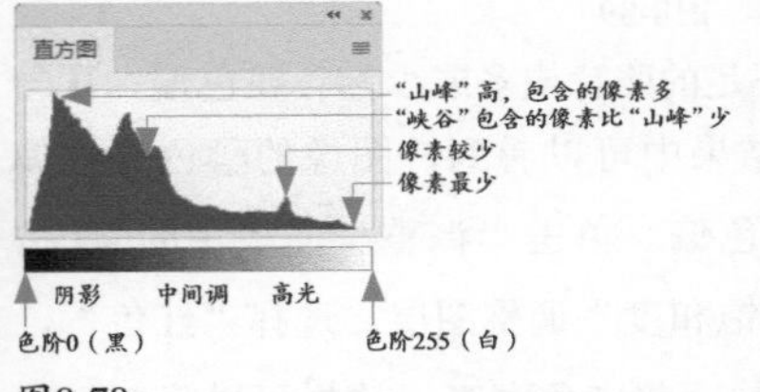

图8-78

曝光正常的照片色调均匀，明暗层次丰富，亮部不会丢失细节，暗部也不会漆黑一片。其直方图从左（色阶0）到右（色阶255）每个色阶都有像素分布，如图8-79所示。

图8-79

曝光不足的照片色调较暗，直方图呈L形，“山峰”分布在左侧，中间调和高光区域像素少，如图8-80所示。

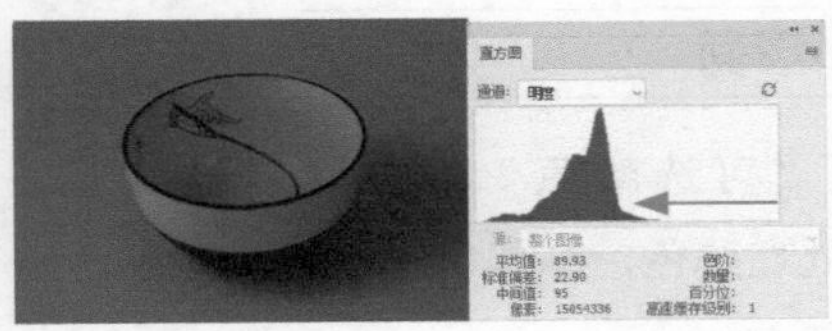

图8-80

曝光过度的照片色调较亮，直方图呈J形，“山峰”整体向右偏移，阴影区域像素少，如图8-81所示。

图8-81

8.5.2 “色阶”命令

执行“图像>调整>色阶”命令（快捷键为Ctrl+L），可以打开“色阶”对话框，如图8-82所示。

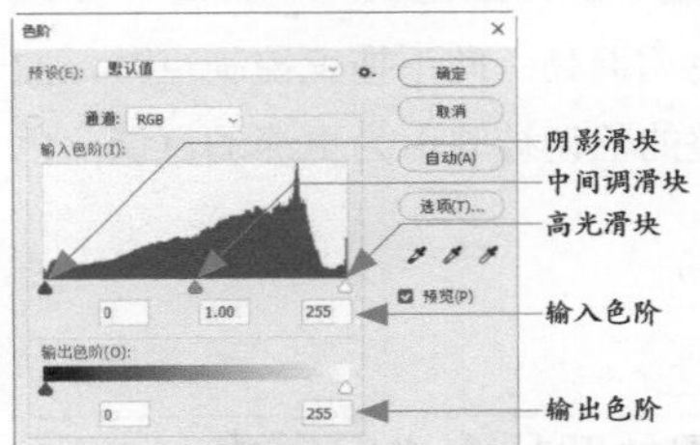

图8-82

拖曳滑块或在滑块下方的文本框中输入数值，即可进行调整。在默认状态下，阴影滑块位于色阶0处，对应的是图像中最暗的色调，即黑色像素。将其向右拖曳时，Photoshop会将滑块当前位置的像素映射为色阶0，这样滑块所在位置及其左侧的所有像素都会调为黑色。高光滑块的位置在色阶255处，对应的是图像中最亮的色调，即白色像素。如果将其向左拖曳，则滑块当前位置的像素会被映射为色阶255，这样滑块所在位置及其右侧的所有像素就都会变为白色。

8.5.3 “曲线”命令

执行“图像>调整>曲线”命令（快捷键为Ctrl+M），可以打开“曲线”对话框，如图8-83所示。

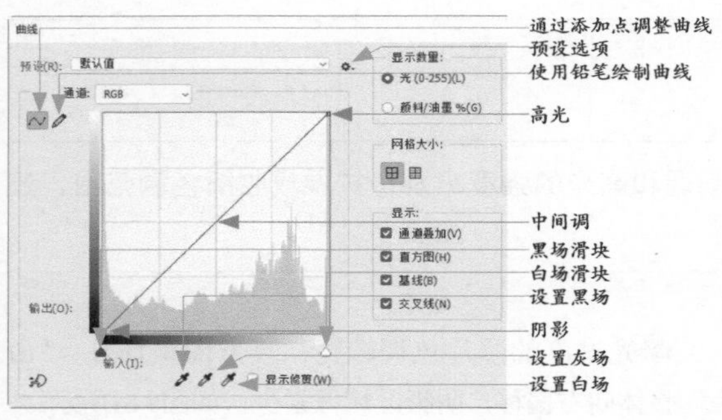

图8-83

在曲线上单击，添加控制点，之后拖曳控制点改变曲线形状，可以影响图像，如图8-84所示。

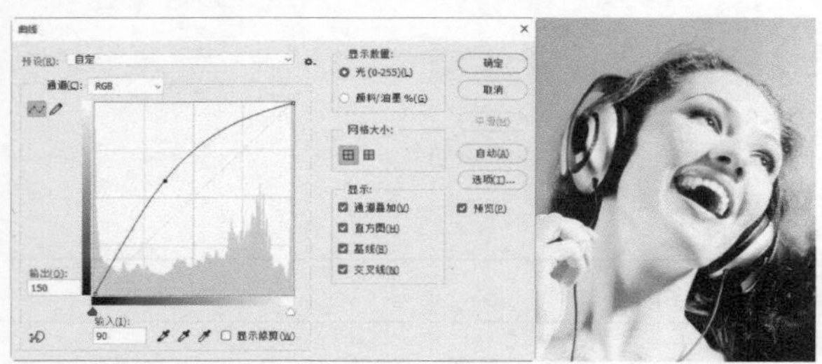

图8-84

在RGB颜色模式下，向上拖曳控制点时，曲线向上弯曲，可以将色调调亮；向下拖曳控制点时，曲线向下弯曲，所调整的色调被映射为更深的色调，色调也会因此而变暗。

8.5.4 实战：从严重欠曝的照片中找回细节

本实战处理的是一张严重曝光不足的照片，如图8-85所示。在很多人眼中，这几乎是一张废片。但是通过混合模式提升整体亮度，再用“曲线”命令进行针对性的调整，便可恢复正常曝光，让细节重现。

扫码看视频

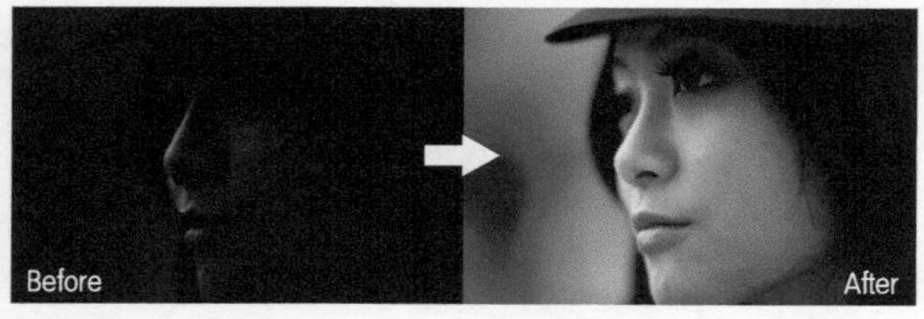

图8-85

01 按Ctrl+J快捷键，复制“背景”图层，得到“图层1”，将它的混合模式改为“滤色”，提升图像的整体亮度，如图8-86所示。再次按Ctrl+J快捷键，复制这个“滤色”模式的图层，效果如图8-87所示。

图8-86 图8-87

02 单击“调整”面板中的按钮，创建“曲线”调整图层。在曲线偏下的位置单击，添加一个控制点，然后向上拖曳曲线，将暗部区域调亮，如图8-88和图8-89所示。

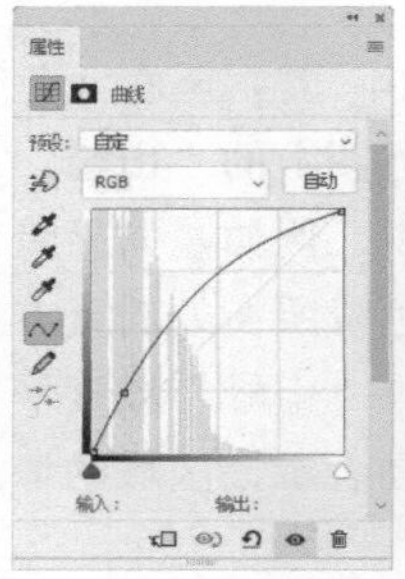

图8-88 图8-89

03 曝光严重不足的照片或多或少都存在色偏。从当前的调整结果中可以看到，图像的颜色有些偏红。下面来校正色偏。单击“调整”面板中的按钮，创建“色相/饱和度”调整图层，选择“红色”，拖曳“明度”滑块，将红色调亮，这样可以降低红色的饱和度，将人物肤色调白，如图8-90和图8-91所示。

图8-90 图8-91

8.5.5 实战：日式小清新

扫码看视频

下面使用“可选颜色”命令和“曲线”命令处理肤色，制作日式小清新效果，如图8-92所示。

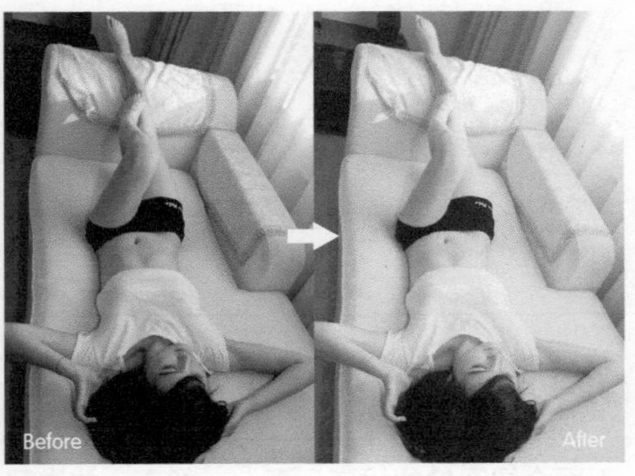

图8-92

01 小清新风格的颜色特点是用色干净，纯色多，且色彩的明度高，色调舒缓，没有高饱和度色彩造成的对比和跳跃感。调整时可先净化颜色。单击“调整”面板中的按钮，创建“可选颜色”调整图层，将红色中的黑色油墨去除，使皮肤颜色得到净化，如图8-93和图8-94所示。

图8-93 图8-94

02 减少黄色中的青色油墨，净化阴影的颜色，如图8-95和图8-96所示。

图8-95 图8-96

03 暖色会使皮肤看上去发黄，可通过减少白色中的黄色油墨，增强其补色（蓝色）来进行改善，这样会使皮肤显得更白，如图8-97和图8-98所示。

04 下面来降低颜色的饱和度。单击“调整”面板中的按钮，创建“曲线”调整图层。在曲线上添加两个控制点，针对高光和中间调进行调整，把色调整体亮度提上去；再将曲线左下角的控制点向上拖曳，让阴影区域的黑色调变灰，把色调的对比度降下来，如图8-99和图8-100所示。

图8-97 图8-98

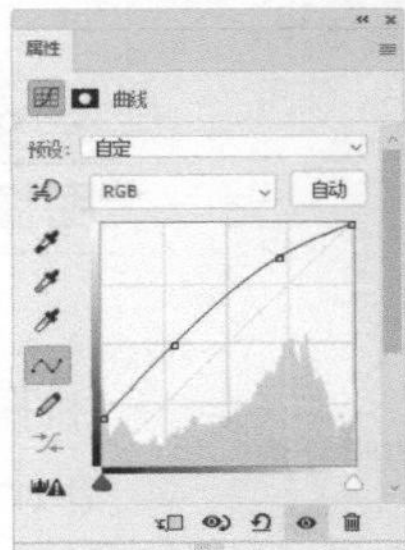

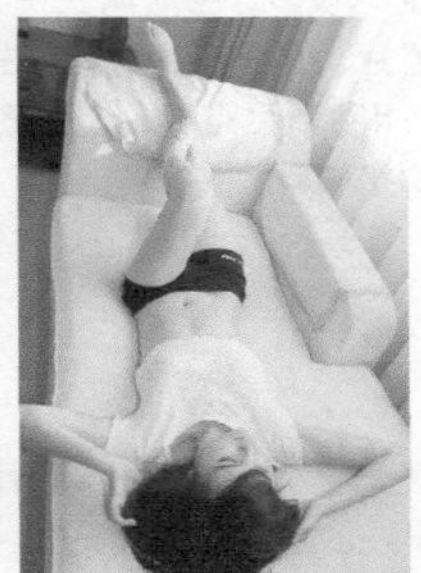

图8-99 图8-100

05 小清新风格的颜色还具备偏冷的特点。下面来进行冷色转换。选择红通道，把曲线调整为图8-101所示的形状，将红通道中的深灰映射为黑色，在深色调中增加青色，如图8-102所示。

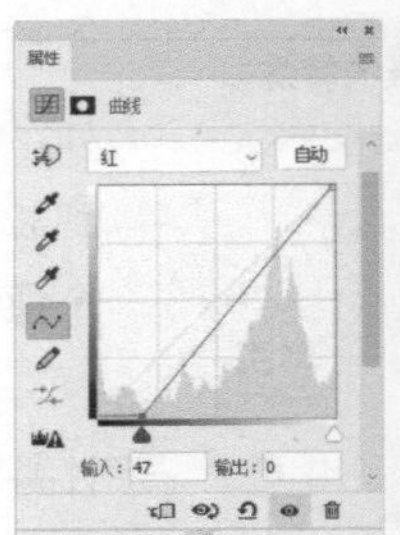

图8-101 图8-102

06 调整绿通道，通过将曲线向下弯曲的方法，增加一点绿色的补色（洋红），如图8-103和图8-104所示。

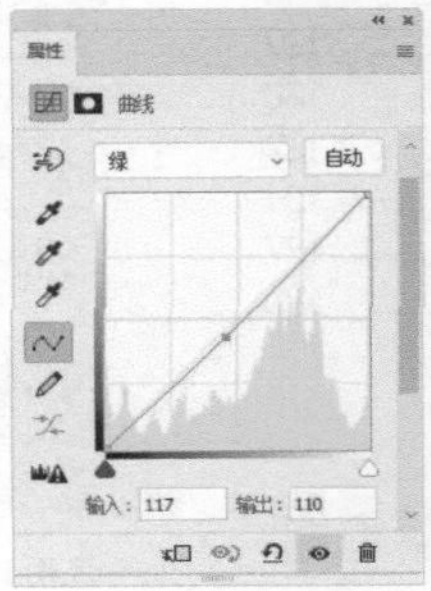

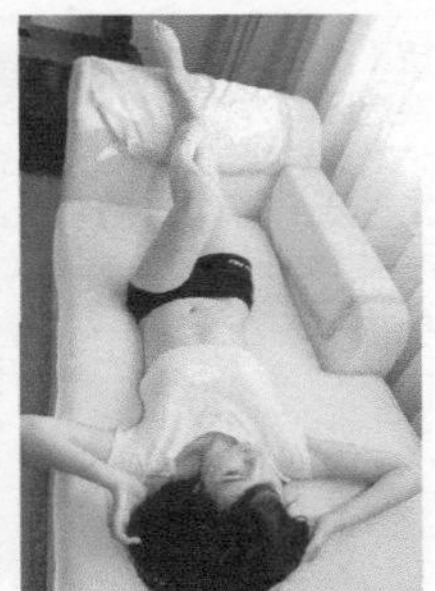

图8-103 图8-104

第9章 数码照片编辑

【本章简介】

照片处理是一个大概念，涵盖的范围较广，因此，本章内容也比较多，包括调整照片尺寸和分辨率、裁剪照片、校正镜头缺陷、拼接照片、制作镜头特效、用“消失点”滤镜修照片、使用Camera Raw编辑照片、抠图等。

【学习目标】

通过本章我们要学会使用Photoshop的照片编辑工具，并掌握以下技能。

- 用不同的方法放大照片
- 调整照片的尺寸和分辨率
- 用不同的方法裁剪图像，进行二次构图
- 快速制作证件照
- 识别镜头造成的缺陷，并找到有效的解决办法
- 拼接全景照片
- 使用多张照片制作全景深照片
- 使用滤镜模拟传统高品质镜头所拍摄的特殊效果，制作散景、场景虚化、画面高速旋转、摇摄照片、移轴照片等
- 在透视空间中修片
- 抠图

【学习重点】

9.1 修改照片的尺寸和分辨率

下面介绍图像的组成元素——像素，并讲解怎样修改照片大小、调整图像的分辨率。

9.1.1 图像的微世界

我们每天都使用图像，不经意间也创造着图像。例如，用手机和数码相机拍照、用软件绘画、用扫描仪扫描图片、在计算机屏幕上截图等，这些方式都可以获取和生成图像。计算机显示器、电视机、手机、平板计算机等电子设备上的数字图像（在技术上称为栅格图像）是由像素构成的，因此，其最小单位是像素（Pixel）。

一般情况下，像素的“个头”非常小。以A4大小的纸张为例，在21厘米×29.7厘米的幅面中，可包含多达8 699 840个像素。要想看清单个像素，必须借助专门的工具才行。例如，可以使用缩放工具🔍在窗口中连续单击，当视图放大到3200倍时，画面中会呈现一个个小方块，每个方块便是一个像素，如图9-1和图9-2所示。

在Photoshop中处理图像时，编辑的就是这些数以百万计甚至千万计的小方块。图像发生的任何改变，都是它们变化的结果，如图9-3所示。

视图比例为100%

图9-1

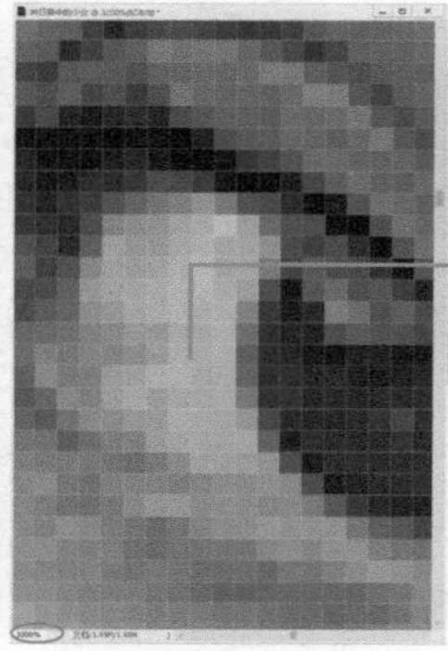

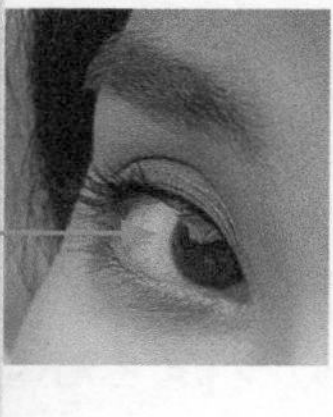

视图比例放大到3200%，能看清单个像素

图9-2

调色效果及放大视图比例观察到的像素
图9-3

像素还有一个身份，就是作为计量单位使用。例如，绘画和图像修饰类工具的笔尖大小、选区的羽化范围、矢量图形的描边宽度等，都以像素为单位。

9.1.2
实战：在保留细节的基础上放大图像

扫码看视频

放大图像，多出的空间需要增加新的像素来填满，Photoshop会采用一种插值方法生成像素，哪种插值方法增加的像素更接近原始像素，图像的效果就更好，细节被破坏得也更少。在所有插值方法中，“保留细节2.0”基于人工智能辅助技术，非常适合放大图像时选用，如图9-4所示。减少像素时，效果比较好的插值方法是“两次立方（较锐利）（缩减）”，它能在重新采样后保留图像中的细节，并具有锐化能力。如果图像中的某些区域锐化程度过高，也可尝试使用“两次立方（平滑渐变）”。

图9-4

01 执行“编辑>首选项>技术预览”命令，打开“首选项”对话框，勾选“启用保留细节2.0放大”选项，开启该功能，如图9-5所示。关闭对话框。

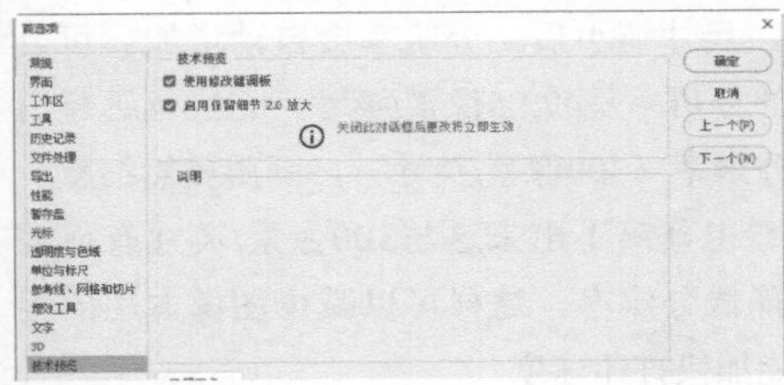
图9-5

02 执行“图像>图像大小”命令，打开“图像大小”对话框，如图9-6所示。

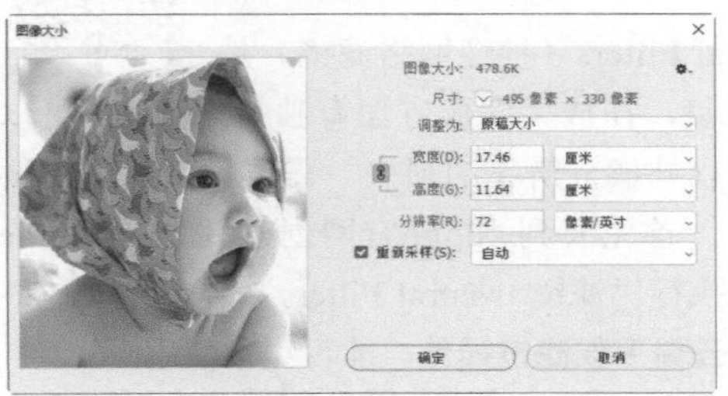
图9-6

03 下面以接近10倍的倍率放大图像。将“宽度”设置为170厘米，“高度”参数会自动调整。在“重新采样”下拉列表中选取“保留细节2.0”，如图9-7所示。

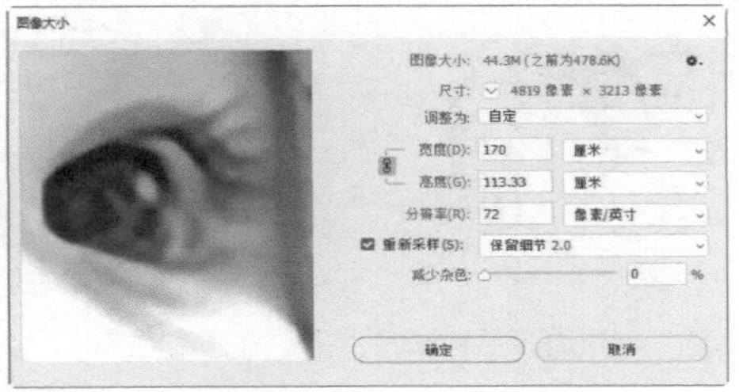
图9-7

04 观察对话框中的图像缩览图，如果杂色变得明显，可以调整“减少杂色”参数。当前图像的效果还不错，就不需要调整了，否则会使图像模糊。单击“确定”按钮，完成放大操作。如果使用其他插值方法，图像的效果就没那么好了，如图9-8和图9-9所示。

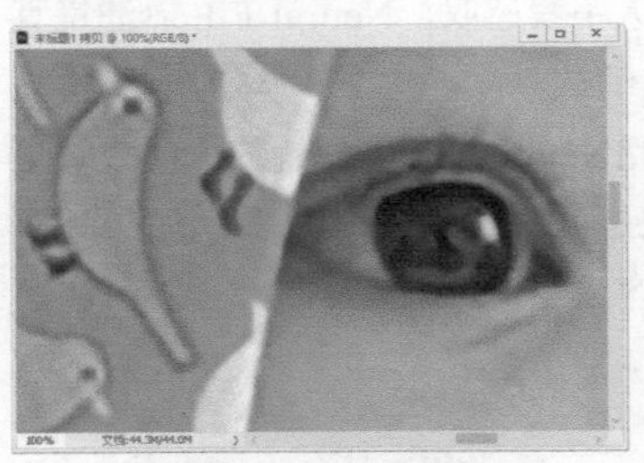
用“保留细节2.0”插值方法放大图像
图9-8

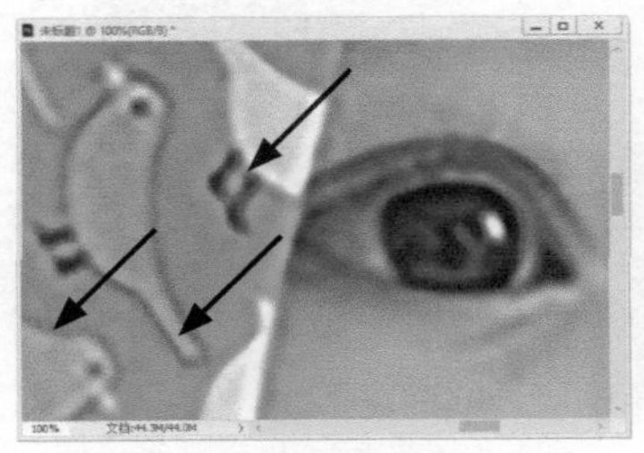
用“自动”插值方法放大图像
图9-9

9.1.3

实战：超级缩放

扫码看视频

Neural Filters（神经网络滤镜）是AI智能滤镜，在放大图像方面有独特之处——可以添加细节以补偿分辨率的损失。需要说明的是，要想使用它，首先要到Adobe官网创建并登录Adobe ID，之后执行“滤镜>Neural Filters”命令并单击按钮，从云端下载滤镜插件，才可正常使用。

01 打开素材。执行“滤镜>Neural Filters”命令，切换到该滤镜工作区。开启“超级缩放”功能，如图9-10所示。将“锐化”值调到最高，在按钮上单击5次，每单击一次，图像放大一倍，如图9-11所示。

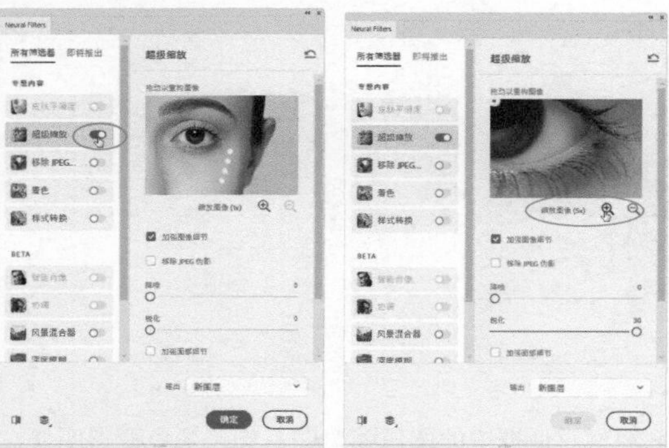

图9-10　图9-11

02 单击“确定”按钮关闭滤镜。将视图比例调整到100%，观察原图和缩放效果，如图9-12所示。可以看到，睫毛、眉毛分毫毕现，皮肤纹理也非常清晰而且没有杂色，让人不禁感叹，Neural Filters滤镜真是太强大了，“超级缩放”实至名归！与前一个实战中使用的方法相比，用Neural Filters滤镜放大的效果更好，但其唯一的缺点是处理过程耗时较多。如果计算机硬件配置不高，很容易崩溃。

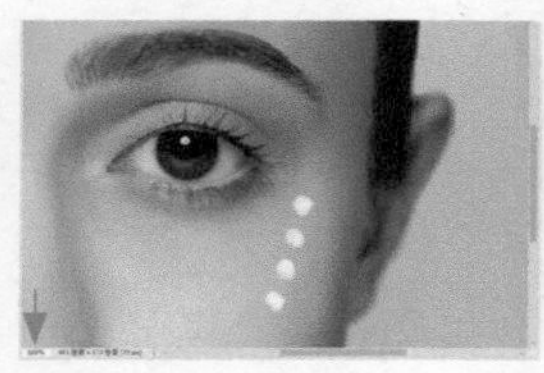

原图

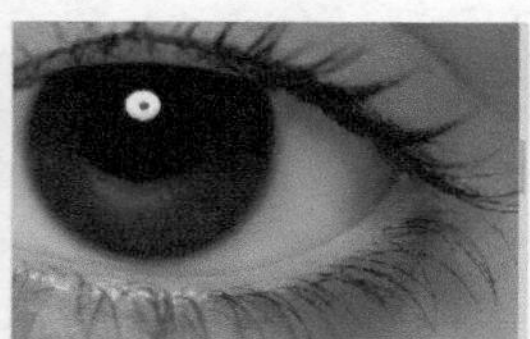

放大后（局部）

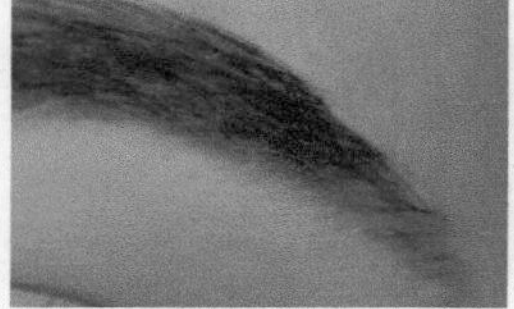

放大后（局部）

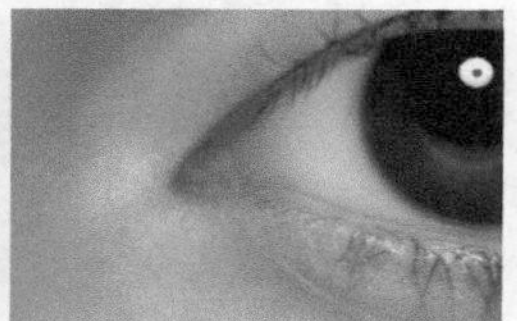

放大后（局部）

图9-12

9.1.4

实战：调整尺寸和分辨率

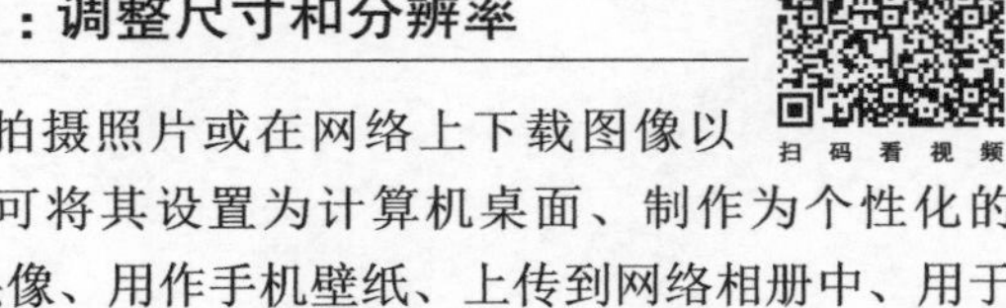

扫码看视频

拍摄照片或在网络上下载图像以后，可将其设置为计算机桌面、制作为个性化的QQ头像、用作手机壁纸、上传到网络相册中、用于打印等。然而，用途不同，对图像的尺寸和分辨率的要求也不同。前面学习了像素、分辨率、插值等专业概念及其联系，下面就用所学知识解决实际问题，将一张大图调整为6英寸×4英寸照片大小。

01 打开素材，如图9-13所示。执行“图像>图像大小”命令，打开“图像大小”对话框，如图9-14所示。当前图像的尺寸是以厘米为单位的，先将其改为英寸，再修改照片尺寸。另外，照片当前的分辨率是72像素/英寸，此分辨率太低了，打印时会出现锯齿，因此，分辨率也需要调整。

图9-13

图像大小：15.3M
尺寸：2835 像素 × 1890 像素
调整为：原稿大小
宽度(D)：100.01 厘米
高度(G)：66.68 厘米
分辨率(R)：72 像素/英寸
重新采样(S)：自动
确定　取消

图9-14

02 先来调整照片尺寸。取消“重新采样”选项的勾选。将“宽度”和“高度”单位都设置为“英寸”，如图9-15所示。可以看到，以英寸为单位时，照片的尺寸是39.375英寸×26.25英寸。将“宽度”值改为6英寸，Photoshop会自动将“高度”值匹配为4英寸，同时分辨率也会自动更改，如图9-16所示。由于没有重新采样，尺寸调小后，分辨率会自动增加。可以看到，现在的分辨率是472.5像素/英寸，已经远远超出了最佳打印分辨率（300像素/英寸），画质虽然细腻，但我们的眼睛也分辨不出来这与300像素/英寸有何差别。下面来降低分辨率，这样可以减少图像占用的存储空间，并能加快打印速度。

> **提示**
>
> 如果要分别修改“宽度”和“高度”，可以先单击 8 按钮，再进行操作。

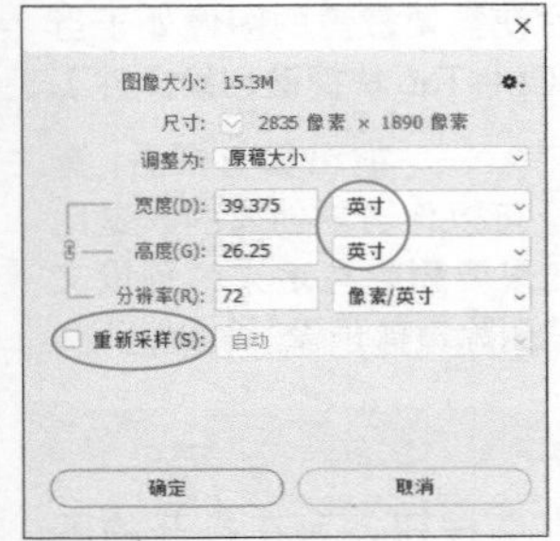

图9-15

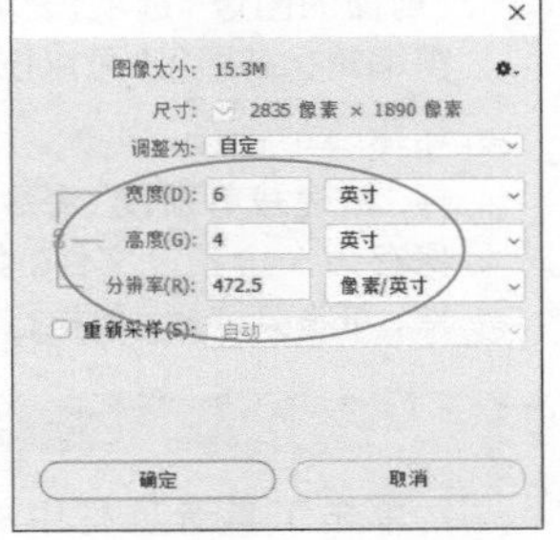

图9-16

03 勾选“重新采样”选项，如图9-17所示，这样可避免减少分辨率时，尺寸自动增大。将分辨率设置为300像素/英寸，然后选择“两次立方（较锐利）（缩减）”选项。这样照片的尺寸和分辨率就都调整好了。观察对话框顶部“图像大小”右侧的数值，如图9-18所示，文件从调整前的15.3MB，减小为6.18MB，成功“瘦身”。单击“确定”按钮关闭对话框。执行“文件>存储为”命令，将调整后的照片另存一份JPEG格式，关闭原始照片，不必保存。

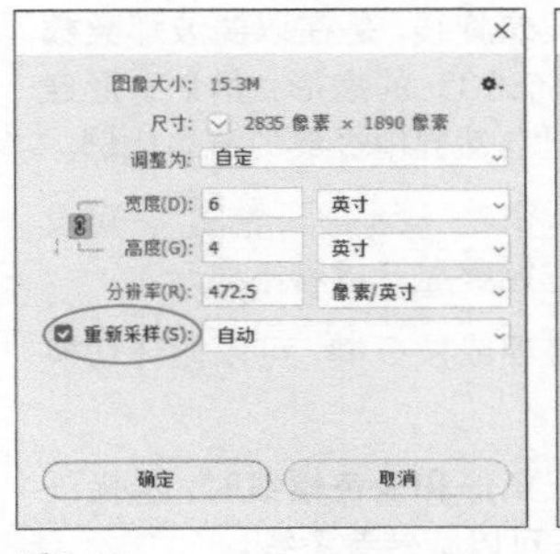

图9-17

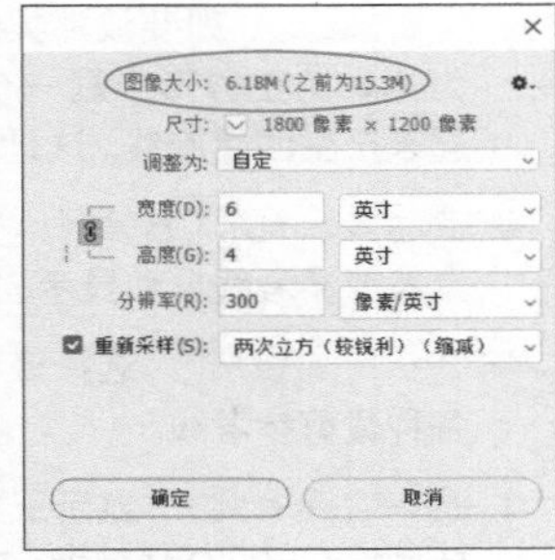

图9-18

裁剪照片

编辑数码照片或扫描的图像时，会用裁剪图像的方法删除多余内容，改善画面的构图。裁剪工具、“裁剪”命令和“裁切”命令都可用于裁剪图像。

9.2.1 裁剪工具

裁剪参考线

一幅成功的摄影作品，首先是构图的成功。构图是一门大学问，要在有限的空间内安排和处理好人和物的位置及关系，表现作品的主题和美感，其实并不容易。为了帮助用户合理构图，Photoshop提供了基于经典构图形式的参考线。这些构图形式，是历代艺术家通过实践用科学方法总结出来的经验，符合大多数人的审美标准。

图9-19所示为裁剪工具 的选项栏。裁剪图像时，单击工具选项栏中的 按钮，打开菜单，可以选择一种参考线，将其叠加在图像上，如图9-20所示，之后便可依据参考线划定的重点区域对画面进行裁剪。

图9-19

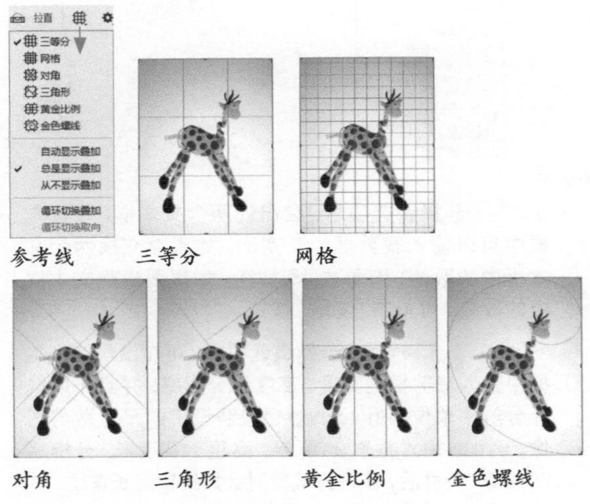

图9-20

- **三等分**：在水平方向上的1/3、2/3位置画两条水平线，在垂直方向上的1/3、2/3位置画两条垂直线，把景物放在交点上，符合黄金分割定律。
- **网格**：主要用于裁剪时对齐图像中的水平和垂直对象。
- **对角**：让主体物处在对角线位置上，线所形成的对角关系可以使画面产生极强的动感和纵深效果。

● 三角形：将主体放在三角形中，或影像本身构成三角形。三角形构图可以产生稳定感。倒置三角形则不稳定，但能突出紧张感，可用于近景人物、特写等。

● 黄金比例：即黄金分割，是指将整体一分为二，较大部分与整体的比值等于较小部分与较大部分的比值，其比值约为0.618。这个比例被公认为是最能产生美感的比例。

● 金色螺线：即斐波那契螺旋线，是在以斐波那契数为边长的正方形中画一个90°的扇形，多个扇形连起来产生的螺旋线。这是自然界中经典的黄金比例。

● 自动显示叠加/总是显示叠加/从不显示叠加：可设置裁剪参考线自动显示、始终显示或者不显示。

● 循环切换叠加：选择该项或按O键，可以循环切换各种裁剪参考线。

● 循环切换取向：显示三角形和金色螺线时，选择该项或按Shift+O快捷键，可以旋转参考线。

裁剪预设

除经典构图参考线外，Photoshop还提供了一些常用的图像比例和尺寸预设，也能给裁剪操作提供便利。单击工具选项栏中的 ⌄ 按钮，打开下拉菜单可以找到这些选项，如图9-21所示。

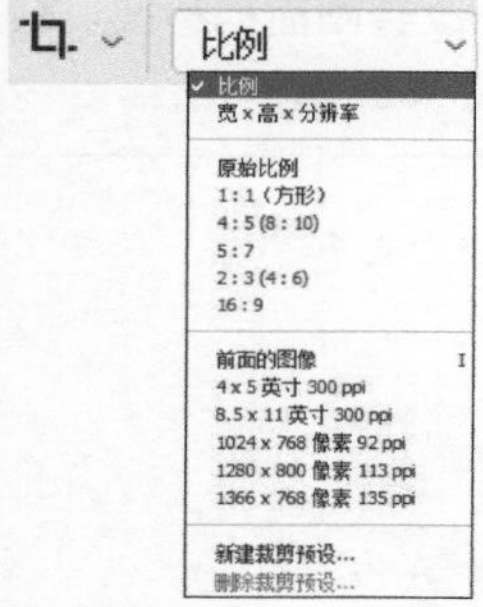

图9-21

● 比例：选择该选项后，会出现两个文本框，在文本框中可以输入裁剪框的长宽比。如果要交换两个文本框中的数值，可单击 ⇄ 按钮。如果要清除文本框中的数值，可单击“清除”按钮。

● 宽×高×分辨率：选择该选项后，可在出现的文本框中输入裁剪框的宽度、高度和分辨率，并且可以选择分辨率单位。Photoshop会按照设定的尺寸裁剪图像。例如，输入宽度95厘米、高度110厘米、分辨率50像素/英寸后，在进行裁剪时会始终锁定长宽比，并且裁剪后图像的尺寸和分辨率会与设定的数值一致。

● 原始比例：无论怎样拖曳裁剪框，裁剪时始终保持图像原始的长宽比，非常适合裁剪照片。

● 预设的长宽比/预设的裁剪尺寸：1:1(方形)、5:7等选项是预设的长宽比；4×5英寸300ppi、1024×768像素92ppi等选项是预设的裁剪尺寸。如果要自定义长宽比和裁剪尺寸，可以在该选项右侧的文本框中输入数值。

● 前面的图像：可基于一个图像的尺寸和分辨率裁剪另一个图像。操作时打开两个图像，使参考图像处于当前编辑状态，选择裁剪工具 ⊡，在选项栏中选择“前面的图像”选项，然后使需要裁剪的图像处于当前编辑状态即可(可以按Ctrl+Tab快捷键切换文件)。

● 新建裁剪预设/删除裁剪预设：拖出裁剪框后，选择“新建裁剪预设”命令，可以将当前创建的长宽比保存为一个预设文件。如果要删除自定义的预设文件，可将其选择，再执行“删除裁剪预设”命令。

裁剪选项

单击工具选项栏中的 ⚙ 按钮，可在打开的下拉面板中设置裁剪框内、外的图像如何显示，如图9-22所示。

● 使用经典模式：勾选该选项后，可以使用Photoshop CS6及以前版本的裁剪工具来操作。例如，将鼠标指针放在裁剪框外，拖曳鼠标进行旋转时，可以旋转裁剪框，如图9-23所示。未勾选该选项则旋转的是图像，如图9-24所示。

● 显示裁剪区域：勾选该选项，可以显示裁剪的区域；取消勾选，则仅显示裁剪后的图像。

● 自动居中预览：裁剪框内的图像自动位于画面中心。

● 启用裁剪屏蔽：勾选该选项后，裁剪框外的区域会被“颜色”选项中设置的颜色屏蔽(默认颜色为白色，不透明度为75%)。如果要修改屏蔽颜色，可以在“颜色”下拉列表中选择“自定义”选项，打开“拾色器”对话框进行调整，效果如图9-25所示。还可在“不透明度”选项中调整颜色的不透明度，效果如图9-26所示。此外，勾选“自动调整不透明度”选项，Photoshop会自动调整屏蔽颜色的不透明度。

裁剪选项

图9-22

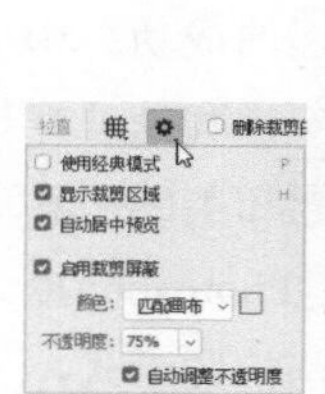

使用经典模式

图9-23

非经典模式

图9-24

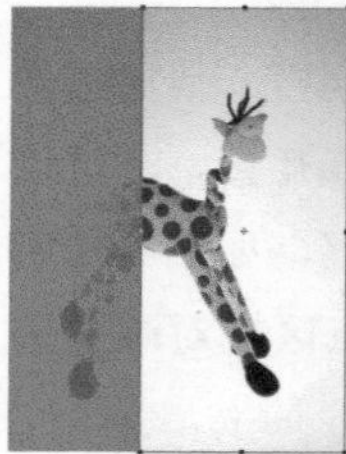

屏蔽颜色为红色

图9-25

红色不透明度为100%

图9-26

其他选项

- 内容识别：通常在旋转裁剪框时，画面中会出现空白区域，勾选该选项以后，可以自动填充空白区域。如果选择"使用经典模式"选项，则无法使用该选项。
- 删除裁剪的像素：在默认情况下，Photoshop会将裁掉的图像保留在暂存区（使用移动工具✥拖曳图像，可以将隐藏的图像内容显示出来）。如果要彻底删除被裁剪的图像，可勾选该选项，再进行裁剪操作。
- 复位↺：单击该按钮，可以将裁剪框、图像旋转及长宽比恢复为最初状态。
- 提交✓/取消⊘：单击✓按钮或按Enter键，可以确认裁剪操作。单击⊘按钮或按Esc键，可以放弃裁剪。

9.2.2

实战：裁出超宽幅照片并自动补空

扫码看视频

裁剪工具有很多用途，既可裁剪图像，也能增加画布范围，以及校正水平线（将倾斜的画面调正）。由于该工具集成了内容识别填充功能，所以在旋转或增加画布时，如果出现空白区域，Photoshop能自动填满图像，如图9-27所示。

图9-27

01 选择裁剪工具，勾选"内容识别"选项，在工具选项栏中单击按钮，打开下拉菜单，选择"三等分"参考线。在画面中单击，显示裁剪框，如图9-28所示。按Ctrl+-快捷键缩小视图比例，让暂存区显示出来，如图9-29所示。

图9-28

图9-29

02 拖曳左、右定界框，扩展画布（即画面范围），如图9-30所示。另外，要依据参考线进行构图，让画面中的主要对象——船处在左侧网格交叉点上。

03 将鼠标指针放在定界框外，拖曳鼠标，对画面进行旋转。这时会自动显示网格参考线。观察画面中的水平线，即水与山交界处，让它与网格平行，如图9-31所示。

图9-30

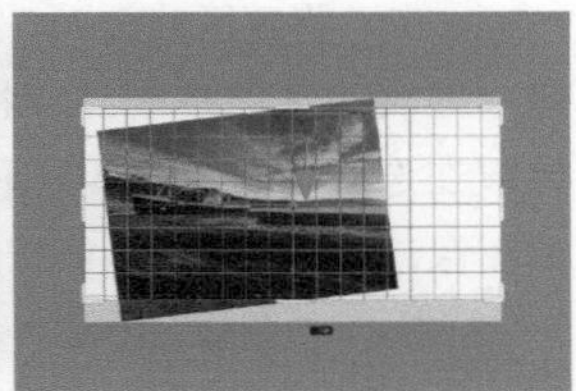
图9-31

04 按Enter键确认。由于勾选了"内容识别"选项，Photoshop会从图像中取样并填充到新增的画布上，图像衔接得非常自然，几乎看不出痕迹，如图9-32所示。

图9-32

技术看板　裁剪工具使用技巧

拖曳裁剪框上的控制点可以缩放裁剪框。按住Shift键拖曳控制点，可进行等比缩放。在裁剪框内拖曳可以移动图像。

如果照片中画面内容倾斜，可以选择裁剪工具，单击工具选项栏中的拉直工具，然后在画面中拖曳出一条线，让它与地平线、建筑物墙面或其他关键元素对齐，放开鼠标左键后，可将画面调整到正确的角度。

9.2.3

实战：横幅改纵幅

扫码看视频

使用裁剪工具时，如果裁剪框太靠近窗口的边界，便会自动吸附过去，导致无法做出细微的调整。遇到这种情况，可以用选区定义裁剪范围。

01 按Ctrl+A快捷键全选图片。执行“选择>变换选区”命令，显示定界框。按Ctrl+-快捷键，将视图比例调小，如图9-33所示。

02 将鼠标指针放在定界框外，按住Shift键并进行拖曳，将选区旋转90°，如图9-34所示。放开Shift键，拖曳边角的控制点，将选区等比缩小；将鼠标指针放在选区内进行拖曳，移动选区，使其选中要保留的图像，如图9-35所示。按Enter键关闭定界框。

03 执行“图像>裁剪”命令，将选区以外的图像裁剪掉。按Ctrl+D快捷键取消选择。效果如图9-36所示。通过全选并旋转选区的方法，可以确保图像的比例不变。如果对比例没有要求，也可以使用矩形选框工具创建选区。

图9-33

图9-34

图9-35

图9-36

9.2.4 实战：裁掉多余背景

扫 码 看 视 频

01 打开素材，如图9-37所示。下面通过“裁切”命令将兵马俑周围多余的橙色背景裁掉。

图9-37

02 执行“图像>裁切”命令，打开“裁切”对话框，选择“左上角像素颜色”并勾选“裁切”选项组内的全部选项，如图9-38所示，单击“确定”按钮，效果如图9-39所示。

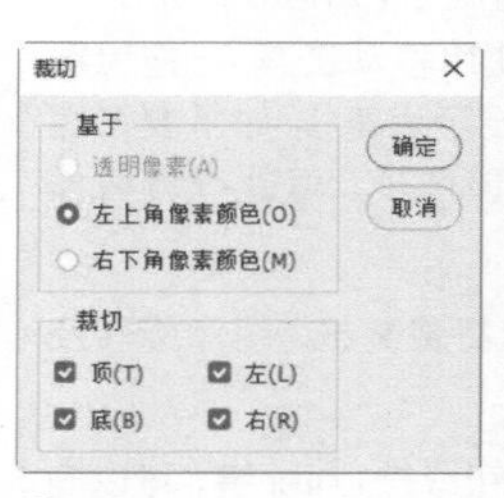

图9-38

图9-39

“裁切”命令选项

- 透明像素：裁掉图像边缘的透明区域，留下包含非透明像素的最小图像。
- 左上角像素颜色/右下角像素颜色：从图像中删除左上角/右下角像素颜色的区域。
- 裁切：可设置要裁剪的区域。

9.2.5 实战：快速制作证件照

扫 码 看 视 频

本实战学习如何快速制作证件照。找素材时最好选用白色背景的照片，这样做出来的效果较好。稍微有点颜色也不要紧，可以通过后期调色的方法修掉，如图9-40所示。

图9-40

01 选择裁剪工具。单击工具选项栏中的按钮，打开下拉菜单，选择“宽×高×分辨率”，输入1英寸证件照的尺寸，即2.5厘米×3.5厘米，分辨率为300像素/英寸，如图9-41所示。

宽 x 高 x 分... 2.5 厘米 3.5 厘米 300 像素/英寸

图9-41

02 先单击画板，然后将鼠标指针放在裁剪框外，拖曳鼠标，将人的角度调正，如图9-42所示；再调整裁剪框大小及位置，如图9-43所示。按Enter键进行裁剪。

03 按Ctrl+L快捷键，打开“色阶”对话框，选择白场吸管，如图9-44所示。在背景上单击，将背景颜色调整为白色，同时，图像中的色偏（偏绿）也会被校正过来，如图9-45所示。

图9-42

图9-43

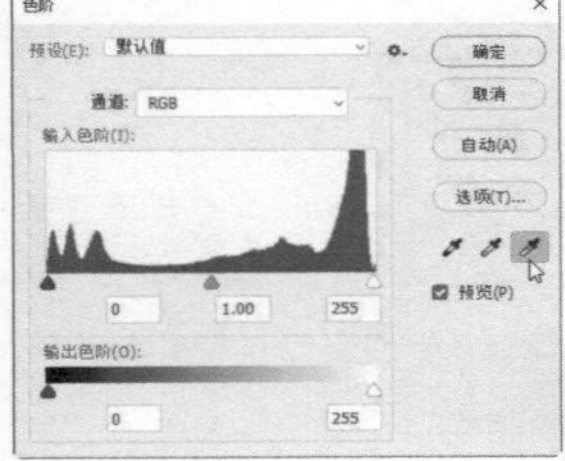
图9-44

图9-45

04 按Ctrl+N快捷键，使用预设创建一个4英寸×6英寸大小的文件，如图9-46所示。使用移动工具将照片拖入该文件中。按住Shift+Alt键并拖曳鼠标进行复制，一共8张，如图9-47所示。

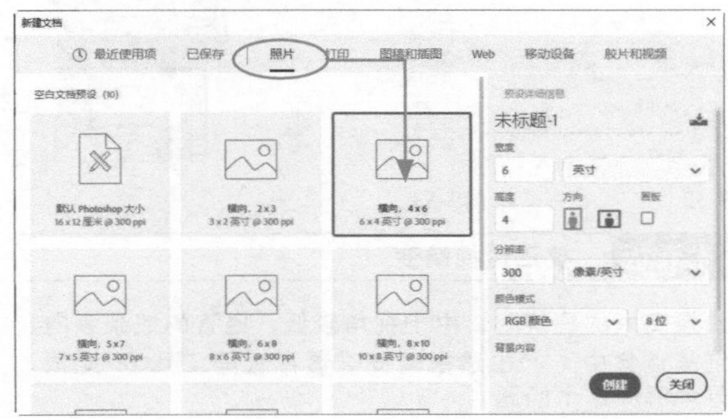
图9-46

图9-47

9.3 画面修正

下面介绍怎样校正由于拍摄方法不对，或相机镜头缺陷而导致的问题，包括画面扭曲、色差和暗角等。其中有些问题并不完全属于照片瑕疵，只要善加利用，还能用于制作特效，如大头照、Lomo照片效果等。

9.3.1 实战：校正扭曲的画面

扫码看视频

01 打开素材，如图9-48所示。选择透视裁剪工具，拖曳鼠标创建矩形裁剪框。拖曳裁剪框四个角的控制点，使其对齐到展板边缘，如图9-49所示。

图9-48

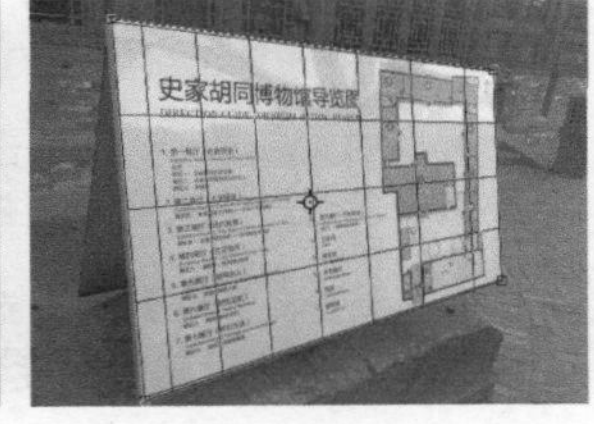

图9-49

02 按Enter键裁剪图像，同时校正透视畸变，如图9-50所示。单击“调整”面板中的按钮，创建“色阶”调整图层。拖曳滑块，调整色调，如图9-51所示。

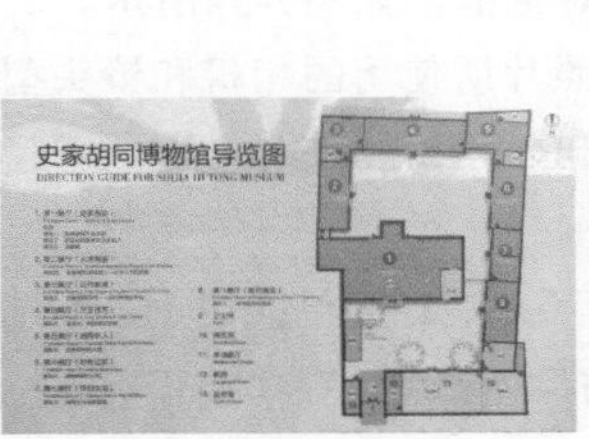

图9-50

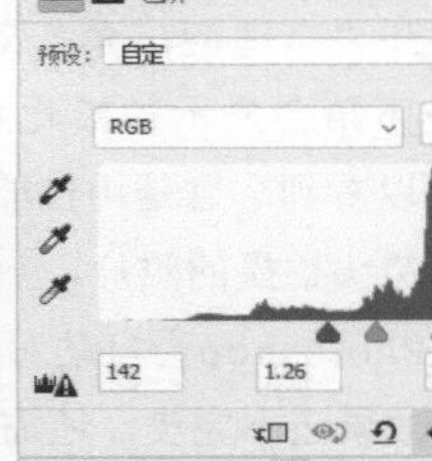
图9-51

03 设置调整图层的混合模式为“叠加”，如图9-52和图9-53所示。

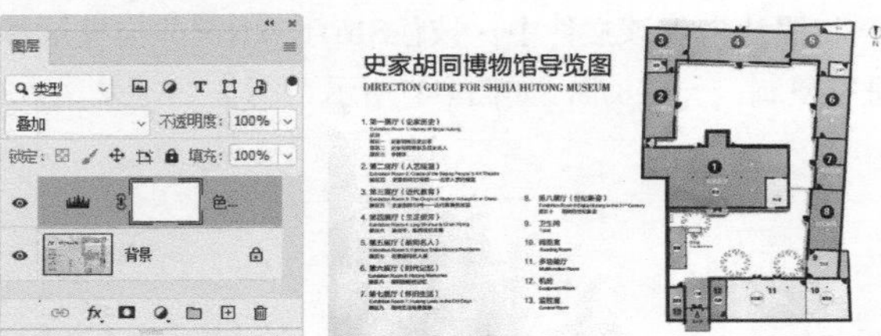

图9-52　　图9-53

技术看板　校正透视畸变

拍摄高大的建筑时，由于视角较低，竖直的线条会向消失点集中，产生透视畸变。透视裁剪工具 能很好地解决这个问题。

拖曳裁剪框上的控制点，让顶部的两个边角与建筑的边缘保持平行

拖曳裁剪框上的控制点，让顶部的两个边角与建筑的边缘保持平行

9.3.2 实战：校正超广角镜头引起的弯曲

“自适应广角”滤镜可以自动检测相机和镜头型号，之后找到与之相适应的配置文件，并将全景图像或使用鱼眼（即超广角）镜头拍摄的弯曲的对象拉直。

扫码看视频

01 打开素材。执行“滤镜>自适应广角”命令，打开“自适应广角”对话框，如图9-54所示。对话框左下角会显示拍摄此照片所使用的相机和镜头型号。可以看到，这是用佳能EF8-15mm/F4L鱼眼（即超广角）镜头拍摄的照片。

02 Photoshop会自动对照片进行简单的校正，不过效果还不完美，还需手动调整。在“校正”下拉列表中选择“鱼眼”选项。选择约束工具，将鼠标指针放在出现弯曲的对象上，拖曳鼠标画出一条绿色的约束线，即可将弯曲的对象拉直。采用这种方法，在玻璃展柜、顶棚和墙的侧立面创建约束线，如图9-55所示。

图9-54

图9-55

03 单击“确定”按钮关闭对话框。用裁剪工具 将空白部分裁掉，如图9-56所示。

图9-56

“自适应广角”滤镜工具及选项

- 约束工具：单击图像或拖曳端点，可以添加或编辑约束线。按住Shift键并单击可添加水平/垂直约束线，按住Alt键并单击可删除约束线。
- 多边形约束工具：单击图像或拖曳端点，可以添加或编辑多边形约束线。按住Alt键并单击可删除约束线。
- 校正：在该下拉列表中选择“鱼眼”选项，可以校正由鱼眼镜头所引起的极度弯度；“透视”选项可以校正由视角和相机倾斜角所引起的汇聚线；"自动"选项可自动地检测并进行校正；"完整球面"选项可以校正360° 全景图。

- **缩放**：校正图像后缩放图像，以填满空白区域。
- **焦距**：用来指定镜头的焦距。如果在照片中检测到镜头信息，会自动填写此值。
- **裁剪因子**：用来确定如何裁剪最终图像。此值与"缩放"配合使用可以填充应用滤镜时出现的空白区域。
- **原照设置**：勾选该选项，可以使用镜头配置文件中定义的值。如果没有找到镜头信息，则禁用此选项。
- **细节**：该选项中会实时显示鼠标指针下方图像的细节（比例为100%）。使用约束工具和多边形约束工具时，可通过观察该图像来准确定位约束点。
- **显示约束/显示网格**：显示约束线和网格。

9.3.3 实战：制作哈哈镜效果大头照

扫码看视频

摄影器材里有一种可以拍摄超大视角的镜头——鱼眼镜头（焦距为16mm或更短，视角接近或等于180°）。无人机拍摄的地面全景照片，以及场所监控设备等使用的多是这种镜头。用鱼眼镜头拍摄时，物体会发生弯曲，呈现强烈的透视畸变。应用在人像上，可以获得类似哈哈镜的夸张效果。"自适应广角"滤镜可以模拟这种效果，如图9-57所示。

图9-57

01 执行"滤镜>自适应广角"命令，打开"自适应广角"对话框。在"校正"下拉列表中选择"透视"选项。将"焦距"滑块拖曳到最左侧，让膨胀效果达到最强，此时图像会扩展到画面以外，将"缩放"设置为80%，使图像缩小，让其重新回到画面内，如图9-58所示。

02 经过滤镜的扭曲以后，图像的边界不太规则，使用椭圆选框工具创建选区，如图9-59所示，单击"图层"面板中的按钮，创建蒙版，将选区外的图像遮盖，如图9-60所示。

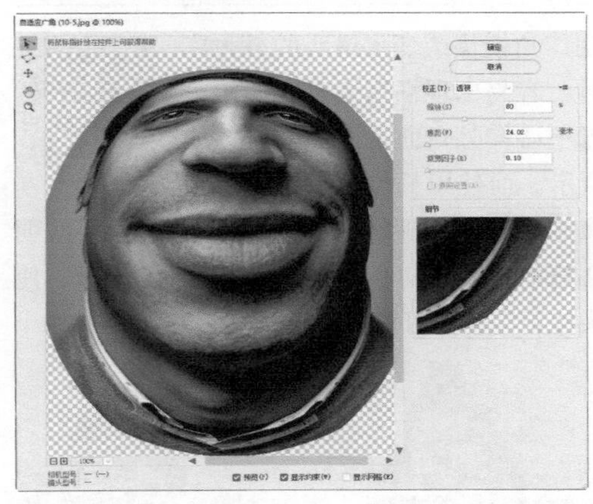

图9-58

图9-59

图9-60

9.3.4 实战：校正色差

扫码看视频

色差是光分解造成的，具体表现为背景与前景相接的边缘出现红、蓝或绿色杂边，如图9-61所示。拍摄照片时，如果背景的亮度高于前景，就容易出现色差。此类照片使用"镜头校正"滤镜校正色差，效果会非常好。

图9-61

9.3.5 实战：校正桶形失真和枕形失真

扫码看视频

使用广角镜头或变焦镜头的最大广角拍摄时，容易出现桶形失真，即水平线从图像中心向外弯曲，画面膨胀，如图9-62所示。而使用长焦镜头或变焦镜头的长焦端拍摄时，则会出现枕形失真，即水平线朝图像中心弯曲，画面向中心收缩，如图9-63所示。使用“镜头校正”滤镜可以校正这两种失真。

图9-62

图9-63

9.3.6 实战：校正暗角

扫码看视频

暗角也称晕影，特征非常明显，即画面四周，尤其边角位置的颜色比中心暗，如图9-64所示。使用“镜头校正”滤镜可以将边角调亮，让暗角消失，如图9-65所示。

图9-64

图9-65

9.3.7 实战：Lomo照片，彰显个性和态度

扫码看视频

本实战使用“镜头校正”和调整图层制作一张Lomo效果照片，如图9-66所示。

图9-66

01 按Ctrl+J快捷键，复制“背景”图层。执行“滤镜>镜头校正”命令，打开“镜头校正”对话框。单击“自定”选项卡并调整“晕影”选项组中的参数，在照片四周添加暗角，如图9-67所示。单击“确定”按钮关闭对话框。

图9-67

02 执行“滤镜>杂色>添加杂色”命令，在照片中添加杂点，如图9-68所示。执行“滤镜>模糊>高斯模糊”命令，对照片进行模糊处理，如图9-69和图9-70所示。

图9-68

图9-69

图9-70

03 单击“图层”面板底部的 按钮，打开菜单，执行“渐变”命令，创建渐变填充图层。设置渐变颜色及参数，如图9-71所示。将图层的混合模式设置为“亮光”，如图9-72和图9-73所示。

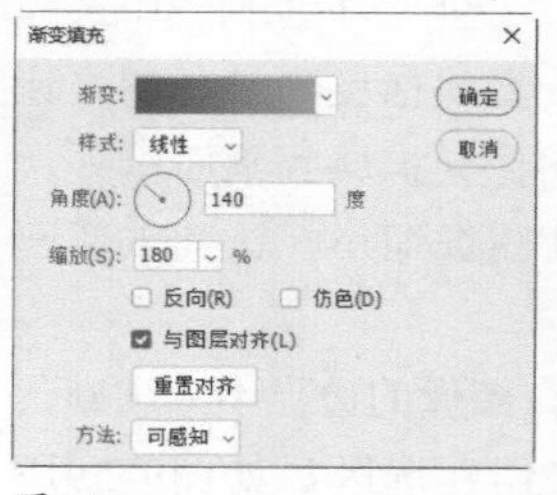

图9-71

图9-72

图9-73

9.3.8 应用透视变换

在“镜头校正”对话框中，“变换”选项组中包含扭曲图像的选项，如图9-74所示，可用于修复由于相机垂直或水平倾斜而导致的透视扭曲。

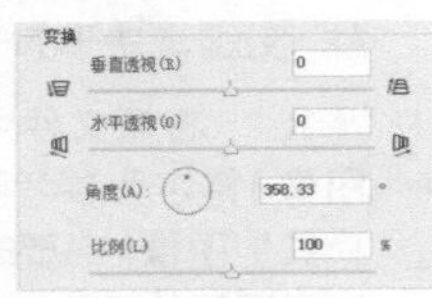
图9-74

- 垂直透视/水平透视：用于校正由于相机向上或向下倾斜而导致的透视扭曲。“垂直透视”可以使图像中的垂直线平行；“水平透视”可以使图像中的水平线平行，如图9-75和图9-76所示。

图9-75

图9-76

- 比例：可以调整图像的缩放比例，图像的原始像素尺寸不会改变。它的主要用途是填充由于枕形失真、旋转或透视校正而产生的空白区域。注意，放大比例过高会导致图像变虚。

> **提示**
> “镜头校正”对话框中的拉直工具  可用于调整图像角度。此外，也可在“角度”右侧的文本框中输入数值，对画面进行精确或更加细微的角度调整。

9.3.9 实战：自动校正镜头缺陷

扫码看视频

01 打开素材。这张照片的问题出现在天花板上，如图9-77所示，这是用广角镜头拍摄而导致的膨胀变形。

图9-77

02 执行“滤镜>镜头校正”命令，打开“镜头校正”对话框，Photoshop会根据照片元数据中的信息提供相应的配置文件。勾选“校正”选项组中的选项，即可自动校正照片中出现的问题，如桶形失真或枕形失真（勾选“几何扭曲”）、色差和晕影等，如图9-78所示。

图9-78

> **提示**
> 执行“文件>自动>镜头校正”命令，也可以校正色差、晕影和几何扭曲。

“镜头校正”对话框选项

- “校正”选项组：可以选择要校正的缺陷，包括几何扭曲、色差和晕影。如果校正后的图像尺寸超出了原始尺寸，可勾选“自动缩放图像”选项，或者在“边缘”下拉列表中指定如何处理出现的空白区域。选择“边缘扩展”，可扩展图像的边缘像素来填充空白区域；选择“透明度”，空白区域保持透明；选择“黑色”或“白色”，则使用黑色或白色填充空白区域。
- “搜索条件”选项组：可以手动设置相机的制造商、相机型号和镜头类型，这些选项指定之后，Photoshop就会给出与之匹配的镜头配置文件。
- “镜头配置文件”选项组：可以选择与相机和镜头匹配的配置文件。
- 显示网格：校正扭曲和画面倾斜时，可以勾选“显示网格”选项，在网格线的辅助下，很容易校准水平线、垂直线和地平线。网格间距可在“大小”选项中设置，单击颜色块，则可修改网格颜色。

9.4 拼接照片

拍摄风景时，面对较大的场景，如果广角镜头也无法拍全，则可以将场景分成几段拍摄，再用Photoshop将照片拼接成全景图。

9.4.1 实战：拼接全景照片

扫码看视频

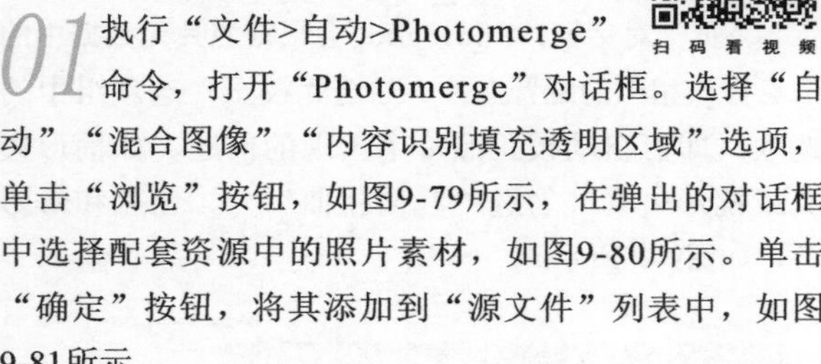

01 执行“文件>自动>Photomerge”命令，打开“Photomerge”对话框。选择“自动”“混合图像”“内容识别填充透明区域”选项，单击“浏览”按钮，如图9-79所示，在弹出的对话框中选择配套资源中的照片素材，如图9-80所示。单击“确定”按钮，将其添加到“源文件”列表中，如图9-81所示。

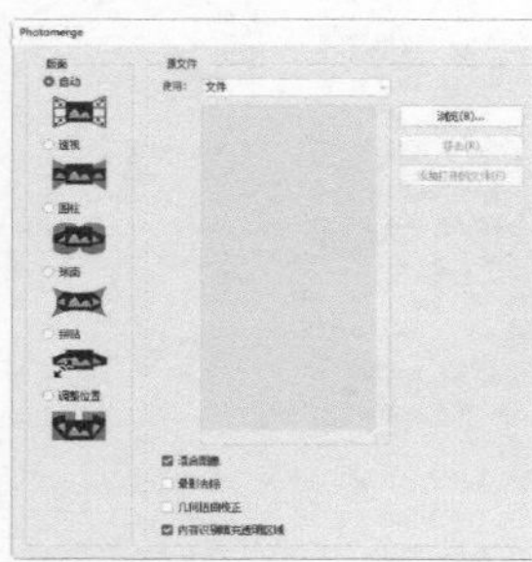

图9-79

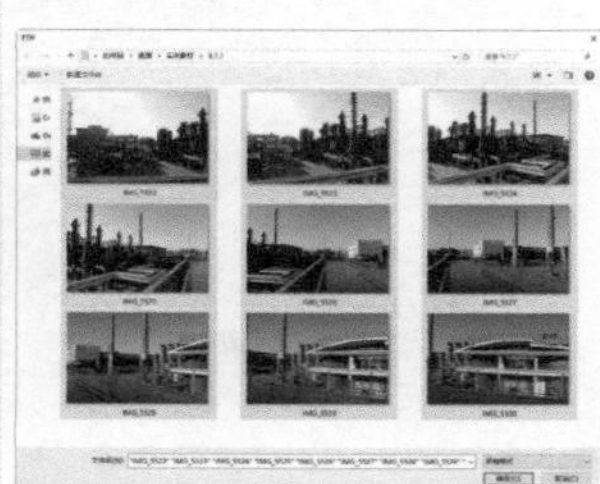

图9-80

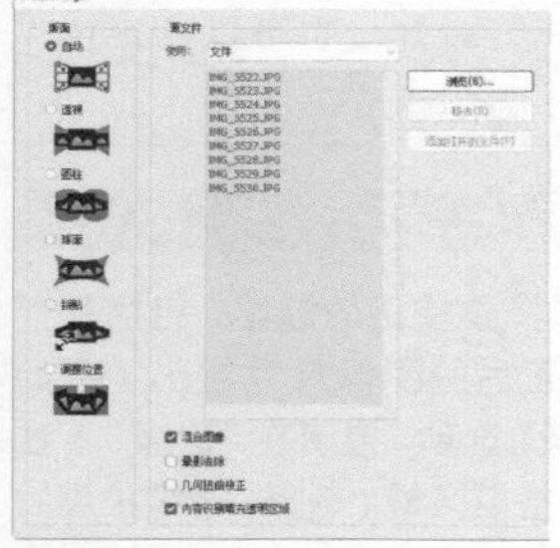

图9-81

02 勾选“混合图像”选项，让Photoshop修改照片的曝光，使图像衔接自然。勾选“内容识别填充透明区域”选项，Photoshop会自动填充照片拼接时出现的空缺。单击“确定”按钮，Photoshop会自动拼合照片，并为其添加图层蒙版，使照片之间无缝衔接，如图9-82所示。使用裁剪工具 将空白区域和多余的图像内容裁掉，如图9-83所示。

图9-82

图9-83

“Photomerge”对话框“版面”选项

- 自动：Photoshop 会分析源文件并应用“透视”或“圆柱”版面(取决于哪一种版面能够生成更好的复合图像)。
- 透视：将源文件中的一个图像(默认情况下为中间的图像)指定为参考图像来创建一致的复合图像。然后变换其他图像(必要时进行位置调整、伸展或斜切)，以便匹配图层的重叠内容。
- 圆柱：在展开的圆柱上显示各个图像来减少在“透视”版面中出现的“领结”扭曲。图层的重叠内容仍匹配，将参考图像居中放置。该方式适合创建宽全景图。
- 球面：将图像与宽视角对齐(垂直和水平)。指定某个源图像(默认情况下是中间图像)作为参考图像，并对其他图像执行球面变换，以便匹配重叠的内容。如果是360°全景拍摄的照片，可选择该选项，拼合并变换图像，以模拟观看360°全景图的感受。
- 拼贴：对齐图层并匹配重叠内容，不修改图像中对象的形状(例如，圆形将保持为圆形)。
- 调整位置：对齐图层并匹配重叠内容，但不会变换(伸展或斜切)任何源图层。

提示

使用“编辑”菜单中的“自动对齐图层”和“自动混合图层”命令也可制作全景照片。其中，“自动对齐图层”命令可根据不同图层中的相似内容(如角和边)自动对齐图层。我们可以指定一个图层作为参考图层，也可让Photoshop自动选择参考图层，其他图层将与参考图层对齐，以便匹配的内容能够自行叠加。用“自动混合图层”命令制作全景照片时，Photoshop会根据需要对每个图层应用图层蒙版，以遮盖过度曝光或曝光不足的区域或内容之间的差异，从而创建无缝拼贴和平滑的过渡效果。

9.4.2 全景照片拍摄技巧

全景照片在商业上用途比较大。例如，旅游风景区以360°全景照片展示景点，可以给潜在旅游者身临其境的感觉；宾馆、酒店等服务场所用全景照片展现环境，可以给客户以实在的感受。此外，楼盘展示楼宇外观、房屋结构和室内设计等也会用全景照片这种形式。

拍摄全景照片需要使用三脚架，在固定位置，将相机向一侧旋转拍摄。而且一张照片和相邻的下一张照片要有10%～15%的内容重叠，也就是说前一张照片中至少要有10%的内容出现在下一张照片里，这样Photoshop才能通过识别重叠的图像来拼接照片。

一般垂直拍摄的照片要比水平拍摄的照片的边缘变形更少，合成之后效果也更好。此外，为了使照片的曝光值保持一致，最好使用手动模式，如果用曝光优先和快门优先模式，那每张照片的曝光参数都不同，拍出的照片会亮度不一，不适合做全景图。

技术看板　裁剪并拉直照片

每个人家里都有珍贵的老照片，要用Photoshop处理这些照片，需要先用扫描仪将它们扫描到计算机中。如果将多张照片扫描在一个文件中，可以用“文件>自动>裁剪并拉直照片”命令，自动将各个图像裁剪为单独的文件。

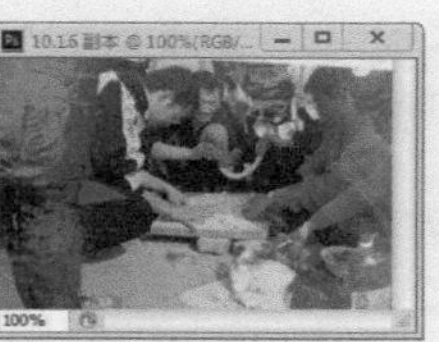

控制景深范围

景深是由相机的镜头控制的，Photoshop并不能改变景深，但可以选取照片中清晰的景物进行合成，或者对某段距离的图像做模糊处理，使景深看上去发生了改变。

9.5.1 实战：制作全景深照片

扫码看视频

景深的概念也可以理解为照片清晰的范围。全景深照片的清晰范围最大，画面中几乎所有景物都是清楚的。如果摄影器材不支持大景深，可以用多张照片来进行合成。

图9-84所示的3张照片在拍摄时分别对焦于茶碗、水滴壶和笔架，所以曝光和清晰范围都不一样。在合成时，除了要让茶碗、水滴壶和笔架都清晰外，色调上的细微差别也要用Photoshop修正过来。

图9-84

01 执行“文件>脚本>将文件载入堆栈”命令，弹出“载入图层”对话框，单击“浏览”按钮，在弹出的对话框中选择照片素材，如图9-85所示。将这3张照片添加到“使用”列表中，如图9-86所示。单击“确定”按钮，所有照片会加载到新建的文件中，如图9-87所示。

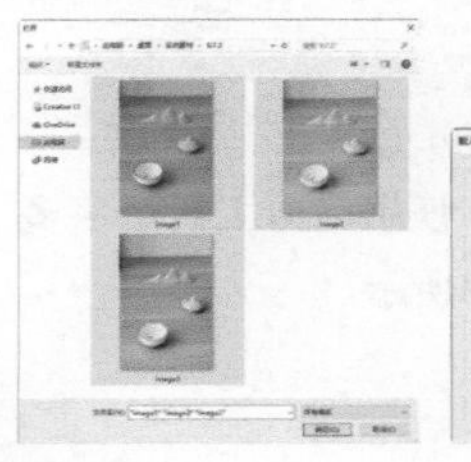

图9-85

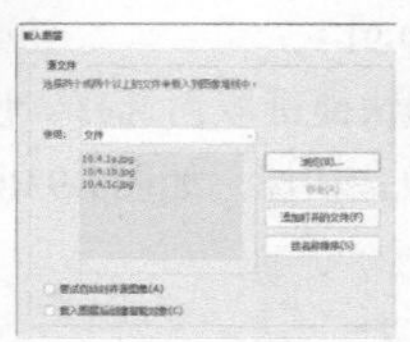

图9-86

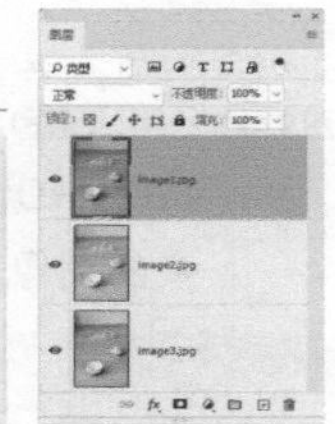

图9-87

02 由于拍摄时没有使用三脚架，在根据每个器物的位置调整对焦点时，相机免不了有轻微的移动，哪怕是极小的移动，照片中器物的位置都会改变。所以，在进行图层混合前要先对齐图层，使3件器物能有一个统一的位置。选取这3个图层，执行“编辑>自动对齐图层”命令，打开“自动对齐图层”对话框，默认选项为“自动”，如图9-88所示。Photoshop会自动分析图像内容的位置，然后进行对齐，单击“确定”按钮，将图层中的主体对象对齐。边缘部分可以在最后整理图像时进行裁切，如图9-89所示。

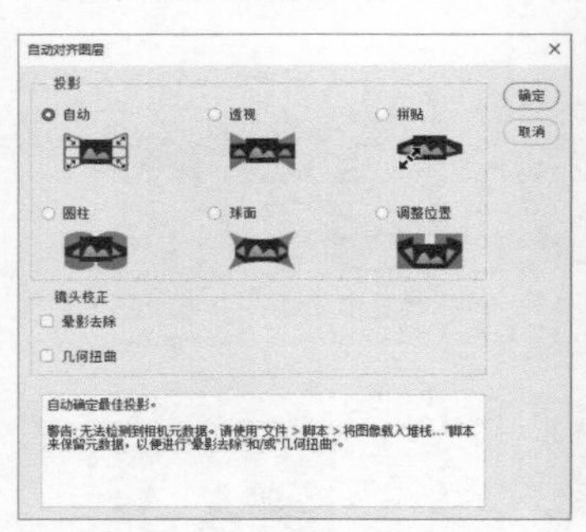

图9-88

图9-89

03 执行“编辑>自动混合图层”命令，将“混合方法”设置为“堆叠图像”，它能很好地将已对齐的图层的细节呈现出来；勾选“无缝色调和颜色”选项，调整颜色和色调以便进行混合；勾选“内容识别填充透明区域”选项，将透明区域用自动识别的内容填满，如图9-90所示。单击“确定”按钮，3个图层上会自动创建蒙版，以遮盖内容有差异的区域，并将混合结果创建为一个新的图层，如图9-91所示。混合后的照片扩展了景深，每件器物的细节都清晰可见，如图9-92所示。

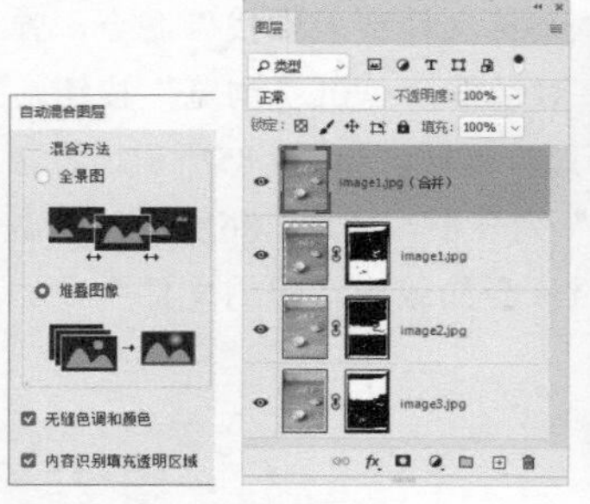

图9-90

图9-91

图9-92

04 按Ctrl+D快捷键取消选择。使用裁剪工具将多余的图像裁切掉，如图9-93所示。

图9-93

05 将图层颜色稍加调整，就可作为设计素材使用了。单击“调整”面板中的按钮，添加一个“色彩平衡”调整图层，将色调调暖，体现瓷器古典、温润的质感，与其所呈现的文人气息相合，如图9-94~图9-96所示。再添加一些有书法特点的文字和流动的线条来装饰图像，就构成一幅完整的作品了，如图9-97所示。

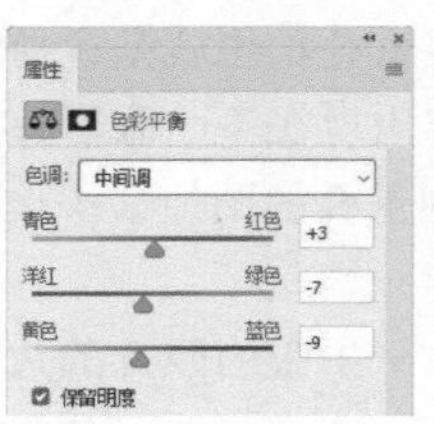

图9-94

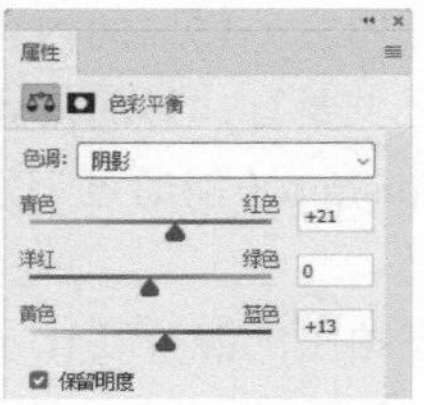

图9-95

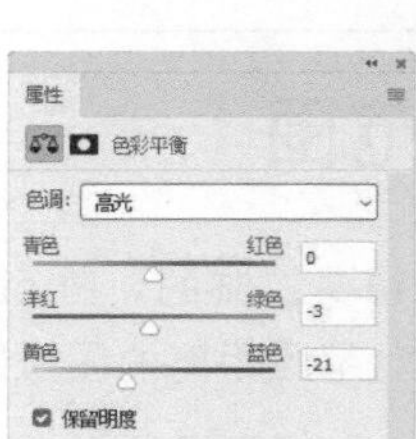

图9-96

图9-97

9.5.2

实战：制作大景深效果

扫码看视频

本实战使用“镜头模糊”滤镜改变景深范围，用通道控制模糊区域，并生成漂亮的光斑。

01 使用快速选择工具，在娃娃上拖曳鼠标，将其选取，如图9-98所示。执行“选择>修改>羽化”命令，对选区进行羽化，如图9-99所示。单击“通道”面板中的按钮，将选区保存到通道中，如图9-100所示。按Ctrl+D快捷键取消选择。

图9-98

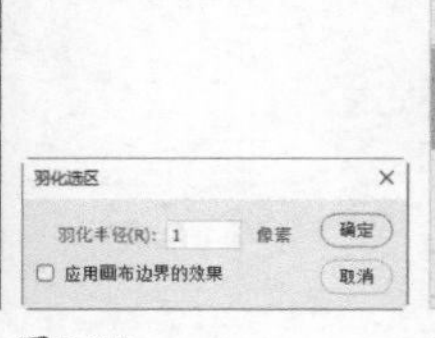

图9-99

图9-100

> **提示**
>
> “镜头模糊”滤镜可利用Alpha通道或图层蒙版的深度值映射像素的位置，使图像中的某一区域出现在焦点内，其他区域则进行模糊处理。在操作时，也可以对图像的所有区域应用相同程度的模糊，创建与“USM锐化”滤镜相同的效果。

02 执行“滤镜>模糊>镜头模糊”命令，打开“镜头模糊”对话框。在“源”下拉列表中选择“Alpha1”通道，用该通道限定模糊范围，使背景变得模糊。在“光圈”选项组的“形状”下拉列表中选择“八边形（8）”，然后调整“亮度”和“阈值”，生成漂亮的八边形光斑，如图9-101所示。

03 单击“确定”按钮关闭对话框。选择仿制图章工具，按住Alt键，在图9-102所示的区域取样，然后将右上角过于明亮的光斑涂掉，如图9-103所示。

图9-101

图9-102

图9-103

“镜头模糊”滤镜选项

- **更快：** 可提高预览速度。
- **更加准确：** 可查看图像的最终效果，但会增加预览时间。
- **“深度映射”选项组：** 在“源”下拉列表中可以选择使用 Alpha 通道和图层蒙版来创建深度映射。如果图像包含 Alpha 通道并选择了该项，则Alpha通道中的黑色区域被视为位于照片的前面，白色区域被视为位于远处的位置。“模糊焦距”选项用来设置位于焦点内像素的深度。勾选“反相”选项，可以反转蒙版和通道，然后将其应用。
- **“光圈”选项组：** 用来设置模糊的显示方式。在“形状”下拉列表中可以设置光圈的形状，效果如图9-104所示。通过“半径”值可以调整模糊的数量，拖曳“叶片弯度”滑块可对光圈边缘进行平滑处理，拖曳“旋转”滑块则可旋转光圈。

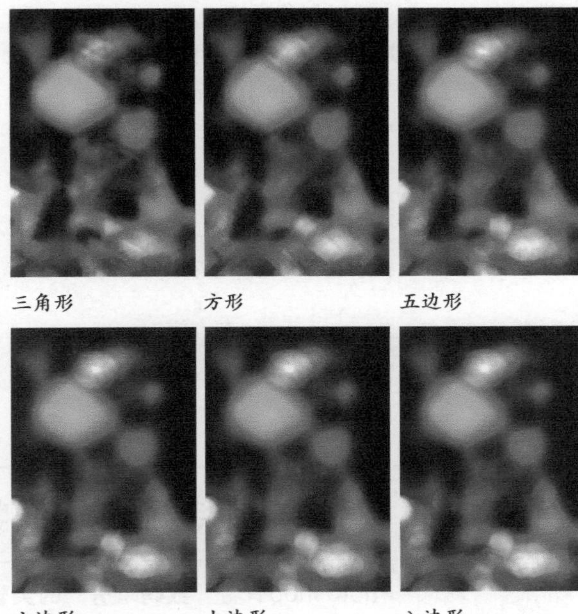

三角形　方形　五边形

六边形　七边形　八边形

图9-104

- **“镜面高光”选项组：** 可设置镜面高光的范围，如图9-105所示。“亮度”选项用来设置高光的亮度；“阈值”选项用来设置亮度截止点，比该截止点亮的所有像素都被视为镜面高光。

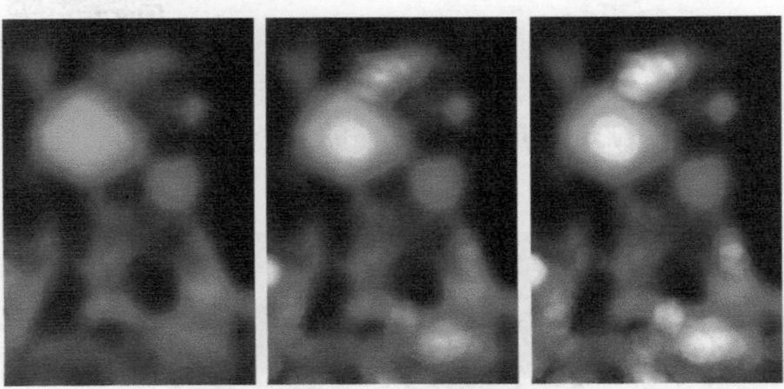

亮度0、阈值200　亮度50、阈值200　亮度100、阈值200

图9-105

- **“杂色”选项组：** 拖曳“数量”滑块可以在图像中添加或减少杂色。勾选“单色”选项，可以在不影响颜色的情况下为图像添加杂色。添加杂色后，还可设置杂色的分布方式，包括“平均分布”和“高斯分布”。

9.5.3
图像的局部模糊和锐化

前面学习了改变景深范围的方法，下面再介绍两个适合处理局部的、小范围清晰度的工具。其中，模糊工具💧可以柔化图像，使细节变得模糊。锐化工具△可以增强相邻像素之间的对比，提高图像的清晰度。

例如，图9-106所示为原图，使用模糊工具💧处理背景使其变虚，可以创建景深效果，如图9-107所示。使用锐化工具△涂抹前景，可以锐化前景，使图像的细节更加清晰，如图9-108所示。

原图
图9-106

模糊背景
图9-107

锐化前景
图9-108

使用这两个工具时，在图像中拖曳鼠标即可。但如果在同一区域反复涂抹，则会使其变得更加模糊（模糊工具💧），或者造成图像失真（锐化工具△）。这两个工具的选项基本相同，如图9-109所示。

图9-109

- 画笔/模式： 可以选择一个笔尖，设置涂抹效果的混合模式。
- 强度/角度⊿： 用来设置工具的修改强度和画笔角度。
- 对所有图层取样： 如果文件中包含多个图层，勾选该选项，表示使用所有可见图层中的数据进行处理；取消勾选，则只处理当前图层中的数据。
- 保护细节： 勾选该选项，可以增强细节，弱化不自然感。如果要产生更夸张的锐化效果，应取消勾选该选项。

模拟镜头特效和画面特效

Photoshop有着“数码暗房”的美誉，它提供了大量用于处理照片的滤镜，可模拟特殊镜头，创建大光圈景深效果、移轴摄影效果、锐化单个焦点，甚至可以改换季节等。

9.6.1
实战：散景效果（“场景模糊”滤镜）

扫码看视频

“场景模糊”滤镜可以在图像的不同位置添加模糊，且每处模糊都能单独调整滤镜范围和模糊量。用它制作散景，效果非常好，如图9-110所示。

图9-110

01 执行“滤镜>模糊画廊>场景模糊”命令，图像中央会出现一个图钉。将其拖曳到鼻梁上，将“模糊”参数设置为0像素，如图9-111和图9-112所示。

图9-111

图9-112

> 提示
>
> 拖曳图钉可进行移动。单击一个图钉，可将其选中，按Delete键，可将其删除。

02 在图像左上角单击，添加一个图钉，将“模糊”值设置为15像素。在“效果”面板中调整参数，如图9-113和图9-114所示。

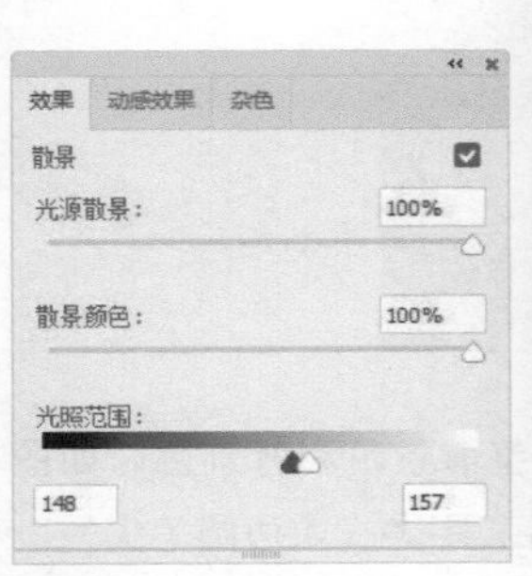

图9-113

图9-114

03 继续添加图钉，并分别调整“模糊”值，如图9-115所示。单击“确定”按钮应用滤镜。

04 新建一个图层，单击“渐变”面板中的渐变色，如图9-116所示，便可将该图层转换为填充图层。调整“不透明度”和混合模式，如图9-117和图9-118所示。

图9-115

图9-116

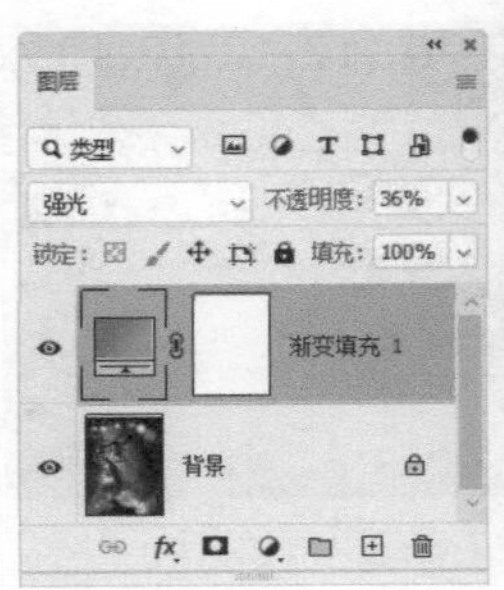

图9-117

图9-118

“场景模糊”滤镜选项

- 模糊：用来设置模糊强度。
- 光源散景：用来调亮照片中模糊区域的高光量。
- 散景颜色：将更鲜亮的颜色添加到高光区域。该值越高，散景色彩的饱和度越高。
- 光照范围：用来确定当前设置影响的色调范围。

9.6.2

实战：虚化及光斑（“光圈模糊”滤镜）

“光圈模糊”滤镜可以定义多个圆形或椭圆形焦点，并对焦点之外的图像进行模糊，生成散景虚化效果。本实战用它制作这样的效果，并用画笔工具绘制光斑，如图9-119所示。

图9-119

01 执行“滤镜>转换为智能滤镜”命令，将当前图层转换为智能对象，如图9-120所示。执行“滤镜>模糊画廊>光圈模糊”命令，显示操作控件，即光圈和图钉，如图9-121所示。

图9-120

图9-121

02 将鼠标指针移动到光圈里，会显示一个图钉状的圆环，它用来定位焦点，将其拖曳到头发上，如图9-122所示。拖曳光圈上的控制点，旋转光圈，如图9-123所示。

图9-122

图9-123

03 将光圈的范围调小一些，如图9-124所示。在面板中调整参数，如图9-125和图9-126所示。单击

"确定"按钮应用滤镜，如图9-127所示。

图9-124　图9-125

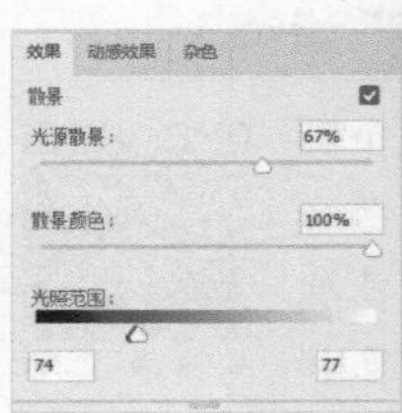

图9-126　图9-127

04 单击智能滤镜的蒙版，如图9-128所示，使用画笔工具在图9-129所示的位置涂抹黑色，这些地方的光斑太耀眼了，蒙版可将滤镜效果遮盖住。

图9-128　图9-129

05 按Ctrl+J快捷键复制图层。执行"图层>智能滤镜>清除智能滤镜"命令，将滤镜删除。单击"图层"面板中的按钮，添加蒙版，使用画笔工具在人物之外的图像上涂抹黑色，用蒙版遮盖图像，让下方滤镜处理过的图像（即光斑）显示出来，如图9-130和图9-131所示。

图9-130　图9-131

06 单击"调整"面板中的按钮，创建"曲线"调整图层，将曲线左下角的控制点拖曳到图9-132所示的位置，以增强对比度。单击"调整"面板中的按钮，创建"色相/饱和度"调整图层，提高色彩的饱和度，如图9-133和图9-134所示。

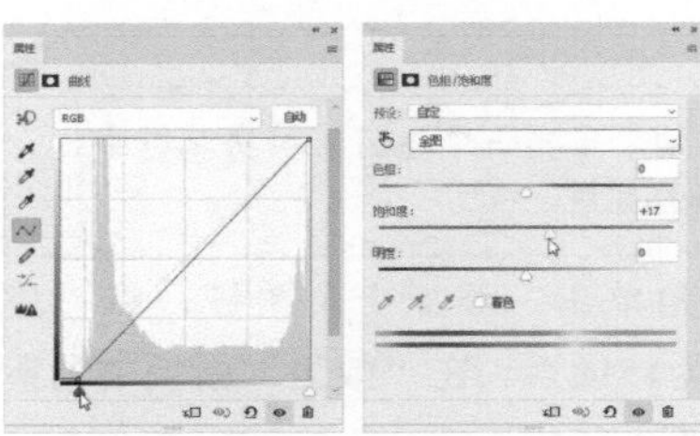

图9-132　图9-133

图9-134

07 下面制作大光斑。调整前景色和背景色，如图9-135所示。选择画笔工具（柔边圆笔尖），如图9-136所示。打开"画笔设置"面板，添加"形状动态"和"颜色动态"属性，如图9-137和图9-138所示。

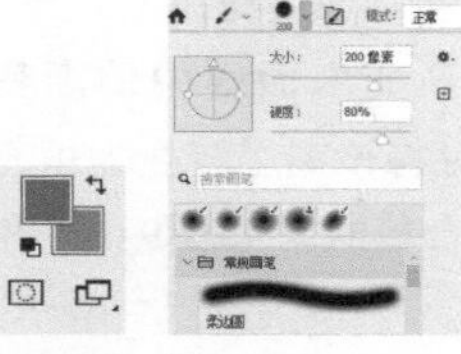

图9-135　图9-136

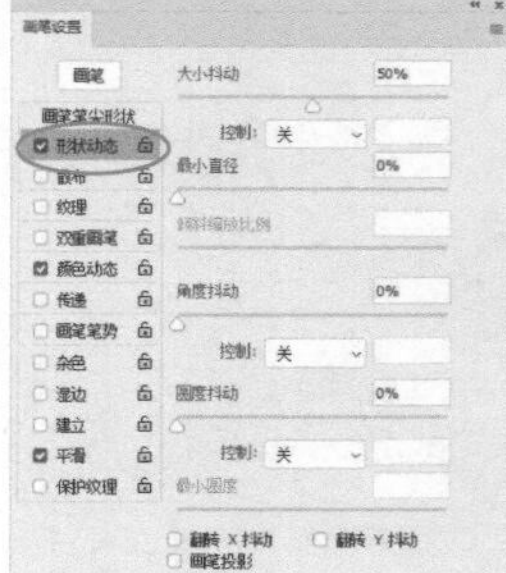

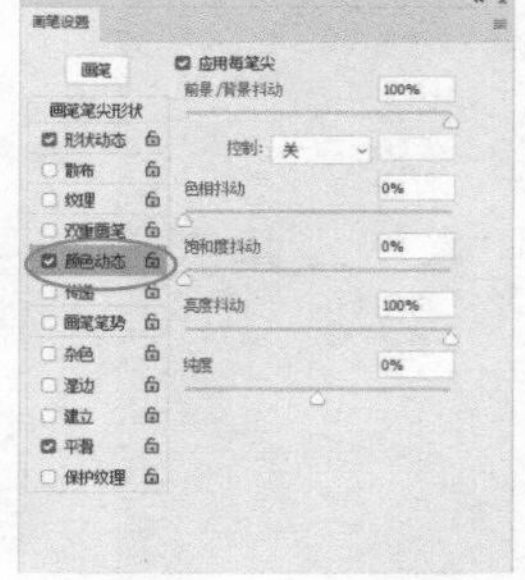

图9-137　图9-138

08 新建一个图层，设置混合模式为"滤色"，如图9-139所示，绘制光斑，如图9-140所示。

图9-139　图9-140

9.6.3

实战：高速旋转效果（“旋转模糊”滤镜）

本实战用“旋转模糊”滤镜制作高速旋转效果，如图9-141所示。在使用方法上，“旋转模糊”滤镜与“光圈模糊”滤镜类似，也可以创建多个模糊区域。

扫码看视频

图9-141

01 执行“滤镜>转换为智能滤镜”命令，将当前图层转换为智能对象。执行“滤镜>模糊画廊>旋转模糊”命令。先按Ctrl+-快捷键，将视图比例调小，再拖曳最外圈的控制点，让滤镜范围覆盖图像，如图9-142所示。调整参数并应用滤镜，如图9-143~图9-145所示。

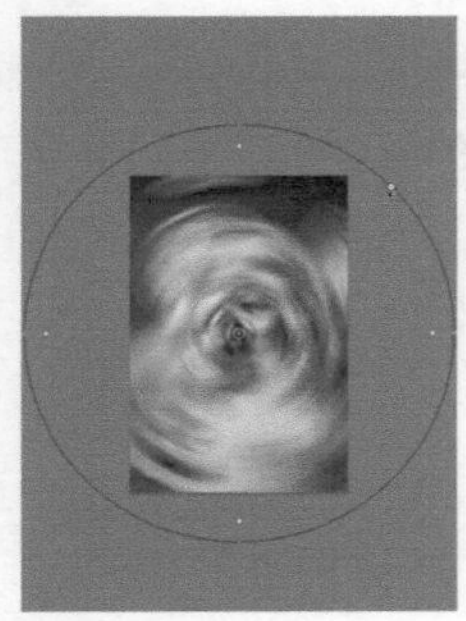
图9-142

图9-143

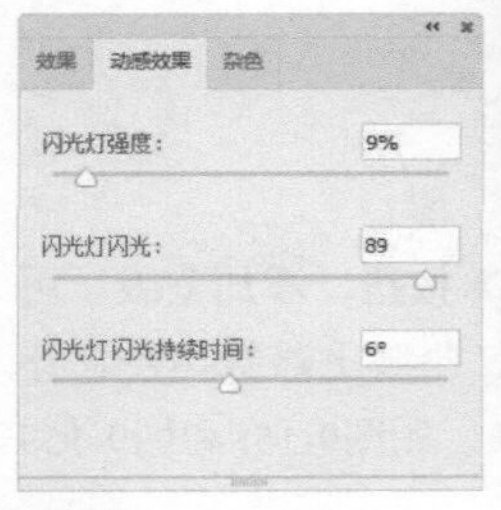

图9-144

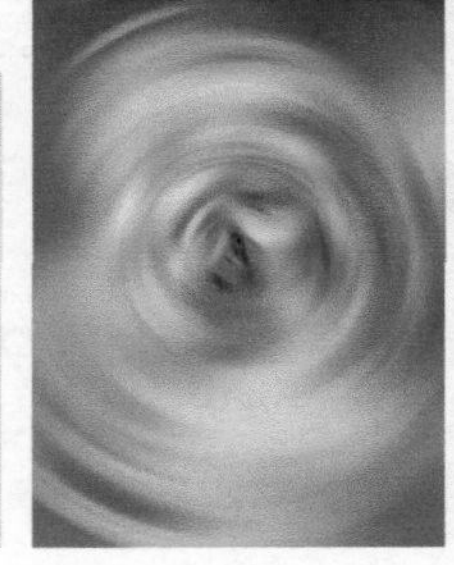
图9-145

02 单击智能滤镜的蒙版，如图9-146所示。使用画笔工具在女孩身上涂抹黑色，隐藏滤镜，让原始图像显示出来，如图9-147和图9-148所示。

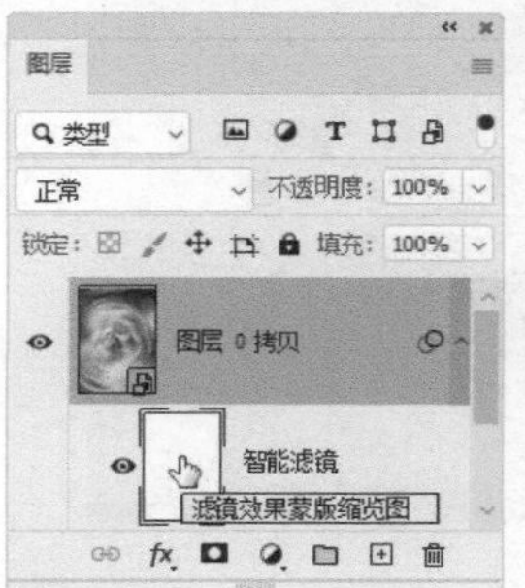

图9-146

图9-147

图9-148

“旋转模糊”滤镜选项

- 闪光灯强度：可设置闪光灯闪光曝光之间的模糊量。闪光灯强度可以控制环境光和虚拟闪光灯之间的平衡。将该值设置为0%时，无闪光灯，只显示连续的模糊效果。如果设置为100%，则会产生最大强度的闪光，但在闪光曝光之间不会显示连续的模糊。处于中间的“闪光灯强度”值会产生单个闪光灯闪光与持续模糊混合在一起的效果。
- 闪光灯闪光：用来设置虚拟闪光灯闪光曝光数。
- 闪光灯闪光持续时间：可设置闪光灯闪光曝光的度数和时长。闪光灯闪光持续时间可根据圆周的角距对每次闪光曝光模糊的长度进行控制。

9.6.4

实战：摇摄照片效果（“路径模糊”滤镜）

摇摄是摇动相机追随对象拍摄的特殊方法，拍出的照片中既有清晰的主体，又有模糊的、具有流动感的背景。下面使用“路径模糊”滤镜制作这种效果，如图9-149所示。

扫码看视频

图9-149

01 按Ctrl+J快捷键复制“背景”图层。执行“滤镜>模糊画廊>路径模糊”命令。拖曳路径的端点，移动路径位置，如图9-150所示。拖曳中间的控制点，调整路径的弧度，如图9-151所示。

图9-150

图9-151

02 在当前路径下方添加一条路径，如图9-152所示。调整弧度，如图9-153所示。在路径上单击，添加一个控制点并拖曳，将路径调整为S形，如图9-154所示。

图9-152

图9-153

图9-154

03 添加第3条路径，这3条路径汇集在女孩的肩部，之后向外发散开，如图9-155所示。调整滤镜参数，让图像沿着路径创建运动模糊，单击“确定”按钮应用滤镜，如图9-156和图9-157所示。

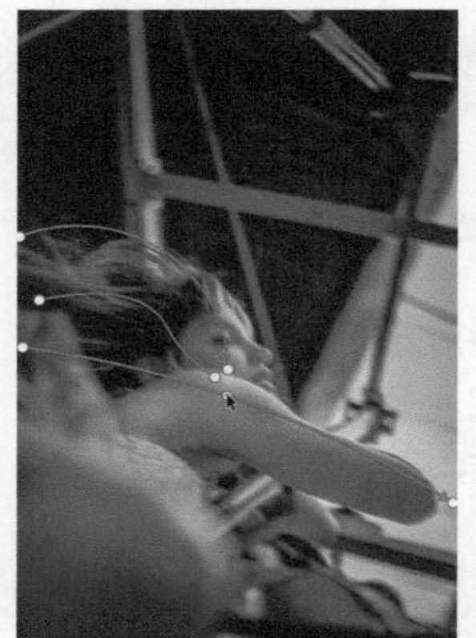
图9-155

图9-156

图9-157

04 单击“图层”面板中的 按钮，添加蒙版。用画笔工具 在女孩面部、胳膊上涂抹黑色，让“背景”图层中的原图显示出来，如图9-158和图9-159所示。

Photoshop 2022 快捷键

注：快捷键使用方法参见第8页。

工具
移动工具（V）
画板工具（V）
矩形选框工具（M）
椭圆选框工具（M）
套索工具（L）
多边形套索工具（L）
磁性套索工具（L）
对象选择工具（W）
快速选择工具（W）
魔棒工具（W）
裁剪工具（C）
透视裁剪工具（C）
切片工具（C）
切片选择工具（C）
图框工具（K）
吸管工具（I）
颜色取样器工具（I）
标尺工具（I）
注释工具（I）
计数工具（I）
污点修复画笔工具（J）
修复画笔工具（J）
修补工具（J）
内容感知移动工具（J）
红眼工具（J）
画笔工具（B）
铅笔工具（B）
颜色替换工具（B）
混合器画笔工具（B）
仿制图章工具（S）
图案图章工具（S）
历史记录画笔工具（Y）
历史记录艺术画笔工具（Y）
橡皮擦工具（E）
背景橡皮擦工具（E）
魔术橡皮擦工具（E）
渐变工具（G）
油漆桶工具（G）
减淡工具（O）
加深工具（O）
海绵工具（O）
钢笔工具（P）
自由钢笔工具（P）
磁性钢笔工具（P）
弯度钢笔工具（P）
内容感知描摹工具（P）
横排文字工具（T）
直排文字工具（T）
横排文字蒙版工具（T）
直排文字蒙版工具（T）
路径选择工具（A）
直接选择工具（A）
矩形工具（U）
椭圆工具（U）
三角形工具（U）
多边形工具（U）
直线工具（U）
自定形状工具（U）
抓手工具（H）
旋转视图工具（R）
缩放工具（Z）
默认前景色/背景色（D）
前景色/背景色互换（X）
切换标准/快速蒙版模式（Q）
更改屏幕模式（F）

“文件”菜单
新建（Ctrl+N）
打开（Ctrl+O）
在 Bridge 中浏览（Alt+Ctrl+O）
打开为（Alt+Shift+Ctrl+O）
关闭（Ctrl+W）
关闭全部（Alt+Ctrl+W）
关闭其他（Alt+Ctrl+P）
关闭并转到 Bridge（Shift+Ctrl+W）
存储（Ctrl+S）
存储为（Shift+Ctrl+S）
存储副本（Alt+Ctrl+S）
恢复（F12）
打印（Ctrl+P）
打印一份（Alt+Shift+Ctrl+P）
退出（Ctrl+Q）

“编辑”菜单
还原（Ctrl+Z）
重做（Shift+Ctrl+Z）
切换最终状态（Alt+Ctrl+Z）
渐隐（Shift+Ctrl+F）
剪切（Ctrl+X）
拷贝（Ctrl+C）
合并拷贝（Shift+Ctrl+C）
粘贴（Ctrl+V）
选择性粘贴>原位粘贴（Shift+Ctrl+V）
选择性粘贴>贴入（Alt+Shift+Ctrl+V）
搜索（Ctrl+F）
填充（Shift+F5）
内容识别缩放（Alt+Shift+Ctrl+C）
自由变换（Ctrl+T）
颜色设置（Shift+Ctrl+K）
键盘快捷键（Alt+Shift+Ctrl+K）
菜单（Alt+Shift+Ctrl+M）

“图像”菜单
调整>色阶（Ctrl+L）
调整>曲线（Ctrl+M）
调整>色相/饱和度（Ctrl+U）
调整>色彩平衡（Ctrl+B）
调整>黑白（Alt+Shift+Ctrl+B）
调整>反相（Ctrl+I）
调整>去色（Shift+Ctrl+U）
自动色调（Shift+Ctrl+L）
自动对比度（Alt+Shift+Ctrl+L）
自动颜色（Shift+Ctrl+B）
图像大小（Alt+Ctrl+I）
画布大小（Alt+Ctrl+C）

“图层”菜单
新建>图层（Shift+Ctrl+N）
新建>通过拷贝的图层（Ctrl+J）
新建>通过剪切的图层（Shift+Ctrl+J）
快速导出为PNG（Shift+Ctrl+'）
导出为（Alt+Shift+Ctrl+'）
创建剪贴蒙版（Alt+Ctrl+G）
图层编组（Ctrl+G）
取消图层编组（Shift+Ctrl+G）
取消画板编组（Shift+Ctrl+G）
向下合并（Ctrl+E）
合并可见图层（Shift+Ctrl+E）

“选择”菜单
全部（Ctrl+A）
取消选择（Ctrl+D）
重新选择（Shift+Ctrl+D）
反选（Shift+Ctrl+I）
所有图层（Alt+Ctrl+A）
查找图层（Alt+Shift+Ctrl+F）
选择并遮住（Alt+Ctrl+R）
修改>羽化（Shift+F6）

“视图”菜单
校样颜色（Ctrl+Y）
色域警告（Shift+Ctrl+Y）
放大（Ctrl++）
缩小（Ctrl+–）
按屏幕大小缩放（Ctrl+0）
100%（Ctrl+1）/200%
显示额外内容（Ctrl+H）
显示>目标路径（Shift+Ctrl+H）
显示>网格（Ctrl+'）
显示>参考线（Ctrl+；）
标尺（Ctrl+R）
对齐（Shift+Ctrl+;）
锁定参考线（Alt+Ctrl+;）

“滤镜”菜单
上次滤镜操作（Alt+Ctrl+F）
自适应广角（Alt+Shift+Ctrl+A）
Camera Raw滤镜（Shift+Ctrl+A）
镜头校正（Shift+Ctrl+R）
液化（Shift+Ctrl+X）
消失点（Alt+Ctrl+V）

面板
动作（Alt+F9）
画笔设置（F5）
图层（F7）
信息（F8）
颜色（F6）

图9-158　图9-159

05 打开“渐变”面板。单击“彩虹色”渐变组中的渐变，如图9-160所示，创建填充图层。设置混合模式为“柔光”，如图9-161和图9-162所示。

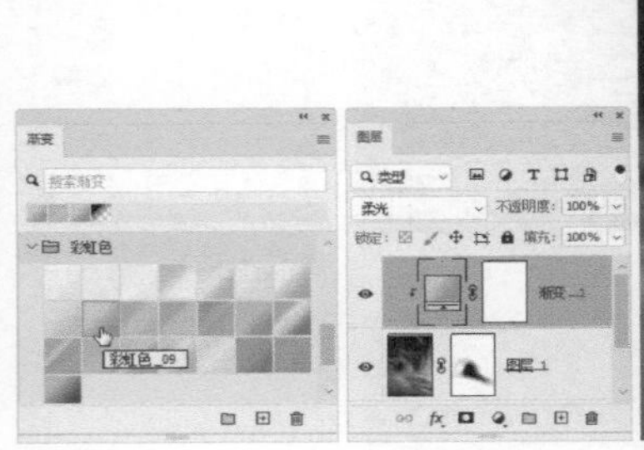

图9-160　图9-161　图9-162

“路径模糊”滤镜选项

- 速度/终点速度：“速度”选项决定了所有路径的模糊量。如果要单独调整一条路径，可单击该路径上的控制点，如图9-163所示，之后在“终点速度”选项中进行设置，如图9-164和图9-165所示。

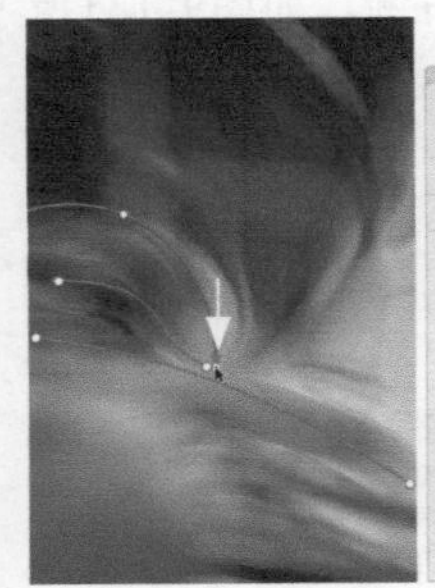
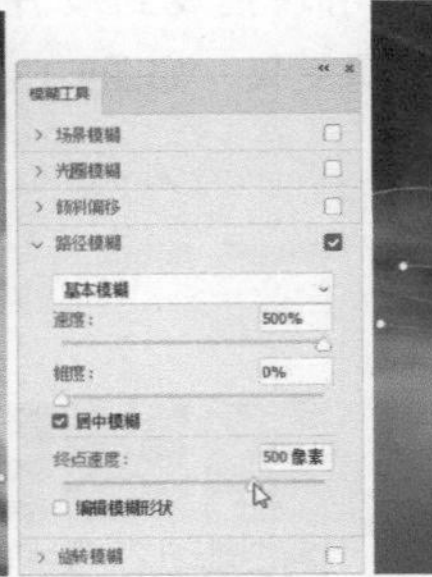
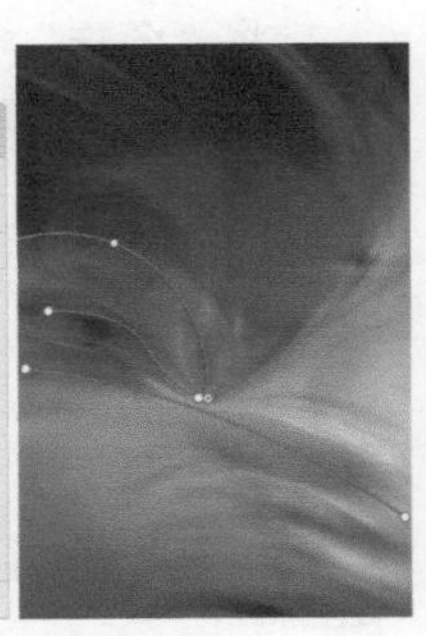

图9-163　图9-164　图9-165

- 锥度：其值较高时会使模糊逐渐减弱。
- 居中模糊：以任何像素的模糊形状为中心创建稳定的模糊。如果要生成更有导向性的运动模糊效果，就不要勾选该选项。效果如图9-166所示。
- 编辑模糊形状：勾选该选项，或双击路径上的一个控制点，可以显示模糊形状参考线（红色），如图9-167所示。按住Ctrl键并单击一个控制点，则可将其模糊形状参考线的效果减为0，如图9-168所示。

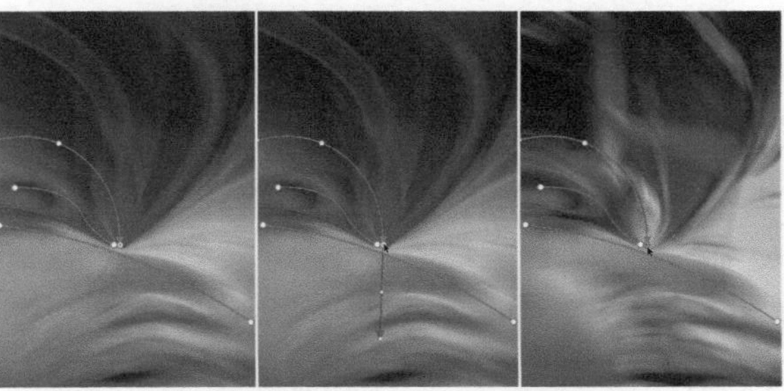

图9-166　图9-167　图9-168

- 编辑控制点：按住Alt键并单击路径上的曲线控制点，可将其转换为角点，如图9-169和图9-170所示；按住Alt键并单击角点，可将其转换为曲线点；按住Ctrl键并拖曳路径，可以移动路径；如果同时按住Alt+Ctrl键，则可复制路径；单击路径的一个端点，然后按Delete键，可删除路径。

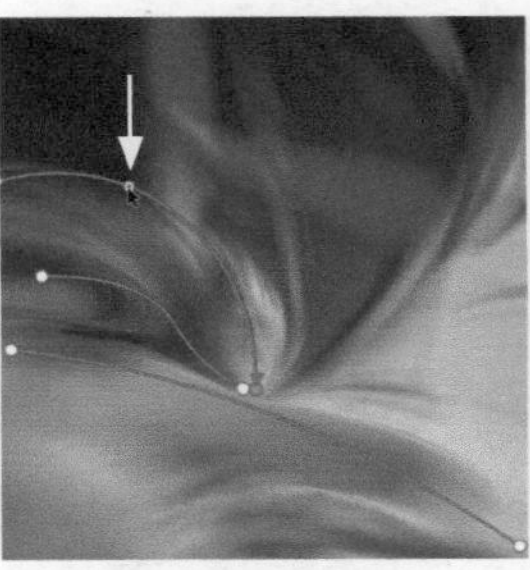
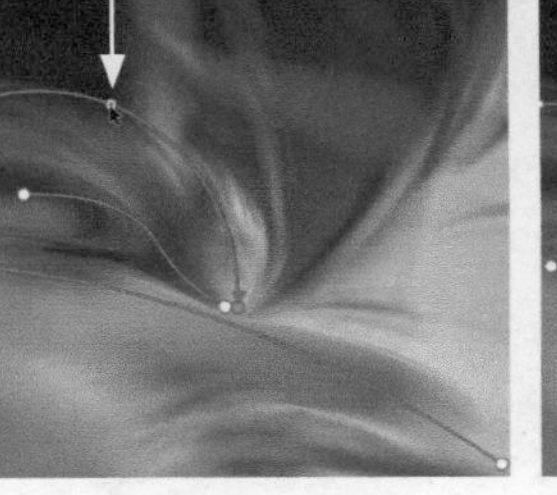

按住Alt键并单击控制点　转换为角点

图9-169　图9-170

9.6.5 实战：将场景变成模型

扫码看视频

移轴摄影是一种使用移轴镜头拍摄的作品，其效果就像缩微模型一样，非常特别。“移轴模糊”滤镜可以模拟这种特效，如图9-171所示。

图9-171

01 执行“滤镜>模糊画廊>移轴模糊”命令，显示控件。向上拖曳图钉，定位图像中最清晰的点，如图9-172所示。直线范围内是清晰区域，直线到虚线间是由清晰到模糊的过渡区域，虚线外是模糊区域。拖曳直线和虚线调整范围，如图9-173所示。

02 调整模糊参数，如图9-174所示，按Enter键确认。单击“调整”面板中的 ▦ 按钮，创建“颜色查找”调整图层，选择一个预设的调整文件，如图9-175所示，效果如图9-176所示。

图9-172

图9-173

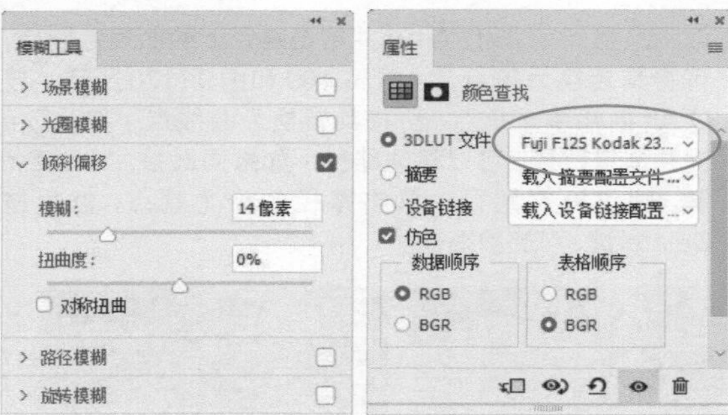

图9-174　　图9-175

图9-176

“移轴模糊”滤镜选项

- **模糊：** 用来设置模糊强度。
- **扭曲度：** 用来控制模糊扭曲的形状。
- **对称扭曲：** 勾选该选项后，可以从两个方向应用扭曲。

9.6.6

实战：利用神经网络滤镜打造四时风光

Neural Filters（神经网络）滤镜包含一个风景混合器，可以增强风光照的视觉效果，让四季更加分明，甚至能转换季节，如图9-177所示。要提醒的是，该滤镜需要从云端下载才能使用。

扫 码 看 视 频

01 打开素材，如图9-178所示。执行“滤镜>Neural Filters”命令，切换到这一工作区。开启“风景混合器”功能，单击第1个预设，创建冬季雪景，如图9-179和图9-180所示。

图9-177

图9-178

图9-179

图9-180

02 将“冬季”滑块拖曳到最右侧，如图9-181所示，增加雪量效果，如图9-182所示。

图9-181

图9-182

9.6.7

实战：替换天空

01 打开图片素材，如图9-183所示。执行“编辑>天空替换”命令，弹出“天空替换”面板。

扫码看视频

图9-183

02 在“天空”下拉列表中选取合适的天空图像并调整参数，替换现有天空，如图9-184和图9-185所示。

图9-184

图9-185

技术看板　下载天空图像

单击⚙.按钮打开下拉菜单，执行“获取更多天空”命令，可以从Adobe Discover网站下载更多天空图像或天空预设。执行“创建新天空组”命令，可以将经常使用的天空图像创建成一组新预设。

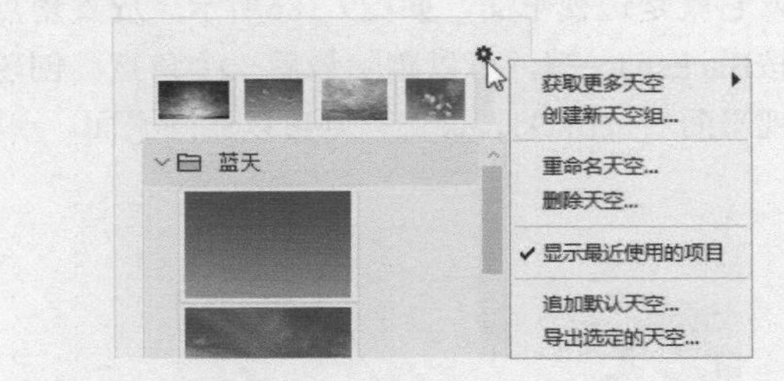

天空替换工具和选项

- 天空移动工具✥：可以移动天空图像。
- 天空画笔🖌：在天空图像上涂抹，可以扩展或缩小天空区域。
- 移动边缘：确定天空图像和原始图像之间边界的开始位置。
- 渐隐边缘：设置天空图像和原始照片相接处的渐隐或羽化量。
- 亮度/色温：可以调整天空图像的亮度或者让天空颜色变暖或变冷。
- 缩放/翻转：可以调整天空图像的大小或对其进行翻转。
- 光照模式：确定用于光照调整的混合模式。
- 光照调整：使原始图像变亮或变暗以与天空混合。
- 颜色调整：调整前景与天空颜色的协调度。
- 输出到：可以选择将修改结果存放在新图层或复制的图层上。

在透视空间中编辑照片

“消失点”滤镜可以在包含透视平面（如建筑物侧面或任何矩形对象）的图像中进行透视编辑，即绘画、复制、粘贴，而且变换图像时，Photoshop能将对象调整到透视平面中，使符合透视要求，因而效果更加真实。

9.7.1 透视平面

怎样创建透视平面

打开素材，执行“滤镜>消失点”命令，打开“消失点”对话框。使用创建平面工具 在图像上单击，确定平面的4个角点，进而得到一个矩形网格图形，它就是透视平面，如图9-186所示。放置角点时，按Backspace键，可以删除最后一个角点。创建好透视平面后按Backspace键，则可以删除平面。

图9-186

要想让“消失点”滤镜发挥作用，透视平面必须准确才行，这样之后的复制、修复等操作才能依照正确的透视关系发生扭曲。创建透视平面时，在图像中有直线的区域，尤其是矩形，如门、窗、建筑立面、向远处延伸的道路等更易体现透视关系的地方放置角点最好。Photoshop会给透视平面（网格）赋予蓝色、黄色和红色，以示提醒。蓝色是有效透视平面；黄色是无效透视平面，如图9-187所示，虽然可以操作，但不能确保产生准确的透视效果；红色则是完全无效的透视平面，如图9-188所示，在这种状态下，Photoshop无法计算平面的长宽比。

当透视平面颜色变为黄色或红色时，就要使用编辑平面工具 拖曳角点，进行移动，如图9-189所示，使网格变为蓝色，再进行后续操作。但蓝色网格也不一定必然产生正确的透视结果，还须确保外框和网格与图像中的几何元素或平面区域精确对齐才行。

图9-187

图9-188

图9-189

创建透视平面后，拖曳定界框中间的控制点，可拉伸透视平面，如图9-190所示。按住Ctrl键并拖曳鼠标，还可以拉出新的透视平面，如图9-191所示。新平面可以调整角度，操作方法是按住Alt键并拖曳定界框中间的控制点，如图9-192所示，或者在“角度”文本框中输入数值。将鼠标指针放在网格内进行拖曳，则可移动整个透视平面。如果想修改网格间距，可在“网格大小”选项中进行调整。

图9-190

图9-191

图9-192

工具

- 编辑平面工具：用来选择、编辑、移动平面，调整平面的大小。此外，选择该工具后，可以在对话框顶部输入“网格大小”值，调整透视平面网格的间距。
- 创建平面工具：使用该工具可以定义透视平面的4个角点，调整平面的大小和形状并拖出新的平面。在定义透视平面的角点时，如果角点的位置不正确，可以按Backspace键，将该角点删除。
- 选框工具：可创建正方形或矩形选区，同时移动或复制选区内的图像。
- 仿制图章工具：使用该工具时，按住 Alt 键并在图像中单击可以设置取样点，在其他区域拖曳鼠标可复制图像；在某一点单击，然后按住Shift键并在另一点单击，可以在透视平面中绘制出一条直线。
- 画笔工具：可以在图像上绘制选定的颜色。
- 变换工具：使用该工具时，可以通过拖曳定界框的控制点来缩放、旋转和移动浮动选区，就类似于在矩形选区上使用“自由变换”命令。
- 吸管工具：可以拾取图像中的颜色作为画笔工具的绘画颜色。
- 测量工具：可以在透视平面中测量项目的距离和角度。

9.7.2 在“消失点”滤镜中修复图像

打开素材，创建正确的透视平面后，如图9-193所示，选择“消失点”对话框中的仿制图章工具，按住Alt键并单击，可以对图像进行取样，如图9-194所示。取样后，放开Alt键，在需要修复的位置拖曳鼠标，Photoshop会自动匹配图像，使其衔接效果自然、真实，如图9-195和图9-196所示。可以看到，通过“消失点”滤镜修复图像时，与使用Photoshop的仿制图章工具的方法大致相同，只是先要创建透视平面。

图9-193

图9-194

图9-195

图9-196

9.7.3 在"消失点"滤镜中绘画

使用"消失点"滤镜中的画笔工具时，只要将"修复"设置为"关"，就可以像使用Photoshop中的画笔工具那样在图像上绘制色彩，如图9-197所示。

图9-197

绘画前需要预先设置颜色，可单击"画笔颜色"右侧的颜色块，打开"拾色器"对话框设置；也可使用吸管工具拾取图像中的颜色。画笔大小可以通过] 键和 [键来调整；画笔硬度可以用Shift+]和Shift+[快捷键进行调整。

9.7.4 实战：在"消失点"滤镜中使用选区

"消失点"滤镜中的选区可选取图像、限定仿制图章工具和画笔工具的操作范围，除此之外并无其他用途。但在消失点这个特殊空间里，不管跨越几个透视平面，选区都会依照透视平面变形。

01 打开素材。执行"滤镜>消失点"命令。选择创建平面工具，创建透视平面，如图9-198所示。

图9-198

02 使用选框工具创建选区，如图9-199所示。按住Alt键并拖曳选区内的图像，进行复制。这与Photoshop中用移动工具复制选区内的图像方法一样，但由于是消失点中的操作，图像会呈现透视扭曲。采用这种方法向上复制几组图像，便可增加楼的高度，如图9-200所示。

图9-199

图9-200

03 按几次Ctrl+Z快捷键，依次向前撤销，恢复选区状态，如图9-201所示。将鼠标指针放在选区内，按住Ctrl键并向上拖曳，可以将鼠标指针选定的图像复制到选区内，如图9-202所示。

图9-201

图9-202

选框工具选项栏

使用选框工具时，“消失点”对话框顶部的选项栏中会显示图9-203所示的选项。

羽化: 1	不透明度: 100	修复: 关	移动模式: 目标

图9-203

- 羽化：可以对选区进行羽化。
- 不透明度：可设置所选图像的透明度，它只在选取图像并进行拖曳时有效。例如，“不透明度”为100%时所选图像会完全遮盖下层图像；低于100%，所选图像会呈现透明效果。按Ctrl+D快捷键或在选区外部单击，可以取消选区。
- 修复：使用选区来移动图像内容时，可在该下拉列表中选取一种混合模式，来定义选区的像素与周围图像的像素的混合方式。选择“关”选项，选区将不会与周围像素的颜色、阴影和纹理混合；选择“明亮度”选项，可将选区与周围像素的光照混合；选择“开”选项，可将选区与周围像素的颜色、光照和阴影混合。
- 移动模式：下拉列表中包含“目标”和“源”两个选项，它们与修补工具的选项的作用相同。因此，在消失点中，选框工具可以像修补工具一样复制图像。选择“目标”选项，将鼠标指针放在选区内，拖曳鼠标，即可复制图像；选择“源”选项，则用鼠标指针下方的图像填充选区。

9.7.5
实战：在“消失点”滤镜中粘贴和变换海报

扫码看视频

01 打开素材，如图9-204和图9-205所示。将鞋子海报设置为当前文件，按Ctrl+A快捷键全选，按Ctrl+C快捷键复制图像。

图9-204

图9-205

02 切换到另一个文件中。新建一个图层。打开“消失点”对话框，使用创建平面工具 创建透视平面，按住Ctrl键并拖曳左侧的角点，在侧面拉出网格平面，如图9-206所示。按Ctrl+V快捷键粘贴，图像会位于一个浮动的选区之中。按Ctrl+-快捷键将视图比例调小，如图9-207所示，选择变换工具 ，按住Shift键并拖曳定界框上的控制点，将图像等比缩小。按Ctrl++快捷键，将窗口的视图比例调大，如图9-208所示。

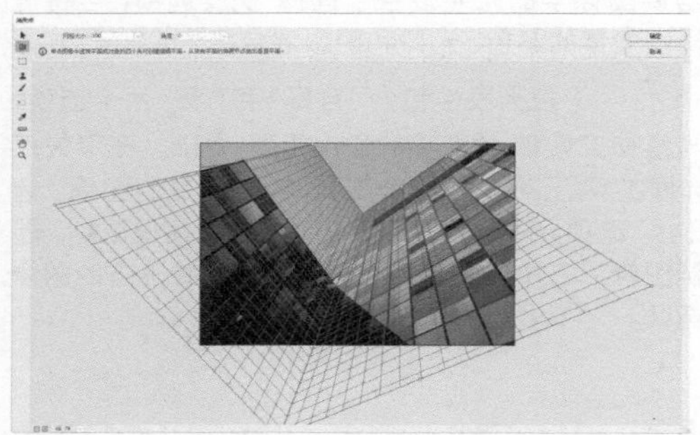

图9-206

图9-207

图9-208

03 使用变换工具 拖曳图像，可以在透视状态下对选区及其中的图像进行移动，如图9-209所示。按住Alt键并拖曳图像，则可将其复制到另一侧的透视网格上，按住Shift键并拖曳控制点，调一下大小，如图9-210所示。

图9-209

图9-210

04 单击“确定”按钮关闭对话框，图像会粘贴到新建的图层上，设置它的混合模式为“柔光”。按Ctrl+J快捷键复制，让图像效果更加清晰，如图9-211和图9-212所示。

图9-211

图9-212

使用Camera Raw编辑照片

Adobe Camera Raw（简称ACR）既是Photoshop中的滤镜，也可作为独立的软件使用。它能解释相机原始数据文件，并使用相机的信息及元数据来构建和处理图像。在影调和色彩调整方面，Camera Raw专业程度远远超过Photoshop。

9.8.1

实战：制作银盐法照片效果

下面的实战使用Camera Raw中的预设制作银盐法照片效果，从中还可学到RAW格式文件的存储方法。

01 在Photoshop中执行“文件>打开”命令，弹出“打开”对话框，选择RAW格式文件，单击“确定”按钮，运行Camera Raw并打开文件，如图9-213所示。

图9-213

——提示——

RAW格式文件（即相机原始数据）会直接记录感光元件上获取的信息，不进行任何调节和压缩，因此，相机捕获的所有数据，包括ISO、快门、光圈值、曝光度、白平衡等也都被记录下来。

02 单击预设按钮，显示预设选项卡，将鼠标指针悬停在预设上方，即可进行预览，单击图9-214所示的预设，将其应用于图像。

图9-214

03 继续添加预设，如图9-215所示。单击编辑按钮，在“基本”选项卡中将“曝光”值调高，如图9-216所示。展开“效果”选项卡，修改参数，如图9-217和图9-218所示。

04 单击按钮，如图9-219所示，打开“存储选项”对话框，将文件保存为DNG格式，如图9-220所示。单击“存储”按钮关闭对话框。

图9-215

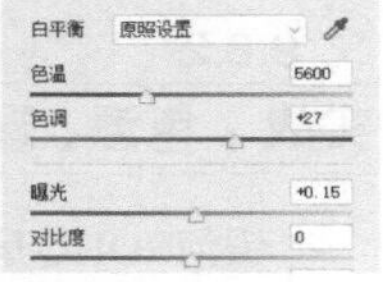

图9-216

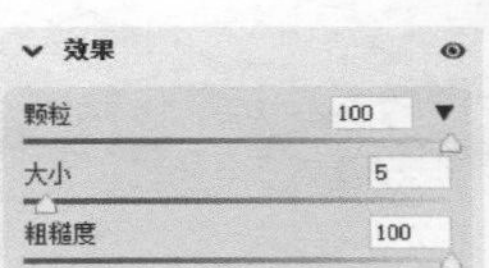

图9-217

图9-218

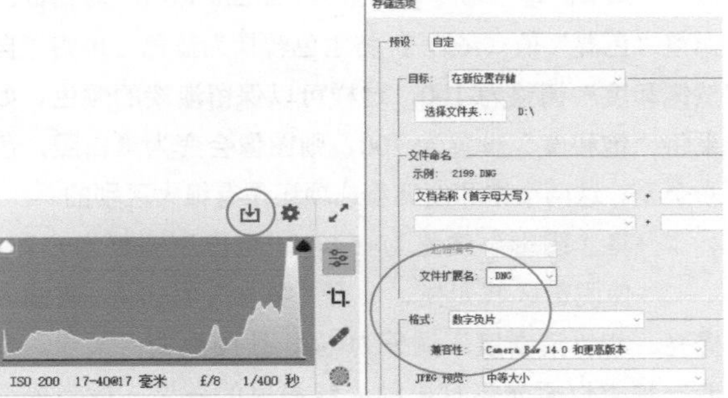

图9-219　图9-220

05 完成存储后，如果想在Photoshop中打开当前文件，可以单击“打开”按钮，文件将作为普通图像打开；按住Alt键并单击该按钮，可在不更新元数据的情况下打开它；按住Shift键并单击该按钮，可以将图像作为智能对象打开。如果无须在Photoshop中打开文件，可以单击“完成”按钮，应用修改并关闭Camera Raw。

——提示——

DNG格式会将文件的副本保存起来，这样原始文件不会被修改，而我们所做的编辑则存储在Camera Raw的数据库中，或作为元数据嵌入副本（DNG格

提示

式）文件中，或者存储在附属的 XMP 文件（相机原始数据文件附带的元数据文件）中。这意味着什么呢？也就是说，DNG格式可以像PSD格式那样，将所有编辑项目存储起来，因此，以后无论何时在Camera Raw中打开此文件，其中的参数可以重新设置，用工具所做的修改也可以继续编辑。

9.8.2
实战：色温、曝光和饱和度调整

扫码看视频

银河SOHO是解构主义大师扎哈·哈迪德的杰作，是一个充满未来感和科技感的建筑。不论观看建筑的外观，还是置身于它的内部，都能让人联想到神秘的外太空。这样一个前卫的建筑，浅灰蓝色应该非常符合它的气质，如图9-221所示。

图9-221

01 在Photoshop中打开照片。执行“滤镜>Camera Raw滤镜”命令，打开“Camera Raw”对话框。调整“色温”值（-63），将主色转换为蓝色，再将“自然饱和度”调整为-100，这样可以保留淡淡的颜色。如果将“饱和度”设置为-100，则图像会变为黑白照，色彩全无。这两个饱和度调整选项还是有很大区别的。

02 将“阴影”调整为+54，“黑色”调整为+32，使阴影区域变亮。设置“曝光”为+0.6，将画面提亮。将“清晰度”调整为-66，让画面变得柔和，营造一种类似柔光箱打出的光线漫射的效果。适当提高“对比度”（设置为+7），让清晰度恢复一些，如图9-222所示。

图9-222

9.8.3
实战：除雾霾

扫码看视频

大自然的美景是上天的恩赐，能否拍好，技术固然重要，好天气也是决定性因素。如果运气不好，遇上雾霾天，所有美景都会变得暗淡。Camera Raw里有专门的除雾功能，可以化腐朽为神奇，如图9-223所示。

图9-223

01 打开照片。执行“滤镜>Camera Raw滤镜”命令，打开“Camera Raw”对话框。设置“去除薄雾”值为+88，提升画面的清晰度，色彩和图像细节也得到了初步改善，如图9-224所示。

图9-224

提示

向左拖曳“去除薄雾”滑块，可以添加薄雾效果。

02 展开“曲线”选项卡。单击○按钮，曲线两端会显示控制点，拖曳它们，将其对齐到直方图的边缘，如图9-225所示。

图9-225

03 调整曲线以后，对比度增强了，色调更加清晰，但同时也出现了大量噪点。展开“细节”选项卡，进行降噪处理，如图9-226所示。

图9-226

04 选择污点去除工具，在黑点上单击，将污点清除，如图9-227所示。

图9-227

05 单击蒙版按钮，打开菜单，选择线性渐变工具，按住Shift键并拖曳鼠标，创建蒙版，之后调整“高光”“阴影”“黑色”参数，将中景的云和山调亮，如图9-228所示。

图9-228

06 在左上角创建蒙版，使用相同的参数，将此处调亮，如图9-229所示。

图9-229

9.8.4 实战：山居晨望（画笔工具修片）

扫码看视频

Camera Raw中的蒙版是直接画（涂抹）在图像上的，并不需要图层来承载。其画笔工具可以像Photoshop中的画笔工具一样绘制蒙版范围。本实战使用该工具及调整选项，将照片调整为画意摄影效果，如图9-230所示。

图9-230

01 打开素材。执行“图层>智能对象>转换为智能对象”命令，将图像转换为智能对象，再执行“滤镜>Camera Raw”命令，打开“Camera Raw”对话框。单击预设按钮，显示预设面板，在图9-231所示的预设上单击，为图像铺上一层淡淡的棕灰色基调，如图9-232所示。

图9-231 图9-232

02 单击蒙版按钮，打开菜单，单击画笔工具，使用它绘制蒙版，调整“饱和度”和“去除薄雾”参数，如图9-233和图9-234所示。

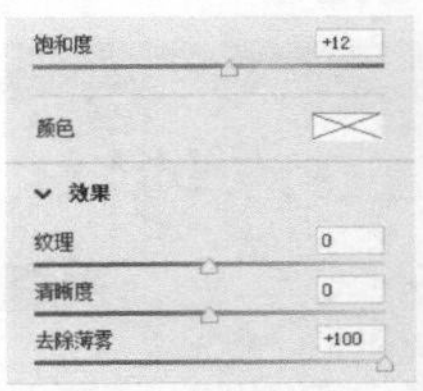

图9-233 图9-234

03 单击“减去”按钮，打开菜单，选择画笔工具，如图9-235所示。在图9-236所示的区域绘制蒙版，这里颜色太深了，从原有的蒙版中排除此处，便可让其恢复为调整前的效果，如图9-237所示。

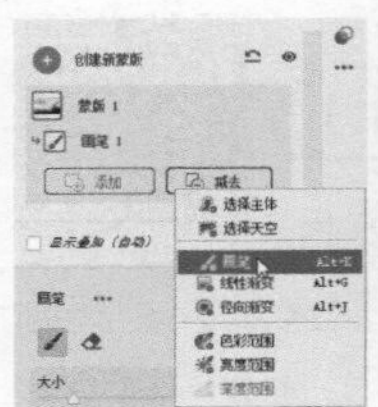

图9-235　　图9-236　　图9-237

04 单击蒙版按钮，打开菜单，选择画笔工具并绘制蒙版，如图9-238所示。提高“曝光”值，如图9-239所示，将此处调亮；提高“清晰度”值，进行锐化，如图9-240和图9-241所示。

图9-238　　图9-239

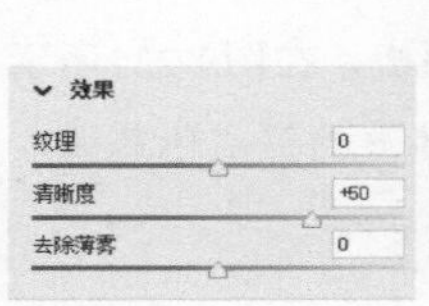

图9-240　　图9-241

05 采用同样的方法使用画笔工具再绘制一个蒙版，如图9-242和图9-243所示。将“饱和度”值调高，如图9-244和图9-245所示。

图9-242　　图9-243

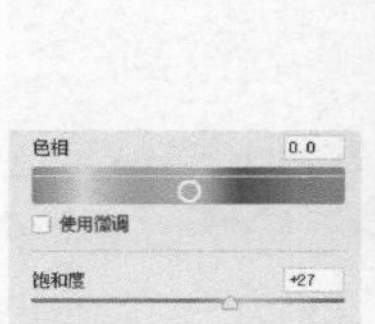

图9-244　　图9-245

9.8.5

实战：驼队暮归（亮度范围+颜色范围蒙版）

扫码看视频

亮度范围工具可基于图像的亮度变化，在特定的亮度区域创建蒙版。颜色范围工具则能轻松地将一种颜色用蒙版覆盖住。当需要针对某个亮度或某种颜色进行局部调整时，这两个工具比画笔工具更有针对性，使用也更方便。图9-246所示为本实战效果。

图9-246

01 打开素材。执行“图层>智能对象>转换为智能对象”命令，再执行“滤镜>Camera Raw”命令，打开“Camera Raw”对话框。单击蒙版按钮，打开菜单，单击亮度范围工具，在太阳左侧单击，建立亮度取样点。勾选“显示明亮度图”选项，在这种状态下，图像会变为黑白效果，而蒙版区域会覆盖一层宝石红色，此时拖曳滑块调整蒙版范围，如图9-247所示。

图9-247

02 取消“显示明亮度图”选项的勾选。将“色温”值设置为100，如图9-248所示。

03 单击蒙版按钮，打开菜单，单击色彩范围工具，在图9-249所示的位置单击，建立颜色取样点，设置参数如图9-250所示。

图9-248

图9-249

> 提示
>
> 单击蒙版按钮，打开菜单，菜单中还包含深度蒙版。深度范围蒙版仅适用于具有嵌入深度图信息的照片，如使用 Apple iPhone 7+、8+和X、XS、XS MAX，以及XR内置 iOS相机应用程序中的肖像模式拍摄的HEIC照片。

图9-250

04 单击蒙版按钮，打开菜单，选择线性渐变工具，按住Shift键并拖曳鼠标，创建蒙版，如图9-251所示。调整“曝光”和“饱和度”参数，将天空上部调暗，以增强空间感，如图9-252和图9-253所示。

图9-251

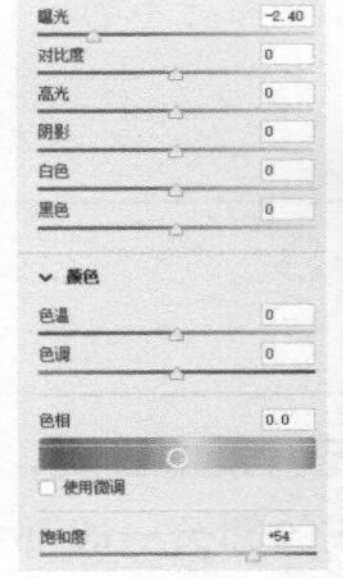

图9-252 图9-253

9.8.6 实战：乡间意趣（天空调整）

扫码看视频

01 打开照片素材，如图9-254所示。执行“滤镜>Camera Raw滤镜”命令，打开“Camera Raw”对话框，将“阴影”设置为83，让阴影区域的图像细节显现出来，如图9-255所示。

图9-254

图9-255

02 单击蒙版按钮，打开菜单，单击选择天空按钮，将天空选中并创建蒙版，如图9-256所示。

图9-256

03 调整“色温”和“饱和度”值，让天空更加蔚蓝，霞光颜色更加突出、温暖，如图9-257所示。

图9-257

抠图

很多工作需要使用无背景的素材，如广告页、商品宣传单、网页Banner、书籍封面、商品包装等，涉及合成的部分一般都会用到抠图技术。所谓抠图就是将图像从背景中分离出来。它包含两层意思：首先制作选区，将需要抠的对象选取；之后利用选区将所选图像分离到单独的图层上，或者使用蒙版将选区外的图像遮挡住。

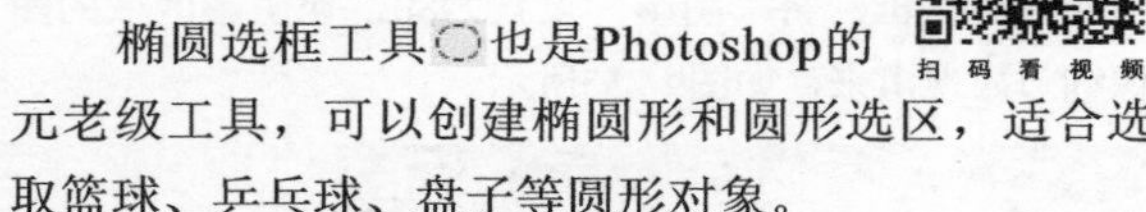

9.9.1 实战：抠唱片

椭圆选框工具也是Photoshop的元老级工具，可以创建椭圆形和圆形选区，适合选取篮球、乒乓球、盘子等圆形对象。

01 打开素材。选择椭圆选框工具，按住Shift键并拖曳鼠标创建圆形选区，选中唱片（可同时按住空格键移动选区，使选区与唱片对齐），如图9-258所示。

02 按住Alt键（进行减去运算）选取唱片中心的白色背景。这里还要用到一个技巧，就是按住Alt键并拖曳出选区后，再同时按住Shift键，就能创建圆形选区。松开鼠标按键，完成选区运算，如图9-259所示。

图9-258　图9-259

03 按Ctrl+J快捷键，抠出图像。单击“背景”图层左侧的眼睛图标，隐藏该图层，如图9-260和图9-261所示。

图9-260　图9-261

提示

椭圆选框工具也可以像矩形选框工具那样通过4种方法使用：拖曳鼠标创建椭圆形选区；按住Alt键并拖曳鼠标，以单击点为中心向外创建椭圆形选区；按住Shift键并拖曳鼠标，创建圆形选区；按住Shift+Alt键并拖曳鼠标，以单击点为中心向外创建圆形选区。

9.9.2 实战：通过变换选区的方法抠图

扫 码 看 视 频

前面学习了矩形和圆形对象的选取方法。然而，生活中很少有对象是这么标准的形状，更多的对象并不太方正，也不十分圆润。选取这样的对象时，需要对选区的大小、角度和位置作出调整。

01 打开素材，如图9-262所示。麦田圈是一个有点倾斜的椭圆形。使用椭圆选框工具先创建一个选区，将其基本框选住，如图9-263所示。

图9-262

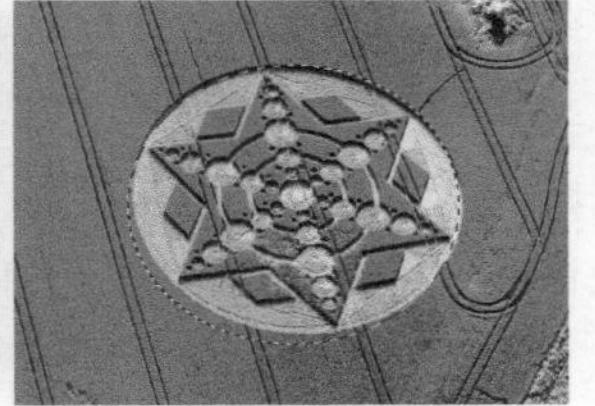
图9-263

02 执行“选择>变换选区”命令，此时选区上会显示定界框，拖曳控制点，进行旋转和拉伸，即可得到麦田圈的准确选区，如图9-264所示，按Enter键确认。

03 单击“图层”面板中的按钮创建蒙版，将选区外的图层隐藏，即可看到抠图效果，如图9-265所示。

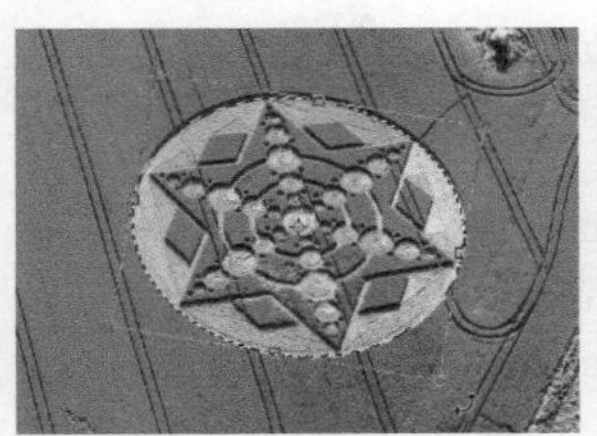
图9-264

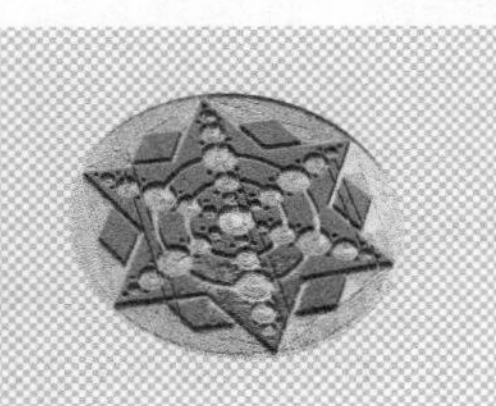
图9-265

提示

“变换选区”命令是专为选区配备的，操作时，选区内的图像不受影响。如果使用“编辑>变换”命令操作，则会同时对选区及选中的图像应用变换。

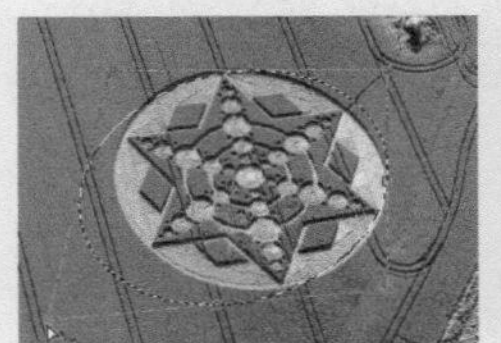
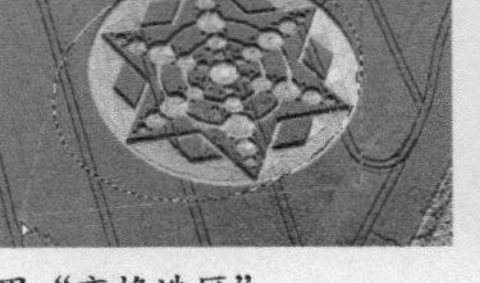
用“变换选区”命令扭曲选区

用“变换”命令扭曲选区和图像

9.9.3 实战：抠熊猫摆件

扫码看视频

磁性套索工具能自动检测和跟踪对象的边缘并创建选区。它就像哪吒手中的混天绫，扔出去便能将敌人捆绑住。如果对象边缘较为清晰，并且与背景色调对比明显，那么使用该工具可以快速选取对象。本实战使用该工具抠图，如图9-266所示。操作时可以通过快捷键转换工具，以提高效率。

图9-266

01 选择磁性套索工具并设置选项，如图9-267所示。将鼠标指针放在图9-268所示的位置，按住鼠标左键并紧贴熊猫边缘拖曳鼠标创建选区。Photoshop会在鼠标指针经过处放置一定数量的锚点来连接选区，如图9-269所示。

羽化：0像素 消除锯齿 宽度：10像素 对比度：5% 频率：11

图9-267

图9-268

图9-269

02 下面选取电话亭。按住Alt键并单击，切换为多边形套索工具，创建直线选区，如图9-270所示；放开Alt键并拖曳鼠标，切换回磁性套索工具，继续选取电话亭的弧形顶，如图9-271所示。

图9-270

图9-271

03 采用同样的方法创建选区，遇到直线边界就按住Alt键（切换为多边形套索工具）并单击，遇到曲线边界就放开Alt键并拖曳鼠标。图9-272所示为选区范围。

04 按住Alt键，在熊猫手臂与字母的空隙处创建选区，将此区域排除到选区之外，如图9-273所示。按Ctrl+J快捷键，将选中的图像复制到新的图层中，完成抠图。

图9-272

图9-273

9.9.4

实战：抠雪糕（对象选择工具）

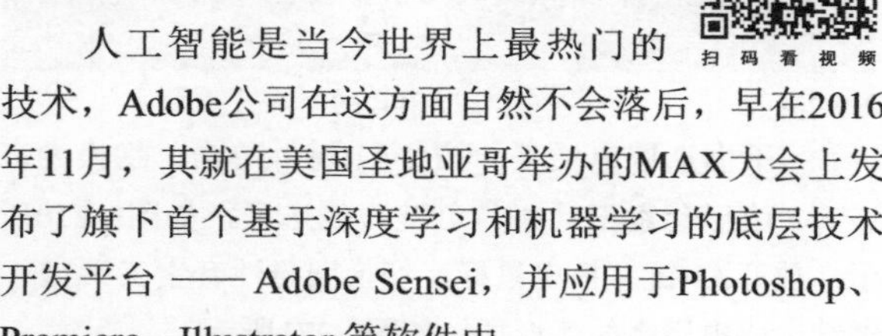

扫码看视频

人工智能是当今世界上最热门的技术，Adobe公司在这方面自然不会落后，早在2016年11月，其就在美国圣地亚哥举办的MAX大会上发布了旗下首个基于深度学习和机器学习的底层技术开发平台——Adobe Sensei，并应用于Photoshop、Premiere、Illustrator等软件中。

对象选择工具就是一个利用了Adobe Sensei技术的工具，它能让抠图变得更容易——只需在对象周围绘制矩形区域或类似于套索的选区范围，Photoshop就会自动选取其中的对象。该工具适合处理定义明确的对象，如人物、汽车、家具、宠物、衣服等。

01 打开素材，选择对象选择工具，勾选“对象查找程序”选项。将鼠标指针移动到雪糕上，检测到对象后，会在其上方覆盖蒙版，如图9-274所示。将鼠标指针移动到手上，并未显示蒙版，如图9-275所示，说明手没有被自动检测到。

02 在工具选项栏的“模式”下拉列表中选取“套索”选项，如图9-276所示。像使用套索工具一样围绕手和雪糕棍拖曳鼠标，如图9-277所示，松开鼠标左键后，即可将其选中，如图9-278所示。

图9-274

图9-275

☑ 对象查找程序　模式：套索　☐ 对所有图层取样　☑ 硬化边缘

图9-276

图9-277

图9-278

03 将鼠标指针移动到雪糕上，如图9-279所示，按住Shift键并单击，将其添加到选区中。单击按钮，添加图层蒙版，完成抠图，如图9-280所示。

图9-279

图9-280

9.9.5

实战：抠信鸽（魔棒工具+选区修改命令）

扫码看视频

魔棒工具的使用方法非常简单，在图像上单击，就会选择与单击点色调相似的像素。当背景颜色变化不大，需要选取的对象轮廓清楚，与背景色也有一定的差异时，用该工具抠图还是非常方便的，如图9-281所示。

图9-281

01 选择魔棒工具。背景颜色变化很小，“容差”使用默认的32即可。勾选“消除锯齿”选项，确保选区边界平滑。为避免选取鸽子深色与天空颜色接近的区域，还要勾选“连续”选项。在图9-282所示的蓝天上单击创建选区。

02 执行两遍“选择>扩大选取”命令，向外扩展选区，将漏选的蓝天完全包含到其中，如图9-283所示。按Shift+Ctrl+I快捷键反选，选中鸽子。

图9-282　图9-283

03 现在还不能抠图，先执行“选择>修改>收缩”命令，将选区向内收缩3像素，如图9-284所示，之后再单击按钮添加蒙版，将图像抠出来，如图9-285所示。在本实战中，收缩选区非常必要，如果不这样做，鸽子边缘会留有一圈天空颜色的边线，如图9-286所示（抠图后放在红色背景上更易观察）。排除这圈蓝边的最简单办法，就是把选区稍微缩小一点，抠图效果如图9-287所示。

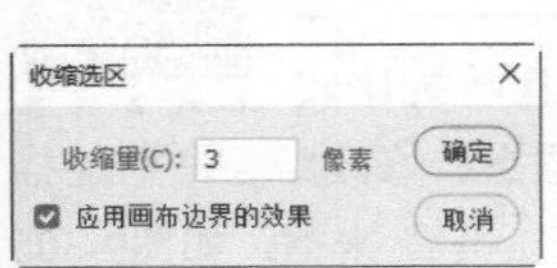

图9-284　图9-285

图9-286　图9-287

9.9.6

实战：抠竹篮（内容感知描摹工具）

内容感知描摹工具可以识别对象的边缘，并且支持预览及调整路径的范围。本实战使用该工具抠竹篮，如图9-288所示。

图9-288

01 执行“编辑>首选项>技术预览”命令，打开“首选项”对话框，勾选“启用内容感知描摹工具”选项，如图9-289所示。关闭该对话框并重启Photoshop，这样才能显示内容感知描摹工具。

首选项

常规	技术预览
界面	☑ 使用修改键调板
工作区	☑ 启用保留细节 2.0 放大
工具	☑ 启用内容感知描摹工具
历史记录	

图9-289

02 打开素材。选择内容感知描摹工具。单击“细节”选项右侧的按钮，显示滑块并进行拖曳，调整边缘的检测量，同时观察图像，画面中的蓝色线条代表了路径，当竹篮外轮廓被路径包围时便可放开鼠标左键，如图9-290和图9-291所示。

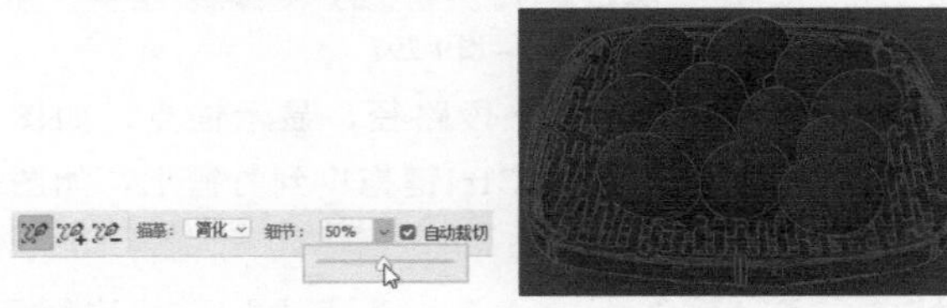

图9-290　图9-291

03 将鼠标指针移动到竹篮边缘，检测到的边缘会高亮显示，如图9-292所示。单击高亮部分，创建路径，如图9-293所示。继续创建路径，如图9-294和图9-295所示。

图9-292　图9-293

图9-294

图9-295

提示

在“描摹”下拉列表中选择要检测的边缘类型（包括“详细”“正常”和“简化”），可以在处理描摹之前调整图像的细节化或纹理化程度。

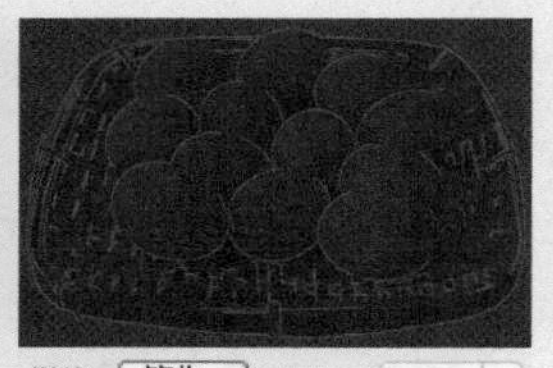

04 有两条路径断开了，需要连接上。连接之前先删除多余的路径段。按住Alt键，在图9-296所示的两段路径上单击，将它们删除，如图9-297所示。也可沿路径拖曳鼠标进行删除。

图9-296

图9-297

05 按住Ctrl键单击上段路径，显示锚点，如图9-298所示。按住Ctrl键拖曳到竹篮上，如图9-299所示。

图9-298

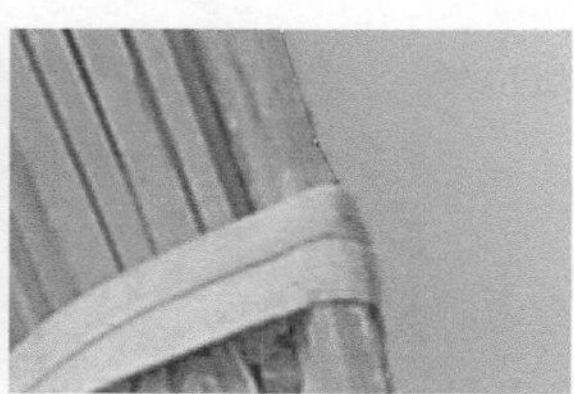
图9-299

06 放开Ctrl键，下面来连接路径。将鼠标指针移动到断开处，按住Shift键，出现粉红线时，如图9-300所示，单击进行连接，如图9-301所示。

图9-300

图9-301

07 采用同样的方法创建路径。在连接底部路径时，需要将“细节”值提高，否则检测不到边缘，如图9-302和图9-303所示。将路径封闭。

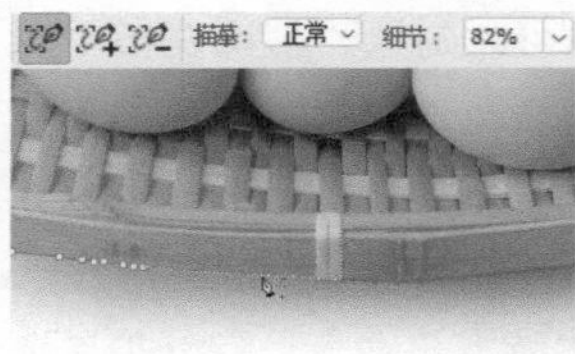

图9-302

图9-303

08 按Ctrl+Enter快捷键，将路径转换为选区。选择魔棒工具，设置“容差”值为32，按住Alt键在竹篮空隙单击，将空隙从现有选区中排除出去，如图9-304所示。单击“图层”面板中的按钮抠图。

图9-304

9.9.7 实战：抠瓷器工艺品（钢笔工具）

扫码看视频

如果遇到外形复杂，且转折比较大的轮廓，需要不断移动锚点、修改路径，才能描绘准确。此类对象可以钢笔工具来抠，如图9-305所示。与其他抠图工具相比，钢笔工具绘制的路径转换出来的选区最明确，边缘也较为光滑，抠出的图像可以满足大画幅、高品质印刷要求。需要说明的是，钢笔工具是矢量工具，学完“第11章 路径与UI设计”之后再做本实战会更容易操作。

01 打开素材。选择钢笔工具，在工具选项栏中选取“路径”选项，并单击合并形状按钮，如图

9-306所示。按Ctrl++快捷键，放大窗口的显示比例。在脸部与脖子的转折处向上拖曳鼠标，创建一个平滑点，如图9-307所示。在其上方拖曳鼠标，生成第2个平滑点，如图9-308所示。

图9-305

图9-306 图9-307 图9-308

02 在发髻底部创建第3个平滑点，如图9-309所示。由于此处的轮廓出现了转折，需要按住Alt键并在该锚点上单击一下，将其转换为只有一个方向线的角点，如图9-310所示，这样在绘制下段路径时就可以转折了。继续在发髻顶部创建路径，如图9-311所示。

图9-309

图9-310

图9-311

03 外轮廓绘制完成后，在路径的起点上单击，将路径封闭，如图9-312所示。下面进行路径运算，单击排除重叠形状按钮，如图9-313所示，在两只胳膊的空隙处绘制路径，把这两处图像排除出去，如图9-314和图9-315所示。

图9-312

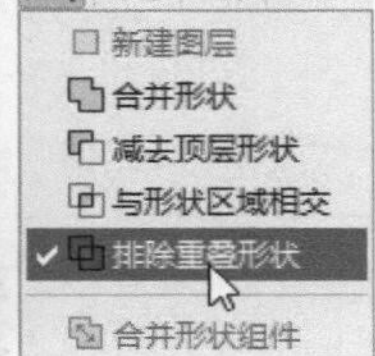

图9-313

图9-314

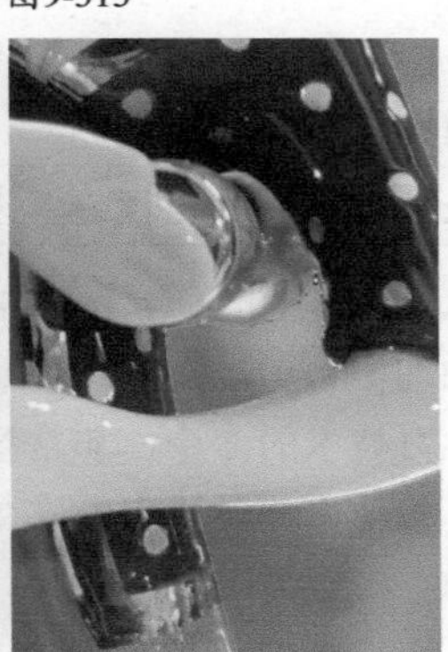
图9-315

提示

如果锚点偏离轮廓，可以按住Ctrl键，切换为直接选择工具，将其拖回到轮廓上。使用钢笔工具抠图时，最好通过快捷键来切换直接选择工具（按住Ctrl键）和转换点工具（按住Alt键），在绘制路径的同时便可对其进行调整。此外，还可以适时按Ctrl++快捷键和Ctrl+−快捷键放大、缩小视图比例，按住空格键可以移动画面，以便观察细节。

04 按Ctrl+Enter快捷键，将路径转换为选区，如图9-316所示。按Ctrl+J快捷键将图像抠出来，如图9-317所示。隐藏“背景”图层，图9-318所示为将抠出的图像放在新背景上的效果。

图9-316

图9-317

图9-318

9.9.8

实战：用人工智能技术抠鹦鹉

扫码看视频

本实战使用"主体"命令抠鹦鹉，如图9-319所示。"主体"是一个基于先进的机器学习技术的命令，非常智能，甚至会"自我学习"。就是说，使用它的次数越多，它的识别能力就越强。用它抠人像、动物、车辆、玩具等，效果都不错。

图9-319

01 执行"选择>主体"命令，只需等待1~2秒，便可选中鹦鹉。相比快速选择工具、对象选择工具等，在时间和选择精度上，"主体"命令都不逊色。但其创建的选区还不完美，其中有漏选的区域，边缘也需要修饰。

02 执行"选择>选择并遮住"命令，切换到这一工作区。在"视图"下拉列表中选择"叠加"，选区外的图像上会覆盖一层红色。将不透明度调整为50%，降低颜色的覆盖力，让图像淡淡地显现出来，以便处理羽毛边缘，如图9-320和图9-321所示。

03 先使用快速选择工具将漏选的图像添加到选区中，如图9-322所示；再选择调整边缘画笔工具，将笔尖大小设置为10像素（也可用［键和］键调整），通过拖曳鼠标的方法处理羽毛边缘，将多余的背景抹掉，如图9-323和图9-324所示。鹦鹉嘴上部的白色边缘不整齐，用画笔工具修整，如图9-325所示。

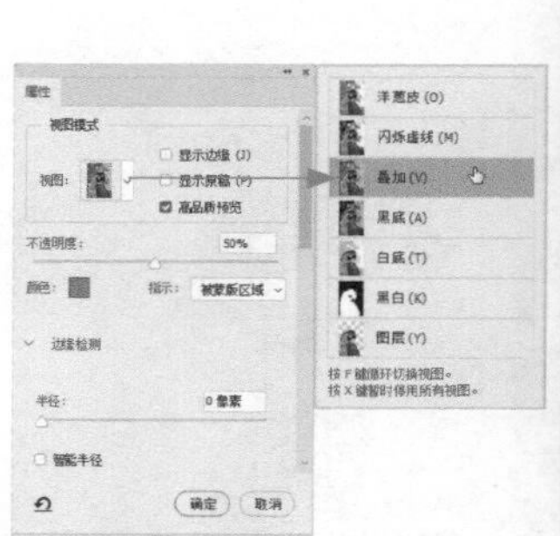

图9-320

图9-321

图9-322

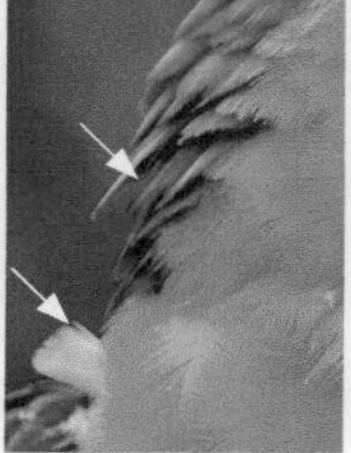

图9-323

图9-324

图9-325

04 选取"净化颜色"选项，以更好地清掉边缘的绿色背景色。在"输出到"下拉列表中选择"新建带有图层蒙版的图层"选项，如图9-326所示。按Enter键将图像抠出，如图9-327所示。

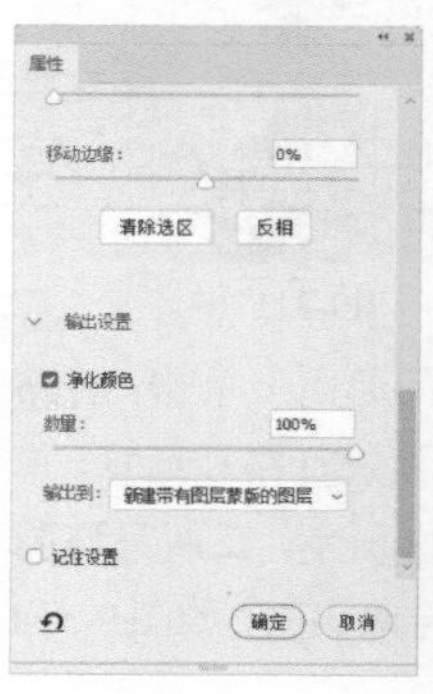

图9-326

图9-327

9.9.9

实战：抠透明冰雕（通道抠图）

扫码看视频

本实战抠透明冰雕，如图9-328所示。冰雕是无色的透明物体。什么工具能抠透明物体呢？“色彩范围”命令、“选择并遮住”命令、混合颜色带、快速蒙版和通道都可以，但通道是首选，因为它能调整选择程度，进而控制图像的透明度。一般抠此类图片时，先看一看通道的情况，能用通道抠，就不用考虑其他方法。

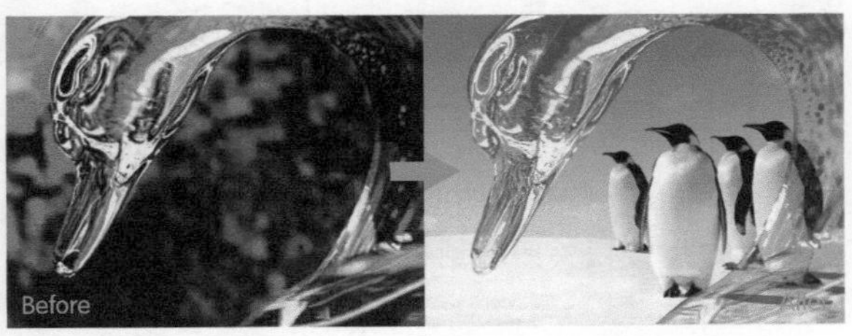

图9-328

01 打开素材，如图9-329所示。冰雕的表面光滑，造型也不复杂，适合使用钢笔工具 勾勒轮廓。冰雕内部的透明区域可以在通道中寻找解决办法。

02 冰雕与背景无论在颜色还是质感上都很接近，先查看一下通道中是否有清晰的轮廓。分别按Ctrl+3、Ctrl+4、Ctrl+5快捷键查看红、绿和蓝通道，如图9-330~图9-332所示。可以看到，绿通道中冰雕的轮廓最明显。

图9-329

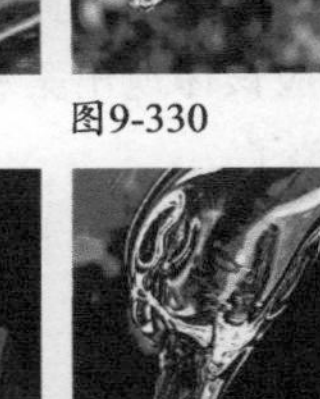

图9-330

图9-331

图9-332

03 单击“绿”通道。选择钢笔工具 及“路径”选项，绘制冰雕的轮廓，如图9-333所示。按Ctrl+Enter快捷键，将路径转换为选区，如图9-334所示。

04 执行“图像>计算”命令，打开“计算”对话框。设置“源1”的通道为“选区”，“源2”的通道为“红”，混合模式为“正片叠底”，结果为“新建通道”，如图9-335所示。

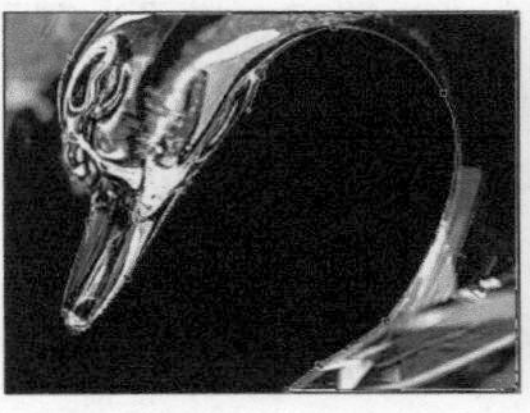

图9-333

图9-334

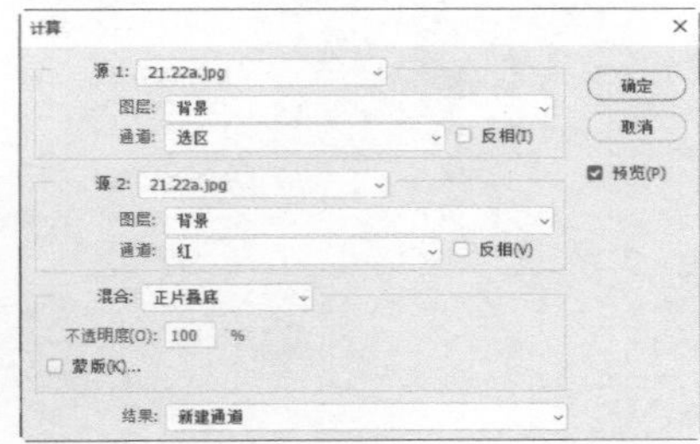

图9-335

05 单击“确定”按钮，将混合结果创建为一个新的Alpha通道，如图9-336所示。

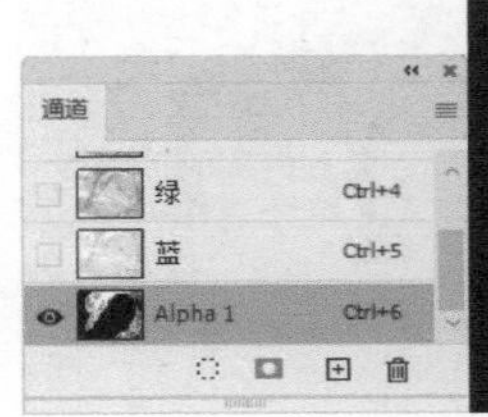

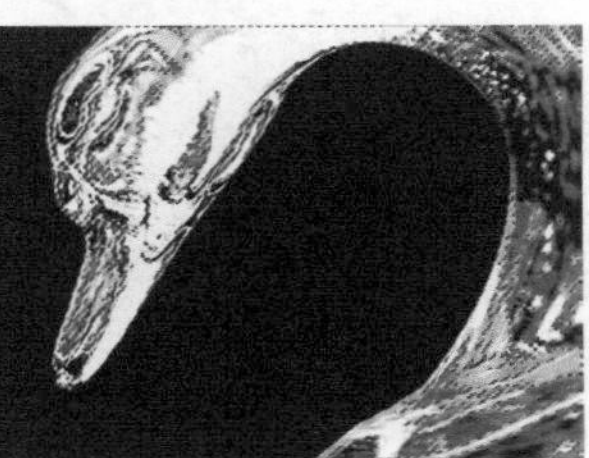

图9-336

> **提示**
>
> 红通道中的冰雕细节最丰富，因此，在“计算”命令中，用红通道与选区进行计算，而选区又将计算的范围限定在冰雕中，这样的话，冰雕以外的背景就不会参与计算，Photoshop会用黑色填充没有计算的区域，背景就变为了黑色。“正片叠底”模式使得通道内的图像变暗，在选取冰雕后，背景图像对冰雕的影响就会变小。

06 按住Alt键双击“背景”图层，将其转换为普通图层，它的名称会变为“图层0”，如图9-337所示。

图9-337

07 按住Ctrl键并单击Alpha1通道，从该通道中载入冰雕选区，单击“图层”面板中的 按钮，用蒙版遮盖背景，如图9-338所示。

08 新建一个图层，填充蓝色并设置混合模式为“颜色”，按Alt+Ctrl+G快捷键，创建剪贴蒙版。该模式可将当前图层的色相与饱和度应用到下面的冰雕中，且冰雕图像的亮度不变，这样既可为冰雕着色，又可利用蓝色突出冰雕晶莹的质感。图9-339所示为加入新背景的效果。

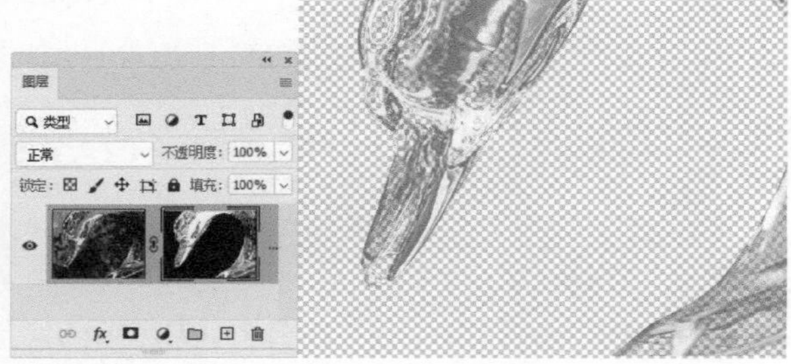
图9-338

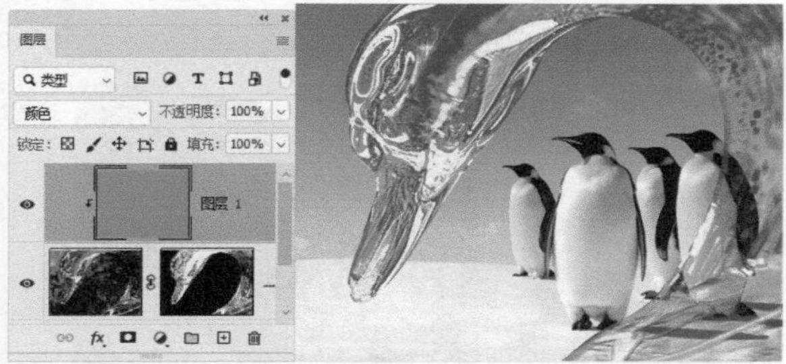
图9-339

9.9.10 实战：用“色彩范围”命令抠像

扫码看视频

01 打开素材。执行“选择>色彩范围”命令，打开“色彩范围”对话框。在文档窗口中的人物背景上单击，对颜色进行取样，如图9-340和图9-341所示。

图9-340

图9-341

02 单击添加到取样按钮，在右上角的背景区域内向下拖曳鼠标，如图9-342所示，将该区域的背景全部添加到选区中，如图9-343所示。从“色彩范围”对话框的预览区域中可以看到，背景全部变成了白色。

图9-342

图9-343

03 向左拖曳“颜色容差”滑块，让羽毛翅膀的边缘保留一些半透明的像素，如图9-344所示。单击“确定”按钮关闭对话框，选中背景，如图9-345所示。

图9-344

图9-345

04 执行“选择>反选”命令，将小女孩选中。图9-346所示为抠图效果。可以看到，图像边缘有一圈蓝边，并呈现半透明效果，这是原背景的颜色，虽然是刻意保留的，但仍然不美观，似乎抠图不彻底。其实不然，因为这一圈蓝色是羽毛、小女孩头发的边缘部分，是应该体现出柔和效果的，只要将蓝色去除，效果就完美了。

图9-346

05 打开素材，使用移动工具将小女孩拖入素材中，如图9-347所示。执行“图层>图层样式>

内发光”命令，打开“图层样式”对话框，为小女孩添加“内发光”效果，让发光颜色盖住图像边界的蓝色，如图9-348和图9-349所示。

图9-347

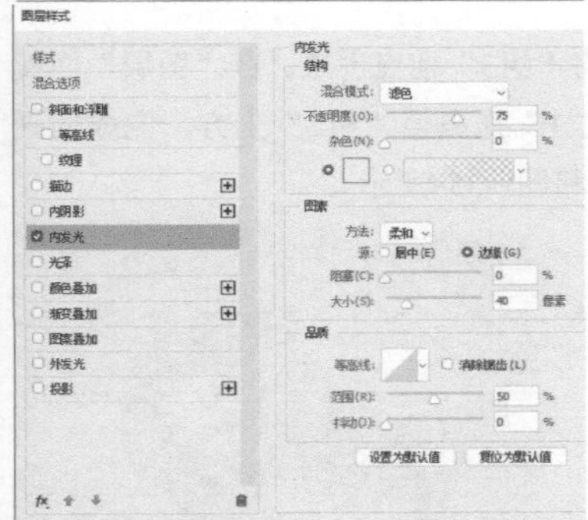

图9-348

图9-349

9.9.11 实战：用“选择并遮住”命令抠像

扫码看视频

01 打开素材。执行“选择>主体”命令，创建选区，将人物选中，如图9-350所示。

02 仔细观察选区，可以发现由于拍摄时清晰范围的限制，使距离焦点较远的右肘部有些模糊，同时其颜色又与背景色接近，所以没有完全被选取。头发的发梢部分也要进一步细化。选择快速选择工具，在工具选项栏中单击添加到选区按钮，在人物的右肘部拖曳鼠标，将漏选的部分添加到选区内；单击从选区减去按钮，在腰部拖曳鼠标，将其从选区中排除，如图9-351所示。

图9-350

图9-351

03 单击工具选项栏中的“选择并遮住”按钮，切换到这一工作区。将视图模式设置为“叠加”，以便能更好地观察选区细节。勾选“智能半径”选项，设置“半径”为92像素，使发丝部分尽量多地被选取到，如图9-352所示。勾选“净化颜色”选项，并设置“数量”为100%，如图9-353所示。头顶及胳膊上有少许漏选的区域（呈现红色的部分），可使用快速选择工具涂抹，将其添加到选区内，如图9-354所示。

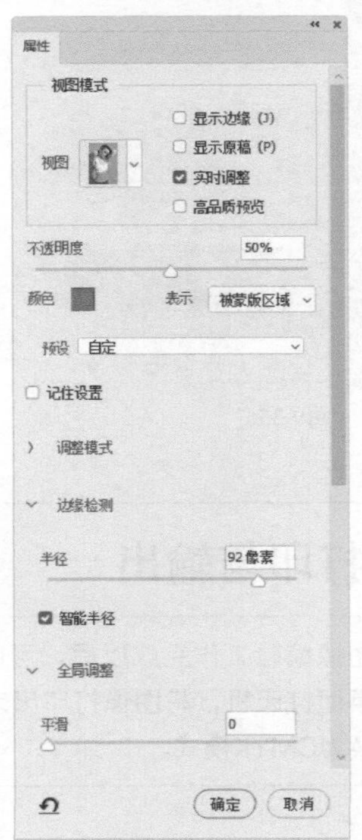

图9-352

图9-353

图9-354

04 选择画笔工具🖌，在工具选项栏中单击从选区减去按钮⊖，在背心底边上拖曳鼠标，将这部分区域排除到选区外，如图9-355所示。在“输出到”下拉列表中选择“新建带有图层蒙版的图层”。按Enter键进行抠图，如图9-356和图9-357所示。

图9-355

图9-356

图9-357

05 打开素材，将“组3”拖曳进来。在“图层”面板中，将“图层1”拖曳至“组2”上方，完成插画的制作，如图9-358和图9-359所示。

图9-358

图9-359

照片打印与输出

照片或图像编辑工作完成以后，可以从Photoshop中将图像发送到与计算机连接的输出设备，如桌面打印机，将图像打印出来。如果图像是RGB模式的，打印设备会使用内部软件将其转换为CMYK模式。

9.10.1 打印照片

执行“文件>打印”命令，打开“Photoshop打印设置”对话框，如图9-360所示。在对话框中可以预览打印作业并选择打印机、打印份数和文档方向。如果要使用当前的打印选项打印一份文件，可以使用“文件>打印一份”命令来操作，该命令无对话框。

9.10.2 色彩管理

在“Photoshop打印设置”对话框右侧的“色彩管理”选项组中，可以设置色彩管理选项，从而获得尽可能好的打印效果，如图9-361所示。

- 颜色处理：用来确定是否使用色彩管理，如果使用，则需要确定将其用在软件中还是打印设备中。
- 打印机配置文件：可以选择适用于打印机和将要使用的纸张类型的配置文件。
- 正常打印/印刷校样：选择“正常打印”选项，可进行普通打印；选择“印刷校样”选项，可以打印印刷校样，即模拟文件在印刷机上的输出效果。
- 渲染方法：指定 Photoshop 如何将颜色转换为打印机颜色空间。
- 黑场补偿：勾选该选项，可通过模拟输出设备的全部动态范围来保留图像中的阴影细节。

图9-360

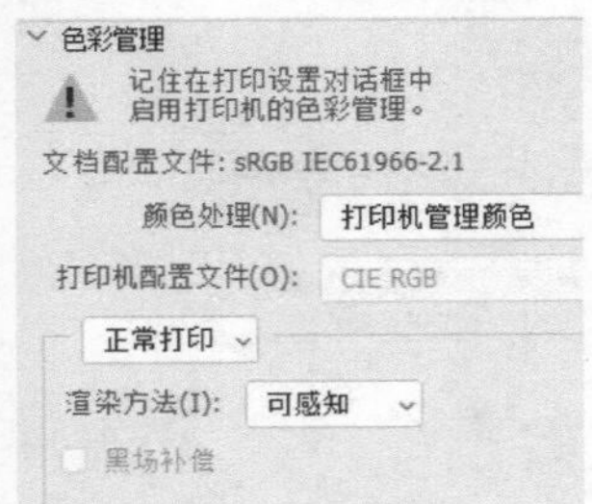

图9-361

9.10.3 指定图像位置和大小

在“Photoshop打印设置”对话框中，“位置和大小”选项组用来设置图像在画布上的位置。

- “位置”选项组：勾选“居中”选项，可以将图像定位于可打印区域的中心；取消勾选，则可在“顶”和“左”选项中输入数值定位图像，从而只打印部分图像。
- “缩放后的打印尺寸”选项组：勾选“缩放以适合介质”选项，可自动缩放图像至适合纸张的可打印区域；取消勾选，则可在“缩放”选项中输入图像的缩放比例，或者在“高度”和“宽度”选项中设置图像的尺寸。
- 打印选定区域：勾选该选项，可以启用对话框中的裁剪控制功能，此时可通过调整定界框来移动或缩放图像。

9.10.4 设置打印标记

如果要将图像直接从 Photoshop 中进行印刷，可在“打印标记”选项组中指定在页面中显示哪些标记，如图9-362和图9-363所示。

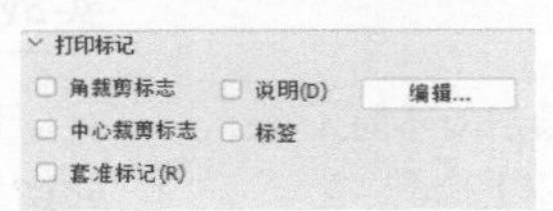

图9-362

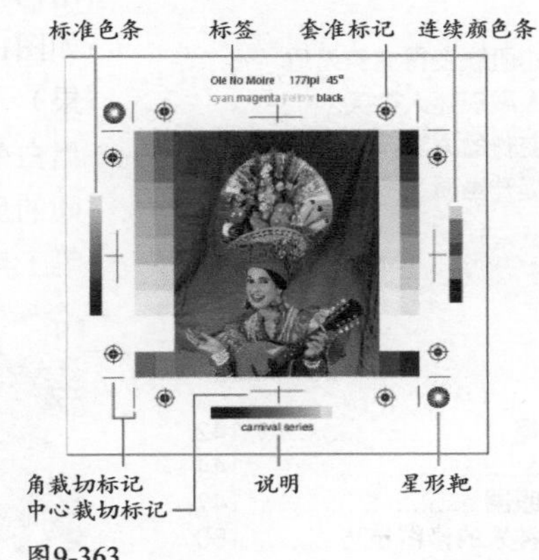

图9-363

第10章 人像照片修图

【本章简介】

服装杂志和广告大片上的模特一般都光彩照人、美丽无瑕。如果在现实中接触这些人就会发现，他们的皮肤并没有那么好，脸上也有色斑，也会长痘痘。完美的面孔有时其实是化妆师、修图师的功劳。本章介绍怎样使用Photoshop修图，其中既有修饰人像照片，包括眼、牙齿、皮肤瑕疵，以及磨皮、身体塑形等单独的修图项目；又有降噪、锐化等改善照片画质和清晰度方面的技巧。

【学习目标】

掌握Photoshop修图工具，学会针对不同人物五官和皮肤特点修图的方法及以下技术。

- ●修粉刺、色斑、疤痕
- ●美化眼睛、牙齿
- ●多种磨皮方法，让肌肤变得完美无瑕
- ●让人脸变瘦，使人展现迷人微笑
- ●让人变瘦，让腿变长的方法
- ●减少照片噪点，提升画质
- ●多种锐化方法

【学习重点】

美颜

由于审美的差异，人们对于什么是完美的面孔并没有统一标准，但无瑕的皮肤、神采奕奕的眼睛、洁白的牙齿、红润的嘴唇等，作为健康和美丽的标志，则是所有人的共识。而这些都可以通过后期技术实现。当然，其中会运用很多技巧，下面就来一一介绍。

10.1.1 实战：修粉刺和暗疮

扫码看视频

睡眠不足、过度疲累、饮食不均衡、化妆物残留等都容易引发暗疮。如果暗疮多且明显，使用污点修复画笔工具清除还是比较简单的，如图10-1所示（左图为原图，右图为修复后的效果）。修此类图时，可以用一个技巧，就是先将图像转换为黑白效果，再调整红色和黄色的明度，以增大肤色与暗疮之间的反差，让那些轻微的暗疮也凸显出来，之后使用修复画笔工具将其清除。

图10-1

01 单击“调整”面板中的按钮，创建“黑白”调整图层，将图像转换为黑白效果，如图10-2所示。暗疮比皮肤颜色深，而且发红，那么就降低红色的亮度，如图10-3所示。可以看到，暗疮的颜色更深，也更明显了。

图10-2　　图10-3

02 将黄色的亮度提高，皮肤上的瑕疵就都显现出来了，如图10-4和图10-5所示。

图10-4　　图10-5

03 选择修复画笔工具，在“源”选项中单击“取样”按钮，这表示将要像使用仿制图章工具那样从图像中取样了。在“样本”选项中选取“所有图层”，如图10-6所示。按住Ctrl键并单击按钮，在调整图层下方新建一个图层，这样修复结果只会应用于该图层，而不会破坏原图。

图10-6

04 按住Alt键并在暗疮附近的皮肤上单击，进行取样，如图10-7所示。放开Alt键，在暗疮上涂抹，即可用取样的图像将其覆盖，如图10-8所示。

图10-7　　图10-8

05 采用相同的方法处理其他暗疮，如图10-9和图10-10所示。操作时可根据暗疮大小，用 [键和] 键灵活调整笔尖大小。另外，为确保修复后皮肤的纹理仍然清晰可见，修复画笔工具的“硬度”值最好设置为80%左右。

图10-9　　图10-10

06 处理完成后，将调整图层隐藏即可，如图10-11和图10-12所示。

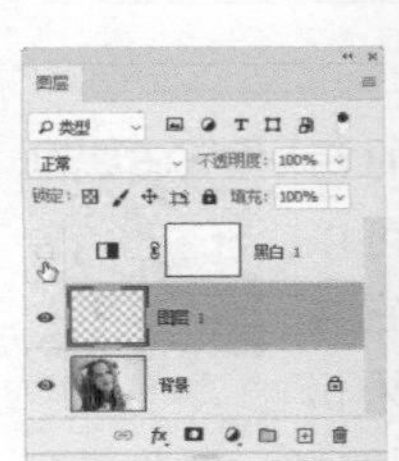

图10-11　　图10-12

修复画笔工具选项栏

修复画笔工具可以从被修饰的图像周围取样，之后将样本的纹理、光照、透明度和阴影等与所修复的像素匹配，使其不留痕迹地融合到图像中。此外，也可用该工具绘制图案。

- 模式：在下拉列表中可以设置修复图像的混合模式。其中的“替换”模式可以保留画笔描边边缘处的杂色、胶片颗粒和纹理，使修复效果更加真实。
- 源：设置用于修复的像素的来源。单击“取样”按钮，可以从图像上取样，除用于修复色斑、瑕疵、裂痕等，还可用于复制图像，如图10-13和图10-14所示；单击“图案”按钮，可在图案下拉面板中选择一种图案，用图案绘画，在这种状态下，修复画笔工具的作用就与图案图章工具差不多了。

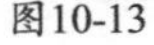

图10-13　　图10-14

- 对齐： 勾选该选项，可以对像素进行连续取样，在修复过程中，取样点随修复位置的移动而变化；取消勾选，则在修复过程中始终以一个取样点为起始点。
- 使用旧版/扩散： 勾选“使用旧版”选项后，可以将修复画笔工具恢复到Photoshop CC 2014版本状态，此时不能设置“扩散”选项，而该选项可控制修复的区域能够以多快的速度适应周围的图像。一般来说，较低的值适合修复具有颗粒或较多细节的图像，而较高的值则适合修复平滑的图像。
- 样本： 控制在哪些图层中取样。参见仿制图章工具的“样本”选项介绍。
- 在修复时包含/忽略调整图层： 如果人像图层上方有调整图层，单击该按钮，可以选择取样的图像显示为原始图像或调整图层修改后的图像。

10.1.2

实战：去除色斑

扫码看视频

如果想要快速去除照片中的污点、划痕和其他不理想的部分，可以使用污点修复画笔工具处理。它与修复画笔工具的工作原理及效果相似，但可自动从所修饰区域的周围取样，因此更容易操作。

01 打开素材，如图10-15所示。选择污点修复画笔工具，在工具选项栏中选择一个柔边圆画笔，单击“内容识别”按钮，如图10-16所示。

图10-15

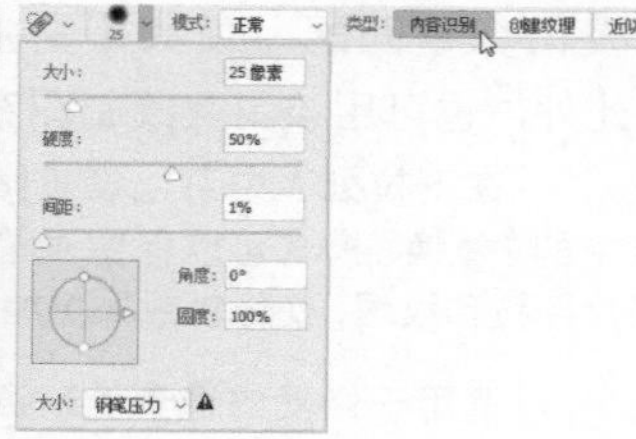

图10-16

02 在鼻子上的斑点处单击，即可清除斑点，如图10-17和图10-18所示。采用相同的方法修复下巴和眼角的皱纹，如图10-19所示。

图10-17

图10-18

图10-19

污点修复画笔工具选项栏

- 模式： 用来设置修复图像时使用的混合模式。除“正常”“正片叠底”等常用模式外，还包含“替换”模式，选择该模式后，可以保留画笔描边边缘处的杂色、胶片颗粒和纹理。
- 类型： 用来设置修复方法。单击“内容识别”按钮，Photoshop会比较鼠标指针附近的图像内容，不留痕迹地填充选区，同时保留让图像栩栩如生的关键细节，如阴影和对象边缘；单击“创建纹理”按钮，可以使用选区中的所有像素创建一个用于修复该区域的纹理，如果纹理不起作用，可尝试再次拖过该区域；单击“近似匹配”按钮，可以使用选区边缘的像素来查找要用作选定区域修补的图像区域，如果该选项的修复效果不能令人满意，可以还原修复并尝试用“创建纹理”选项修复。图10-20所示为这3种修复方式的对比效果。

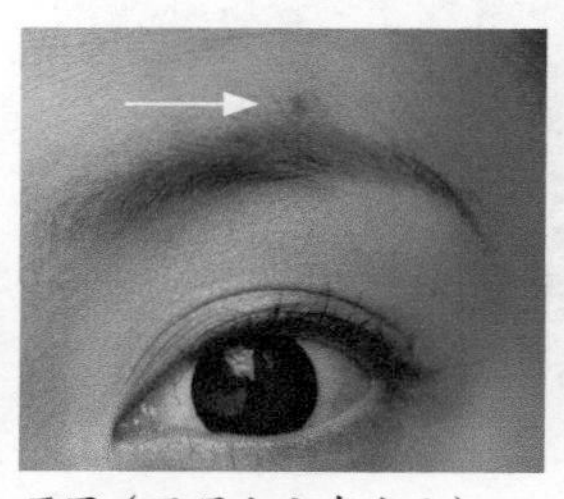
原图（眼眉上方有痣子）

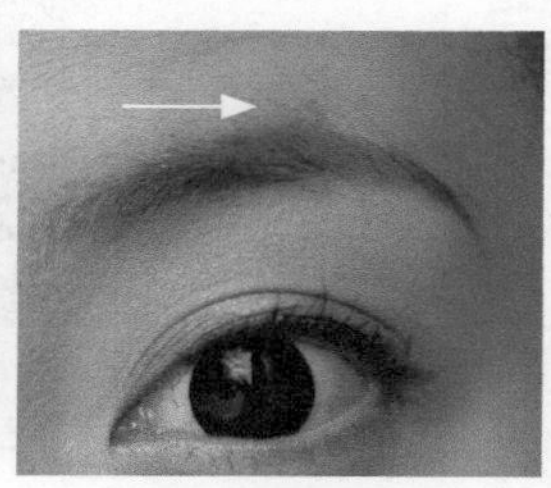
内容识别（效果最好）

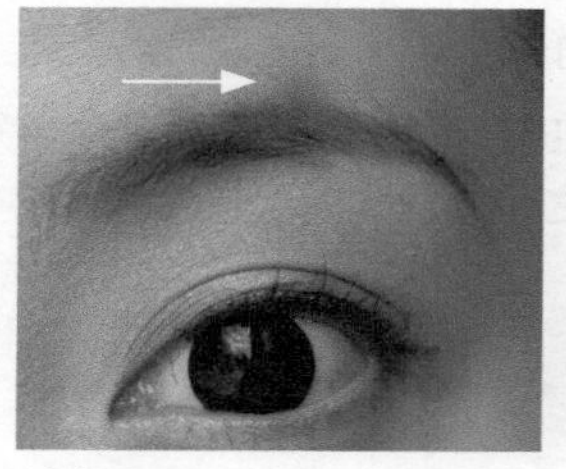
创建纹理

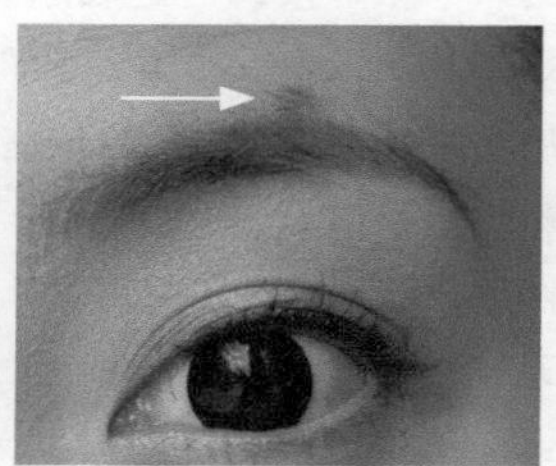
近似匹配

图10-20

- 对所有图层取样： 如果文件中有多个图层，勾选该选项后，可以从当前效果中取样，否则只从所选图层中取样。

10.1.3

实战：修疤痕

扫码看视频

本实战修复疤痕，如图10-21所示。仍然是用好皮肤覆盖问题皮肤（即疤痕）的方法来进行修复。该疤痕从额头中部开始，跨过眉、眼，一直到颧骨，痕迹较长，并且人物面部结构的起伏也较大。操作时有两点要注意：一是这幅人像的细节都是清晰的，因此，复制的皮肤也要将纹理体现出来，如果工具选择不当，或者笔尖的柔角范围过大，都会将纹理抹平；二是眉毛和睫毛处都有疤痕，处理时需要保留必要的细节，好在毛发容易复制，在色调一致的情况下，只要做好衔接就不会留下明显的痕迹。

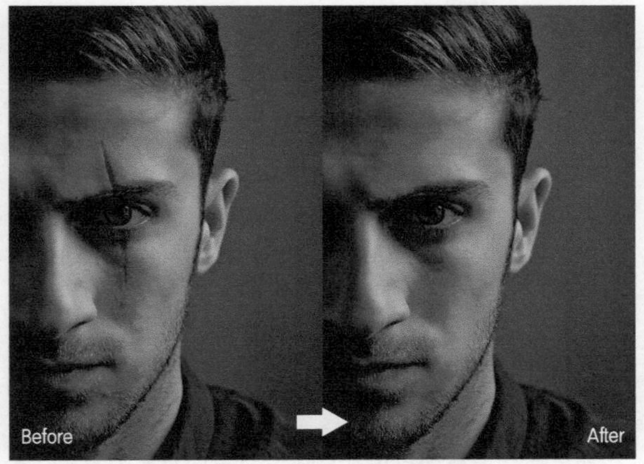

图10-21

01 按Ctrl+J快捷键，复制“背景”图层。使用套索工具创建选区，选取眉上方的疤痕，如图10-22所示。执行“编辑>填充”命令，选择“内容识别”选项进行填充，如图10-23和图10-24所示。选取下眼睑下方的疤痕，如图10-25所示，使用“填充”命令修复，如图10-26所示。按Ctrl+D快捷键取消选择。

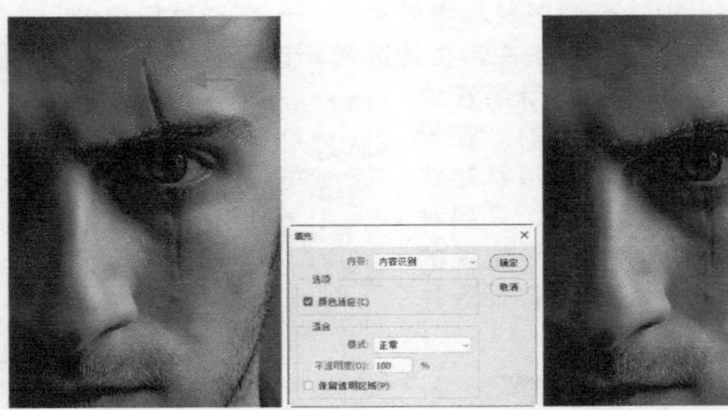
图10-22　图10-23　图10-24

图10-25　图10-26

02 做后续的融合处理。内容识别填充真是强大，它至少代替我们完成了50%的工作，像额头，只需再简单修饰一下就行了。新建一个图层。选择仿制图章工具及柔边圆笔尖，选取“所有图层”选项（修复结果应用到该图层），如图10-27所示。可以依据疤痕大小用 [键和] 键调整画笔大小。画笔的“硬度”值是比较关键的，数值越低，画笔的柔角范围越大，那么在复制皮肤时，画笔边缘的皮肤就是模糊的、没有纹理的，效果如图10-28所示。但是“硬度”数值太高了也不行，因为皮肤有颜色和明暗变化，复制的皮肤如果边缘太清晰了，就会像膏药一样贴在疤痕上，色调不匹配，纹理也衔接不上，如图10-29所示。修复疤痕的难度就体现在这里。

图10-27

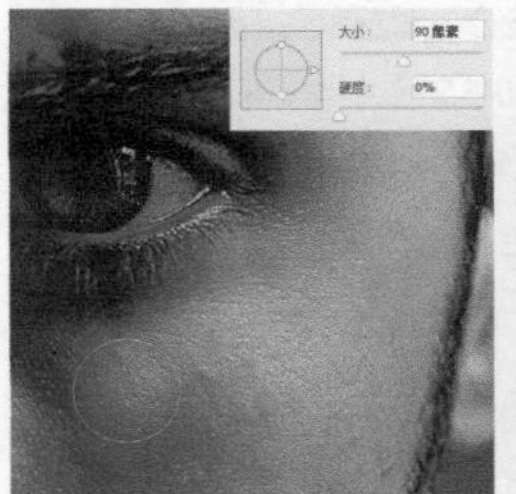
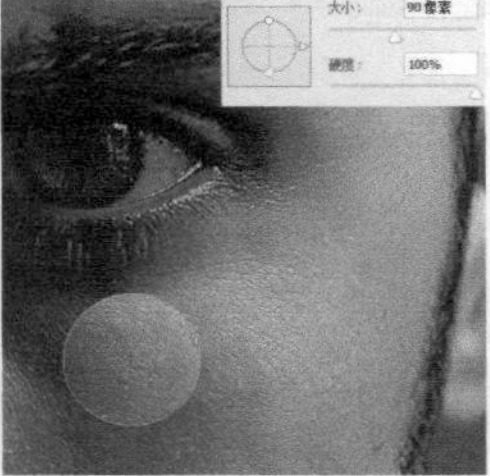
图10-28　图10-29

03 修饰额头，这里有几处不太自然，如图10-30所示。将画笔的“硬度”设置为80%，“不透明度”设置为50%（瑕疵比较轻微，用半透明的皮肤即可遮盖，而且融合效果更好），如图10-31所示。按住Alt键，在需要修饰的皮肤旁边单击进行取样，放开Alt键涂抹，用复制的皮肤将瑕疵盖住，如图10-32所示。另外几处也用同样的方法修复，效果如图10-33所示。

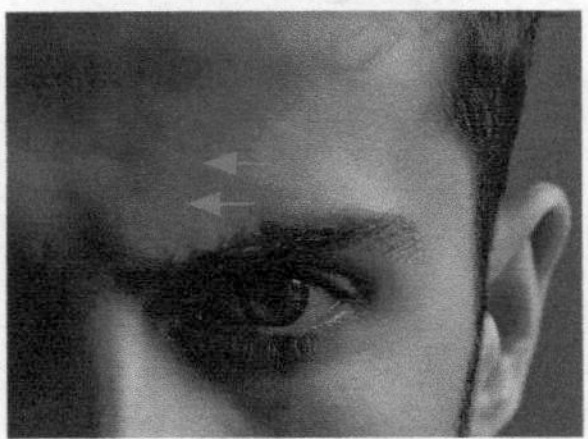
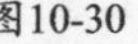

图10-30　图10-31

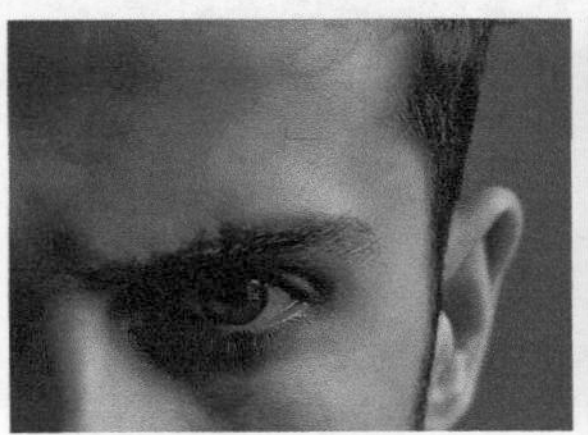

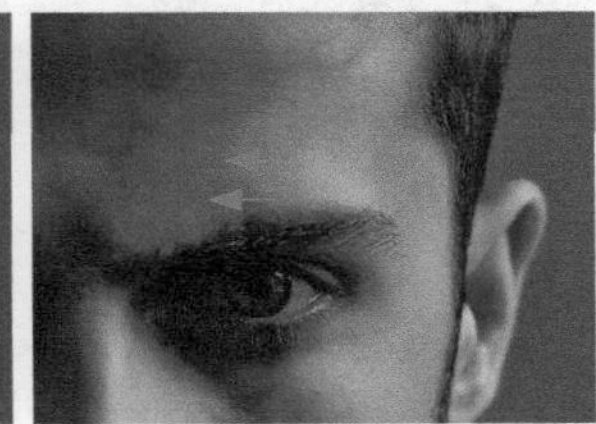
图10-32　图10-33

04 创建一个图层。修复下眼睑下方的疤痕时，可以将画笔调小一些，进行细致处理，如图10-34所示。这里皮肤的纹理很清晰，如果复制的纹理比较模糊，则可以适当提高“不透明度”值。另外，脸上的痘痘也可以顺便修去，如图10-35所示。

图10-34

图10-35

05 创建一个图层。将工具的“不透明度”值设置为80%，修复眼眉上的疤痕，如图10-36和图10-37所示。

图10-36

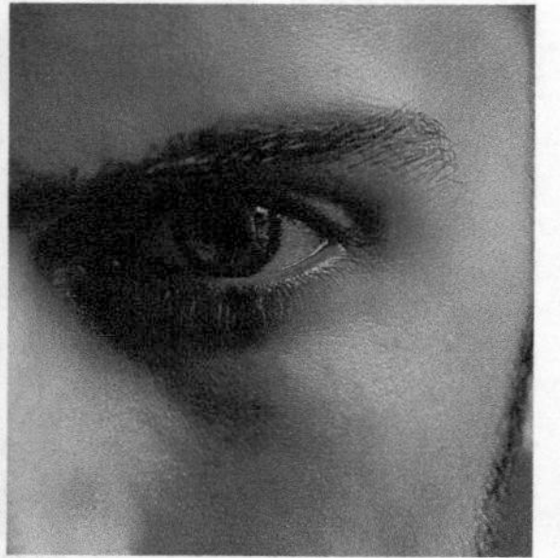
图10-37

06 调整画笔大小，修复下眼睑处的疤痕，如图10-38和图10-39所示。这里要处理好睫毛下方皮肤与周围皮肤的衔接。

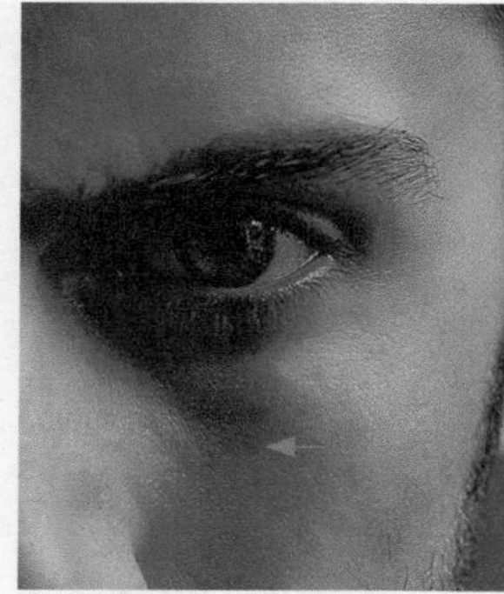
图10-38

图10-39

仿制图章工具选项栏

图10-40所示为仿制图章工具的选项栏，除“对齐”和“样本”外，其他选项均与画笔工具相同。

图10-40

- 切换画笔设置/仿制源面板：单击这两个按钮，可分别打开“画笔设置”面板和“仿制源”面板。
- 对齐：勾选该选项，可以连续对像素进行取样；取消勾选，则每单击一次鼠标，都使用初始取样点中的样本像素，因此，每次单击都被视为是另一次复制。
- 样本：用来选择从哪些图层中取样。如果要从当前图层及其下方的可见图层中取样，应选择“当前和下方图层”；如果仅从当前图层中取样，应选择“当前图层”；如果要从所有可见图层中取样，应选择“所有图层”；如果要从调整图层以外的所有可见图层中取样，应选择“所有图层”，然后单击选项右侧的忽略调整图层按钮。

技术看板　鼠标指针中心的十字线的用处

使用仿制图章工具时，按住Alt键并在图像中单击，定义要复制的内容（称为“取样”），然后将鼠标指针放在其他位置，放开Alt键并拖曳鼠标涂抹，即可将复制的图像应用到当前位置。与此同时，画面中会出现一个圆形鼠标指针和一个十字形鼠标指针，圆形鼠标指针是正在涂抹的区域，该区域的内容则是从十字形鼠标指针所在位置的图像上复制的。在操作时，两个鼠标指针始终保持相同的距离，只要观察十字形鼠标指针位置的图像，便可知道将要涂抹出哪些图像。

10.1.4 “仿制源”面板

使用仿制图章工具和修复画笔工具时，如果想更好地定位和匹配图像，或者需要对取样的图像做出缩放、旋转等处理，则“仿制源”面板可以提供这方面的帮助。

打开一幅图像，如图10-41所示。执行“窗口>仿制源”命令，打开“仿制源”面板，如图10-42所示。

- 仿制源：单击仿制源按钮后，使用仿制图章工具或修复画笔工具时，按住Alt键并在画面中单击，可以设置取样点；再单击下一个仿制源按钮，还可以继续取样，采用同样的方法最多可以创建5个取样源。"仿制源"面板会存储样本源，直到关闭文件。
- 位移：如果想要在相对于取样点的特定位置进行绘制，可以指定X和Y像素位移值。
- 缩放：输入W（宽度）和H（高度）值，可以缩放所仿制的图像，如图10-43所示。默认情况下，缩放时会约束比例。如果要单独调整尺寸或恢复约束选项，可以单击保持长宽比按钮。
- 旋转：在文本框中输入旋转角度，可以旋转仿制的源图像，如图10-44所示。

图10-41

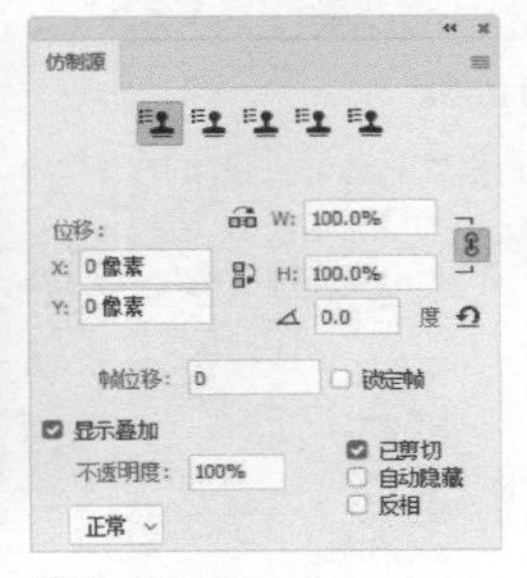

图10-42

图10-43

图10-44

- 翻转：单击水平翻转按钮，可水平翻转图像，如图10-45所示；单击垂直翻转按钮，可垂直翻转图像，如图10-46所示。
- 复位变换：单击该按钮，可以将样本源复位到其初始的大小和方向。
- 帧位移/锁定帧：在"帧位移"中输入帧数，可以使用与初始取样的帧相关的特定帧进行绘制。输入正值时，要使用的帧在初始取样的帧之后；输入负值时，要使用的帧在初始取样的帧之前；如果选择"锁定帧"，则总是使用与初始取样帧的相同帧进行绘制。
- 显示叠加：勾选"显示叠加"并指定叠加选项，可以在使用仿制图章工具或修复画笔工具时更好地查看叠加及下面的图像，如图10-47所示。其中，"不透明度"选项用来设置叠加图像的不透明度；选择"自动隐藏"选项，可以在应用绘画描边时隐藏叠加；勾选"已剪切"选项，可以将叠加剪切到画笔大小；如果要设置叠加的外观，可以从"仿制源"面板底部的弹出菜单中选择一种混合模式；勾选"反相"选项，可以让叠加的颜色反相。

图10-45

图10-46

图10-47

10.1.5

实战：修眼袋和黑眼圈

与污点修复画笔工具和修复画笔工具的工作原理类似，修补工具也能对纹理、光照和透明度进行匹配，图像的融合效果较好，如图10-48所示。但在使用方法上，修补工具需要选区来定义编辑范围。然而也正因为有选区的限定，其修复及影响的区域是可以控制的。

图10-48

01 按Ctrl+J快捷键，复制"背景"图层。选择修补工具并设置选项，如图10-49所示。

图10-49

02 在睫毛下方创建选区，将眼袋和比较明显的皱纹选取，如图10-50所示。将鼠标指针移至选区内，向下拖曳，当前选区内部的图像会复制到先前的选区内，将皱纹盖住，如图10-51所示。释放鼠标左键后，复制的图像与原图像自动融合，如图10-52所示。

图10-50

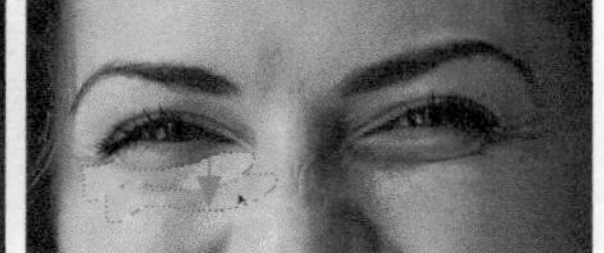
图10-51

图10-52

03 在选区外单击，取消选择。观察效果，在颜色不自然的地方创建选区，继续修补，如图10-53~图10-55所示。

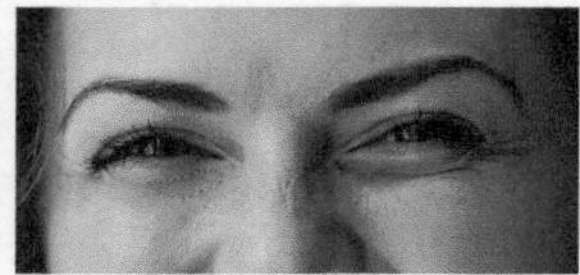
图10-53

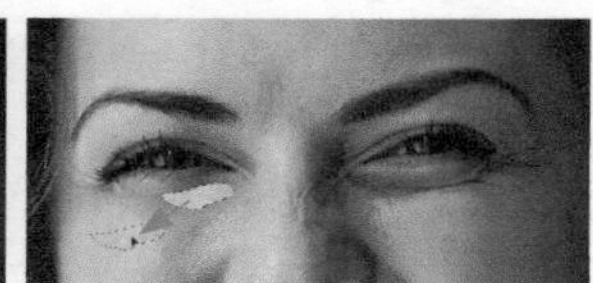
图10-54

图10-55

04 使用同样的方法处理右侧眼袋，如图10-56所示。如果一次不能完全修复，可以分多次处理，但要做好衔接。

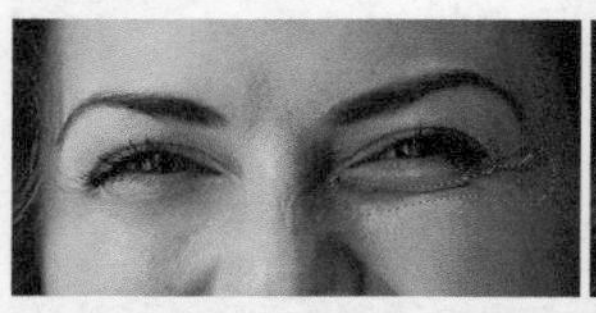
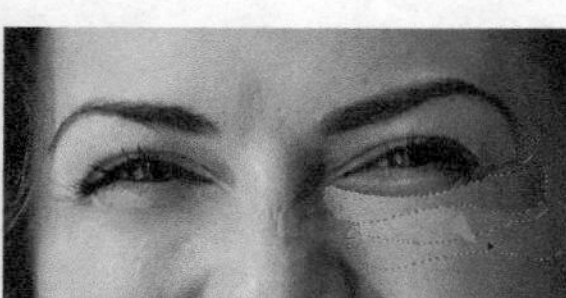
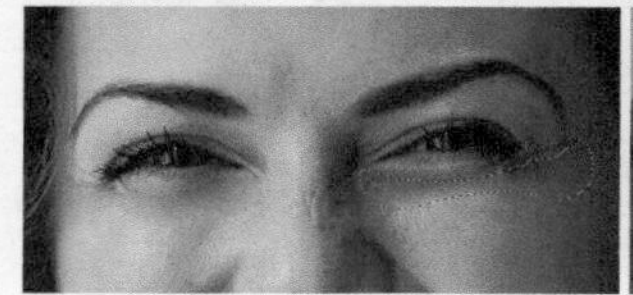

图10-56

05 鼻子上的皱纹需要复制不同区域的皮肤来覆盖，可先将鼻梁上的皱纹覆盖掉，如图10-57所示，再修饰鼻翼两侧的皱纹，如图10-58和图10-59所示。

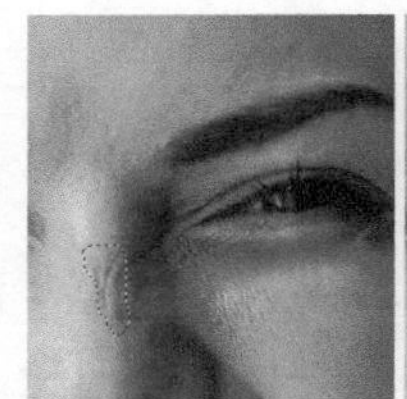
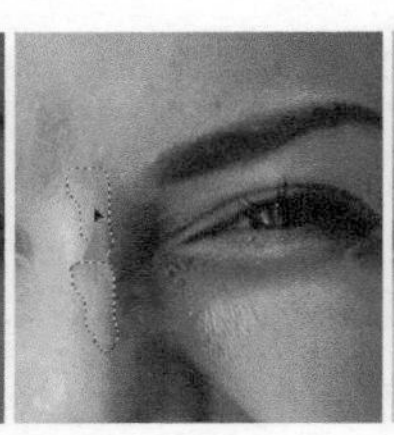
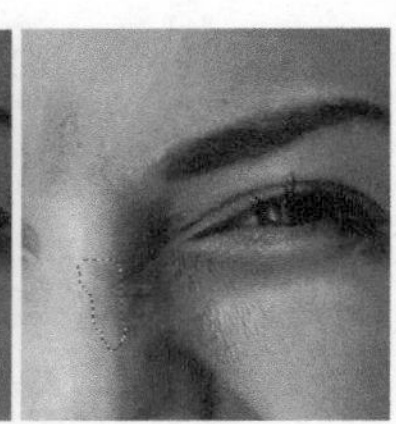
图10-57

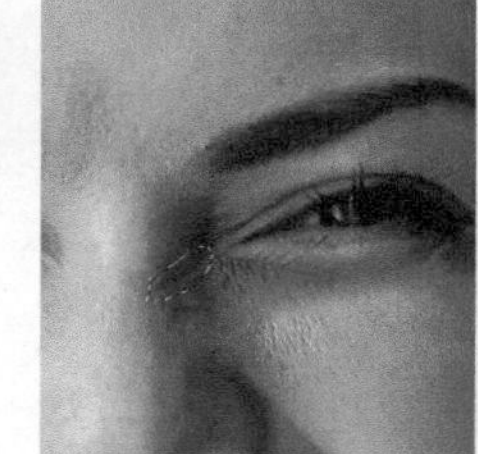
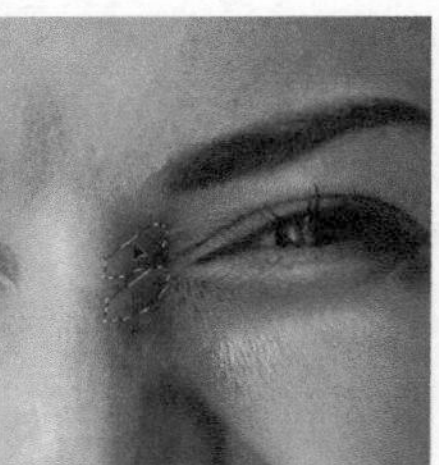
图10-58

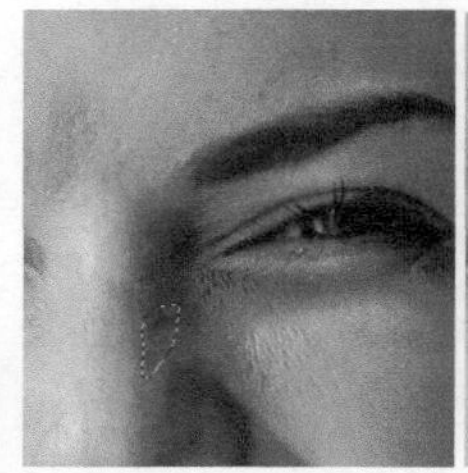
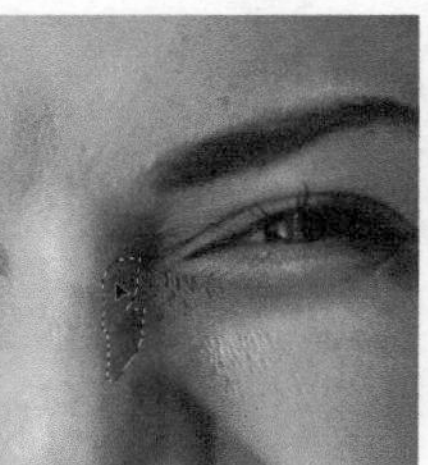
图10-59

06 眼睛上方有一处皮肤颜色有点深，把这里修掉，如图10-60所示。

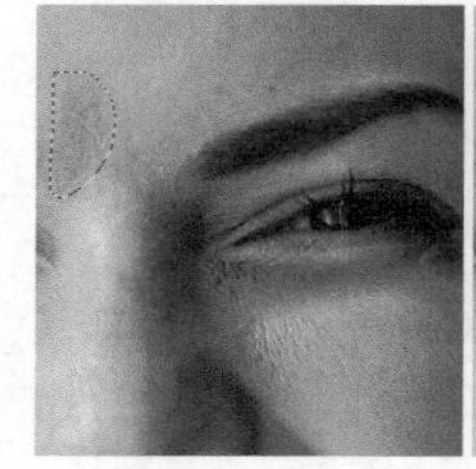
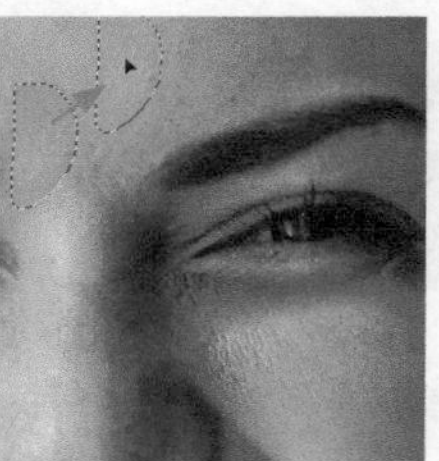
图10-60

07 现在眼袋和皱纹已经被处理好了，但眼窝的颜色还是比较深，看上去有黑眼圈。下面解决这个问题。新建一个图层。选择仿制图章工具并设置参数，如图10-61所示。按住Alt键，在眼窝下方正常颜色皮肤上单击，进行取样，涂抹眼窝，进行修复，如图10-62所示。

35 模式：变亮 不透明度：100% 流量：100% 0° 对齐 样本：所有图层

图10-61

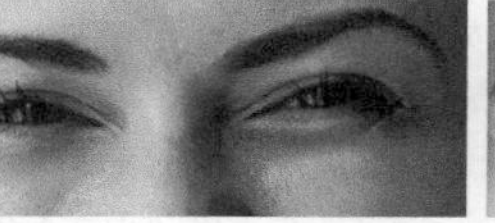
处理前

处理后

图10-62

08 将该图层的不透明度调低，设置为60%左右。由于修复操作具有一定的随机性，每个人的结果都不一样，这里的参数设置不必太过死板，最终还是要看具体效果，只要深色被修正就可以了。如果衔接的地方不太自然，可以用蒙版来处理，如图10-63和图10-64所示。

图10-63

图10-64

修补工具选项栏

- 选区运算按钮：可进行选区运算。
- 修补：在该选项右侧的下拉列表中可以选择“正常”和“内容识别”模式，用途参见污点修复画笔工具相应选项。单击“源”按钮，之后将选区拖至要修补的区域，会用当前鼠标指针下方的图像修补选中的图像，如图10–65和图10–66所示；单击“目标”按钮，则会将选中的图像复制到目标区域，如图10–67所示。

图10-65

图10-66

图10-67

- 透明：使修补的图像与原图像产生透明的叠加效果。
- 使用图案：单击它右侧的按钮，打开下拉面板选择一个图案后，单击该按钮，可以使用图案修补选区内的图像。
- 扩散：可以控制修复的区域能够以多快的速度适应周围的图像。一般来说，较低的值适合修复具有颗粒或较多细节的图像，而较高的值适合修复平滑的图像。效果如图10–68~图10–70所示。

原图（额头）
图10-68

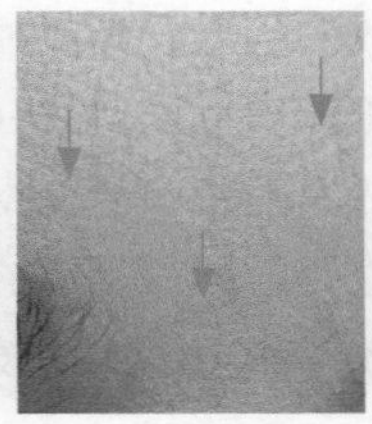
扩散2
图10-69

扩散5
图10-70

10.1.6 实战：消除红眼

01 打开素材，如图10-71所示。使用红眼工具去除用闪光灯拍摄的人物照片中的红眼。该工具还可去除动物照片中的白色和绿色反光。

扫码看视频

02 选择红眼工具，将鼠标指针放在红眼区域内，如图10-72所示，单击即可校正红眼，如图10-73所示。另一只眼睛也采用相同的方法校正，如图10-74所示。如果对结果不满意，可以执行“编辑>还原”命令还原，然后设置不同的“瞳孔大小”（设置眼睛暗色的中心的大小）和“变暗量”（设置瞳孔的暗度）并再次尝试。

图10-71

图10-72

图10-73

图10-74

10.1.7 实战：让眼睛更有神采的修图技巧

扫码看视频

图10-75所示为眼睛结构图。眼睛美化的关键在虹膜。虹膜主要由结缔组织构成，内含色素、血管和平滑肌。如果按照虹膜的结构去增强血管和肌肉组织，即强化其放射状形状，就能丰富眼球细节、增强其立体感；再辅以色彩修正（主要是饱和度和亮度控制），眼睛看上去就会变得非常清澈而有神采。另外，提亮瞳孔附近反光点的亮度，也是让眼睛变得明亮的有效方法。下面就按照此思路进行操作，如图10-76所示。

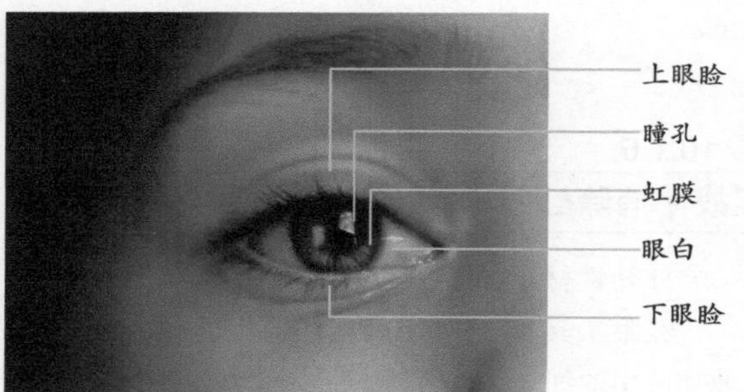

图10-75

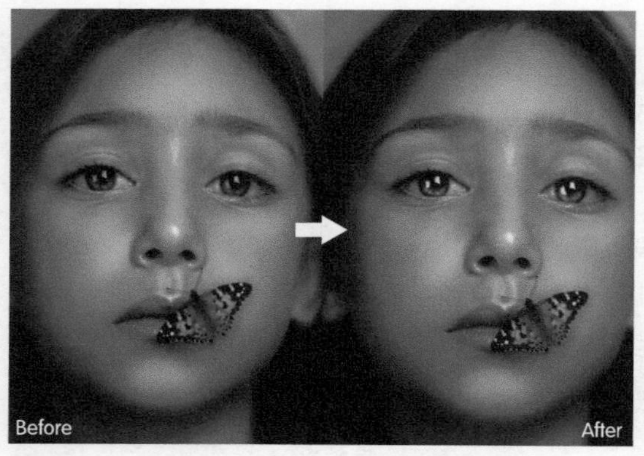

图10-76

01 单击“调整”面板中的按钮，创建“曲线”调整图层并进行提亮操作，如图10-77和图10-78所示。

02 按Alt+Delete快捷键为调整图层的蒙版填充黑色，如图10-79所示。这样调整效果就被蒙版遮盖住了，图像又恢复到调整前的状态，如图10-80所示。选择画笔工具，将大小调至3像素左右。将前景色切换为白色，在虹膜上绘制放射线，如图10-81所示。因为涂抹的是白色，所以画笔涂抹之处会应用曲线调整，色调就会被提亮。

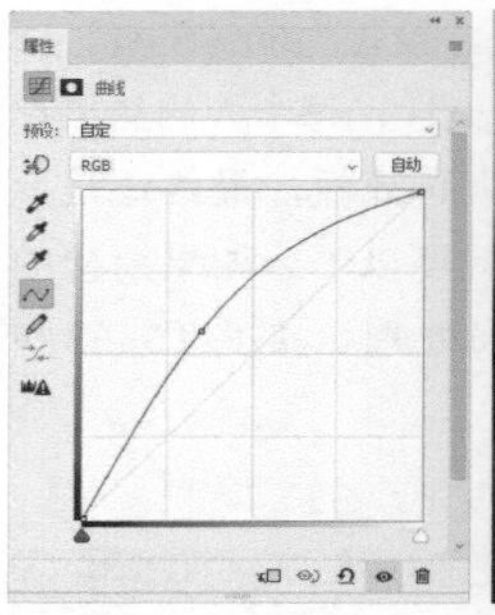

图10-77

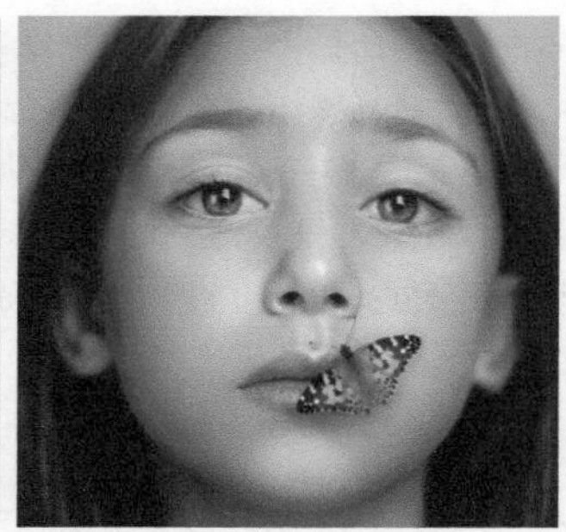

图10-78

图10-79

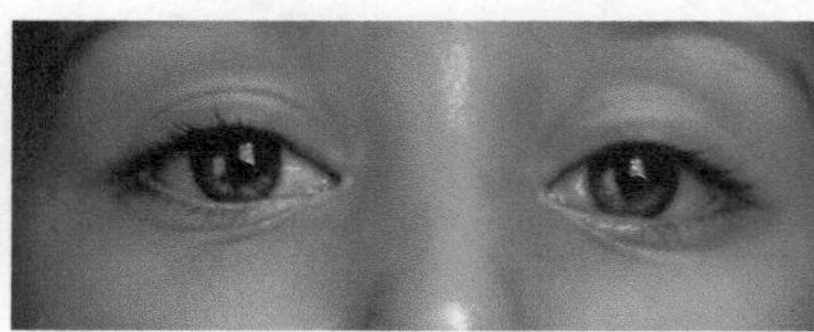

图10-80

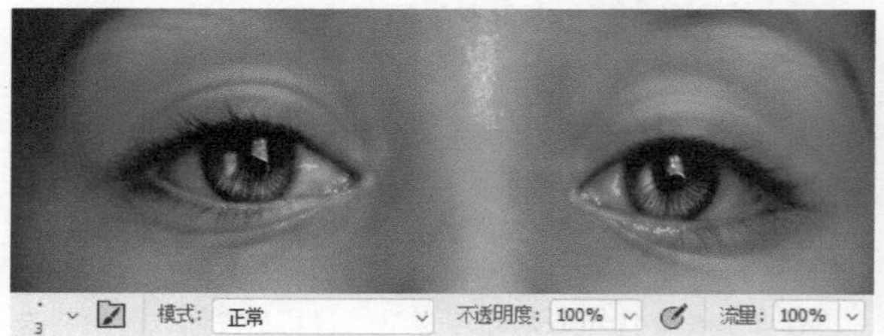

图10-81

提示

用鼠标画直线不太容易操作，下面两个方法可以提供帮助。第1个方法：在画面上单击后，按住Shift键并在另一位置单击，这样两点之间就会以直线连接；第2个方法：用旋转视图工具旋转画布，一般从左向右绘制直线比较容易，那么就把画面旋转到相应的方向，再进行绘制。需要画面恢复正常角度时，双击该工具即可。

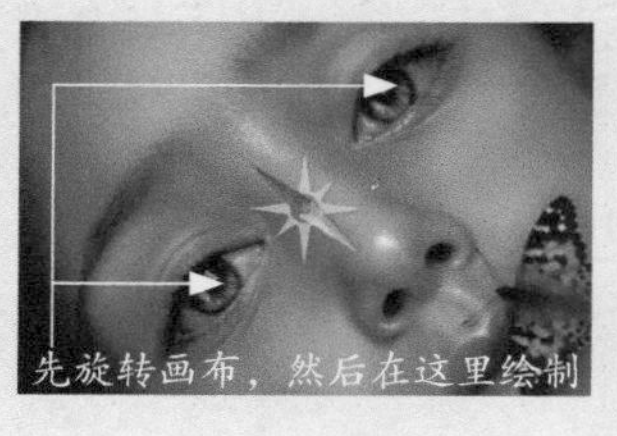

03 新建一个图层。使用画笔工具在瞳孔及虹膜上绘制高光点，如图10-82所示。

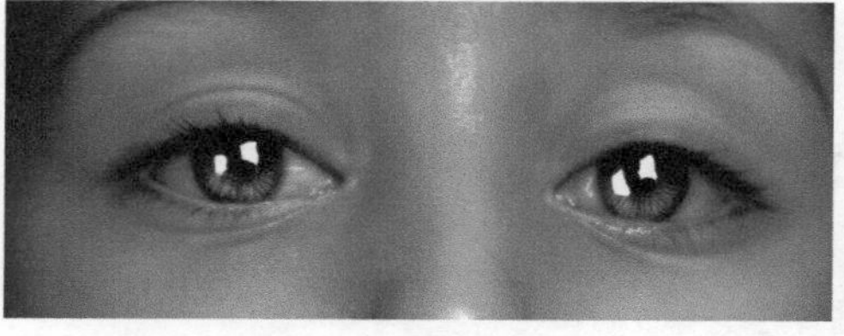

图10-82

04 双击该图层，如图10-83所示，打开“图层样式”对话框。按住Alt键并单击“下一图层”的黑色滑块，将其分开，然后拖曳右侧的滑块，如图

10-84所示，让眼球中的深色细节透过当前图层显现出来，如图10-85所示。

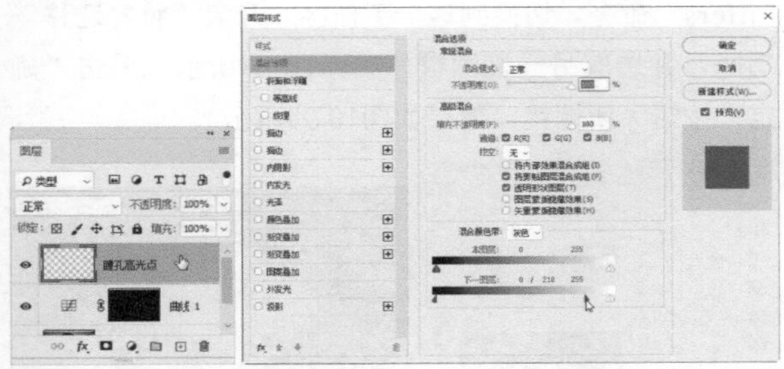

图10-83 图10-84

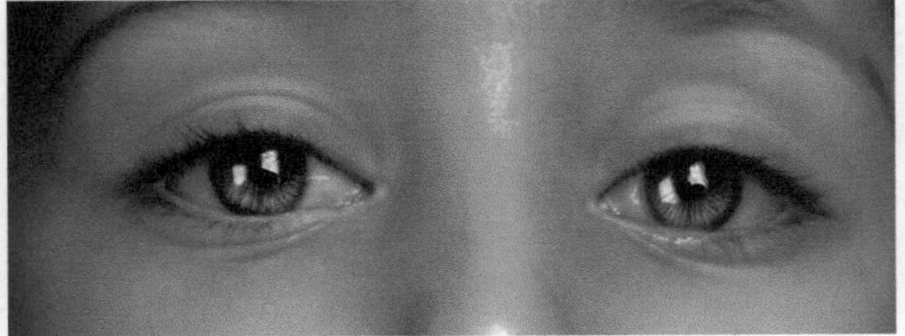

图10-85

05 创建一个“色相/饱和度”调整图层，提高虹膜的色彩饱和度，如图10-86所示。操作时，先将该调整图层的蒙版填充为黑色，再使用画笔工具在虹膜上涂抹白色，如图10-87和图10-88所示。

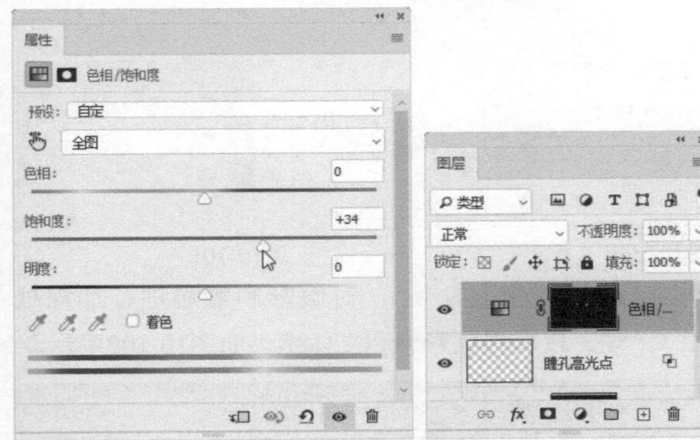

图10-86 图10-87

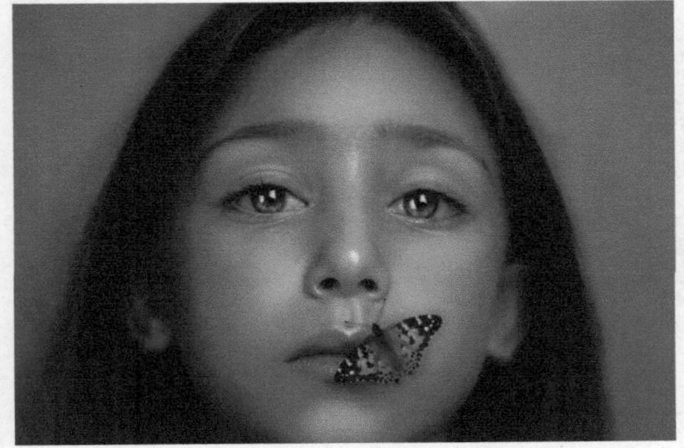

图10-88

10.1.8 实战：牙齿美白与整形方法

人们常用“明眸皓齿”来形容一个人貌美。这说明单是眼睛好看还不够，牙齿不好，也会令容貌大打折扣。牙齿相关的问题主要有3个，即发黄、有缺口和参差不齐。本实战介绍解决方法，效果如图10-89所示。

扫码看视频

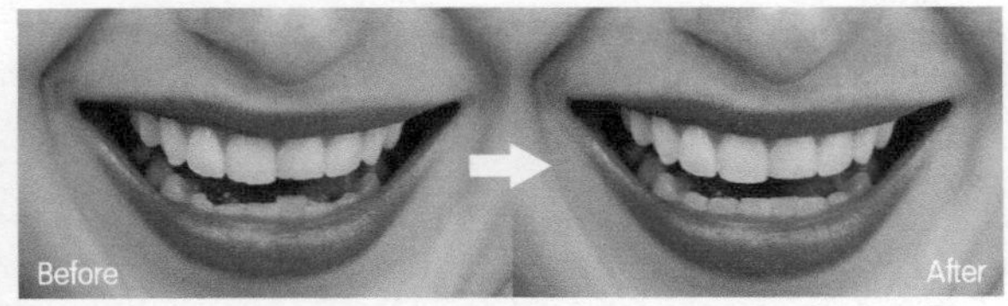

图10-89

01 单击“调整”面板中的按钮，创建“色相/饱和度”调整图层。单击“属性”面板中的图像调整工具，选一处最黄的牙齿，在其上方单击，进行取样，如图10-90所示。“调整”面板的渐变颜色条上会出现滑块，取样的颜色就在滑块区间，如图10-91所示。

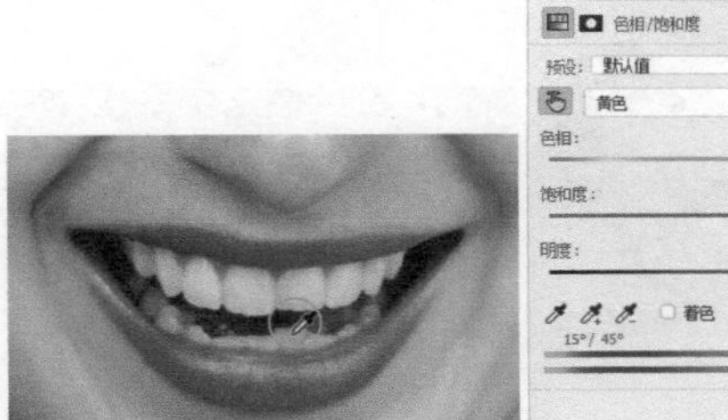

图10-90 图10-91

02 将“饱和度”值调低，黄色会变白。注意不能调到最低值，否则牙齿会变成黑白效果，没有色彩感，像黑白照片一样了。将“明度”值提高，让牙齿颜色明亮一些，有一点晶莹剔透的感觉更好，如图10-92和图10-93所示。

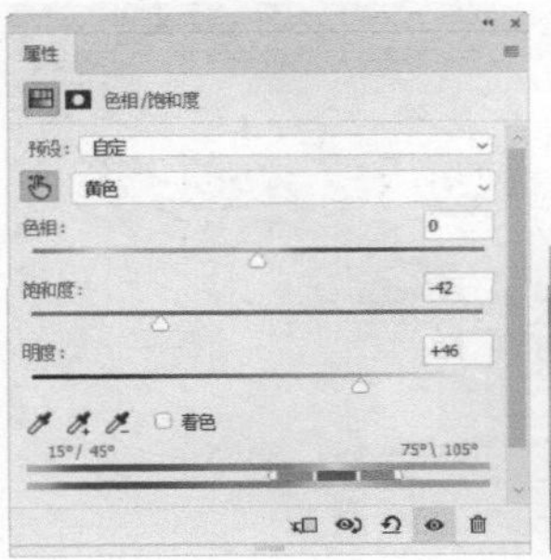

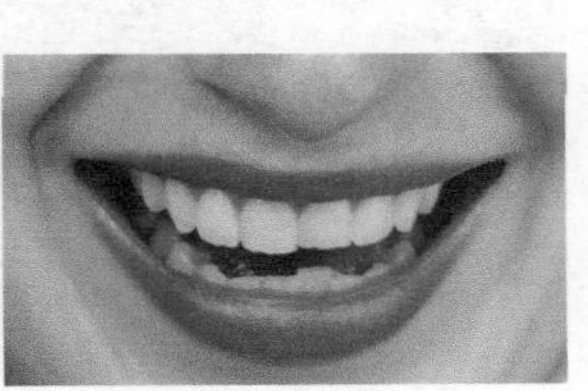

图10-92 图10-93

03 调色完成以后，按Alt+Shift+Ctrl+E快捷键将当前效果盖印到一个新的图层中，在这个图层中修复牙齿。执行“滤镜>液化”命令，打开“液化”对话框，默认选取的是向前变形工具，使用 [键和] 键调整画笔工具大小，通过拖曳鼠标的方法将缺口上方的图像向下“推”，把缺口补上，如图10-94~图10-96所示。“推”过头的地方，可以从下往上“推”，把牙齿找平。上面牙齿的缺口比较小，将画笔工具调到比缺口大一点再处理；下面一排牙齿主要是参差不齐的问题，因此画笔工具应调大一些。另外，处理时尽量不要反复地修改一处缺口，否则图像会变得越来越模糊。

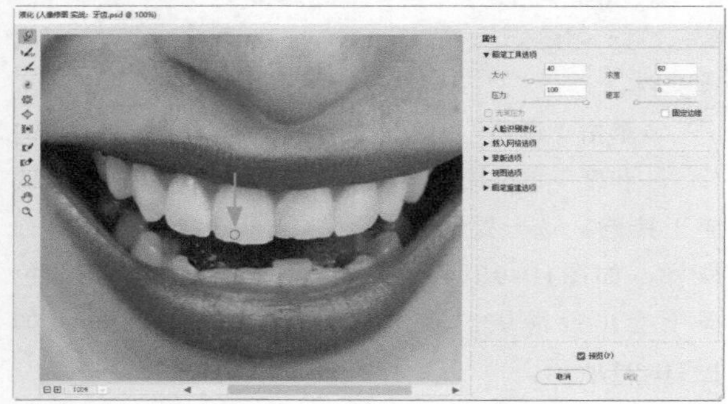

图10-94

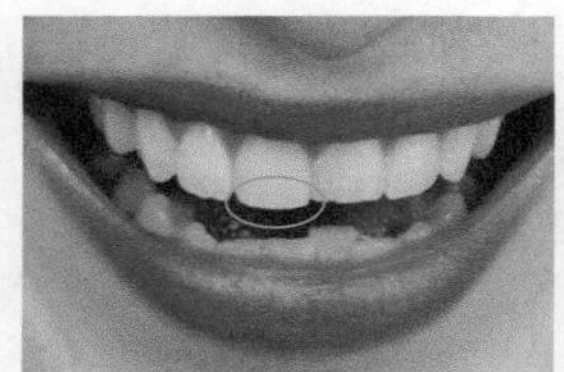

图10-95

图10-96

10.1.9

实战：妆容迁移

本实战使用Neural Filters滤镜将眼部和嘴部的妆容从一幅图像应用到另一幅图像，如图10-97所示。

图10-97

01 打开本实战的两幅图像。将未画眼影的女性素材设置为当前操作的文档。执行“滤镜>Neural Filters”命令，切换到这一工作区。开启“妆容迁移”功能，并选取另一幅图像，如图10-98所示。单击“确定”按钮关闭滤镜，效果如图10-99所示。

图10-98

图10-99

02 按住Alt键单击“图层”面板中的按钮，弹出“新建图层”对话框，设置选项，如图10-100所示，创建一个混合模式为“叠加”的中性色图层，如图10-101所示。

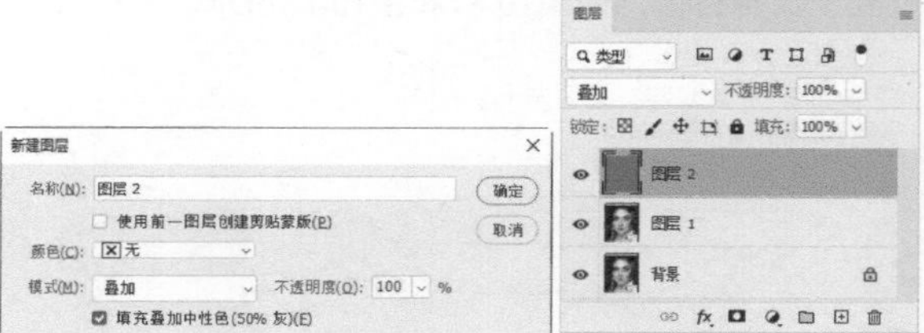

图10-100　　图10-101

03 选择加深工具，对眼影和嘴唇进行加深处理，以增强色彩感和立体感，如图10-102所示。

图10-102

10.2 磨皮

在处理人像照片时，磨皮是非常重要的环节，会对人的皮肤进行美化处理，去除色斑、痘痘、皱纹等瑕疵，让皮肤变得白皙、细腻、光滑，使人显得更年轻、更漂亮。

10.2.1 实战：用Neural Filters滤镜快速磨皮

扫码看视频

本实战使用Neural Filters滤镜磨皮，它能快速移除皮肤的瑕疵和痘痕，如图10-103所示。

图10-103

01 执行“滤镜>Neural Filters”命令，切换到该工作区。开启“皮肤平滑度”功能，如图10-104所示。在“输出”下拉列表中选择“新建图层”选项。将“模糊”和“平滑度”值调到最大，如图10-105所示。

图10-104　图10-105

02 单击“确定”按钮确认，Photoshop会将磨皮后的图像创建到一个新的图层上，如图10-106和图10-107所示。磨皮后，眼睛的清晰度有所降低，如图10-108所示。单击“图层”面板中的按钮，为该图层添加蒙版。使用画笔工具将眼睛涂黑，将模糊效果消除，如图10-109所示。

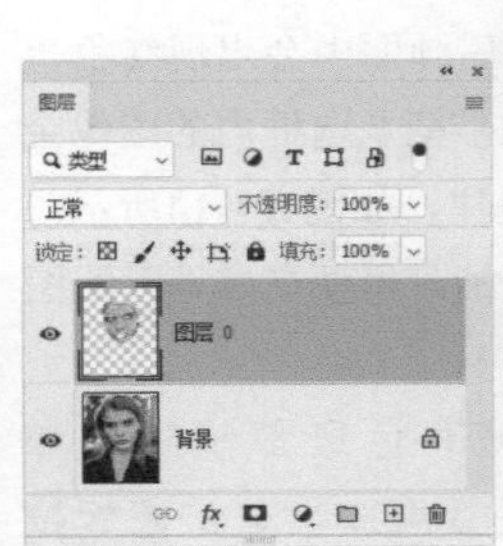
图10-106

图10-107

图10-108

图10-109

03 新建一个图层。使用污点修复画笔工具将面部微小的色斑清除，脖子上的痣也一并处理掉，如图10-110和图10-111所示。

色斑位置
图10-110

清除效果
图10-111

10.2.2 实战：用Camera Raw磨皮

扫码看视频

下面使用Camera Raw中的污点去除工具及选项磨皮，如图10-112所示。

图10-112

01 执行“图层>智能对象>转换为智能对象”命令，将图像转换为智能对象，再打开“Camera Raw”滤镜对话框。选择污点去除工具，将鼠标指针放在一处痘痘上，用[键和]键调整工具大小，使其刚好能覆盖痘痘，如图10-113所示，单击后画面中会出现红色、绿色两个手柄及白色选框，绿色手柄及选框内的图像会复制到红色手柄处，将斑点遮盖住，如图10-114所示。如果修复效果不好，可以移动手柄，以便更好地匹配图像，或者按Delete键将其删除。

02 采用同样的方法将痘痘和色斑都清除，如图10-115所示。下面进行磨皮。单击蒙版按钮，打开菜单，选择画笔工具，在脸上绘制蒙版，如图10-116所示。

图10-113　图10-114

图10-115　图10-116

03 将“纹理”值调整为-100，即可磨皮。将“清晰度”值调整为-50，对皮肤进行柔化处理，如图10-117所示。

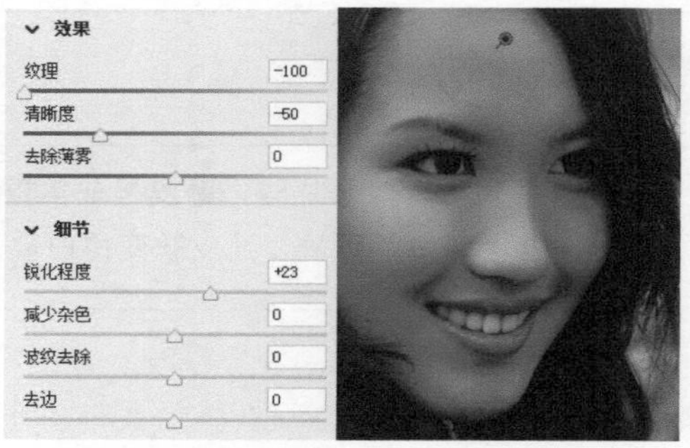

图10-117

04 使用画笔工具在牙齿上绘制蒙版，然后将牙齿调白，如图10-118所示。

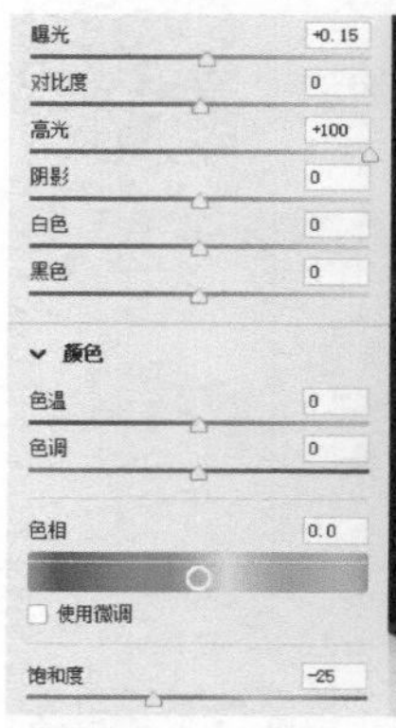

图10-118

05 将画笔调小，在眼珠上绘制蒙版，之后将眼珠调亮，如图10-119所示。

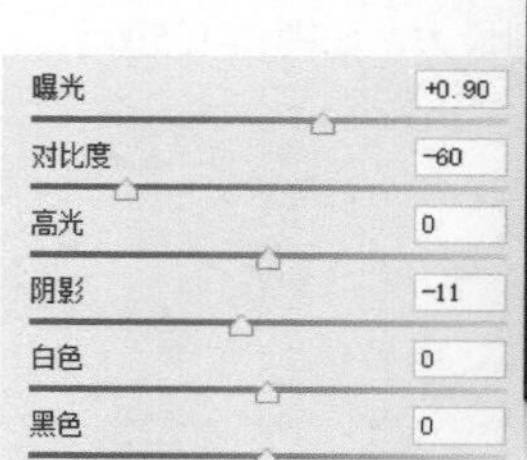

图10-119

06 单击编辑按钮，在“混色器”选项卡中提高红色的饱和度，之后提高橙色的明亮度，使肤色变白，如图10-120所示。

07 单击蒙版按钮打开菜单，选择径向渐变工具并创建椭圆蒙版，将画面右侧的向日葵背景调暗，如图10-121所示。使用画笔工具在头发上绘制蒙版，如图10-122所示，提高“曝光”值并进行锐化，如图10-123和图10-124所示。

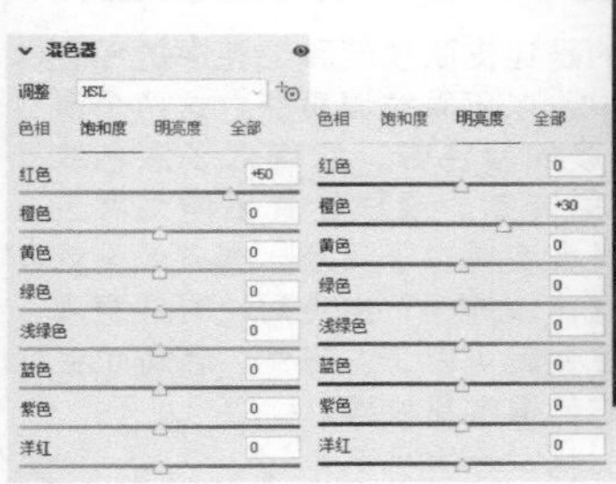

图10-120

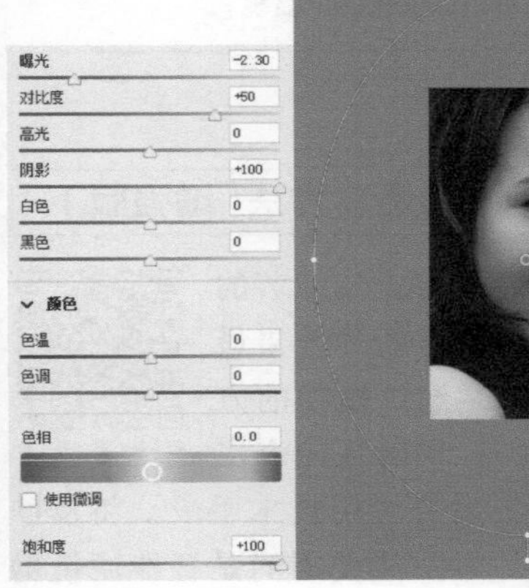

图10-121

图10-122

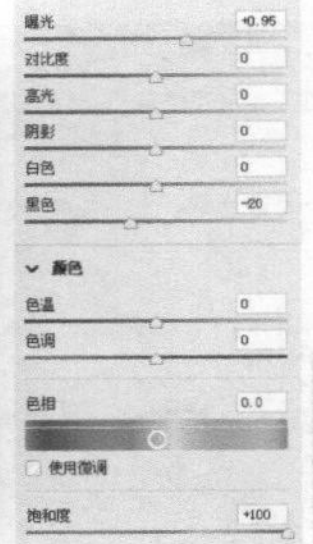

图10-123

图10-124

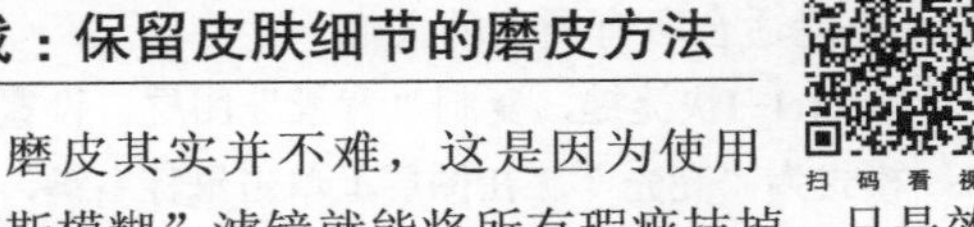

10.2.3 实战：保留皮肤细节的磨皮方法

磨皮其实并不难，这是因为使用“高斯模糊”滤镜就能将所有瑕疵抹掉，只是效果比较夸张，就像现在很多手机美颜App一样，磨出来的皮肤像塑料般光滑，一看就非常假。

好的磨皮技术能还原皮肤的纹理细节，而纹理是体现真实感的决定性要素。下面介绍的方法，会先用“表面模糊”滤镜磨皮，再使用“高反差保留”滤镜强化皮肤纹理，把细节找回来，如图10-125所示。

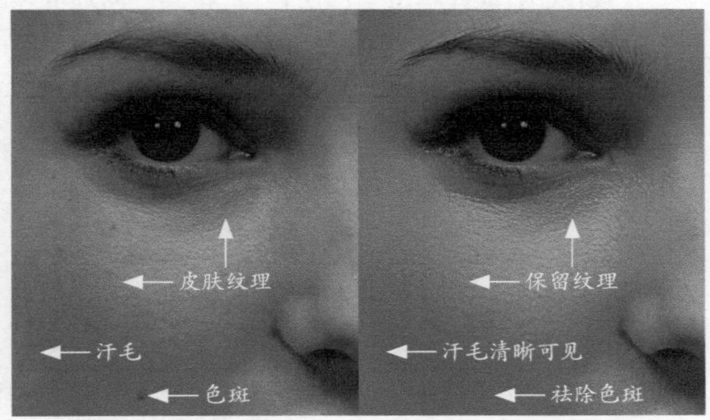

原图　　磨皮之后皮肤纹理依然清晰

图10-125

01 按两次Ctrl+J快捷键，复制出两个图层。单击下方图层，如图10-126所示，执行“滤镜>模糊>表面模糊”命令，进行磨皮，即模糊处理，如图10-127所示。

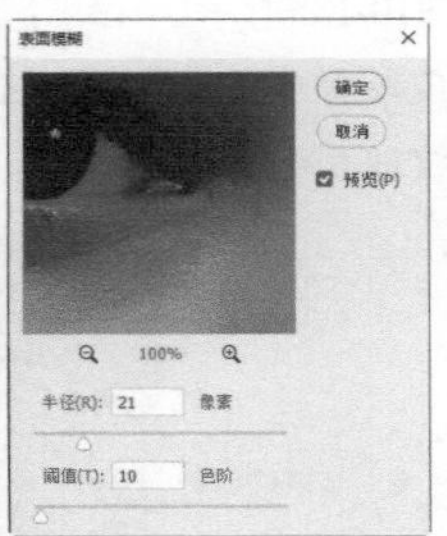

图10-126　图10-127

02 单击上方图层，按Shift+Ctrl+U快捷键去色，设置混合模式为“叠加”，如图10-128和图10-129所示。

图10-128　图10-129

03 执行“滤镜>其他>高反差保留”命令，对皮肤进行柔化处理，如图10-130和图10-131所示。

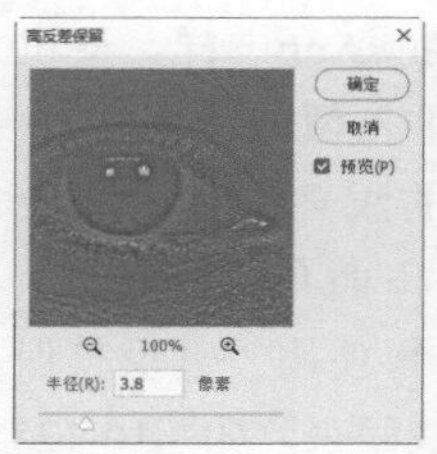
图10-130

图10-131

04 按住Ctrl键并单击"图层1"，将其一同选取，如图10-132所示，按Ctrl+G快捷键编入图层组中。单击 按钮，为图层组添加蒙版，如图10-133所示。使用画笔工具 将眼睛、嘴、头发和花饰等不需要磨皮的地方涂黑，如图10-134所示。

图10-132

图10-133

图10-134

05 双击图层组，打开"图层样式"对话框，在"混合颜色带"选项组中，按住Alt键并在"下一图层"的黑色滑块上单击，将这个滑块分为两半。拖曳右侧的滑块，如图10-135所示，让组下方的"背景"图层，也就是未经磨皮图像中的阴影区域显现出来，这些暗色调包含了皮肤纹理和毛孔中的深色，如图10-136所示。

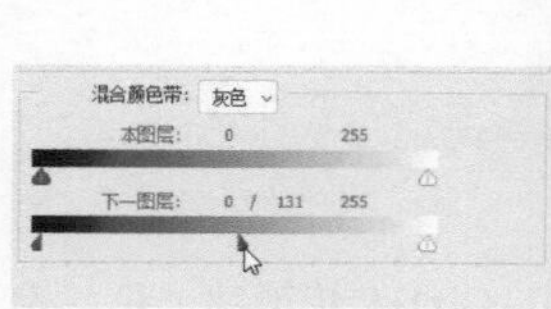
图10-135

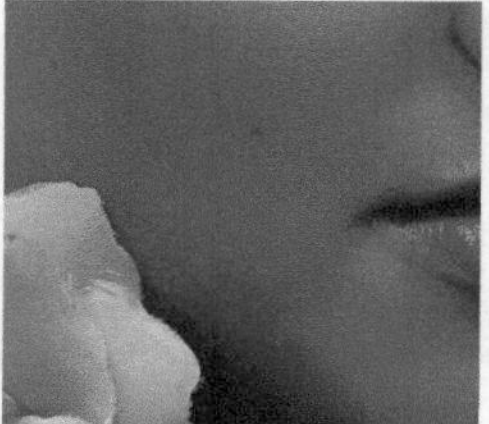
图10-136

06 新建一个图层。使用污点修复画笔工具 将色斑清除，如图10-137所示。操作时将画笔笔尖调整到比色斑稍大一点，然后在其上方单击或拖曳即可。需要修饰的细节主要分布在图10-138所示这些地方。

图10-137

图10-138

提示

调整混合颜色带的目的是让皮肤纹理和毛孔中的深色出现在磨皮后的图像中，以还原纹理质感。这两个滑块中间有一条自然过渡的颜色带，它确保了深色纹理是逐渐显现的，避免突兀。滑块位置不能太靠近右侧，否则纹理和色斑会变得过于清晰，磨皮效果就被抵消了。在什么位置比较好呢？拖曳滑块时注意观察，在汗毛变明显的位置就可以了。当然，色斑也会变明显，但没关系，它们很容易处理。

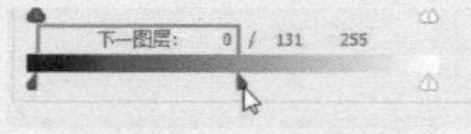
过渡区可以让深色逐渐显现

10.2.4 实战：保留皮肤细节的磨皮方法（增强版）

扫码看视频

既能磨皮、又能保留皮肤细节的方法有很多，在此精选出两种效果最好的。其基本原理都是通过模糊的方法将皮肤的瑕疵磨掉，同时还能令皮肤颜色有所改善，之后再运用技术手段，将皮肤的纹理细节找回来。本实战使用的是智能滤镜磨皮，如图10-139所示。

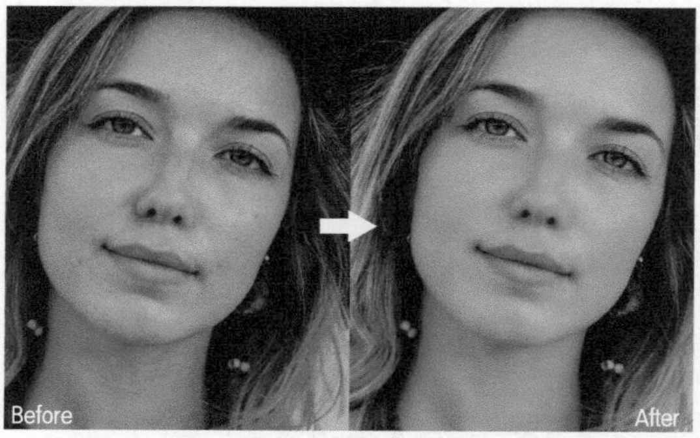

图10-139

这种方法有很多好处。首先，任何时候都可以修改滤镜参数。例如，如果觉得模糊效果有点过了，可以双击"高斯模糊"滤镜，打开相应的对话框，把参数值降下来即可。其次，智能滤镜可以复制，因此，如果有其他照片需要磨皮，那么就可先将其转换为智能对象，再将智能滤镜复制给它，之后根据当前照片的情况适当修改滤镜参数。这种方法类似磨皮动作，但是动作中的滤镜参数是固定不变的，不能适合所有类型的人像。

01 按Ctrl+J快捷键，复制"背景"图层。设置混合模式为"亮光"。在图层上单击鼠标右键，打开菜单，执行其中的命令，将图层转换为智能对象，如

图10-140所示。按Ctrl+I快捷键反相，如图10-141所示。

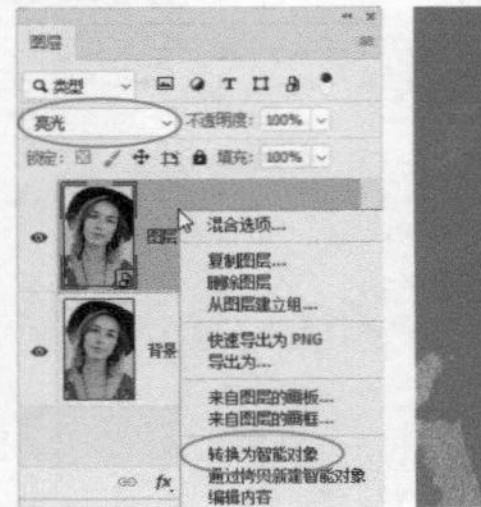

图10-140　图10-141

02 执行"滤镜>其他>高反差保留"命令，将色斑磨掉，这样皮肤会显得光滑细腻，颜色也更加柔和，如图10-142和图10-143所示。

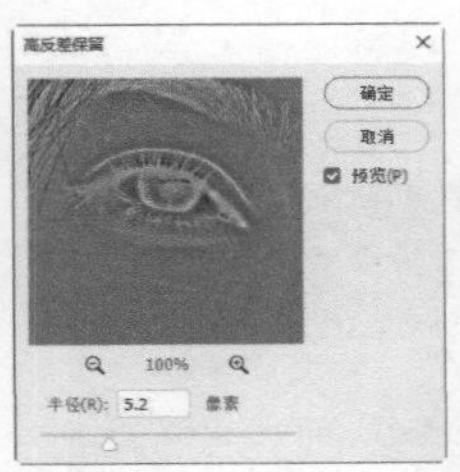

图10-142　图10-143

提示

"半径"值不能太低，否则皮肤上的瑕疵磨不掉。该值越高，模糊效果越强烈、皮肤越光滑。但过高的话，会强化重要的边界线，使色彩结块，出现严重的重影。

"半径"值过低

"半径"值过高

03 执行"滤镜>模糊>高斯模糊"命令，对当前效果进行模糊。这其实是在还原细节——在该滤镜的作用下，皮肤的纹理会出现在磨皮后的效果中，如图10-144和图10-145所示。

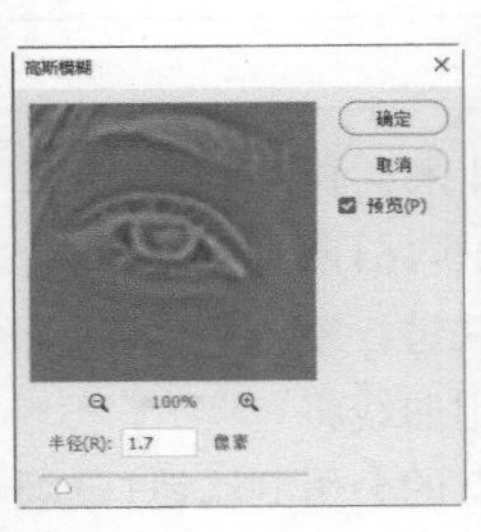

图10-144　图10-145

04 按住Alt键并单击 按钮，添加一个反相的（黑色）蒙版。使用画笔工具 在皮肤上涂抹白色，使磨皮效果只应用于皮肤，如图10-146和图10-147所示。注意，不要在脸的轮廓处涂抹，因为这里有重影。

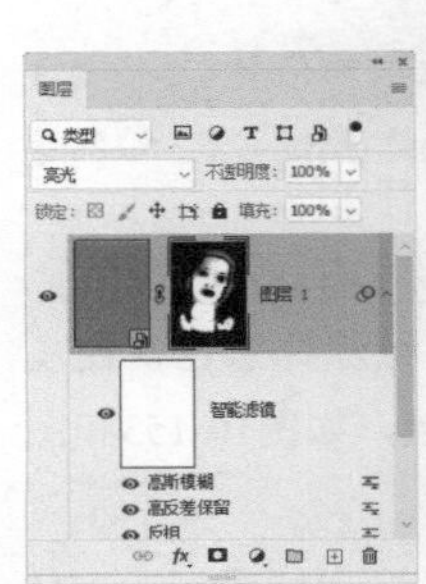

图10-146　图10-147

05 现在皮肤上还是有一些色斑。新建一个图层，选择污点修复画笔工具 ，在色斑上单击，将其清理掉，如图10-148和图10-149所示。

图10-148　图10-149

06 鼻翼外侧皮肤的颜色有点深且发红，也需要处理。创建一个图层。选择仿制图章工具 及柔边圆画笔（用 [键和] 键调整大小），选取"所有图层"选项（修复结果应用到该图层），如图10-150所示。按住Alt键并在正常的皮肤上单击，进行取样，放开Alt键，在发红的皮肤上拖曳鼠标，进行修复，如图10-151和图10-152所示。

图10-150

图10-151　　图10-152

07 将图层的不透明度调低至50%左右。添加蒙版。使用画笔工具 在新皮肤边缘涂抹黑色，使皮肤的融合效果真实、自然，不留痕迹，如图10-153和图10-154所示。

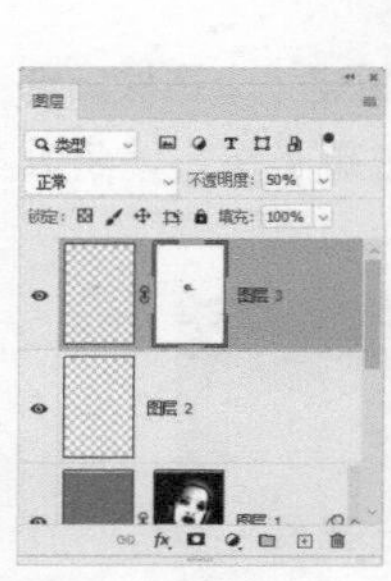

图10-153

图10-154

08 单击“调整”面板中的 按钮，创建“可选颜色”调整图层。减少黄色中黑色的含量，黄色变浅以后，肤色就会变白，如图10-155和图10-156所示。

09 创建一个“色相/饱和度”调整图层，提高色彩的饱和度。使用画笔工具 修改调整图层，让它只应用于头发、眼睛和嘴巴，如图10-157和图10-158所示。创建“曲线”调整图层，使用画笔工具 修改调整图层的蒙版，将眼睛提亮，如图10-159和图10-160所示。

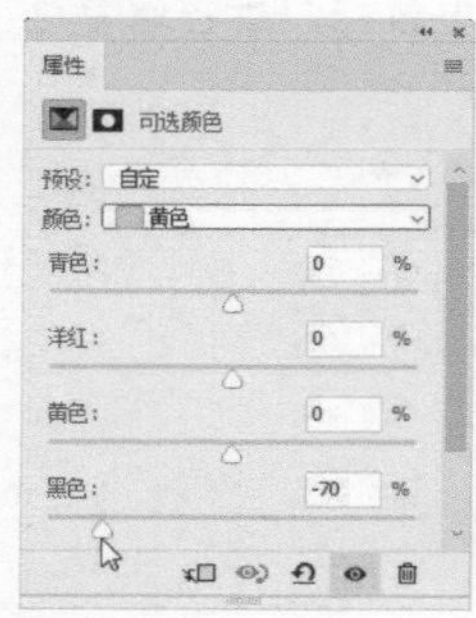

图10-155　　图10-156

图10-157　　图10-158

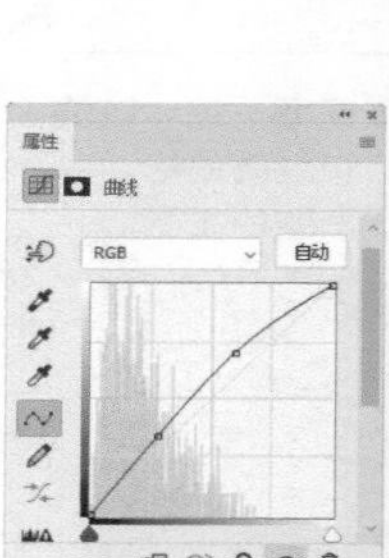

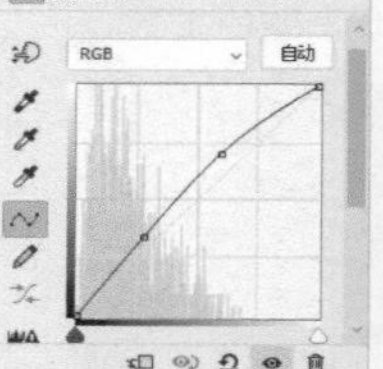

图10-159　　图10-160

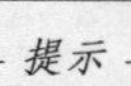

提示

在蒙版上涂抹黑色，可以隐藏调整效果；想让效果重现，可以涂抹白色；想降低调整效果的强度，可以将蒙版涂灰。修改蒙版时，可以按X键切换前景色和背景色。

10.2.5
实战：通道磨皮

扫码看视频

通道磨皮是传统的磨皮技术，比较成熟，磨皮前后的效果如图10-161所示。这种方法是在通道中对皮肤进行模糊，以消除色斑、痘痘等，再用曲线将色调提亮，让皮肤颜色变亮。有的会用到滤镜+蒙版磨皮，高级一些的还会用滤镜重塑皮肤纹理。

图10-161

01 将“绿”通道拖曳到“通道”面板中的⊞按钮上复制，如图10-162所示。现在文档窗口中显示的是“绿 拷贝”通道中的图像，如图10-163所示。

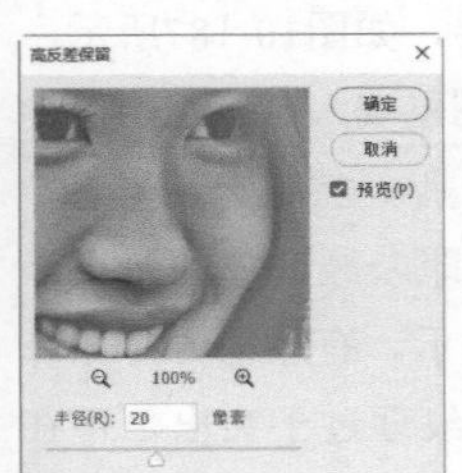

图10-162 图10-163

02 执行“滤镜>其他>高反差保留”命令，设置半径为20像素，如图10-164所示。执行“图像>计算”命令，打开“计算”对话框，选择“强光”混合模式，将“结果”设置为“新建通道”，如图10-165所示。单击“确定”按钮关闭对话框，新建的通道自动命名为“Alpha 1”，如图10-166和图10-167所示。

图10-164 图10-165

图10-166 图10-167

03 再执行两次“计算”命令，强化色点，得到“Alpha 3”通道，如图10-168所示。单击“通道”面板底部的 按钮，载入选区，如图10-169所示。按Ctrl+2快捷键，返回彩色图像编辑状态。

图10-168 图10-169

04 按Shift+Ctrl+I快捷键反选，按Ctrl+H快捷键隐藏选区，以便更好地观察图像。单击“调整”面板中的 按钮，创建“曲线”调整图层，将曲线略向上调整，如图10-170所示。经过磨皮处理，人物的皮肤变得光滑细腻，如图10-171所示。

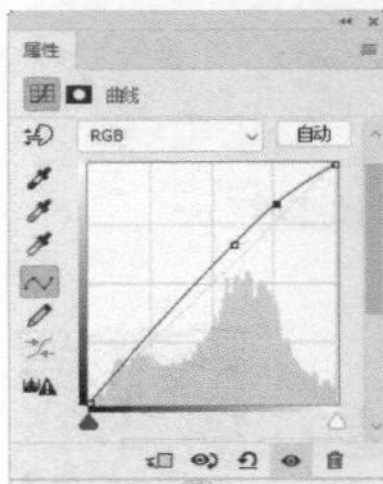

图10-170 图10-171

05 提亮肤色，修复小瑕疵。按Alt+Shift+Ctrl+E快捷键，将当前效果盖印到一个新的图层中，设置混合模式为“滤色”，不透明度为33%。单击“图层”面板中的 按钮，添加图层蒙版。使用渐变工具 在蒙版中填充线性渐变，将背景区域模糊，如图10-172和图10-173所示。

图10-172 图10-173

06 使用污点修复画笔工具 将面部瑕疵清除，如图10-174所示。执行“滤镜>锐化>USM锐化”命令，设置参数如图10-175所示，单击“确定”按钮，关闭对话框。再次应用该滤镜，加强锐化效果，如图10-176所示。

图10-174　图10-175

图10-176

07 创建一个“色阶”调整图层，向左拖曳中间调滑块，如图10-177所示，使皮肤的色调变亮。双击该调整图层，打开“图层样式”对话框，按住Alt键并拖曳“下一图层”的黑色滑块，将滑块拖曳至数值显示为164处，让底层图像的黑色像素显示出来，如图10-178和图10-179所示。

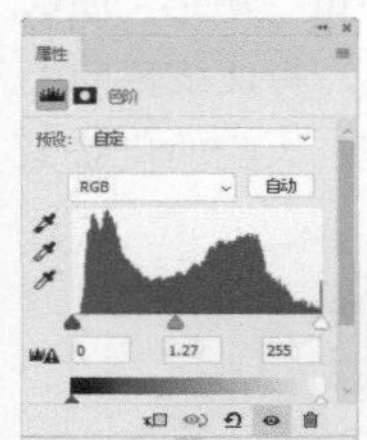

图10-177

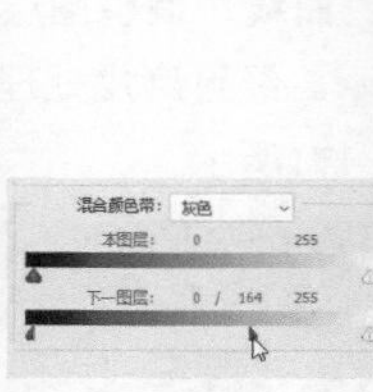

图10-178

图10-179

10.2.6 实战：强力祛斑+皮肤纹理再造

扫码看视频

如果皮肤纹理不明显，磨皮以后，光滑程度会更高，即使用“高反差保留”滤镜进行强化，也找不回细节，因为原本就没有多少细节。这种照片就只能通过再造皮肤纹理的方法进行补救。此类情况比较多，尤其是网上下载的素材，很多人像是被磨过皮的，而且皮肤细节已经磨没了。这种照片看上去很美，却没法使用。不过不用担心，只要掌握下面的方法，以后就知道该怎么处理了，如图10-180所示。

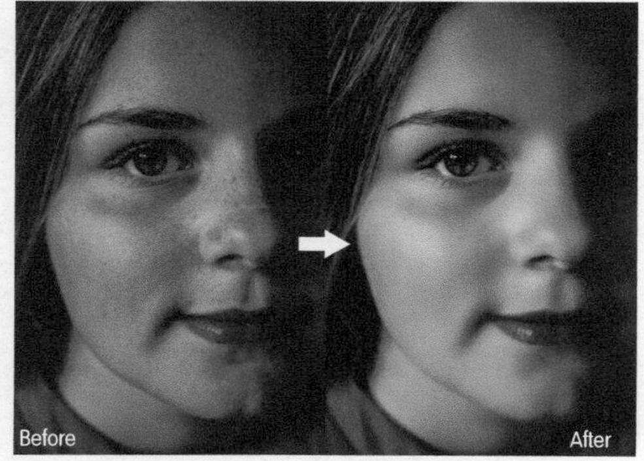

图10-180

01 先来修色斑。按两次Ctrl+J快捷键，复制“背景”图层并修改名称，如图10-181所示。执行“滤镜>模糊>表面模糊”命令，对下方图层磨皮，如图10-182和图10-183所示。

图10-181

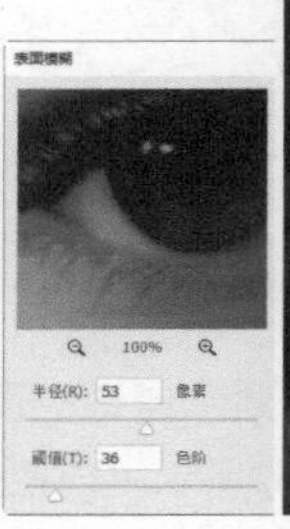

图10-182

图10-183

02 选择位于上方的图层。执行“滤镜>杂色>添加杂色”命令，生成杂点，如图10-184所示。执行“滤镜>风格化>浮雕效果”命令，让杂点立体化并呈现不规则排布的效果，类似于皮肤纹理状，如图10-185所示。设置混合模式为“柔光”，效果如图10-186所示。

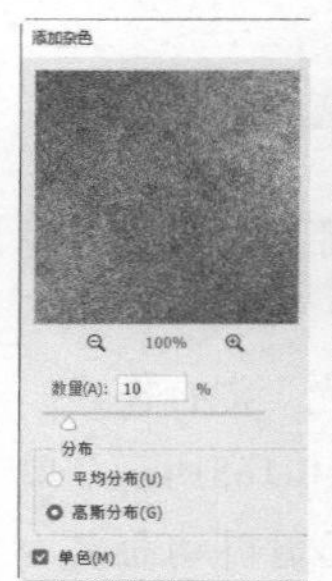

图10-184

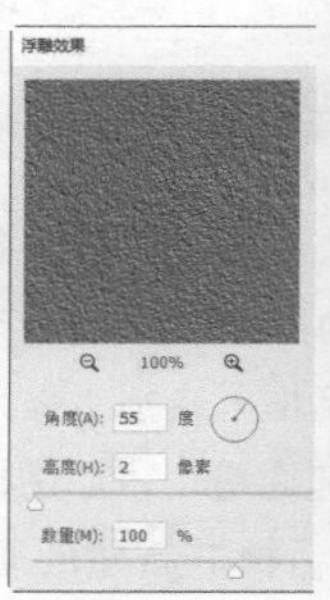

图10-185

图10-186

03 按住Ctrl键并单击下方图层，如图10-187所示，按Ctrl+G快捷键，将所选图层编入图层组中。单击 按钮添加蒙版。使用画笔工具 将眼睛、眉毛、嘴、头发和衣服涂黑，让原图，即未经磨皮的效果显现出来，如图10-188~图10-190所示。有些地方，如鼻子右侧的阴影区域、下巴等处的纹理过于突出，可在其上方涂灰色（可以通过按相应的数字键来改变画笔的不透明度），以降低纹理强度。

图10-187

图10-188

图10-189

图10-190

04 单击“调整”面板中的 按钮，创建“曲线”调整图层。将滑块对齐到直方图端点，增强色调的对比度，如图10-191和图10-192所示。

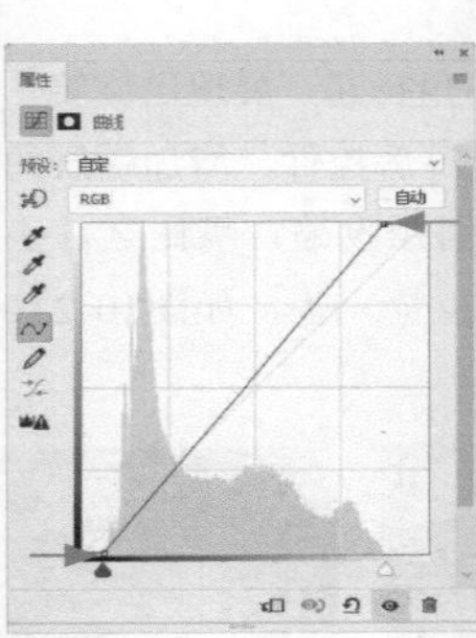
图10-191

图10-192

05 新建一个图层。选择污点修复画笔工具，勾选“近似匹配”和“对所有图层取样”选项，将脸上的小瑕疵修掉，主要修饰嘴到鼻子之间的皮肤，如图10-193和图10-194所示。将鼻梁上的色斑也清除掉。修复的内容会保存在新建的图层上，不会破坏原图像。

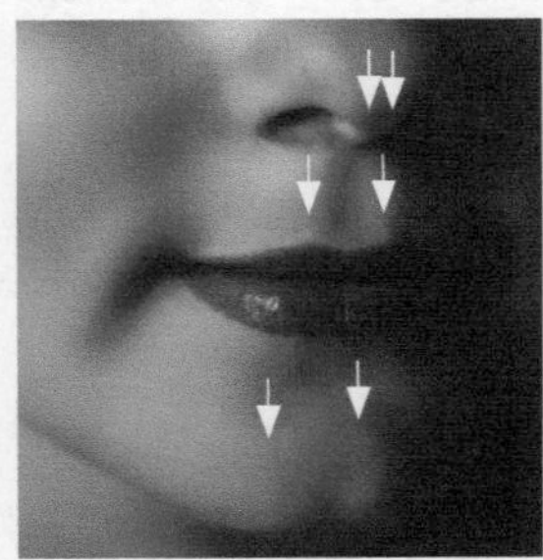
图10-193

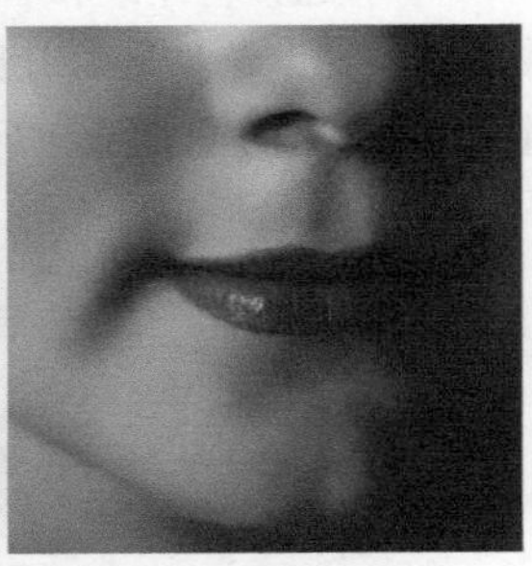
图10-194

06 单击“调整”面板中的 按钮，创建“可选颜色”调整图层。降低红、黄两种颜色中黑色的含量，使颜色变浅。由于肤色的主要成分就是红色和黄色，因此它们的明度提高后，皮肤就变亮了，如图10-195~图10-197所示。

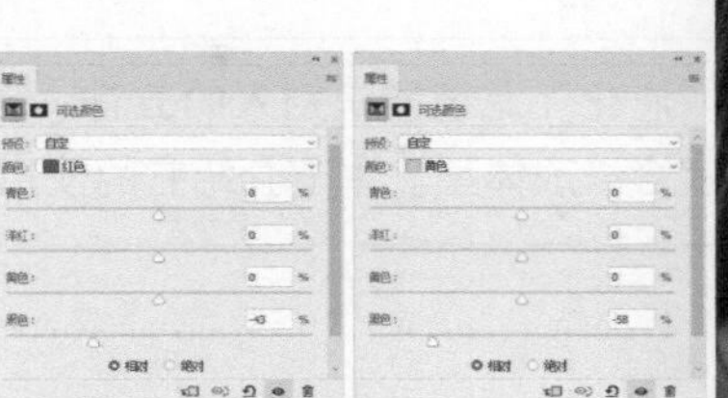
图10-195 图10-196

图10-197

07 将图层的不透明度设置为80%。选择画笔工具，将除皮肤之外的图像涂黑，限定好调整范围，如图10-198和图10-199所示。

图10-198

图10-199

08 提高眼睛的亮度。女孩的眼睛非常漂亮，增强对比度，可以让眼睛里的蓝色像湖水一样清澈，眼神光也更加突出。创建一个“曲线”调整图层，将曲线调整为图10-200所示的形状。将蒙版填充为黑色，然后使用画笔工具将瞳孔涂白，调整的重点就在这里，在周围的眼白上涂浅灰色，让眼白也明亮一些，如图10-201~图10-203所示。

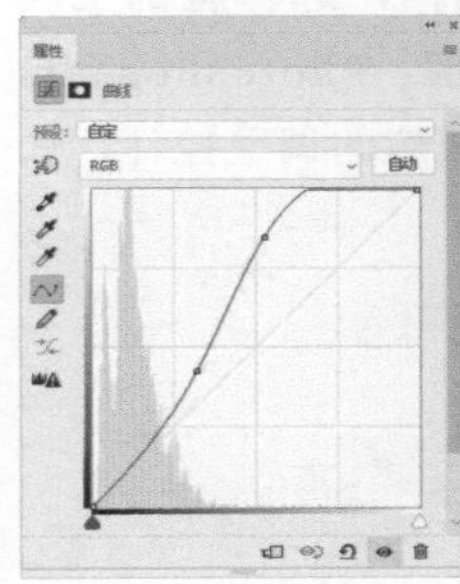
图10-200

图10-201

图10-202

图10-203

10.3 五官、体型及特殊修饰

“液化”滤镜能识别人的五官，可以调整脸、眼睛、鼻子、嘴的形态，其变形功能也非常适合修改体型。本节介绍它的使用方法。此外，还会讲解几种特殊的照片修饰方法。

10.3.1 实战：修出瓜子脸

“液化”滤镜中的工具可以对图像进行推拉、扭曲、旋转和收缩，也可以用预设的选项修改人的脸型和表情，如图10-204所示。它就像高温烤箱，可以把图像“烘焙”得柔软、可塑，像融化的凝胶一样。该滤镜能处理面向相机的面孔，半侧脸也可以，但完全侧脸就不太容易被检测出来。

扫码看视频

图10-204

01 打开素材。执行“滤镜>转换为智能滤镜”命令，将图层转换为智能对象。执行“滤镜>液化”命令，打开“液化”对话框，选择脸部工具，将鼠标指针移动到人物面部，Photoshop会自动识别图片中的人脸，并显示相应的调整控件，如图10-205所示。

图10-205

02 拖曳下颌控件，将下颌调窄，如图10-206所示。向上拖曳前额控件，让额头看上去长一些，如图10-207所示。

图10-206

图10-207

03 向上拖曳嘴角控件，让嘴角扬起，展现出微笑，如图10-208所示。拖曳上嘴唇控件，增加嘴唇的厚度，如图10-209所示。由于面颊收缩，嘴比之前小了，有些不自然，可将嘴唇再拉宽一些，如图10-210所示。

图10-208

图10-209

图10-210

04 单击“眼睛大小”和“眼睛斜度”选项右侧的 按钮，将左眼和右眼链接起来，然后拖曳滑块，调整这两个参数，让眼睛变大，并适当旋转。链接之后，两只眼睛的处理效果是对称的，如图10-211所示。

图10-211

05 五官的修饰基本完成了，但下颌骨还是有点突出，脸型显得不够圆润，可以手动调整。选择向前变形工具并设置参数，在脸颊下部拖曳鼠标，将脸向内推，如图10-212和图10-213所示。该工具的变形能力非常强，操作时，如果脸部轮廓被扭曲了，或左右脸颊不对称，可以按Ctrl+Z快捷键依次向前撤销，再重新调整。

图10-212

图10-213

提示

如果照片中有多个人，而只想编辑其中的一个，可在“选择脸部”选项右侧的下拉列表中将其选择，或者将鼠标指针放在其面部，显示控件后进行拖曳。

10.3.2 液化工具

执行“滤镜>液化”命令，打开“液化”对话框，如图10-214所示。变形工具有3种用法：单击一下、按住鼠标左键不放，以及拖曳鼠标。操作时，变形会集中在画笔区域中心，并会随着鼠标指针在某个区域的重复拖曳而增强。

图10-214

- 向前变形工具：可以推动像素，如图10-215所示。
- 重建工具：在变形区域单击或拖曳涂抹，可以将其恢复为原状。
- 平滑工具：可以对扭曲效果进行平滑处理。
- 顺时针旋转扭曲工具：可顺时针旋转像素，如图10-216所示。按住Alt键操作可逆时针旋转像素。

图10-215

图10-216

- 褶皱工具/膨胀工具：褶皱工具可以使像素向画笔区域的中心移动，产生收缩效果，如图10-217所示；膨胀工具可以使像素向画笔区域中心以外的方向移动，产生膨胀效果，如图10-218所示。使用其中的一个工具时，按住Alt键可以切换为另一个工具。此外，按住鼠标左键不放，可以持续地应用扭曲。

图10-217

图10-218

- 左推工具 ：可以将画笔下方的像素向鼠标指针移动方向的左侧推动。例如，将鼠标指针向上拖曳时，像素向左移动，如图10-219所示；将鼠标指针向下方拖曳时，像素向右移动，如图10-220所示。按住Alt键操作，可以反转图像的移动方向。

图10-219

图10-220

- 脸部工具 ：可以对人像的五官做出调整。
- 大小：可以设置各种变形工具，以及重建工具、冻结蒙版工具和解冻蒙版工具的画笔大小。也可以通过按［键和］键来进行调整。
- 密度：使用工具时，画笔中心的效果较强，并向画笔边缘逐渐衰减，因此，该值越小，画笔边缘的效果越弱。
- 压力/光笔压力：“画笔压力”用来设置工具的压力强度。如果计算机配置有数位板和压感笔，可以选取“光笔压力”选项，用压感笔的压力控制“画笔压力”。
- 速率：使用重建工具、顺时针旋转扭曲工具、褶皱工具、膨胀工具时，在画面中按住鼠标左键不放，“速率”决定这些工具的应用速度。例如，使用顺时针旋转扭曲工具时，“速率”值越高，图像的旋转速度越快。
- 固定边缘：勾选该选项，可以锁定图像边缘。

10.3.3

实战：10分钟瘦身

本实战介绍怎样使用“液化”滤镜将多余的脂肪和赘肉修掉，如图10-221所示。如果反向操作，则可以让身体看起来更强壮、肌肉更发达，这是修男性照片的方法。

扫码看视频

图10-221

01 为了不破坏原始图像，也便于修改，先执行“图层>智能对象>转换为智能对象”命令将“背景”图层转换为智能对象。执行“滤镜>液化”命令，打开“液化”对话框。默认选择的是向前变形工具，将“大小”设置为125，这样处理身体的轮廓比较合适。在对话框中，鼠标指针是一个圆形，代表了工具及其覆盖范围。将鼠标指针中心放在轮廓处，即工具的一半在身体内，一半在背景上，如图10-222所示，向身体内部拖曳鼠标，将身体轮廓往内“推”，如图10-223所示。通过［键和］键可以调整变形工具的大小，但画笔不能太大，否则容易把胳膊弯曲处这样的转折区域也给扭曲了；画笔太小也不行，那样的话轮廓显得很不流畅。

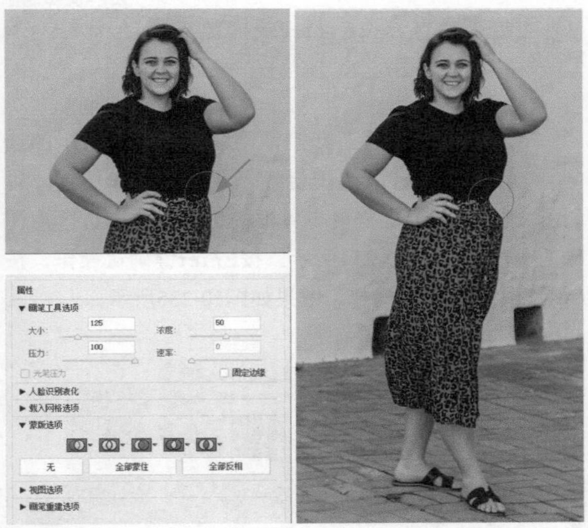

图10-222　　图10-223

02 通过前面的方法让身体“瘦下来”，如图10-224所示。按 [键将工具调小，处理图10-225所示几个区域的图像。处理时，有不满意的地方，可以按Ctrl+Z快捷键撤销操作。如果哪里的效果不好，可以使用重建工具将其恢复为原状，再重新扭曲。另外，有两点要注意：一是轮廓一定要流畅，能用大画笔的时候，尽量不要用小画笔；二是不能反复处理同一处区域，这会导致图像模糊不清。

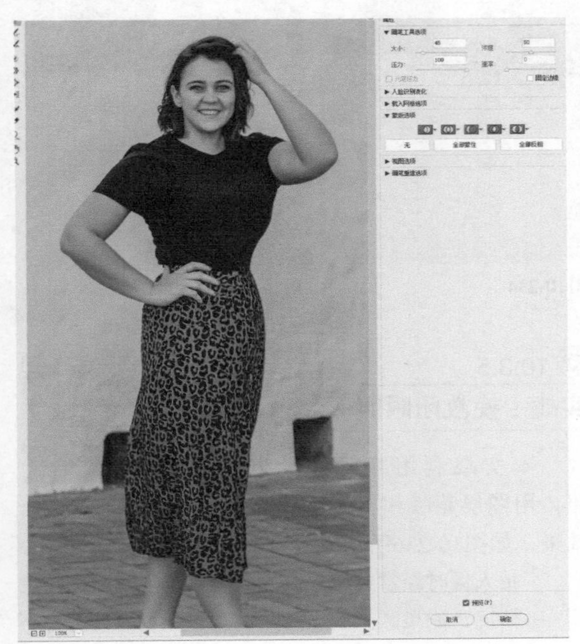

图10-224

图10-225

03 身体瘦下来之后，胳膊和腿显得更粗了。使用向前变形工具处理。这里要用一个技巧，就是使用冻结蒙版工具给头发区域做一下保护，以防止其被扭曲，如图10-226所示，之后再处理与其接近处的图像（胳膊），效果如图10-227所示。

图10-226

图10-227

04 另一只胳膊主要是处理外侧，所以不需要冻结，直接扭曲即可，如图10-228和图10-229所示。

图10-228　　图10-229

05 处理腿，如图10-230和图10-231所示。腿后面的背景是地砖，地砖的边界线如果被扭曲了，要修正过来。

图10-230

图10-231

10.3.4

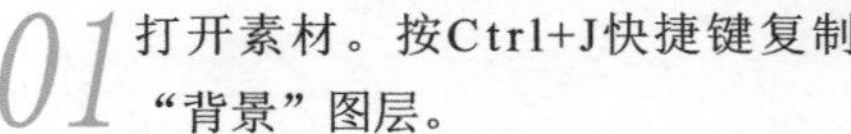

实战：修出大长腿

扫码看视频

01 打开素材。按Ctrl+J快捷键复制“背景”图层。

02 选择矩形选框工具，创建图10-232所示的选区。按Ctrl+T快捷键显示定界框，如图10-233所示。按住Shift键拖曳定界框的边界，调整选区内图像的高度，如图10-234所示。按Enter键确认操作，按Ctrl+D快捷键取消选择，效果如图10-235所示。

图10-232

图10-233

图10-234

图10-235

10.3.5

实战：挽救闭眼照

扫码看视频

本实战利用睁眼照片修复闭眼照，用图层蒙版和不透明度合成到一处并控制融合效果，如图10-236所示。

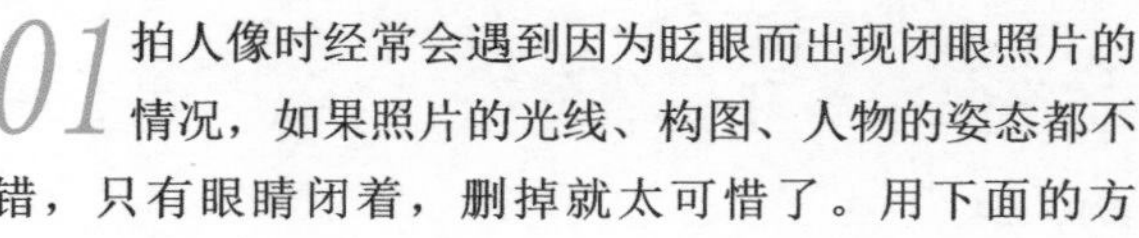

01 拍人像时经常会遇到因为眨眼而出现闭眼照片的情况，如果照片的光线、构图、人物的姿态都不错，只有眼睛闭着，删掉就太可惜了。用下面的方

法可以修复闭眼照片。打开两张照片，如图10-237和图10-238所示。

图10-236

图10-237

图10-238

02 使用矩形选框工具创建一个矩形选区，将眼睛选取，如图10-239所示。将鼠标指针放在选区内，按住Ctrl键并拖曳，将其拖曳到闭眼照片中，得到一个新的图层，设置不透明度为60%，如图10-240所示。

图10-239

图10-240

03 按Ctrl+T快捷键显示定界框，拖曳定界框的一角，进行等比缩放，通过调整图像大小，使眼睛符合面部比例，在定界框外拖曳鼠标，适当旋转，以与背景人物的角度相适应，如图10-241所示。

04 按Enter键确认。将该图层的不透明度恢复为100%。单击按钮添加蒙版。使用画笔工具在眼睛周围的皮肤上涂抹黑色，将其隐藏，使图像能够更好地融合，如图10-242所示。

图10-241

图10-242

10.3.6

实战：风光照去除人物

在旅游景点、名胜古迹等人多的地方拍照时，难免会拍到不相干的人。下面介绍一种可以快速去除人物的方法，如图10-243所示。

扫码看视频

图10-243

01 选择多边形套索工具，单击工具选项栏中的添加到选区按钮，如图10-244所示。在画面中创建选区，将人及投影选中，如图10-245所示。

图10-244

图10-245

02 执行“编辑>内容识别填充”命令，切换到这一工作区。设置“颜色适应”为“高”，如图10-246所示，Photoshop会从选区周围复制图像来填充选区。观察“预览”面板中的填充效果，位于女孩腿部的云彩衔接得不太自然，如图10-247所示。

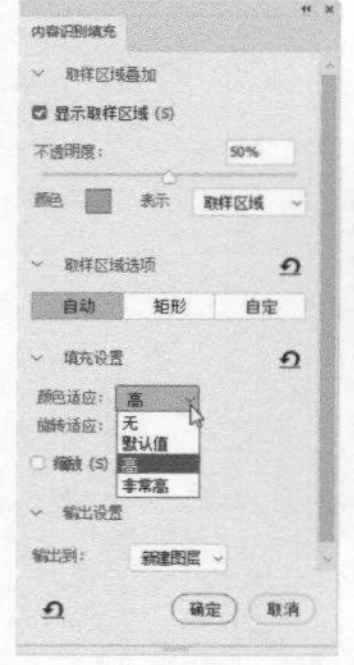

图10-246

图10-247

03 选择取样画笔工具，单击⊖按钮，在腿部涂抹，将取样位置向外扩展一些，如图10-248所示。单击“确定”按钮，填充选区并应用到一个新的图层中，效果如图10-249所示。

图10-248

图10-249

10.3.7 实战：为黑白照片快速上色（Neural Filters滤镜）

本实战使用Neural Filters滤镜为黑白照片上色，如图10-250所示。

扫 码 看 视 频

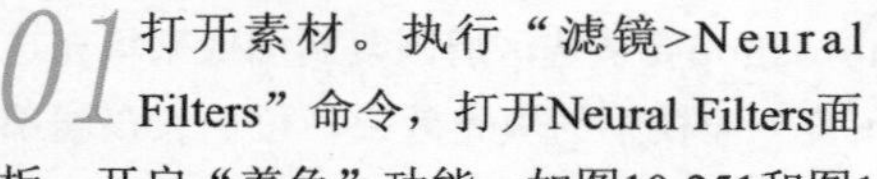

01 打开素材。执行“滤镜>Neural Filters”命令，打开Neural Filters面板。开启“着色”功能，如图10-251和图10-252所示。

Before After

图10-250

图10-251

图10-252

02 将鼠标指针移动到衣领上，单击鼠标添加一个焦点，此时会弹出“拾色器”对话框，将颜色设置为蓝色，如图10-253所示。单击“确定”按钮关闭对话框，为衣领上色，如图10-254所示。

图10-253

图10-254

03 按住Alt键拖曳焦点，复制一个焦点并移至肩部，如图10-255和图10-256所示。单击“确定”按钮关闭对话框。

图10-255

图10-256

10.3.8 实战：制作高调黑白人像照片

本实战对彩色照片进行去色处理，再通过混合模式提高亮度，用滤镜制作朦胧效果，如图10-257所示。

图10-257

在人像、风光和纪实摄影领域，黑白照片是具有特殊魅力的一种艺术表现形式。高调是由灰色级谱的上半部分构成的，主要包含白、极浅灰、浅灰、深浅灰和中灰，如图10-258所示。因此，表现轻盈、明快、单纯、清秀、优美等艺术氛围的照片，均可称为高调照片。

01 按Ctrl+O快捷键，打开照片素材，如图10-259所示。

图10-258 图10-259

02 执行“图像>调整>去色”命令，删除颜色，将其转变为黑白效果，如图10-260所示。按Ctrl+J快捷键复制“背景”图层，得到“图层1”，设置它的混合模式为“滤色”，不透明度为70%，提高图像的亮度，如图10-261所示。

图10-260 图10-261

03 执行“滤镜>模糊>高斯模糊”命令，对图像进行模糊处理，使色调变得柔美，如图10-262和图10-263所示。

图10-262 图10-263

降噪与锐化

噪点是数码照片中的杂色和杂点，会影响图像细节、降低画质。降噪就是使用滤镜或其他方法对噪点进行模糊处理，使其不再明显。锐化照片则可以让看图像细节上去更加清晰。

10.4.1 实战：用“减少杂色”滤镜降噪

扫码看视频

图像和色彩信息保存在颜色通道，因此，噪点也在颜色通道中，只是分布并不均衡，有的通道噪点多一些，有的可能少一些。如果对噪点多的通道进行较大幅度的模糊，对噪点少的通道进行轻微模糊或者不做处理，就可以在不过多影响图像清晰度的情况下最大程度地减少噪点。下面就用这种方法给人像照片降噪。

01 打开素材，如图10-264所示。双击缩放工具🔍，让图像以100%的比例显示，以便看清细节。可以看到，颜色噪点还是比较多的，如图10-265所示。

图10-264 图10-265

02 分别按Ctrl+3、Ctrl+4、Ctrl+5快捷键，逐个显示红、绿、蓝通道，如图10-266所示。可以看到，蓝通道中的噪点最多，红通道中的最少。

红通道

绿通道

蓝通道

图10-266

03 按Ctrl+2快捷键，恢复彩色图像的显示。执行“滤镜>杂色>减少杂色”命令，打开“减少杂色”对话框。选择“高级”单选项，然后单击“每通道”选项卡，在“通道”下拉列表中选择“绿”选项，拖曳滑块，减少绿通道中的杂色，如图10-267所示。之后减少蓝通道中的杂色，如图10-268所示。

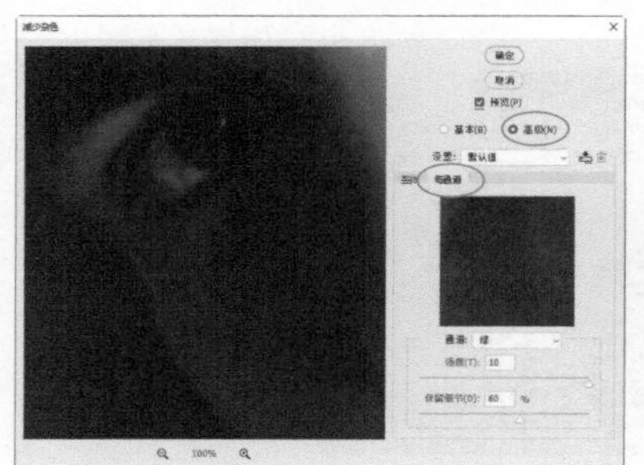

图10-267

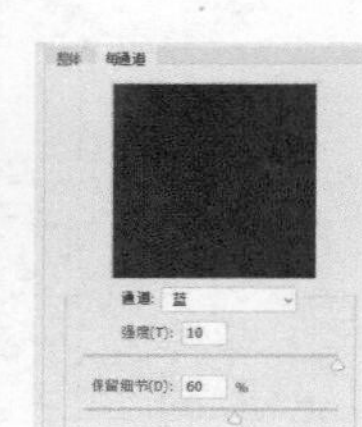

图10-268

04 单击“整体”选项卡，将“强度”值调到最大，其他参数的设置如图10-269所示。单击“确定”按钮关闭对话框。图10-270和图10-271所示分别为原图及降噪后的效果（局部）。

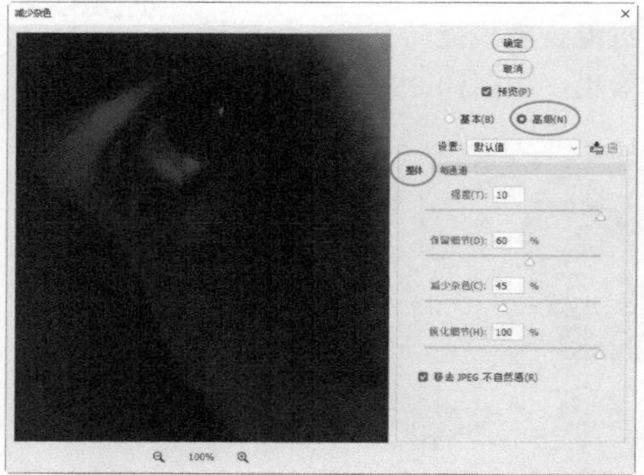

图10-269

原图

图10-270

降噪后

图10-271

"减少杂色"滤镜选项

- 设置：单击按钮，可以将当前设置的调整参数保存为一个预设，以后需要使用该参数调整图像时，可在"设置"下拉列表中将它选中，从而对图像进行自动调整。如果要删除创建的自定义预设，可以单击按钮。
- 强度：用来控制应用于所有图像通道的亮度杂色的减少量。
- 保留细节：用来设置图像边缘和图像细节的保留程度。当该值为100%时，可保留大多数图像细节，但亮度杂色减少不明显。
- 减少杂色：用来消除随机的颜色像素，该值越高，减少的杂色越多。
- 锐化细节：可以对图像进行锐化。
- 移去JPEG不自然感：可以去除由于使用低JPEG品质设置存储图像而导致的斑驳的图像伪像和光晕。

10.4.2 实战：针对暗调和亮调分别锐化

扫码看视频

本实战学习使用"智能锐化"滤镜针对不同的色调区域进行锐化，锐化前后的对比效果如图10-272所示。

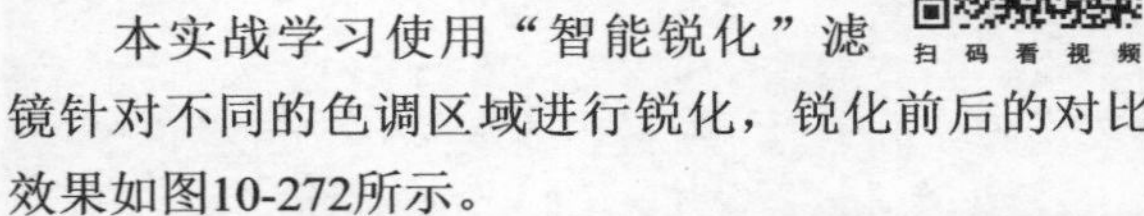

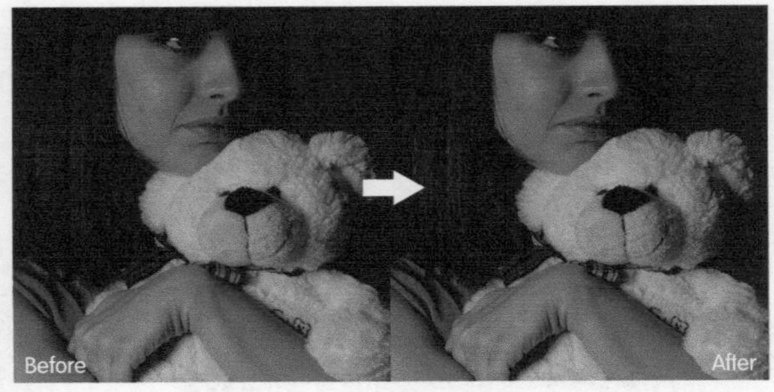

图10-272

01 按Ctrl+J快捷键，复制"背景"图层，执行"滤镜>转换为智能滤镜"命令，将图层转换为智能对象。执行"滤镜>锐化>智能锐化"命令，设置参数，如图10-273所示。单击"确定"按钮，关闭对话框。

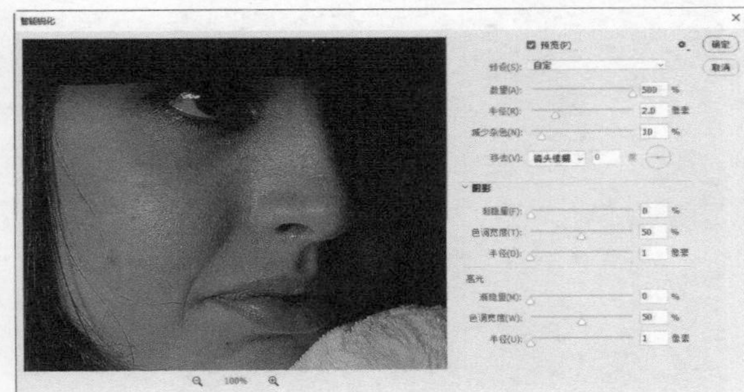

图10-273

02 将该图层的混合模式设置为"变暗"，将亮色调的锐化强度降下来，如图10-274和图10-275所示。

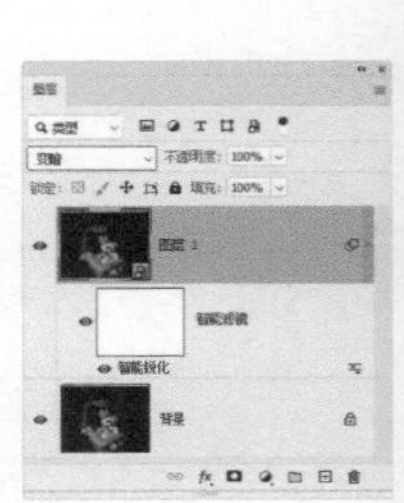

图10-274　图10-275

03 按Ctrl+J快捷键复制当前图层，修改混合模式为"变亮"，效果如图10-276所示。这一步锐化针对的是亮色调，但强度过大。将鼠标指针移动到智能滤镜名称上，如图10-277所示，双击，打开"智能锐化"对话框，将参数调低，如图10-278所示。单击"确定"按钮，关闭对话框。

图10-276　图10-277

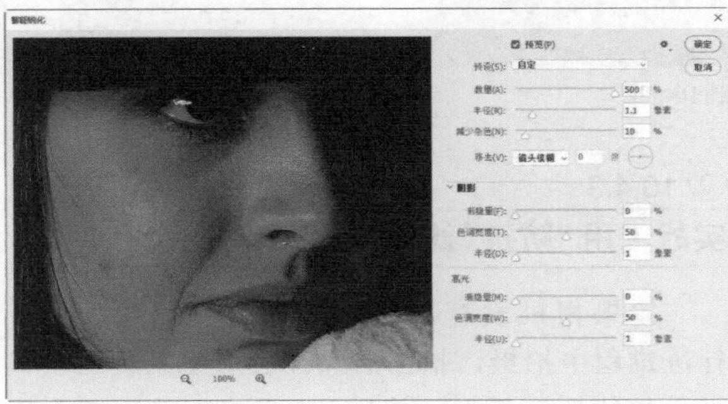

图10-278

04 按住Ctrl键单击智能滤镜图层，如图10-279所示，按Ctrl+G快捷键，将所选图层编入图层组中。单击"图层"面板中的按钮，添加蒙版，如图10-280所示。

05 使用画笔工具在皮肤上涂抹深灰色，降低皮肤的锐化强度，如图10-281和图10-282所示。

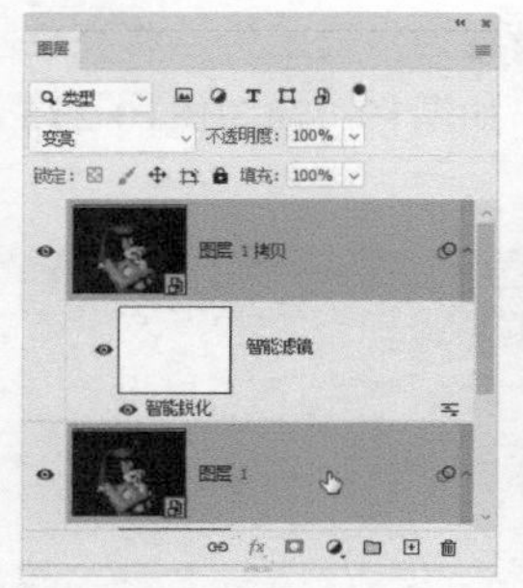

图10-279

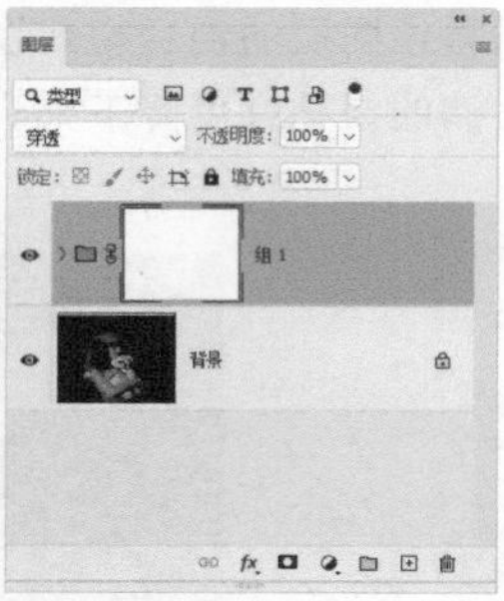

图10-280

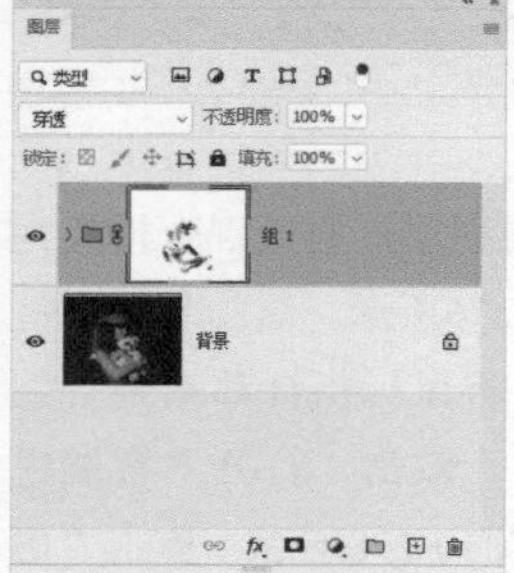

图10-281

图10-282

10.4.3 实战：用“防抖”滤镜锐化

扫码看视频

如果相机没有固定好，或者在行进过程中拍摄，拍出的照片会产生某种运动模糊，如线性、弧形、旋转和Z形模糊等，那么用“防抖”滤镜锐化的效果最好，因为该滤镜能“对症下药”。该滤镜锐化非运动型模糊也很有效。例如，锐化曝光适度且杂色较少的图像，包括使用长焦镜头拍摄的室内或室外图像，以及在不开闪光灯的情况下使用较慢的快门拍摄的室内照片，如图10-283所示。此外，用它来锐化模糊的文字，效果也非常好。

01 打开素材。执行“滤镜>转换为智能滤镜”命令，将图像转换为智能对象。执行“滤镜>锐化>防抖”命令，打开“防抖”对话框。Photoshop 会分析图像中适合使用防抖功能处理的区域，并确定模糊性质，然后给出相应的参数。按Ctrl++快捷键，将视图比例调整为100%。图像上的“细节”窗口中显示的是锐化结果，将其拖曳到图10-284所示的位置，使它覆盖眼睛和头发。先关掉伪像抑制功能（取消“伪像抑制”选项的勾选），它是用来控制杂色的，比较耗费计算时间；再将“平滑”设置为0%，即关掉这个功能，此时只进行锐化处理。拖曳“模糊描摹边界”滑块，同时观察窗口，大概到65像素时就差不多了，再高的话，纹理就不好控制了，如图10-285所示。

图10-283

图10-284

图10-285

02 拖曳“平滑”滑块，让画质柔和一些，类似于进行了轻微的模糊处理，如图10-286所示。

图10-286

03 勾选“伪像抑制”选项，然后拖曳下方的滑块，将伪像尽量抵消，如图10-287所示，这里主要处理的是五官，效果到位就可以了，头发是次要的。单击“确定”按钮关闭对话框。

图10-287

04 单击智能滤镜的蒙版，如图10-288所示。选择画笔工具及柔边圆画笔，将不透明度设置为50%，在头发上涂抹黑色，通过蒙版的遮挡降低锐化强度。将衣服的边线也涂黑，如图10-289所示。图10-290和图10-291所示为原图及锐化后的效果（局部）。

图10-288

图10-289

锐化前

图10-290

锐化后

图10-291

10.4.4 “防抖”滤镜参数详解

“防抖”滤镜工具和基本选项

- 模糊评估工具：使用该工具在对话框中的画面上单击，窗口右下角的“细节”预览区会显示单击点图像的细节；在画面上拖曳鼠标，则可以自由定义模糊评估区域。
- 模糊方向工具：使用该工具可以在画面中手动绘制表示模糊方向的直线，这种方法适合处理因相机线性运动而产生的图像模糊。如果要准确调整描摹长度和方向，可以在“模糊描摹设置”选项组中进行调整。按[键或]键可微调长度，按Ctrl+[快捷键或Ctrl+]快捷键可微调角度。
- 模糊描摹边界：模糊描摹边界是Photoshop估计的模糊大小（以像素为单位），如图10-292和图10-293所示。也可以拖曳该选项中的滑块，自己调整。

模糊描摹边界10为像素
图10-292

模糊描摹边界为199像素
图10-293

● 源杂色： 默认状态下，Photoshop会自动估计图像中的杂色量。我们也可以根据需要选择不同的值（自动/低/中/高）。

● 平滑： 可以减少由于高频锐化而出现的杂色，如图10-294和图10-295所示。Adobe的建议是将“平滑”保持为较低的值。

平滑50%
图10-294

平滑100%
图10-295

● 伪像抑制： 锐化图像时，如果出现了明显的杂色伪像，如图10-296所示。可以将该值设置得较高，以便抑制这些伪像，如图10-297所示。100% 伪像抑制会产生原始图像，而0% 伪像抑制不会抑制任何杂色伪像。

伪像抑制0%
图10-296

伪像抑制100%
图10-297

高级选项

图像的不同区域可能具有不同形状的模糊。在默认状态下，“防抖”滤镜只将模糊描摹（模糊描摹表示影响图像中选定区域的模糊形状）应用于图像的默认区域，即Photoshop所确定的适合模糊评估的区域，如图10-298所示。单击“高级”选项组中的按钮，Photoshop会突出显示图像中适于模糊评估的区域，并为其创建模糊描摹，如图10-299所示。也可使用模糊评估工具，在具有一定边缘对比的图像区域中手动创建模糊评估区域。

图10-298

图10-299

创建多个模糊评估区域后，按住Ctrl键并单击这些区域，如图10-300所示。这时Photoshop 会显示它们的预览窗口，如图10-301所示。此时可调整窗口上方的“平滑”和“伪像抑制”选项，并查看对图像有何影响。

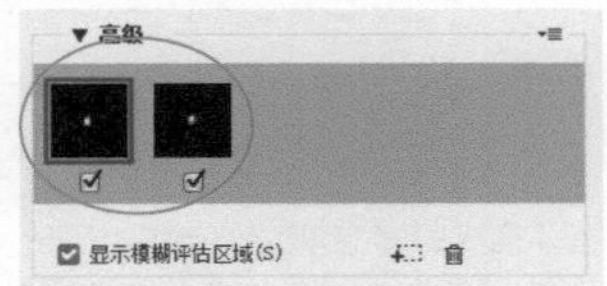

图10-300

图10-301

如果要删除一个模糊评估区域，可以在“高级”选项组中单击它，然后单击按钮。如果要隐藏画面中的模糊评估区域组件，可以取消勾选“显示模糊评估区域”选项。

查看细节

单击“细节”选项组左下角的图标，模糊评估区域会自动移动到“细节”窗口中所显示的图像上。

单击按钮或按Q键，“细节”窗口会移动到画面上。在该窗口中拖曳鼠标，可以移动它的位置。如果想要观察哪里的细节，就可以将窗口拖曳到其上。再次按Q键，可将其停放回原先的位置。

第11章 路径与UI设计

【本章简介】

本章介绍Photoshop中的矢量功能。在实际工作中，App设计、UI设计、VI设计、网页设计等所涉及的图形和界面大多用矢量工具绘制，因为矢量功能绘图方便、容易修改，而且可以无损缩放，加之与图层样式及滤镜等结合使用，可以模拟金属、玻璃、木材、大理石等材质；表现纹理、浮雕、光滑、褶皱等质感；以及创建发光、反射、反光和投影等特效。学好矢量功能的关键是掌握绘图方法，尤其是用钢笔工具绘图，需要经过大量练习才能得心应手。

【学习目标】

通过本章的学习，我们要掌握如何在Photoshop中绘制和编辑矢量图形。除此之外，还要了解UI设计基本流程，学会制作扁平化图标、收藏区、客服区、卡片流式列表等。

【学习重点】

矢量图形及绘图模式

Photoshop中的矢量工具不仅可以绘制矢量图，也能绘制位图，这取决于绘图模式如何设定。选取矢量绘图工具时，可以在工具选项栏中设置绘图模式。

11.1.1 什么是矢量图形

矢量图形也叫矢量形状或矢量对象，是由被称作矢量的数学对象定义的直线和曲线构成的。在Photoshop中，矢量图形主要是指用钢笔工具 或形状工具绘制的路径和形状，以及加载到Photoshop中的由其他软件制作的可编辑的矢量素材。

从外观上看，路径是一段一段的线条状轮廓，各个路径段由锚点连接，路径的外形也通过锚点调节，如图11-1所示。矢量图形与分辨率无关，无论怎样旋转和缩放都是清晰的，是真正能做到无损编辑的对象。

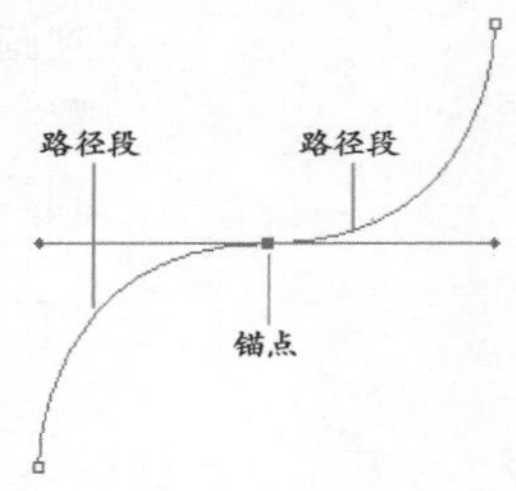

图11-1

11.1.2 绘图模式

矢量工具一般能创建3种对象——形状、路径和像素（前两种是矢量对象，后一种是图像），因此在操作前，需要“告诉”Photoshop我们需要绘制哪种对象，这就是选取绘图模式。

使用“形状”模式绘制出的是形状图层，其轮廓是矢量图形，内部可用纯色、渐变和图案填充。创建后，形状图层同时出现在“图层”和“路径”面板中，如图11-2所示。

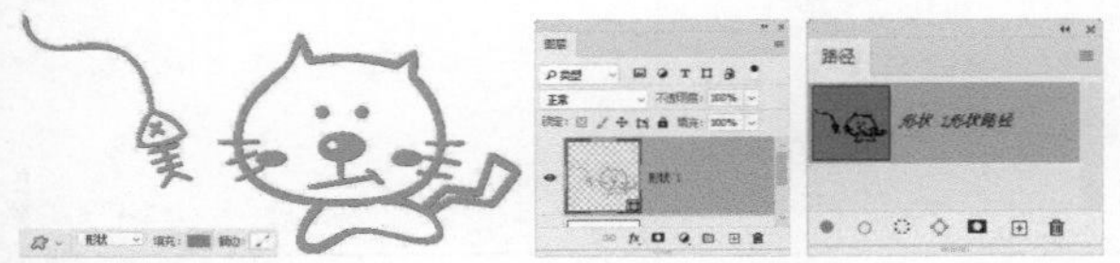

图11-2

使用“路径”模式绘制出的是路径轮廓，只保存在“路径”面板中，如图11-3所示。绘制路径后，单击工具选项栏中的“选区”“蒙版”“形状”按钮，可将其转换为选区、矢量蒙版和形状图层。

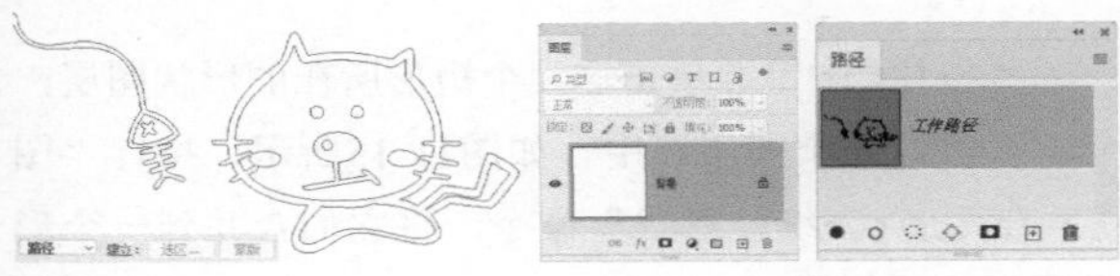

图11-3

使用“像素”模式，可以在当前图层中绘制出用前景色填充的图像，如图11-4所示。此时还可在工具选项栏中设置其混合模式和不透明度。如果想使图像的边缘平滑，可以勾选“消除锯齿”选项。

图11-4

11.1.3 填充和描边路径

选择“形状”选项后，可单击“填充”和“描边”选项，在打开的下拉面板中选择用纯色、渐变或图案对图形进行填充和描边，如图11-5~图11-7所示。

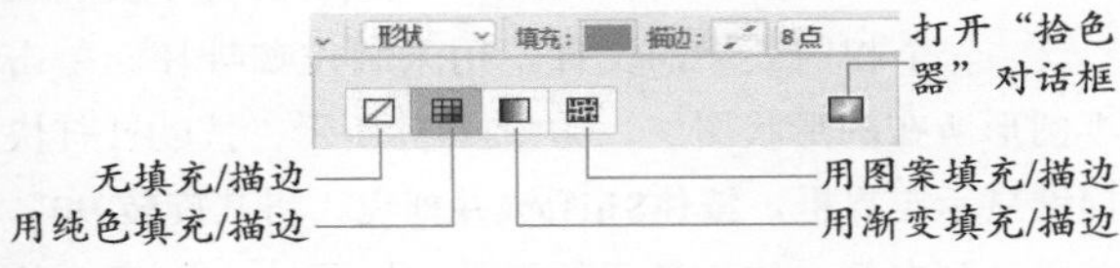

图11-5

用渐变填充

图11-6

用渐变描边

图11-7

11.1.4 路径运算

使用选择类工具选取对象时，通常要对选区进行相加、相减等运算，以使其符合要求。路径也可以进行运算，原理与选区运算一样，只是操作方法稍有不同。

进行路径运算时至少需要两个图形，如果图形是现成的，使用路径选择工具 将它们选取便可；如果是在绘制路径时进行运算，可先绘制一个图形，之后单击工具选项栏中的按钮，打开下拉菜单选择运算方法，如图11-8所示，再绘制另一个图形。

以图11-9所示的两个图形为例，不同的运算方法，会得到不同的图形，如图11-10所示。

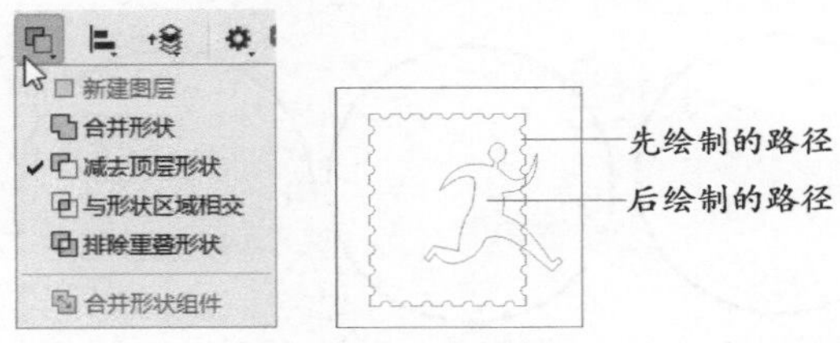

图11-8　图11-9

合并形状　减去顶层形状

与形状区域相交　排除重叠形状

图11-10

- 新建图层 ：可以创建新的路径层。
- 合并形状：将新绘制的图形与现有的图形合并。
- 减去顶层形状：从现有的图形中减去新绘制的图形。
- 与形状区域相交：选择该选项后，得到的图形为新图形与现有图形相交的区域。
- 排除重叠形状：选择该选项后，得到的图形为合并路径中排除重叠的区域。
- 合并形状组件：可以合并重叠的路径组件。

用形状工具绘图

Photoshop中的形状工具有6个，可以用来绘制三角形、矩形、圆角矩形、椭圆形、圆形、多边形、星形、直线和自定形状等。其中的自定形状工具还可绘制Photoshop中预设的图形、用户自定义的图形，以及从外部加载的图形。

11.2.1
实战：设计两款条码签

01 选择椭圆工具，在工具选项栏中选取“形状”选项，设置描边颜色为黑色，宽度为5像素，按住Shift键拖曳鼠标创建圆形，如图11-11所示。

02 使用直接选择工具单击圆形底部的锚点，将其选中，如图11-12所示，按Delete键删除，得到一个半圆，如图11-13所示。

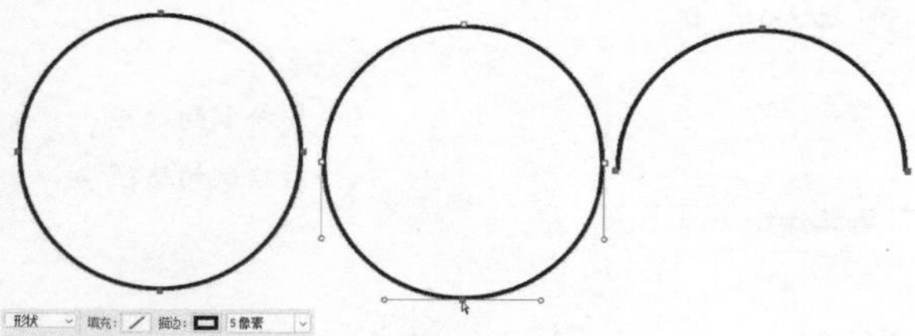

图11-11　图11-12　图11-13

03 执行“视图>显示>智能参考线”命令，开启智能参考线。选择矩形工具及“形状”选项，设置填充和描边颜色为黑色，创建几个矩形，如图11-14所示。有了智能参考线的帮助，可以轻松对齐图形。

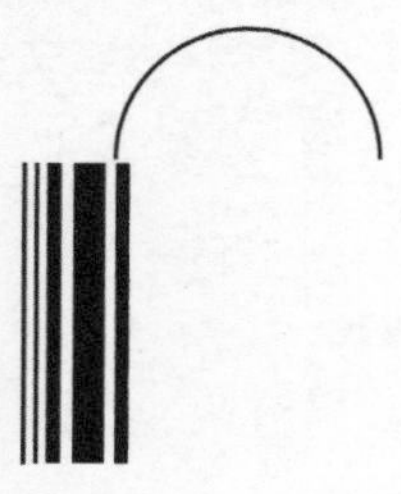

图11-14

04 按住Ctrl键并单击这几个矩形所在的形状图层，将这几个图层选中，如图11-15所示，执行“图层>合并形状>统一形状”命令，将它们合并到一个形状图层中，如图11-16所示。

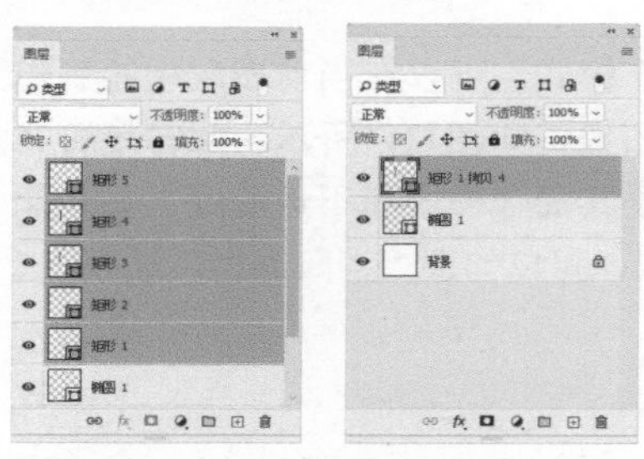

图11-15　图11-16

> **提示**
>
> 选择多个形状图层后，执行“图层>合并形状”子菜单中的命令，可以将所选形状合并到一个形状图层中，并进行图形运算。
>
> 合并形状(H)　统一形状　减去顶层形状　统一重叠处形状　减去重叠处形状
> 对齐(I)
> 分布(T)

05 新建一个图层。修改矩形工具的填充和描边颜色，采用同样的方法再制作几组矩形，组成一个完整的手提袋。使用横排文字工具 T 在手提袋的底部单击，然后输入一行数字，如图11-17所示。

06 执行“图像>复制”命令，从当前文件中复制出一个相同效果的文件，用来制作咖啡杯。单击半圆形所在的形状图层，如图11-18所示，按Ctrl+T快捷键显示定界框，按住Shift键并拖曳，将其旋转-90°并移动到左侧，作为杯子的把手，如图11-19所示。按Enter键确认。选择矩形工具，设置描边宽度为15

像素，将把手加粗，如图11-20所示。

图11-17

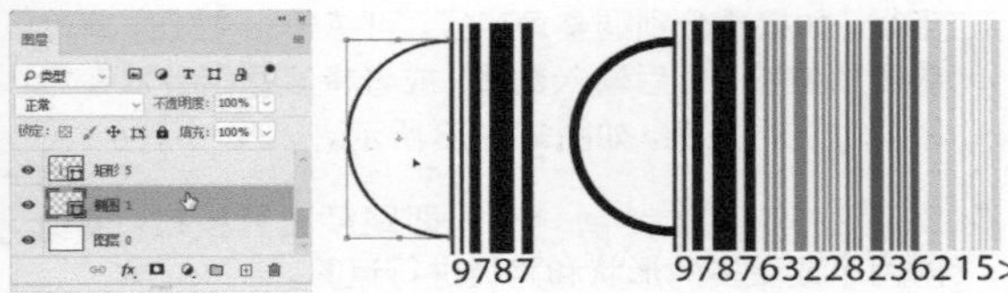

图11-18

图11-19　图11-20

07 创建一个矩形，如图11-21所示。按Ctrl+T快捷键显示定界框，按住Shift+Alt+Ctrl键并拖曳底部的控制点，进行透视扭曲，制作出小盘子，按Enter键确认，如图11-22所示。

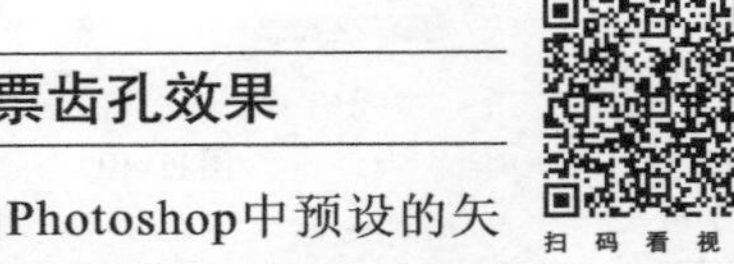

图11-21　图11-22

11.2.2 实战：制作邮票齿孔效果

扫码看视频

本实战使用Photoshop中预设的矢量图形制作邮票齿孔效果，如图11-23所示。由于邮票图形不用自己“画”，所以操作相对比较简单，但这并不代表绘制矢量图形没有难度。

图11-23

01 打开素材，如图11-24所示。选择图框工具，单击工具选项栏中的按钮，在小羊图像上创建矩形图框，图框外的内容会被隐藏，同时，图像会转换为智能对象，如图11-25和图11-26所示。

图11-24　图11-25　图11-26

02 选择自定形状工具，在工具选项栏中选取“形状”选项，设置填充颜色为白色。单击“形状”选项右侧的按钮，打开形状下拉面板，选择邮票状图形，如图11-27所示。

图11-27

03 单击“背景”图层，如图11-28所示。在画布上按住 Shift 键并拖曳鼠标，绘制图形，如图11-29所示。

图11-28　图11-29

提示

绘制图形时，向上、下、左、右方向拖曳鼠标，可以拉伸图形。按住Shift键并拖曳，可以让图形保持原有的比例。

04 双击邮票形状图层，打开“图层样式”对话框，添加“投影”效果，如图11-30和图11-31所示。

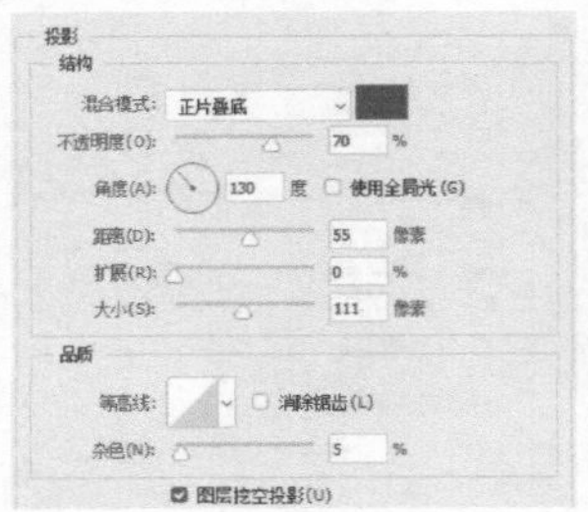

图11-30　图11-31

05 使用横排文字工具 T 添加文字，如图11-32所示。下面我们来替换图框中的图像。单击小羊所在的图层，如图11-33所示，使用“文件>置入嵌入的对象”命令，可在图框中重新置入一幅图像，如图11-34所示。

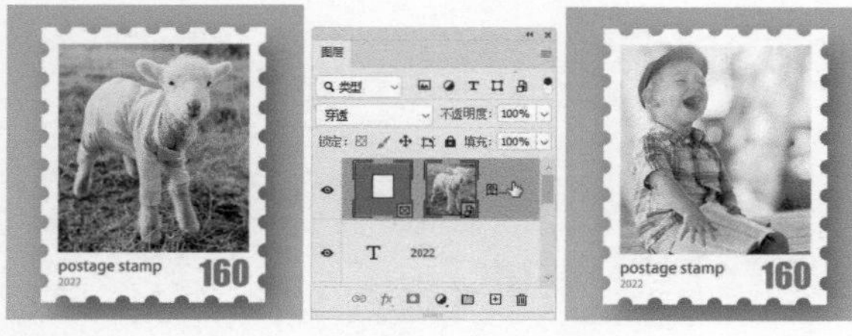

图11-32　图11-33　图11-34

11.2.3 修改实时形状

当以形状图层或路径的形式创建矩形、三角形、多边形和直线后，如图11-35所示，可以拖曳控件调整图形大小和角度，也可将直角改成圆角，如图11-36所示。

图11-35

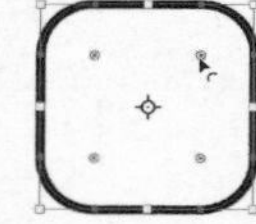 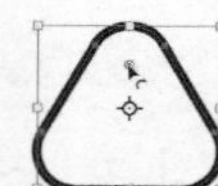 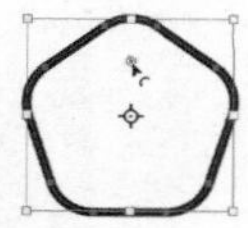 

图11-36

此外，也可通过“属性”面板调整图形的大小、位置、填色和描边，如图11-37和图11-38所示。

图11-37

图11-38

- W/H/X/Y： 可以设置图形的宽度（W）和高度（H），水平位置（X）和垂直位置（Y）。
- 填色/描边： 可以设置填充和描边颜色。
- 描边宽度/描边样式： 可以设置描边宽度（40像素），选择用实线、虚线和圆点来描边（）。
- 描边选项： 单击按钮，可在打开的下拉菜单中设置描边与路径的对齐方式，包括内部、居中和外部；单击按钮，可以设置描边的端点样式，包括端面、圆形和方形；单击按钮，可以设置路径转角处的转折样式，包括斜接、圆形和斜面。
- 修改角半径： 创建矩形或圆角矩形后，可以调整角半径。如果要分别调整角半径，可单击按钮，解除参数的链接，之后输入数值，或者将鼠标指针放在角图标上进行拖曳，如图 11–38 所示。
- 路径查找器： 即路径运算按钮，可以对两个或更多的形状和路径进行运算。

11.2.4 加载外部形状库

单击“形状”面板右上角的按钮，打开面板菜单，如图11-39所示，执行“导入形状”命令，可以将本书配套资源中提供的形状库加载到该面板中，如图11-40和图11-41所示。如果从网上下载了形状库，也可以使用该命令进行加载。

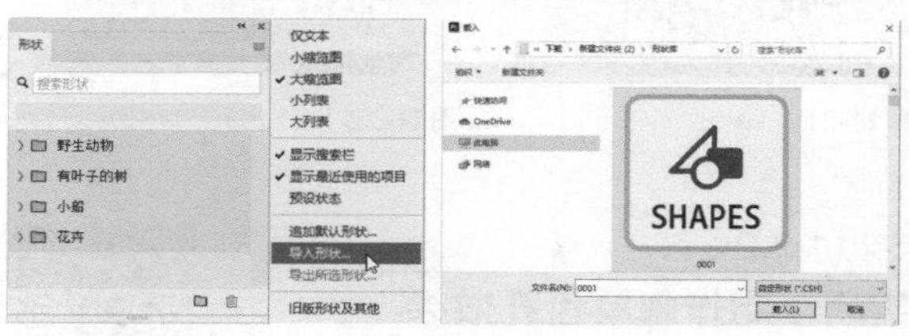

图11-39　图11-40

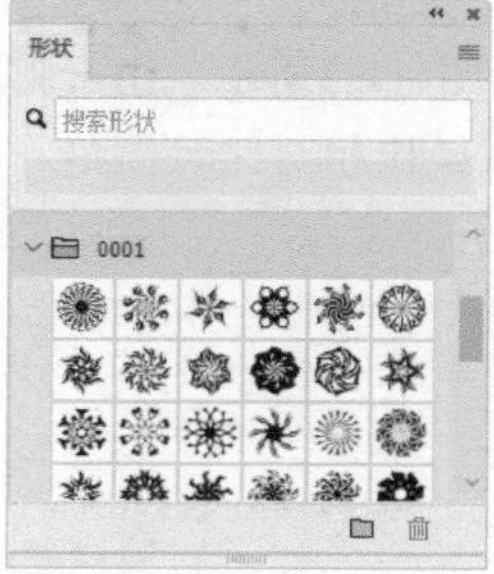

图11-41

加载形状库后，如果想将其删除，可先单击它所在的组图标，之后单击“形状”面板中的按钮。

用钢笔工具绘图

钢笔工具既可用于绘图，也可用于抠图。要想用好钢笔工具，需要从最基本的图形开始入手，包括直线、曲线和转角曲线，其他复杂的图形都由其演变而来。

11.3.1 路径的构成

学习钢笔工具之前，先要理解路径和锚点之间的关系。

路径段是由锚点连接而成的，锚点也标记了开放式路径的起点和终点，如图11-42所示。当然，路径也可以是封闭的，如图11-43所示。复杂的图形一般由多个相互独立的路径组成，这些路径称为子路径，如图11-44所示。

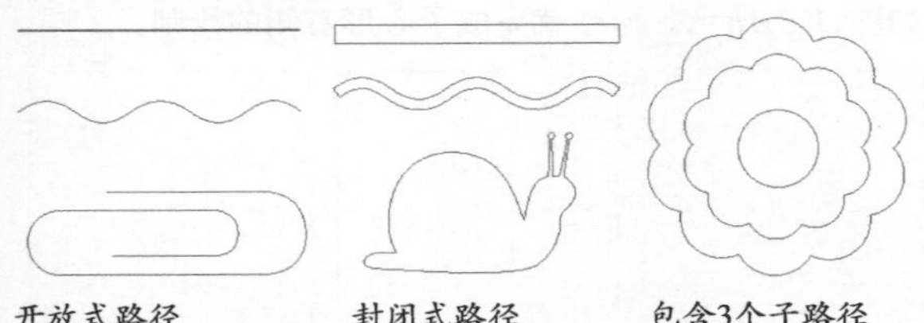

开放式路径 图11-42　封闭式路径 图11-43　包含3个子路径 图11-44

锚点有两种类型，即平滑点和角点。平滑点连接平滑的曲线，如图11-45所示，角点连接直线和转角曲线，如图11-46和图11-47所示。

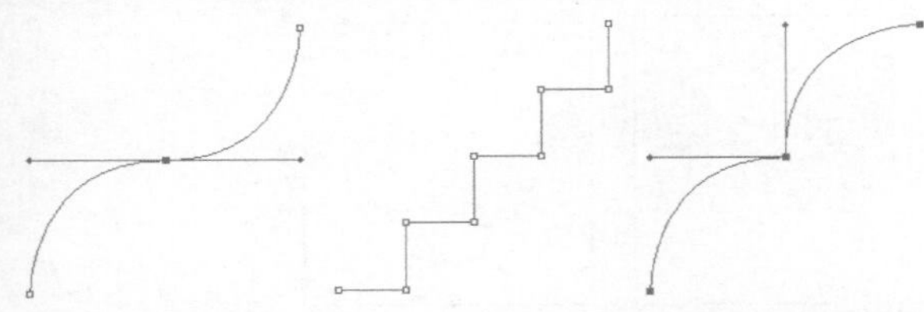

平滑点连接的曲线 图11-45　角点连接的直线 图11-46　角点连接的转角曲线 图11-47

在曲线路径段上，锚点上有方向线，方向线的端点是方向点，如图11-48所示，拖曳方向点可以拉动方向线，进而改变曲线的形状，在Photoshop中就是用这种方法修改路径的，如图11-49所示。

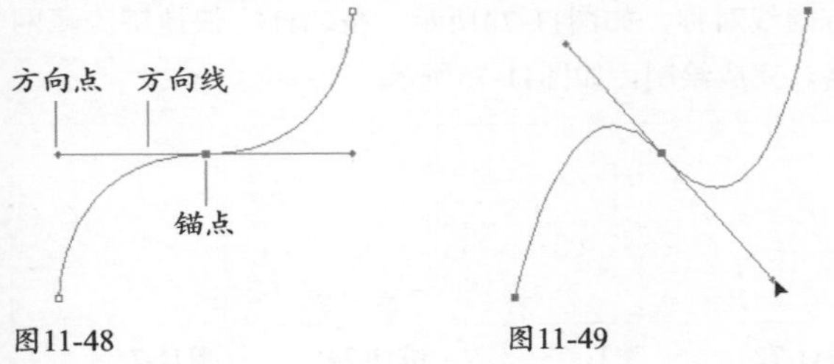

图11-48　图11-49

11.3.2 实战：绘制直线

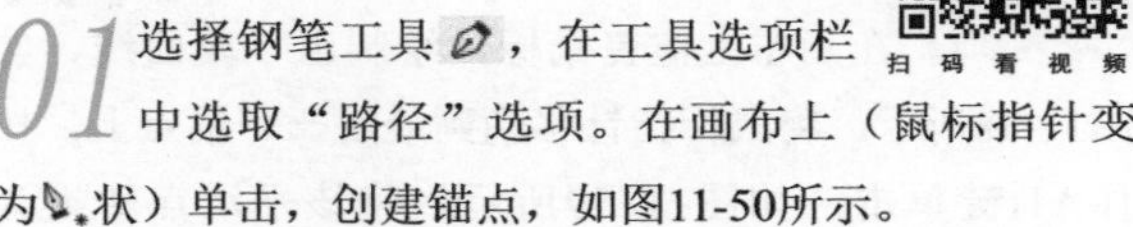

扫码看视频

01 选择钢笔工具，在工具选项栏中选取“路径”选项。在画布上（鼠标指针变为状）单击，创建锚点，如图11-50所示。

02 在下一位置按住Shift键（锁定水平方向）并单击，创建第2个锚点，两个锚点会连接成一条由角点定义的直线路径。在其他区域单击可继续绘制直线路径，如图11-51所示。操作时按住Shift键还可以锁定垂直方向，或以45°角为增量进行绘制。

03 如果要闭合路径，将鼠标指针放在路径的起点，当鼠标指针变为状时，如图11-52所示，单击即可，如图11-53所示。如果要结束一段开放式路径的绘制，可以按住Ctrl键（临时转换为直接选择工具）并在空白处单击。单击其他工具或按Esc键也可以结束路径的绘制。

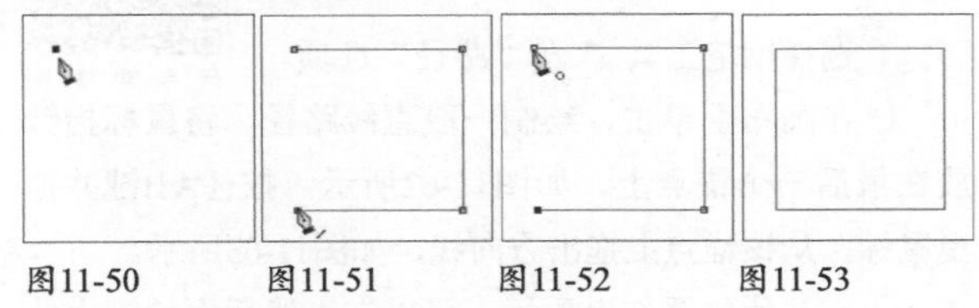

图11-50　图11-51　图11-52　图11-53

11.3.3 实战：绘制曲线

扫码看视频

01 选择钢笔工具及“路径”选项。按住鼠标左键并向上拖曳鼠标，创建一个平滑点，如图11-54所示。

02 将鼠标指针移至下一位置上，如图11-55所示，按住鼠标左键并向下拖曳鼠标，创建第2个平滑点，如图11-56所示。在拖曳的过程中可以调整方向线的长度和方向，进而影响由下一个锚点生成的路径的走向，因此，要绘制出平滑的曲线，需要控制好方向线。

03 继续创建平滑点，即可生成一段光滑、流畅的曲线，如图11-57所示。

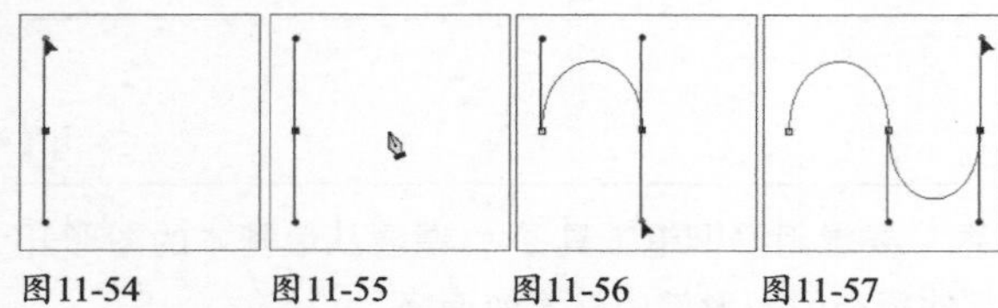
图11-54　图11-55　图11-56　图11-57

11.3.4 实战：在曲线后面绘制直线

扫码看视频

01 选择钢笔工具及“路径”选项。在画布上拖曳鼠标，绘制出一段曲线，如图11-58所示。将鼠标指针移动到最后一个锚点上，按住Alt键单击，如图11-59所示，将该平滑点转换为角点，这时它的另一侧方向线会被删除，如图11-60所示。

02 在其他位置单击（不要拖曳），即可在曲线后面绘制出直线，如图11-61所示。

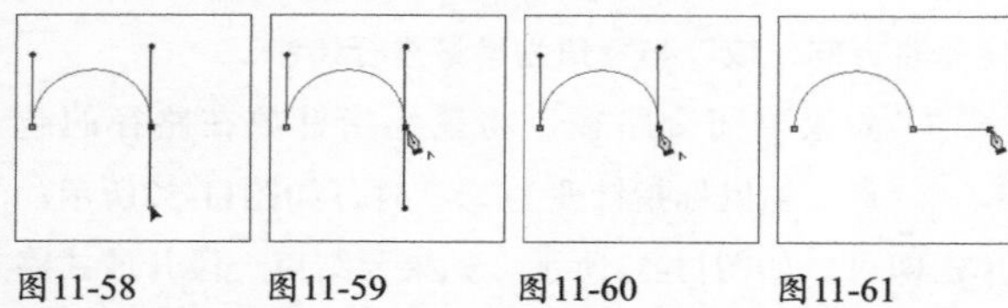
图11-58　图11-59　图11-60　图11-61

11.3.5 实战：在直线后面绘制曲线

扫码看视频

01 选择钢笔工具及“路径”选项。在画布上单击，绘制一段直线路径。将鼠标指针放在最后一个锚点上，如图11-62所示，按住Alt键并拖曳鼠标，从该锚点上拖出方向线，如图11-63所示。

02 在其他位置拖曳鼠标，可以在直线后面绘制出曲线。如果拖曳方向与方向线的方向相同，可创建“S”形曲线，如图11-64所示；如果方向相反，则创建“C”形曲线，如图11-65所示。

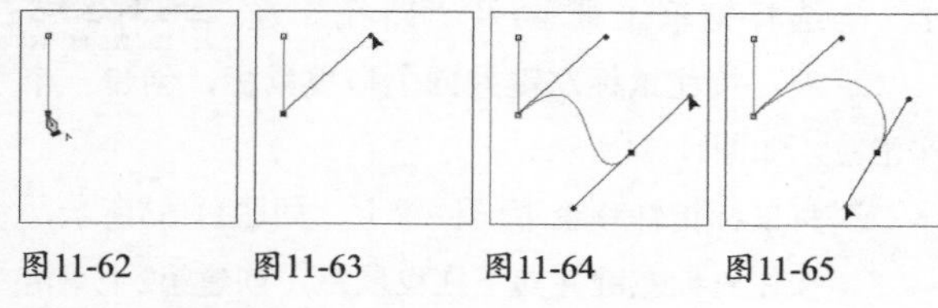
图11-62　图11-63　图11-64　图11-65

11.3.6 实战：绘制转角曲线

扫码看视频

如果想绘制出与上一段曲线之间出现转折的曲线（即转角曲线），就需要在创建锚点前改变方向线的方向。下面就通过该方法绘制一个心形图形。

01 创建一个大小为788像素×788像素，分辨率为100像素/英寸的文件。执行“视图>显示>网格”命令，显示网格，通过网格辅助很容易绘制对称图形。当前的网格颜色为黑色，不利于观察路径，可以执行“编辑>首选项>参考线、网格和切片”命令，将网格颜色改为灰色，如图11-66所示。

图11-66

02 选择钢笔工具及“路径”选项。在网格点上向画面右上方拖曳鼠标，创建一个平滑点，如图11-67所示。将鼠标指针移至下一个锚点处，向下拖曳鼠标，创建曲线，如图11-68所示。将鼠标指针移至下一个锚点处，单击（不要拖曳鼠标）创建一个角点，如图11-69所示。这样就完成了心形右侧的绘制。

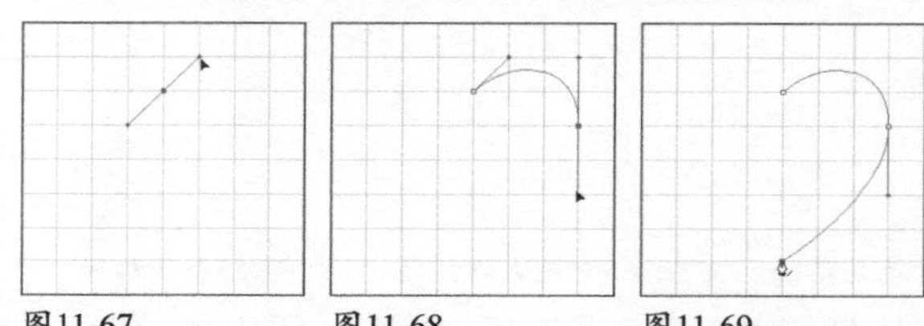
图11-67　图11-68　图11-69

03 在图11-70所示的网格点上向上拖曳鼠标，创建曲线。将鼠标指针移至路径的起点上，单击以闭合路径，如图11-71所示。

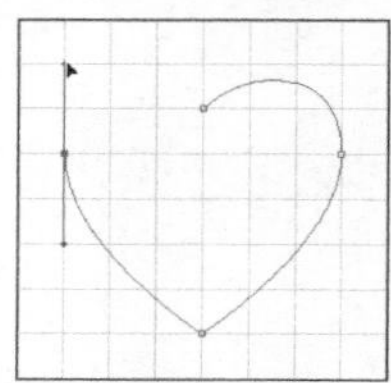
图11-70

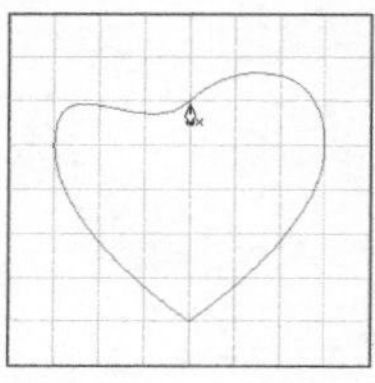
图11-71

04 按住Ctrl键（临时切换为直接选择工具）在路径的起始处单击，显示锚点，如图11-72所示。此时锚点上会出现两条方向线，将鼠标指针移至左下角的方向线上，按住Alt键临时切换为转换点工具，如图11-73所示。向上拖曳该方向线，使之与右侧的方向线对称，如图11-74所示。按Ctrl+’快捷键隐藏网格，完成绘制，如图11-75所示。

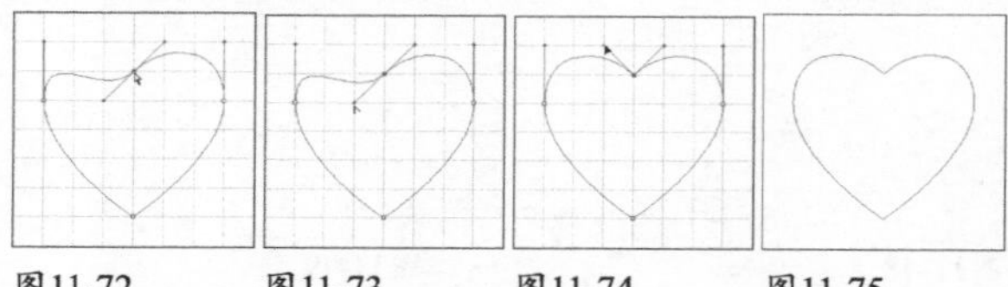
图11-72　图11-73　图11-74　图11-75

技术看板 **预判路径走向**

单击钢笔工具选项栏中的⚙按钮，打开下拉面板，勾选“橡皮带”选项，此后使用钢笔工具绘制路径时，可以预先看到将要创建的路径段，从而判断出路径的走向。

11.3.7 用弯度钢笔工具绘图

弯度钢笔工具可以直接编辑路径，而且使用它绘制的曲线平滑度比钢笔工具好。

选择弯度钢笔工具后，在画布上单击创建第1个锚点，如图11-76所示。在其他位置单击，创建第2个锚点，它们之间会生成一段路径，如图11-77所示。如果想要路径发生弯曲，可在下一位置单击，如图11-78所示。拖曳锚点，可以控制路径的弯曲程度，如图11-79所示。如果想要绘制出直线，则需要双击，然后在下一位置单击，如图11-80所示。完成绘制后，可按Esc键。

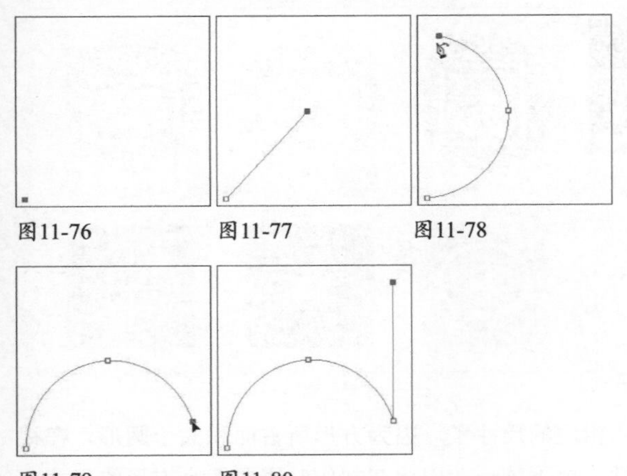

图11-76 图11-77 图11-78

图11-79 图11-80

如果要在路径上添加锚点，可以在路径上单击。如果要删除一个锚点，可单击它，然后按Delete键。拖曳锚点，可以移动其位置。双击锚点，可以转换其类型，即将平滑锚点转换为角点，或者相反。

11.3.8 选择与移动路径

使用路径选择工具在路径上单击，即可选择路径，如图11-81所示。按住Shift键并单击其他路径，可以将其同时选取，如图11-82所示。拖曳出一个选框，则可将选框内的所有路径同时选取，如图11-83所示。选择一个或多个路径后，将鼠标指针放在路径上方，拖曳鼠标可以进行移动。

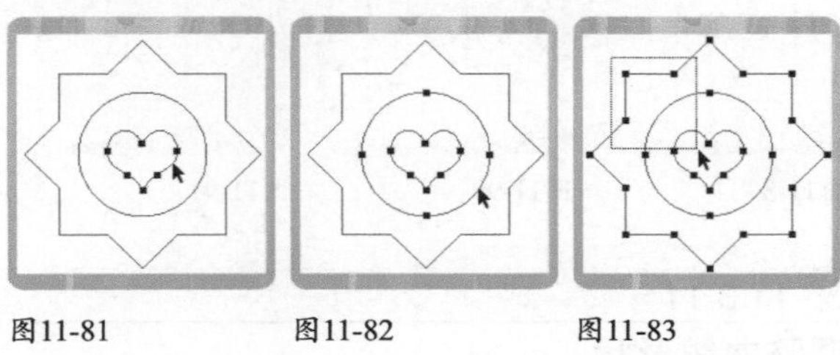

图11-81 图11-82 图11-83

11.3.9 选择与移动锚点和路径段

使用直接选择工具，将鼠标指针放在路径上，单击可以选择路径段并显示其两端的锚点，如图11-84所示。显示锚点后，如果单击它，便可将其选取（选取的锚点为实心方块，未选取的锚点为空心方块），如图11-85所示。如果拖曳它，则可将其移动，如图11-86所示。

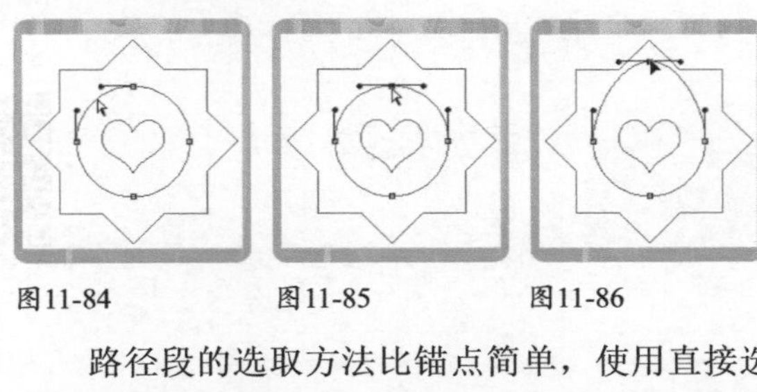

图11-84 图11-85 图11-86

路径段的选取方法比锚点简单，使用直接选择工具单击路径即可，如图11-87所示。拖曳路径段，则可将其移动，如图11-88所示。

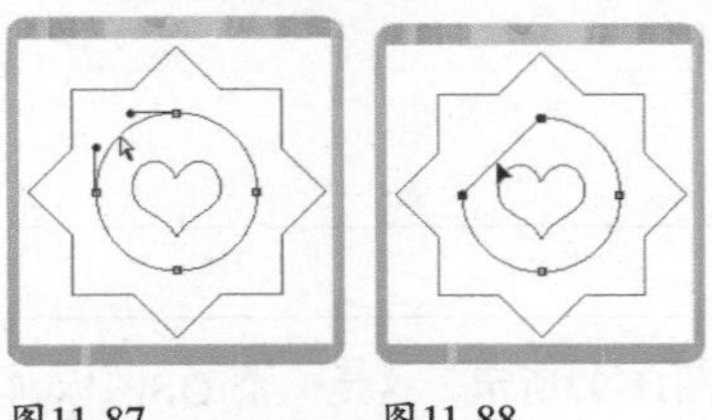

图11-87 图11-88

11.3.10 添加和删除锚点

选择添加锚点工具，将鼠标指针移到路径上，鼠标指针会变为状，如图11-89所示，此时单击可以添加一个锚点，如图11-90所示；如果进行拖曳，还可调整路径形状，如图11-91所示。选择删除锚点工具 ，将鼠标指针移到锚点上，当鼠标指针变为 状时，单击可删除该锚点。

图11-89

图11-90

图11-91

11.3.11 调整曲线形状

锚点分为平滑点和角点两种。在曲线路径段上，每个锚点还包含一条或两条方向线，方向线的端点是方向点，如图11-92所示。拖曳方向点可以调整方向线的长度和方向，进而改变曲线的形状。

直接选择工具 和转换点工具 都可用于拖曳方向点。其中，直接选择工具 会区分平滑点和角点。对于平滑点，拖曳其任何一端的方向点时，都会影响锚点两侧的路径段，方向线永远是一条直线，如图11-93所示。角点上的方向线可单独调整，即拖曳角点上的方向点时，只调整与方向线同侧的路径段，如图11-94所示。

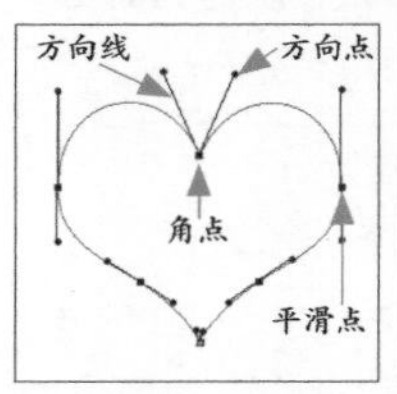

图11-92

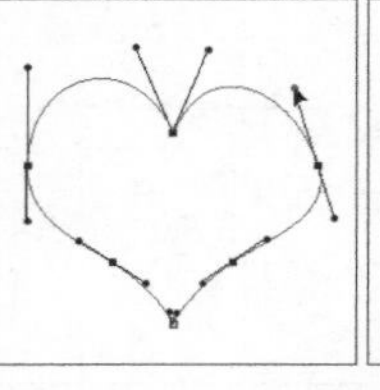
图11-93

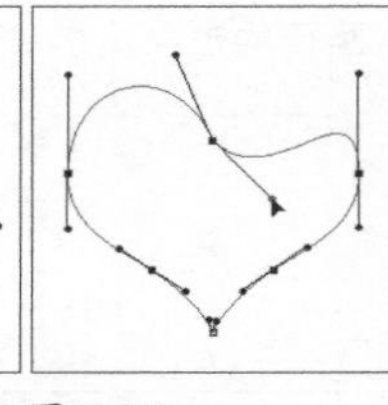
图11-94

转换点工具 对平滑点和角点一视同仁，无论拖曳哪种方向点，都只调整锚点一侧的方向线，不影响另外一侧方向线和路径段，如图11-95和图11-96所示。

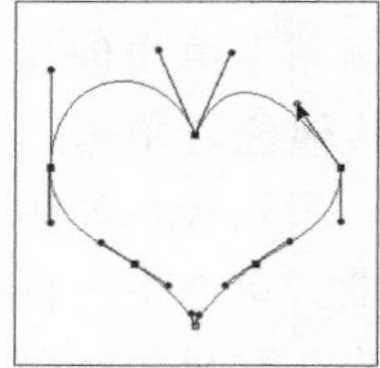
图11-95

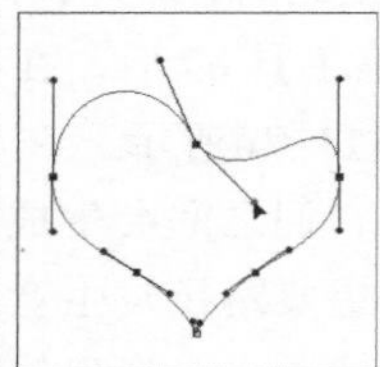
图11-96

扁平化图标：收音机

扫码看视频

难度：★★☆☆☆ 功能：滤镜、椭圆工具、图层样式

说明：这套图标在设计时使用了鲜亮的多彩色设计风格，并添加了弥散阴影，使图标在视觉上丰富、醒目。

11.4.1 绘制收音机图形

01 打开素材，如图11-97所示。这是一个iOS图标制作模板，画面中的红色区域是预留区域，也就是留白，制作图标时不要超出红色区域。

02 将前景色设置为黄色（R255，G204，B0）。选择椭圆工具 ，在工具选项栏中选择“形状”选项，按住Shift键创建圆形，如图11-98所示。在“图层”面板空白处单击，取消路径的显示。当一个系列图标中既有方形（圆角矩形）又有圆形时，就不能采用相同的尺寸了，因为方形所占面积大于圆形，在视觉上会不统一。因此在制作时需要缩小方形的尺寸，如图11-99所示。

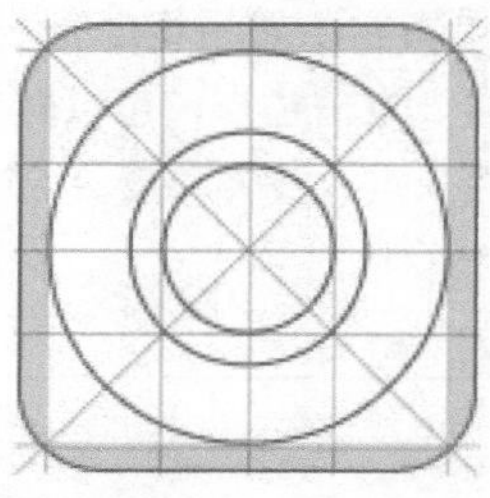
图11-97

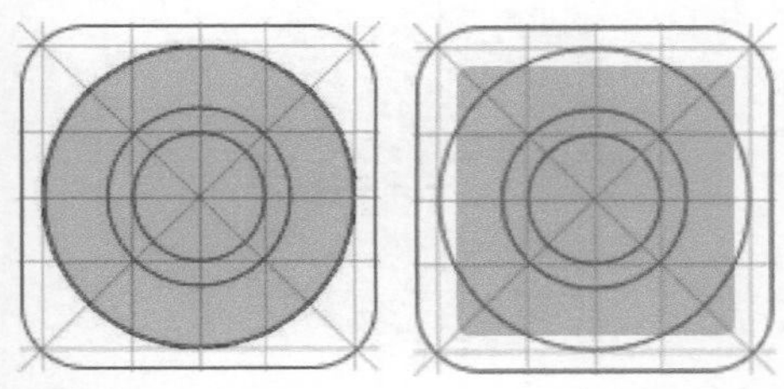

图11-98　　图11-99

03 使用矩形工具 绘制图形，如图11-100所示。为了便于查看操作效果，在提供步骤图时隐藏了参考线。在工具选项栏中单击“路径操作”按钮，选择“合并形状”选项，如图11-101所示，绘制的图形会与之前的图形位于同一个形状图层中。在图形右上角绘制天线，由一个小的圆角矩形和圆形组成，如图11-102所示。在“图层”面板空白处单击，取消路径的显示，再绘制图形时会在一个新的形状图层中。一个形状图层中可以包含多种形状，但只能填充一种颜色，因此，要绘制其他颜色的形状就得在一个新的图层中操作。

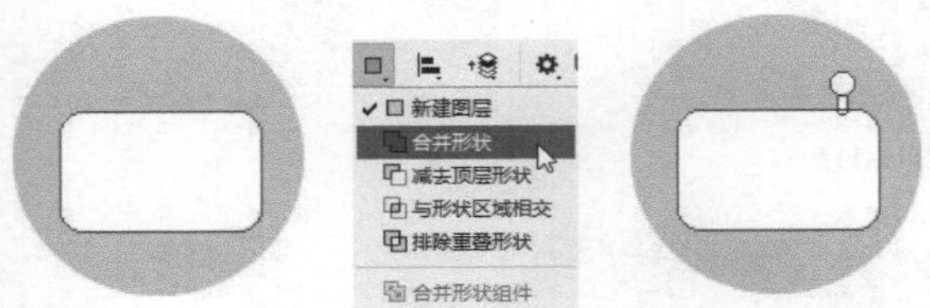

图11-100　　图11-101　　图11-102

04 在收音机左侧绘制两个圆形，填充橙色（R255，G153，B0），如图11-103所示。使用矩形工具 绘制组成音箱的图形，如图11-104所示。选择椭圆工具，按住Shift键并创建一个圆形，设置填充为无，描边宽度为3点，颜色为橙色，如图11-105所示。

图11-103　　图11-104　　图11-105

11.4.2

为图层组添加效果

01 按住Shift键并单击“圆角矩形1”图层，选取图11-106所示的3个图层，按Ctrl+G快捷键将其编组，如图11-107所示。

图11-106　　图11-107

02 单击“图层”面板底部的 fx 按钮，在打开的菜单中执行“外发光”命令，打开“图层样式”对话框，设置发光颜色为橙色，如图11-108和图11-109所示。用同样的方法制作其他图标，将背景的圆形设置为丰富、亮丽的颜色。设置外发光颜色时要与背景颜色相近，略深一点即可，如图11-110所示。

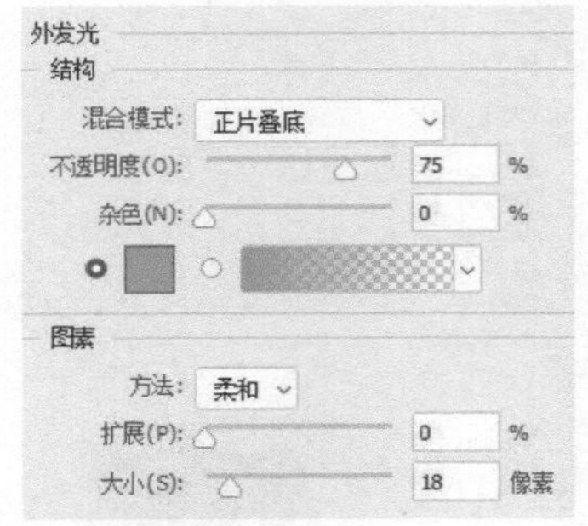

图11-108　　图11-109

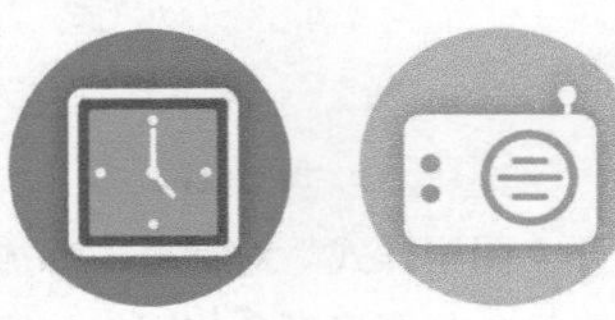

图11-110

收藏区设计

难度：★★☆☆☆ 功能：绘制形状、虚线描边、剪贴蒙版

01 按Ctrl+N快捷键，打开“新建文档”对话框，创建一个200像素×150像素、72像素/英寸的文件。

02 将前景色设置为橘红色（R255，G102，B51）。选择自定形状工具及“形状”选项，在“形状”面板中加载旧版形状并选择“标志6”图形进行创建，如图11-111和图11-112所示。

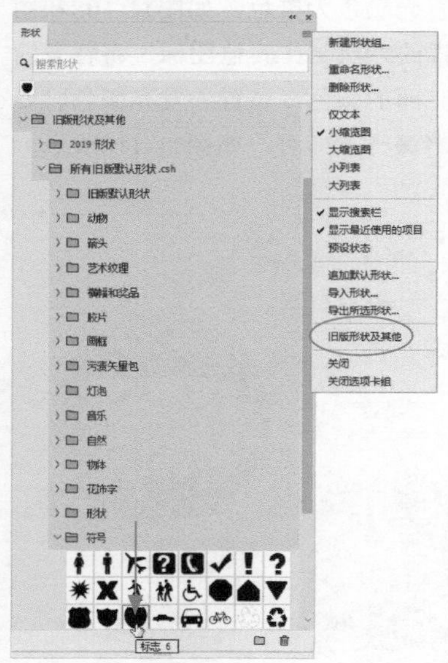

图11-111

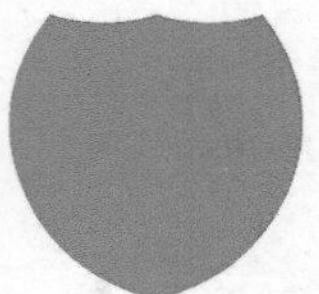

图11-112

03 双击形状图层，打开“图层样式”对话框，添加“投影”效果，投影颜色与图形颜色相同，如图11-113和图11-114所示。

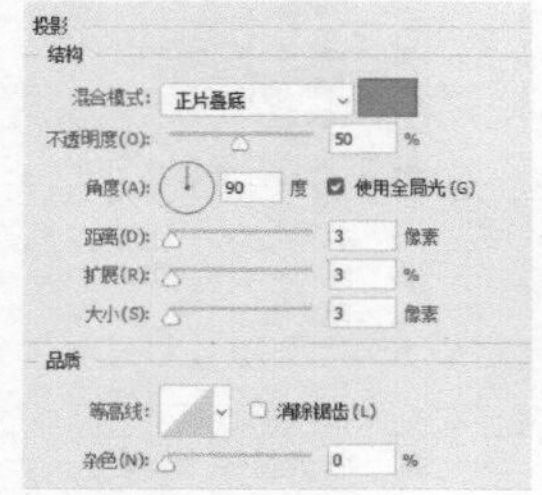

图11-113

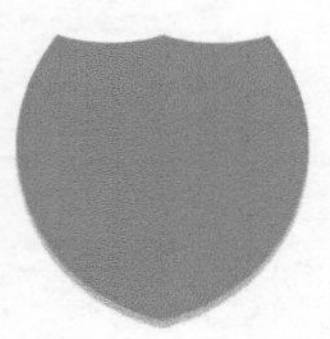

图11-114

04 按Ctrl+J快捷键复制图层，得到“形状1拷贝”图层。将鼠标指针放在图层右侧的fx图标上，将其拖曳至面板中的删除按钮上，删除图层中的效果，如图11-115所示。按Ctrl+T快捷键显示定界框，按住Alt+Shift键的同时拖曳定界框的一角，在保持中心点不变的情况下，将图形等比缩小，按Enter键确认，如图11-116所示。在工具选项栏中设置图形的描边颜色为浅黄色，描边宽度为1点，如图11-117所示。

图11-115

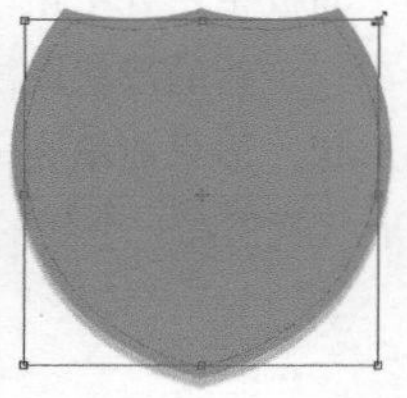

图11-116

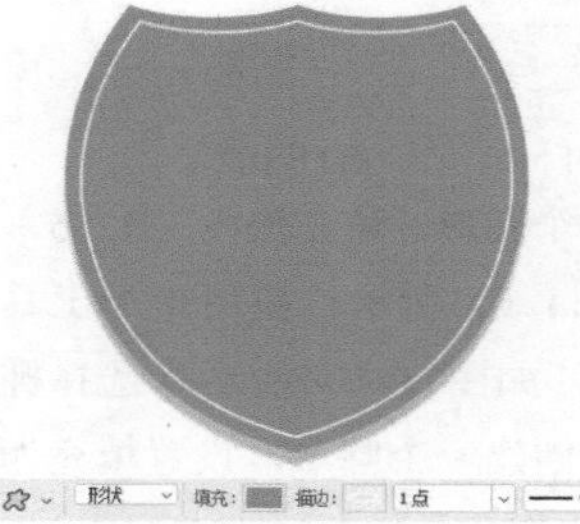

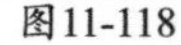

图11-117

05 选择“靶标2”形状，如图11-118所示。绘制形状的同时按住Shift键可锁定比例，该图形要略大于标志图形，如图11-119所示。按Alt+Ctrl+G快捷键创建剪贴蒙版，将超出标志图形的区域隐藏，如图11-120所示。

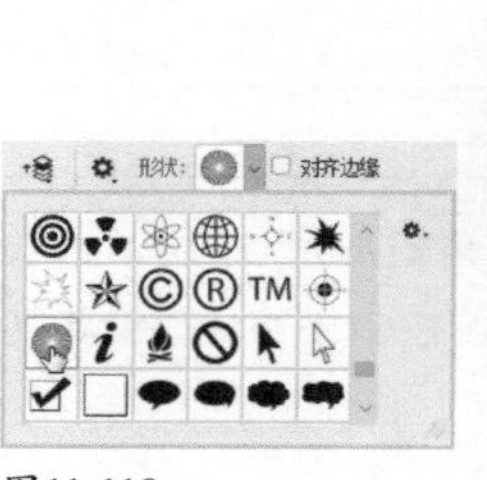

图11-118

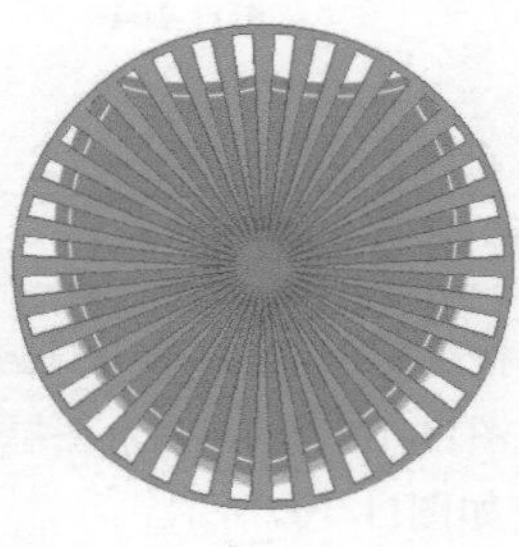

图11-119

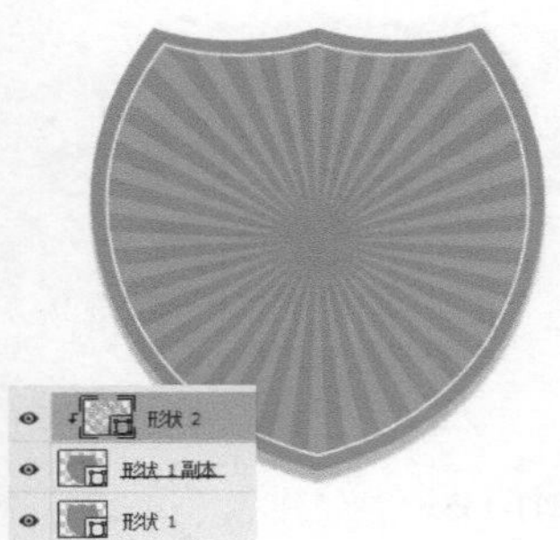

图11-120

06 选择矩形工具 ，创建一个矩形，填充青蓝色，如图11-121所示。按Ctrl+T快捷键显示定界框，单击鼠标右键，打开快捷菜单，执行“透视”命令。将鼠标指针放在定界框的右下角，按住鼠标向左拖曳，另一边也会有同样的变化，可以将矩形变换成梯形，如图11-122所示，按Enter键确认。按Ctrl+J快捷键复制该图层，通过自由变换将图形缩小一些，如图11-123所示。

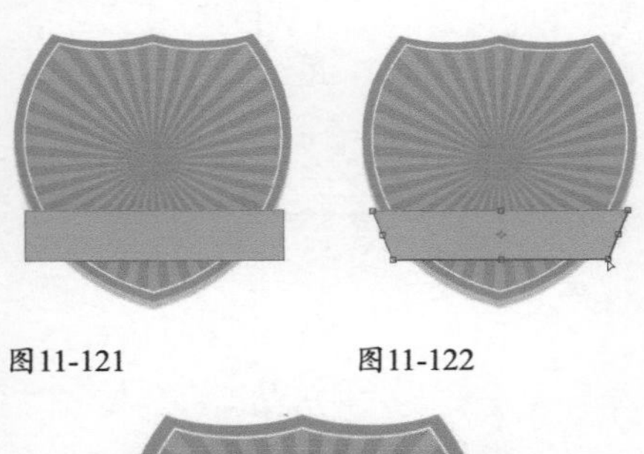

图11-121　　图11-122

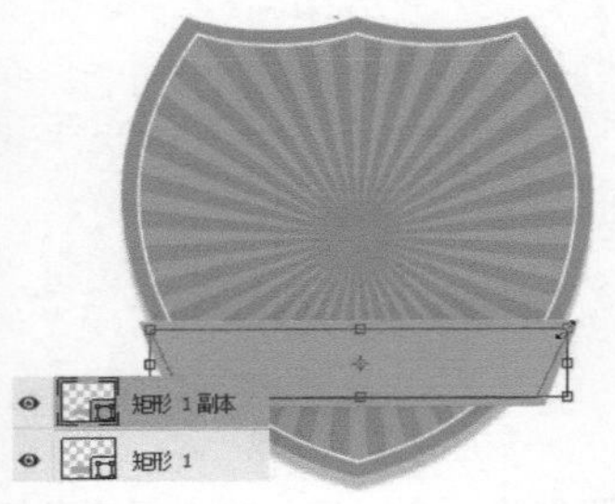

图11-123

07 将描边类型设置为虚线，宽度仍为1点，如图11-124所示。选择钢笔工具 ，绘制一个颜色略深一点的图形，作为折叠到图标后面的那部分图形，如图11-125所示。按Shift+Ctrl+[快捷键将其移至底层，如图11-126所示。

08 在“形状”下拉面板中选择“领结”形状，如图11-127所示，绘制形状，如图11-128所示。选择路径选择工具 ，在按住Alt+Shift键的同时向右侧拖曳领结形状，进行复制，如图11-129所示。

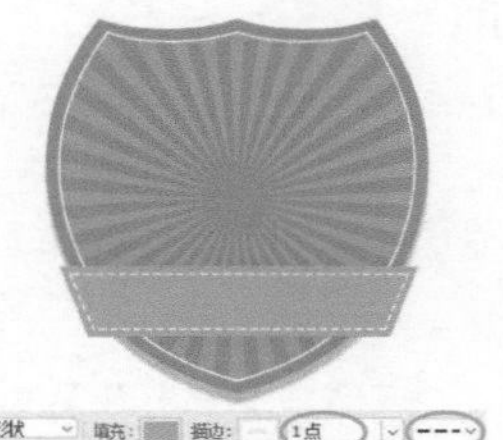

图11-124

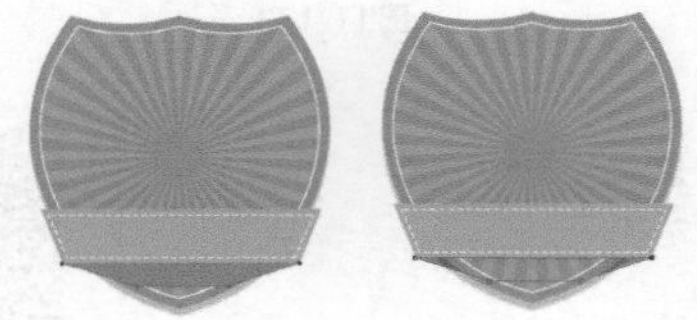

图11-125　　图11-126

图11-127　　图11-128　　图11-129

09 选择自定形状工具 ，在“形状”下拉面板中选择“五角星”形状，如图11-130所示，绘制一个星形，如图11-131所示。选择路径选择工具 ，在按住Alt+Shift键的同时向右侧拖曳星形，复制出4个星形。按住Shift键并单击这几个星形，将它们选取，单击工具选项栏中的 按钮，在打开的下拉列表中选择“ 按宽度均匀分布”选项，使星形之间的距离一致，如图11-132所示。

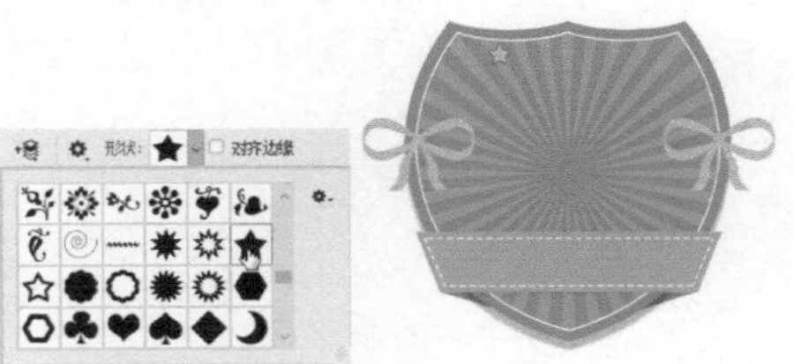

图11-130　　图11-131

图11-132

10 使用横排文字工具 T 输入文字信息，如图11-133~图11-135所示。

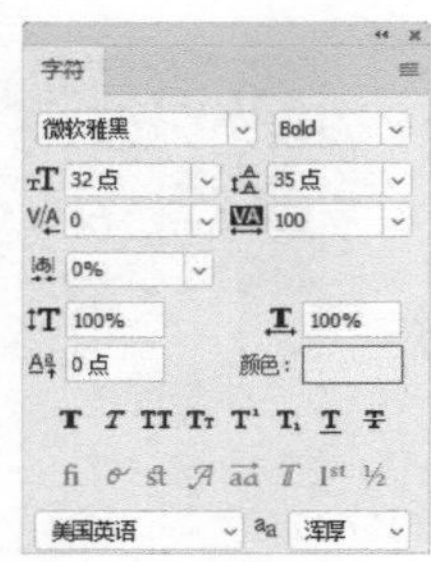

图11-133

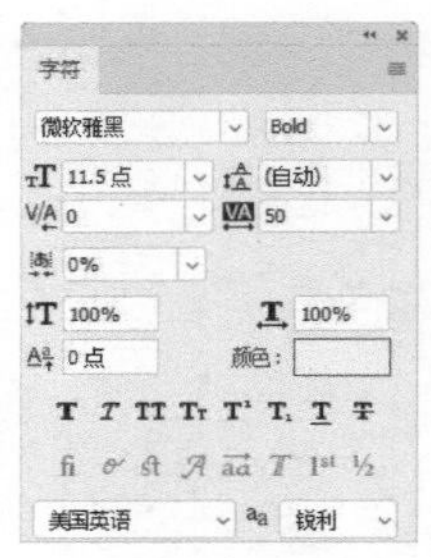

图11-134

图11-135

客服区设计

难度：★★☆☆☆ 功能：绘制图形、图层样式

01 按Ctrl+N快捷键，打开“新建文档”对话框，创建一个300像素×350像素、72像素/英寸的文件。

02 选择矩形工具 及“形状”选项。在画布上单击，弹出“创建矩形”对话框，设置图形的大小，创建一个圆角矩形，如图11-136和图11-137所示。

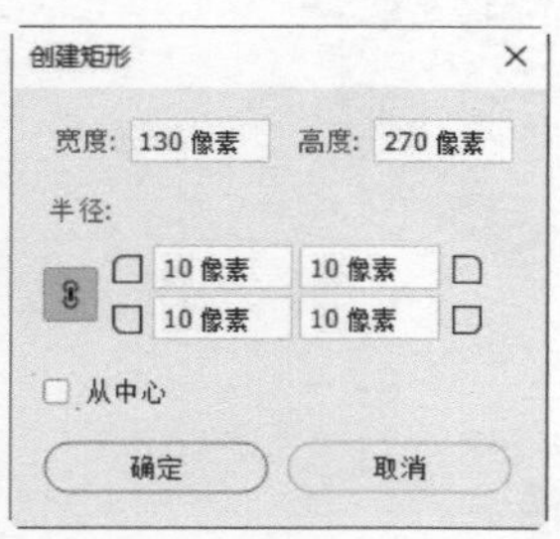

图11-136

图11-137

03 双击该图层，打开“图层样式”对话框，添加“描边”效果，设置描边颜色为橘红色，如图11-138和图11-139所示。

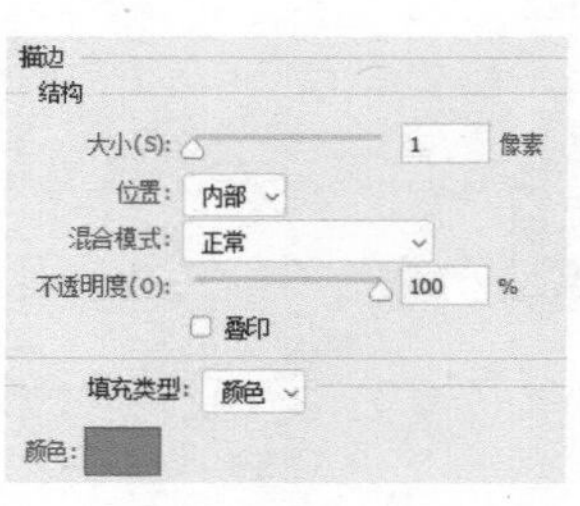

图11-138

图11-139

04 使用矩形工具 创建一个矩形，略大于圆角矩形，如图11-140所示。按Alt+Ctrl+G快捷键创建剪贴蒙版，将超出圆角矩形的部分隐藏，如图11-141和图11-142所示。

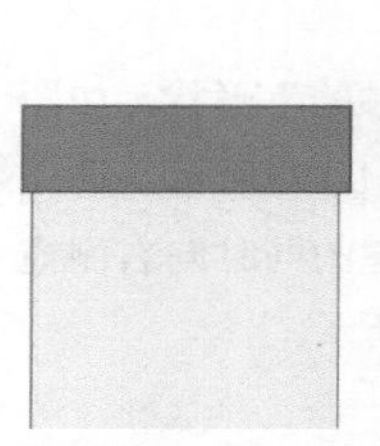
图11-140

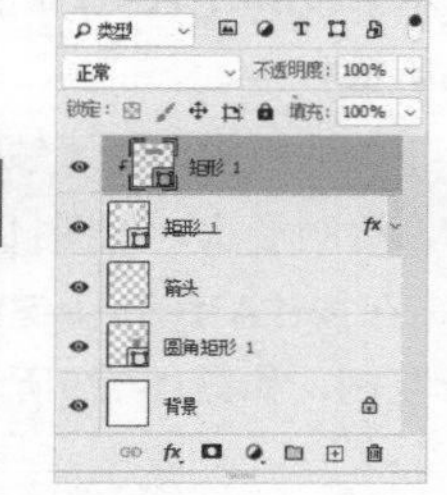

图11-141

图11-142

05 在图形右侧绘制一个圆角矩形如图11-143所示。按Shift+Ctrl+[快捷键将其移至底层。使用钢笔工具 在图形右侧绘制一个白色的三角形，如图11-144所示。

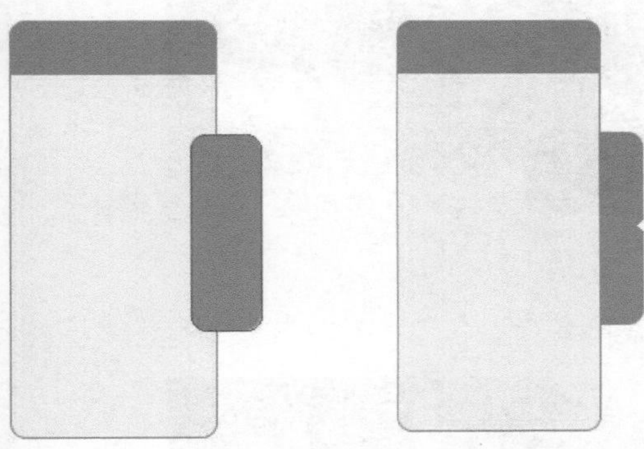

图11-143　　图11-144

06 打开素材。使用移动工具 将图形拖入文件中，如图11-145所示。在工具选项栏中勾选“自动选择”选项，按住Alt键并向下拖曳旺旺图形进行复制，如图11-146所示。

图11-145　　图11-146

07 网店客服区对于旺旺图标的大小是有要求的，作为客服链接的旺旺图标尺寸为16像素×16像素。按Ctrl+T快捷键显示定界框，单击工具选栏中的 按钮，锁定比例，设置缩放参数为37%，如图11-147所示，按Enter键确认。按Alt+Shift键拖曳图标进行复制，如图11-148所示。

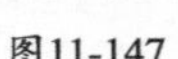

图11-147　　图11-148

> *提示*
>
> 测量图形大小的方法有两种。一种是使用矩形工具，在画面中单击，可以弹出对话框，创建一个16像素大小的矩形作为参照；另一种是按Ctrl+R快捷键显示标尺，用标尺来测量。

08 使用横排文字工具 T 输入文字，如图11-149和图11-150所示。图形右侧的“在线客服”可使用直排文字输入工具 输入，如图11-151所示。

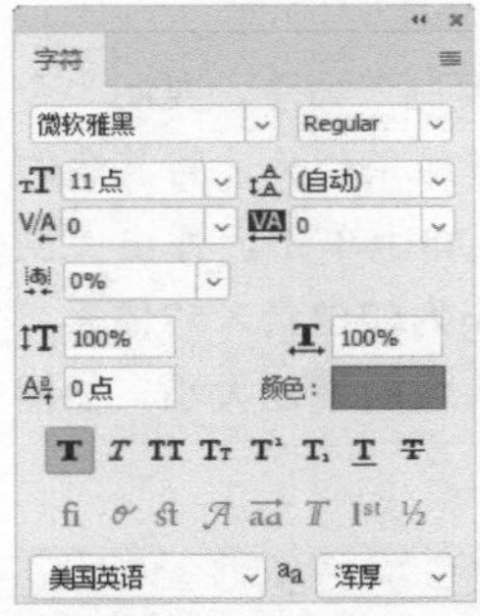

图11-149

图11-150　　图11-151

卡片流式列表设计

扫码看视频

难度：★★★☆☆ 功能：绘图工具、剪贴蒙版、图层样式

说明：卡片流设计方式在网页和界面领域都有很广泛的应用。卡片流以大图和文字吸引用户，强化了无尽浏览的体验，让人感觉仿佛可以一直滚动浏览下去。

01 打开素材。执行“图像>复制”命令，复制“个人主页”文件。只保留导航条部分，将其余的删除。选择椭圆工具，在画布上单击，弹出“创建椭圆”对话框，设置椭圆大小为57像素×57像素，如图11-152所示，这是列表页头像的规范大小，如图11-153所示。

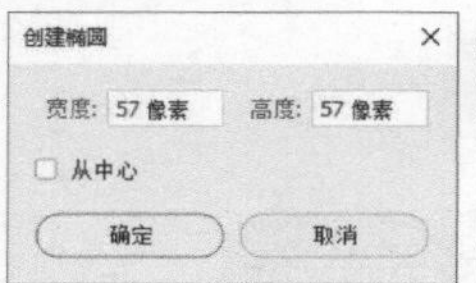

图11-152

图11-153

02 使用移动工具将猫咪素材拖入文件中，调整大小，如图11-154所示。按Alt+Ctrl+G快捷键创建剪贴蒙版，输入猫咪信息，如图11-155所示。

图11-154

图11-155

03 使用矩形工具创建矩形，如图11-156所示。双击该图层，打开“图层样式”对话框，添加“描边”“投影”效果，如图11-157~图11-159所示。

图11-156

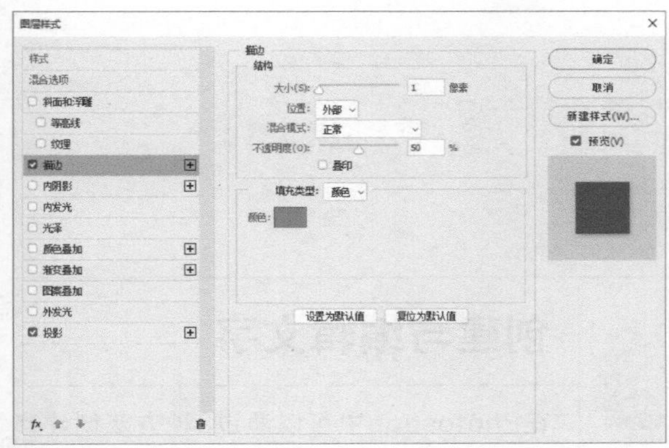

图11-157

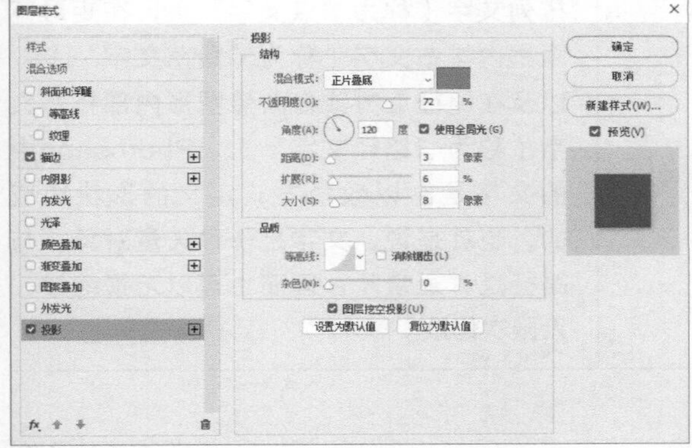

图11-158

图11-159

04 将猫咪素材拖入文件中，按Alt+Ctrl+G快捷键创建剪贴蒙版，如图11-160所示。输入文字。使用自定形状工具绘制爪印图形作为装饰，如图11-161所示。

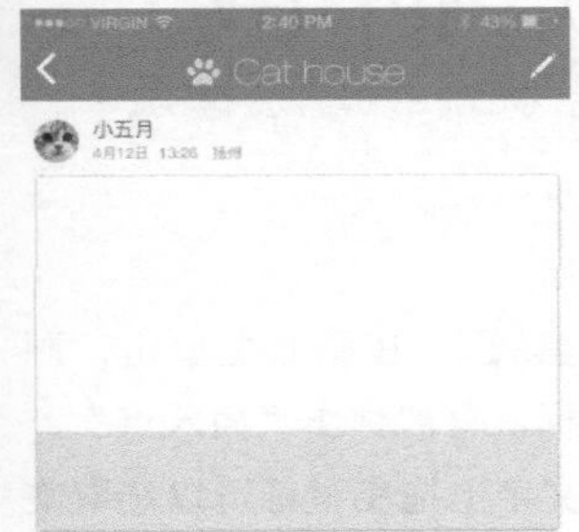

图11-160

图11-161

05 使用自定形状工具绘制心形和台词框形状。使用钢笔工具绘制转发图标。输入其他信息。使用直线工具绘制一条白色的直线，如图11-162所示。

图11-162

06 制作完成一个列表后，按住Shift键并将这些图层选取，按Ctrl+G快捷键编组。然后复制编组图层，用来制作另一个列表，如图11-163所示。将猫咪的素材拖进来，将原素材删除，然后修改文字即可，如图11-164所示。

图11-163

图11-164

第12章 文字创建与编辑

【本章简介】

一幅作品能给人留下良好的印象，其中的创意、图像处理技巧等固然重要，文字的字体选择和版面设计也能产生很大影响。在前面的章节里，我们接触到了一些文字功能的知识，但比较零散。本章系统地介绍Photoshop中文字的创建和编辑方法，掌握这些技术之后，可以更好地编排文字，设计出美观的版面。

【学习目标】

通过本章的学习，我们可以学会文字的各种创建方法，掌握文字在版面中的编排技巧。

【学习重点】

创建与编辑文字

在Photoshop中可以通过3种方法创建文字：以任意一点为起始点创建横向或纵向排列文字（称为“点文字”），在矩形范围框内排布文字（称为“段落文字”），以及在路径上方或在矢量图形内部排布文字（称为“路径文字”）。Photoshop中的文字是由以数学方式定义的形状组成的，也就是说，文字是一种矢量对象，与路径是“近亲”，因而也可以无损缩放，无限次修改。

12.1.1 实战：选取和修改文字

扫码看视频

点文字适合处理字数较少的标题、标签和网页上的菜单项，以及海报上的宣传主题，如图12-1和图12-2所示。这种文字在输入时需要手动按Enter键换行。

图12-1

图12-2

01 打开素材。选择横排文字工具 T，在画布上单击，画面中会出现闪烁的“I”形光标，它被称作“插入点”，此时可输入文字。输入完成后，在文字上拖曳鼠标可以选取文字，如图12-3所示。

02 在这种状态下，可以在工具选项栏中修改字体和文字大小等，如图12-4所示。如果输入文字，则可替换所选文字，如图12-5所示。按Delete键，可以删除所选文字，如图12-6所示。单击工具选项栏中的✓按钮或在画布外单击，结束编辑。

图12-3 图12-4

图12-5 图12-6

03 如果想在现有的文本中添加文字，可以将鼠标指针放在文字上，当鼠标指针变为“I”状时，如图12-7所示，单击鼠标，设置文字插入点，如图12-8所示，之后便可输入文字了，如图12-9所示。

图12-7 图12-8 图12-9

> 提示
>
> 在使用横排文字工具 T 在文字中单击，设置插入点后，再单击两下，可以选取一段文字；按Ctrl+A快捷键，可以选取全部文字。此外，双击文字图层中的“T”字缩览图，也可以选取所有文字。

12.1.2

实战：修改文字颜色

01 打开素材，如图12-10所示。选择横排文字工具 T ，在文字上方拖曳鼠标，选取文字。所选文字的颜色会变为原有颜色的补色，即黄色文字变为蓝色，如图12-11所示。

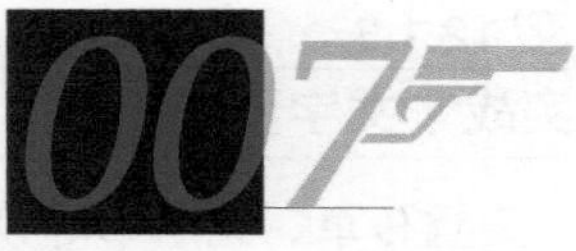

图12-10 图12-11

02 在这种状态下，使用“颜色”或“色板”面板修改颜色时，看不到文字真正的颜色。例如，在“颜色”面板中颜色虽然调为红色，如图12-12所示，但文字上显示的是其补色（青色），如图12-13所示。只有单击工具选项栏中的✓按钮确认之后，文字才能显示真正的颜色。

图12-12 图12-13

03 要想实时显示文字颜色，需要打开“拾色器”对话框。单击工具选项栏中的文字颜色图标，如图12-14所示，打开“拾色器”对话框，此时再调整颜色即可，如图12-15和图12-16所示。单击✓按钮确认修改。

图12-14

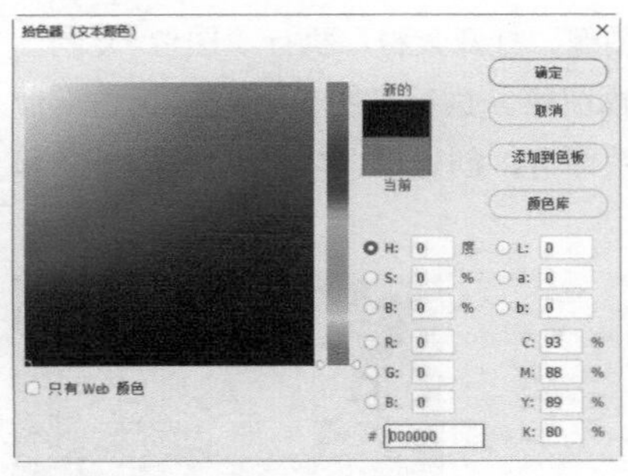

图12-15

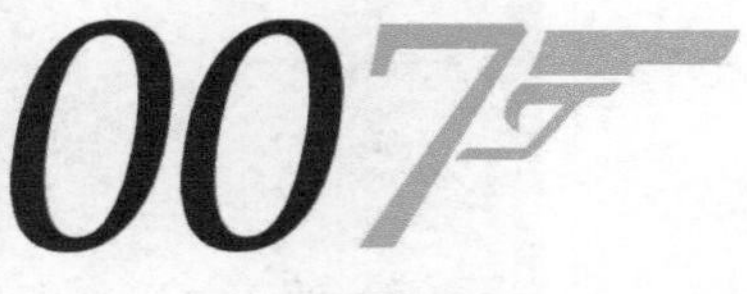

图12-16

> 提示
>
> 选取文字后，按Alt+Delete快捷键，可以使用前景色填充文字；按Ctrl+Delete快捷键，则使用背景色填充文字。如果只是单击了文字图层，使其处于选取状态，而并未选择个别文字，则用这两种方法都可以填充图层中的所有文字。

12.1.3 实战：文字面孔特效

扫码看视频

宣传单、说明书等设计稿中的文字比较多，如果用点文字处理，非常耗费时间，在对齐时也很麻烦。以上任务适合用段落文字输入和管理。段落文字能自动换行，十分方便，只是要开始新的段落时，需要按Enter键。本实战用它制作一个特效，在女孩脸上贴文字，文字之外呈现镂空效果，如图12-17所示。

图12-17

01 为了让效果真实，文字要依照脸的结构扭曲才行，这个效果用“置换”滤镜能做出来。首先制作用于置换的图像。打开素材，执行“图像>复制”命令，复制出一幅图像。执行“图像>调整>黑白”命令，使用默认参数即可，创建黑白效果，如图12-18和图12-19所示。

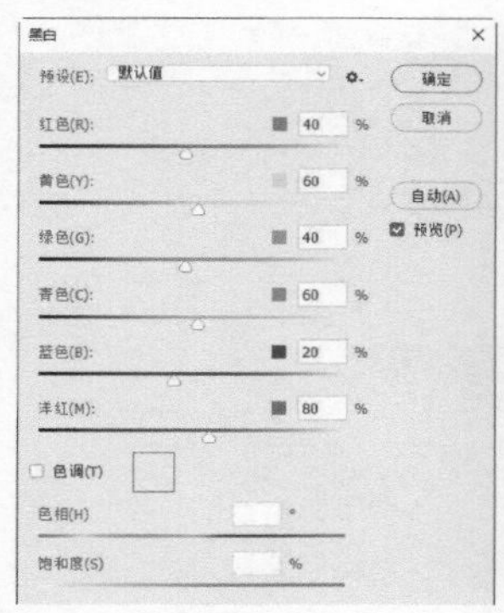

图12-18　　图12-19

02 执行“滤镜>模糊>高斯模糊”命令，让图像变得模糊一些，如图12-20和图12-21所示。这样在扭曲文字时，能让效果柔和，否则文字会比较散碎。按Ctrl+S快捷键，将图像保存为PSD格式。

03 选择横排文字工具 T 。在“字符”面板中选择字体，设置大小、颜色和间距，如图12-22所示。单击工具选项栏中的按钮，如图12-23所示，让文字居中排列。

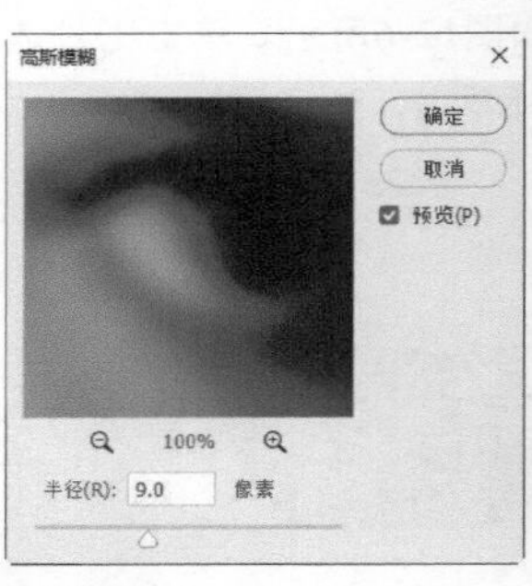

图12-20　　图12-21

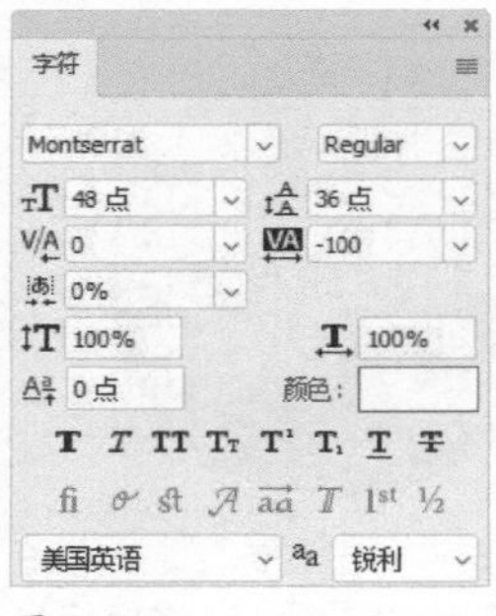

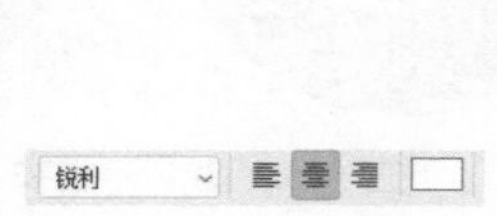

图12-22　　图12-23

04 拖曳出一个定界框，如图12-24所示，放开鼠标左键，会出现“I”形光标，执行“文字>粘贴Lorem Lpsum”命令，用 Lorem Ipsum 占位符文本填满文本框，如图12-25所示。单击工具选项栏中的✓按钮，完成段落文本的创建。

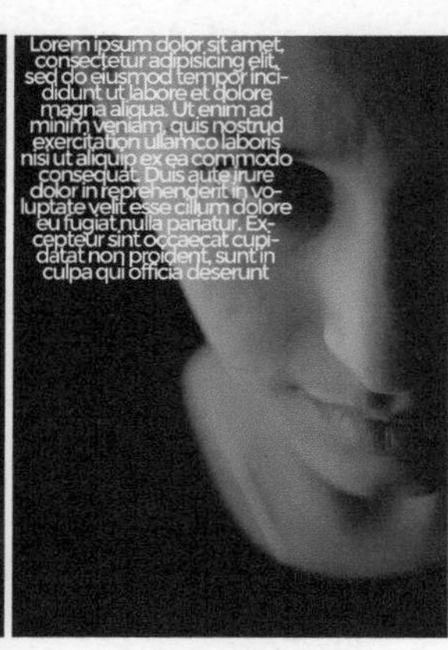

图12-24　　图12-25

05 按Ctrl+G快捷键，将该图层编入图层组中。双击图层组，如图12-26所示，打开“图层样式”对话框，添加“投影”效果，如图12-27和图12-28所示。

06 选择移动工具 ，按住Alt键并拖曳文字，对文字进行复制，如图12-29所示。再复制出两组文字，之后按Ctrl+T快捷键显示定界框，将一组文字旋转，另一组放大，如图12-30所示。

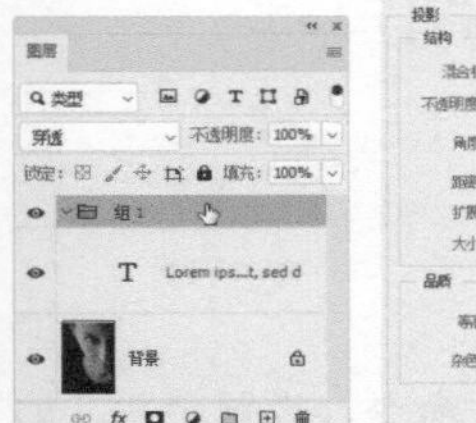
图12-26

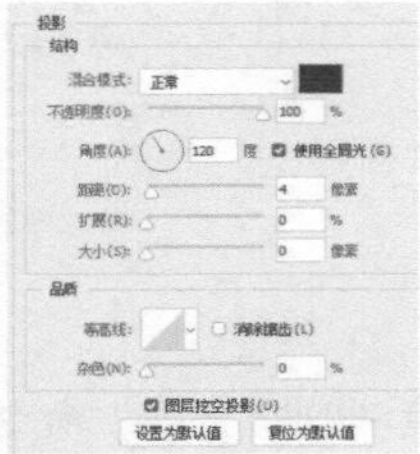
图12-27

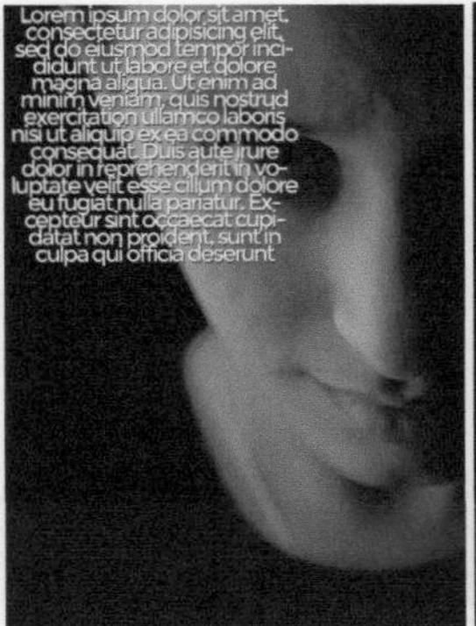
图12-28

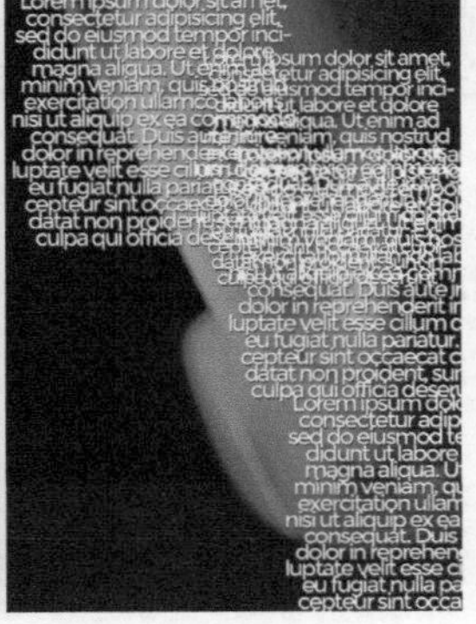
图12-29

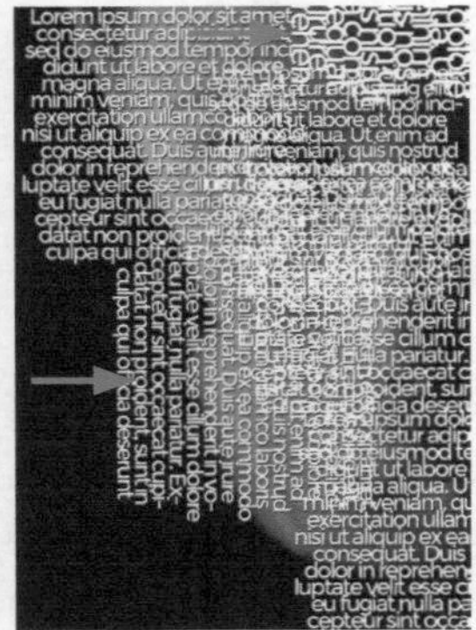
图12-30

07 将图层组关闭，如图12-31所示。单击 按钮，为图层组添加图层蒙版，如图12-32所示。使用画笔工具 将面孔之外的文字涂黑，通过蒙版将其隐藏，如图12-33所示。

图12-31

图12-32

图12-33

08 单击 按钮，创建一个图层组，如图12-34所示。在黑色背景上单击，输入文字，如图12-35所示。一定要在远离文字的地方单击，否则会选取段落文本。之后，再将文字拖曳到图12-36所示的位置。

图12-34

图12-35

图12-36

09 双击该文字图层，添加“描边”和“投影”效果，如图12-37~图12-39所示。

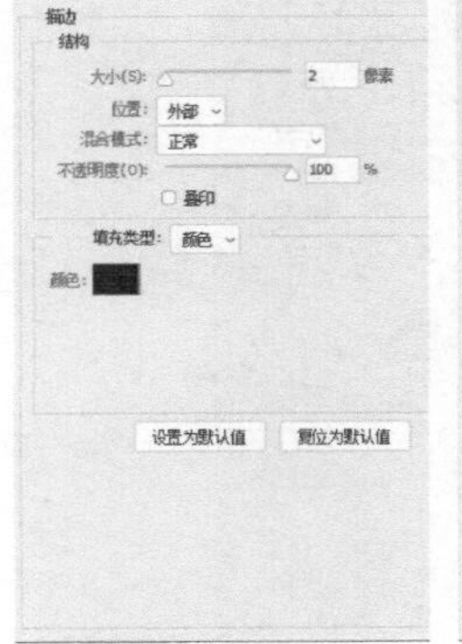
图12-37

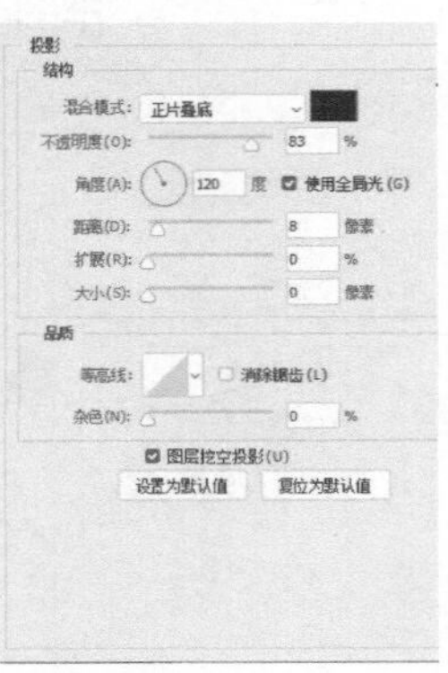
图12-38

图12-39

10 选择移动工具✥，按住Alt键并拖曳文字，进行复制。按Ctrl+T快捷键显示定界框，调整文字大小和角度，将其放在额头、鼻梁颧骨和锁骨上，图12-40所示为文字具体的摆放位置，当前效果如图12-41所示。

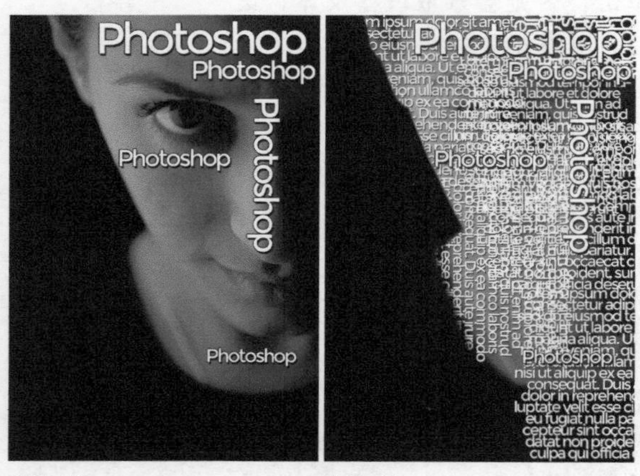

图12-40　图12-41

11 单击“背景”图层的眼睛图标👁，将该图层隐藏，如图12-42所示。按Shift+Alt+Ctrl+E快捷键，将所有文字盖印到一个新的图层中，如图12-43和图12-44所示。

图12-42　图12-43

图12-44

12 执行“滤镜>扭曲>置换”命令，设置参数，如图12-45所示，单击“确定”按钮，弹出下一个对话框，选择之前保存的黑白图像，如图12-46所示，用它扭曲文字，如图12-47所示。

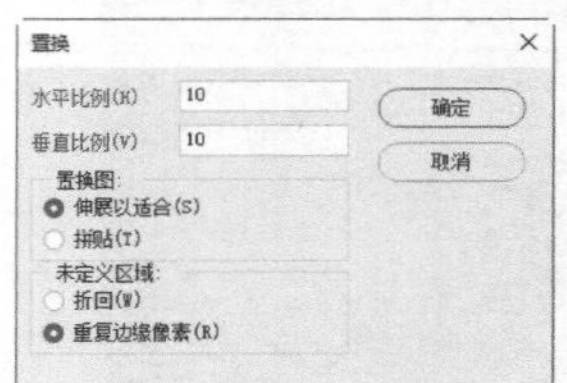

图12-45

图12-46　图12-47

13 按住Ctrl键并单击⊞按钮，在当前图层下方创建新的图层，按Alt+Delete快捷键为其填充前景色（黑色），如图12-48和图12-49所示。选择并显示“背景”图层，如图12-50所示。按Ctrl+J快捷键复制，按Shift+Ctrl+]快捷键将其移动到最顶层，设置混合模式为“正片叠底”，如图12-51和图12-52所示。

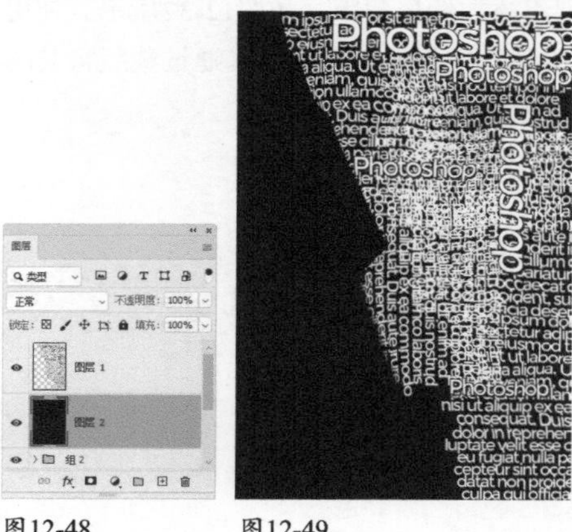

图12-48　图12-49

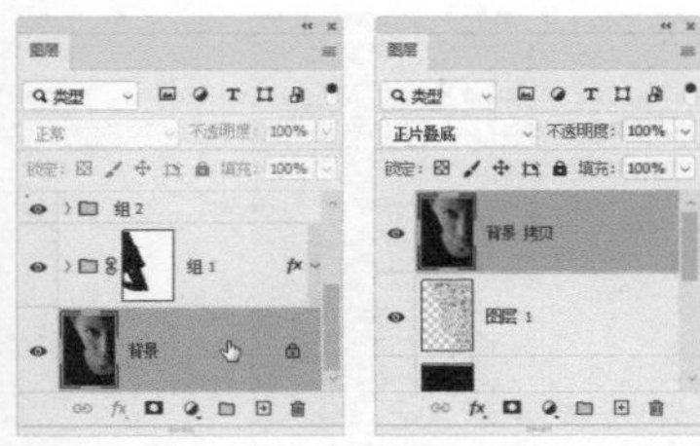

图12-50　　图12-51

图12-52

14 单击“调整”面板中的 按钮，创建“曲线”调整图层。将曲线右上角的控制点往左侧拖曳，如图12-53所示，使色调变亮一些，这样人物的面孔就更清晰了，如图12-54所示。

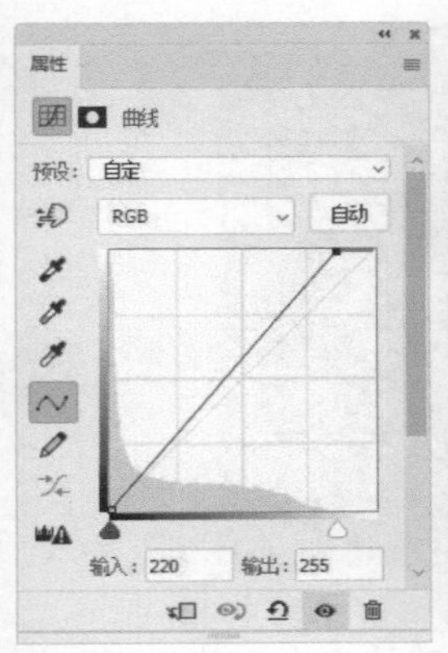

图12-53　　图12-54

12.1.4

实战：编辑段落文字

扫码看视频

01 使用横排文字工具 T 在文字中单击，设置插入点，同时显示文字的定界框，如图12-55所示。拖曳控制点，调整定界框的大小，文字会重新排列，如图12-56所示。

图12-55　　图12-56

02 将鼠标指针放在定界框右下角的控制点上，按住Shift+Ctrl键拖曳，可以等比缩放文字，如图12-57所示。如果没有按住Shift键，则文字会被拉宽或拉长。

03 将鼠标指针放在定界框外，当指针变为弯曲的双向箭头时拖曳鼠标，可以旋转文字，如图12-58所示。如果同时按住Shift键，则能够以15°角为增量进行旋转。单击工具选项栏中的 ✓ 按钮，结束文本的编辑。

图12-57　　图12-58

12.1.5

实战：沿路径排列文字

扫码看视频

路径文字，即在路径上输入的文字，文字的排列方向与路径的绘制方向一致。

01 打开素材，如图12-59所示。选择钢笔工具 及“路径”选项，沿手的轮廓从左向右绘制路径，如图12-60所示。

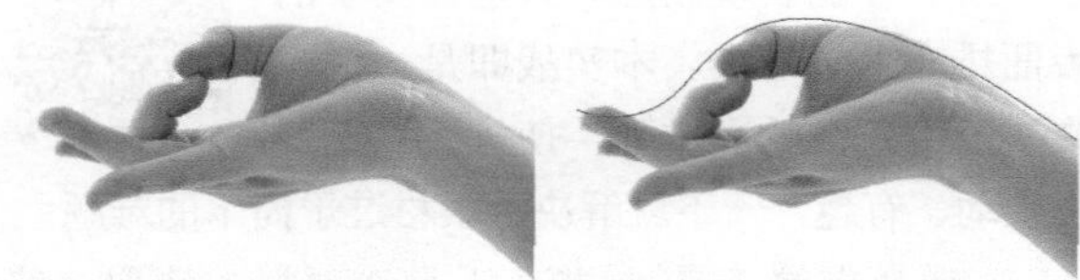

图12-59　　图12-60

02 选择横排文字工具 T，设置字体、大小和颜色，如图12-61所示。将鼠标指针放在路径上，当鼠标指针变为 状时，如图12-62所示，单击设置文字插入点，画面中会出现闪烁的“I”形光标，此时输入文字即可沿着路径排列，如图12-63所示。

图12-61

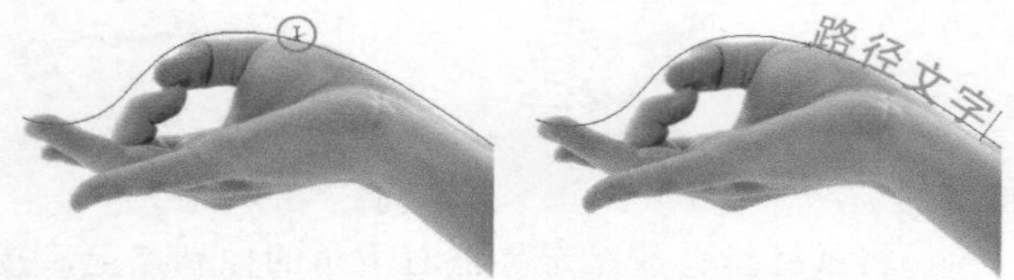

图12-62　图12-63

03 选择直接选择工具 或路径选择工具 ，将鼠标指针定位到文字上，当鼠标指针变为 状时，如图12-64所示，沿路径拖曳鼠标，可以移动文字，如图12-65所示。

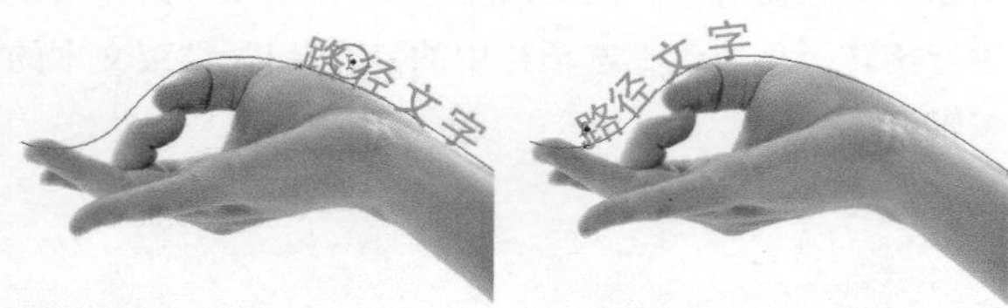

图12-64　图12-65

04 向路径的另一侧拖曳文字，可以翻转文字，如图12-66所示。在“路径”面板的空白处单击，将画面中的路径隐藏。

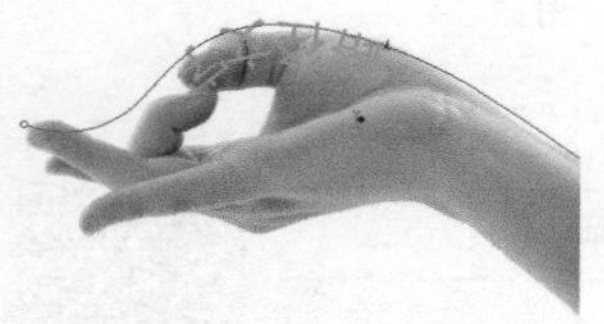

图12-66

12.1.6

实战：用路径文字制作图文混排效果

如果客户只给了一张图片和说明文字，怎么才能表现创意？只能在文字的版面排布上下功夫。本实战即是一例，文字沿着人像轮廓排列，使排版立刻变得生动、有趣，一下就解决了素材过于简单的难题。

01 选择钢笔工具 并在工具选项栏中选取“路径”及“合并形状”选项，围绕人物绘制一个封闭的图形，如图12-67所示。绘制直线轮廓时，需同时按住Shift键操作。

图12-67

02 选择横排文字工具 T，在“字符”面板中设置字体、大小、颜色和间距等，如图12-68所示。单击“段落”面板中的 按钮，让文字左右两端与定界框对齐，如图12-69所示。将鼠标指针移动到图形内部，鼠标指针会变为 状，如图12-70所示。需要注意的是，鼠标指针不能放在路径上，否则文字会沿路径排列。

图12-68　图12-69

图12-70

03 单击显示定界框并自动填充占位符文字，如图12-71所示。执行两次“文字>粘贴Lorem Lpsum”命令，让占位符文字填满定界框，如图12-72所示。单击 ✓ 按钮，结束文本的编辑。

图12-71

图12-72

04 新建一个图层。在右侧空白处输入点文字，如图12-73和图12-74所示。

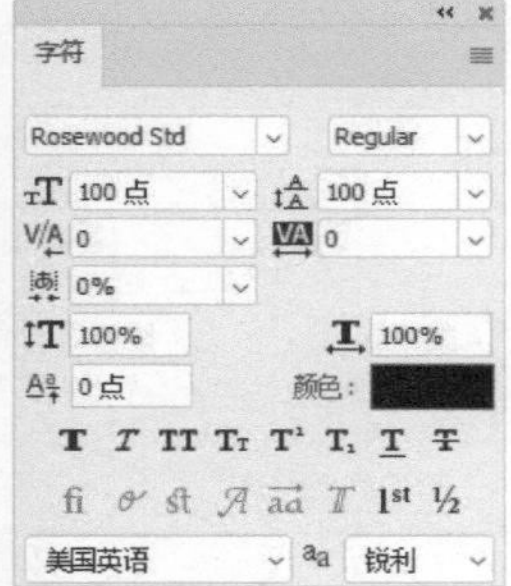

图12-73

图12-74

12.1.7 实战：用变形文字制作萌宠脚印字

Photoshop中提供了15种预设的变形样式，可以让点文字、段落文字和路径文字产生扇形、拱形、波浪形等形状的变形。此外，在使用横排文字蒙版工具和直排文字蒙版工具创建选区时，在文本输入状态下也可以进行变形。

扫码看视频

01 打开素材（包含萌宠脚印及文字），如图12-75所示。单击文字图层，如图12-76所示。

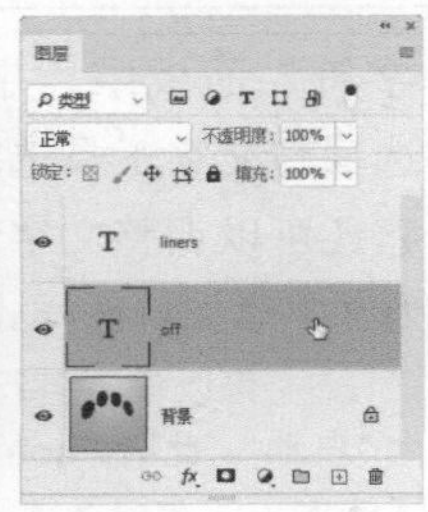

图12-75 图12-76

02 执行"文字>文字变形"命令，打开"变形文字"对话框，在"样式"下拉列表中选择"扇形"，并调整变形参数，如图12-77和图12-78所示。

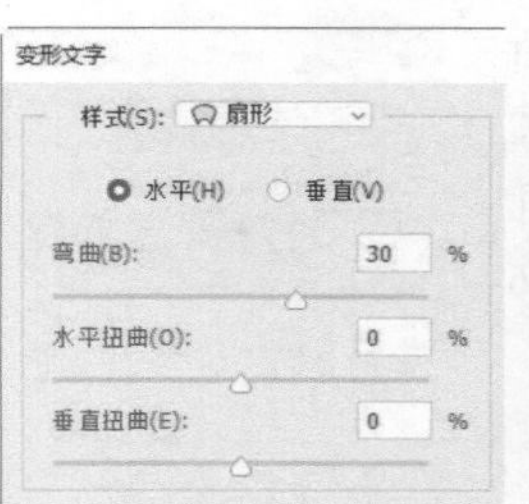

图12-77 图12-78

03 创建变形文字后，在它的缩览图中会出现出一条弧线，如图12-79所示。双击该图层，打开"图层样式"对话框，添加"描边"效果，如图12-80和图12-81所示。

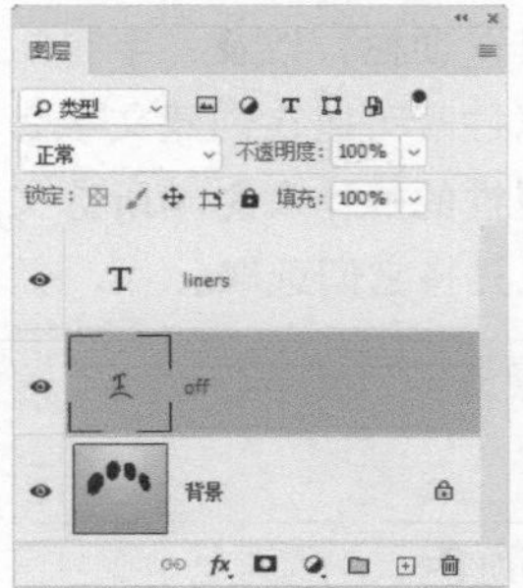

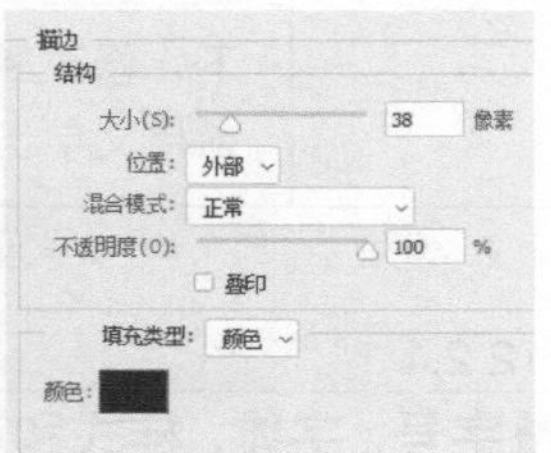

图12-79 图12-80

图12-81

04 选择另外一个文字图层，执行"文字>文字变形"命令，打开"变形文字"对话框，选择"膨胀"样式，创建收缩效果，如图12-82和图12-83所示。

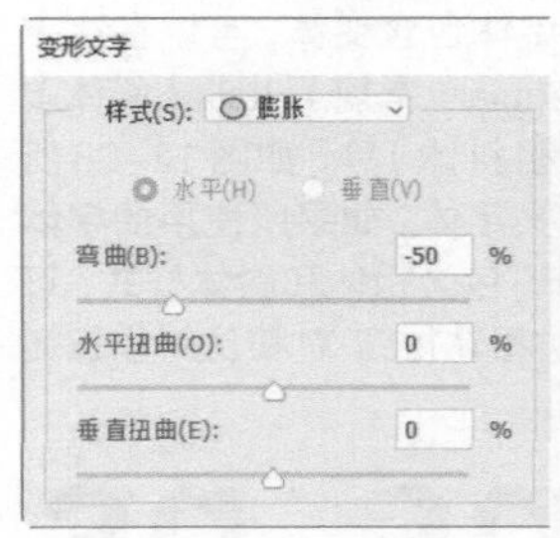

图12-82 图12-83

05 将前景色设置为黄色，如图12-84所示。新建一个图层，设置混合模

图12-84

式为“叠加”，如图12-85所示。选择画笔工具及柔边圆笔尖，在文字、脚掌顶部点几处亮点作为高光，如图12-86所示。

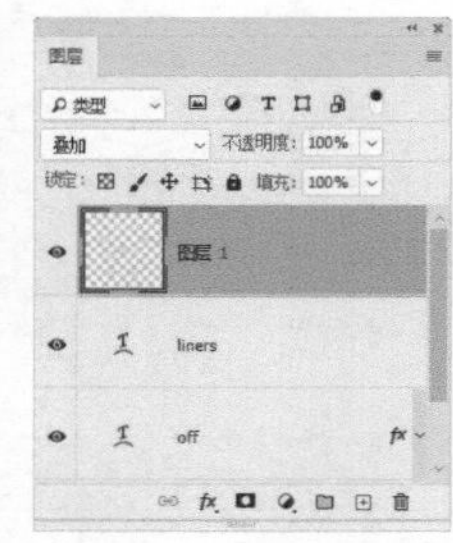
图12-85

图12-86

调整版面中的文字

在文字工具选项栏，以及“字符”面板中都可以设置文字的字体、大小、颜色、行距和字距。这些属性既可以在创建文字之前设置好，也可以在创建文字之后再修改。在默认状态下，修改属性的操作会影响所选文字图层中的所有文字，如果只想改变部分文字，可以提前用文字工具将它们选取。

12.2.1 调整字号、字体、样式和颜色

在文字工具选项栏中可以选择字体，设置文字大小和颜色，以及进行简单的文本对齐，如图12-87所示。

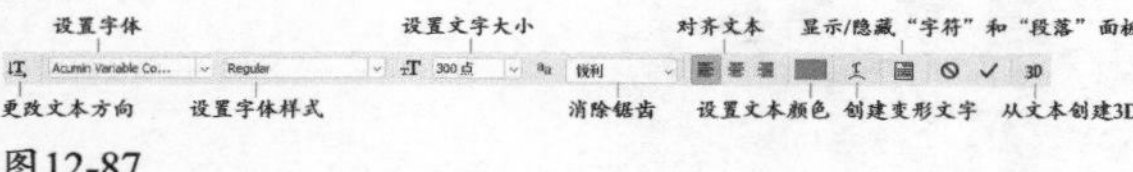

图12-87

- 更改文本方向：单击该按钮，或者执行“文字 > 文本排列方向”子菜单中的命令，可以让横排文字和直排文字互相转换。
- 设置字体：在该下拉列表中可以选择字体。选择字体的同时可查看字体的预览效果。如果字体太小，看不清楚，可以打开“文字 > 字体预览大小”子菜单，选择“特大”或“超大”选项，查看大字体。
- 设置字体样式：如果所选字体包含变体，可以在该下拉列表中进行选择，包括Regular（常规）、Italic（斜体）、Bold（粗体）和Bold Italic（粗斜体）等，如图12-88所示。该选项仅适用于部分英文字体。如果所使用的字体（英文字体、中文字体皆可）不包含粗体和斜体样式，可以单击“字符”面板底部的仿粗体按钮和仿斜体按钮，让文字加粗或倾斜。

ps ps ps ps

Regular　Italic　Bold　Bold Italic

图12-88

- 设置文字大小：可以设置文字的大小，也可以直接输入数值并按Enter键来进行调整。
- 消除锯齿：可以消除文字边缘的锯齿。
- 对齐文本：根据输入文字时鼠标单击的位置对齐文本，包括左对齐文本、居中对齐文本和右对齐文本。
- 设置文本颜色：单击颜色块，可以打开“拾色器”对话框设置文字颜色。
- 创建变形文字：单击该按钮，可以打开“变形文字”对话框，为文本添加变形样式，创建变形文字。
- 显示/隐藏“字符”和“段落”面板：单击该按钮，可以打开和关闭“字符”和“段落”面板。
- 从文本创建3D：从文字中创建3D模型。

12.2.2 调整行距、字距、比例和缩放

在“字符”面板中，字体、样式、颜色、消除锯齿等选项与文字工具选项栏中的选项相同。除此之外，它还可以调整文字的间距、对文字进行缩放，以及为文字添加特殊样式等，如图12-89所示。

- 设置行距：可以设置各行文字之间的垂直间距。默认选项为“自动”，此时Photoshop会自动分配行距，它会随着字体大小的改变而改变。在同一个段落中，可以应用一个以上的行距量，但文字行中的最大行距值决定该行的行距值。图12-90所示是行距为72点的文本（文字大小为72点），图12-91所示是行距调整为100点的文本。

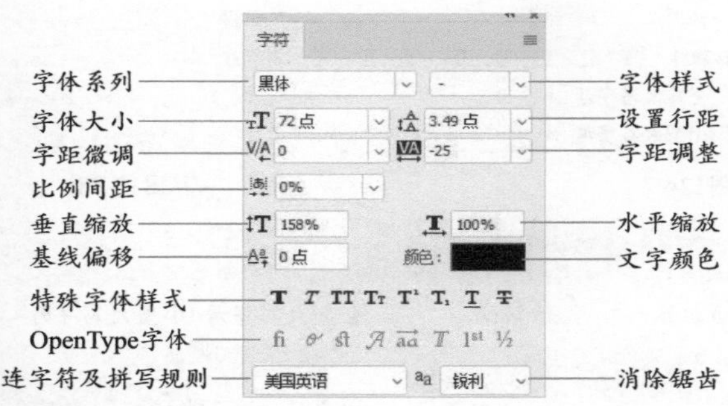

图12-89

图12-90

图12-91

● 字距微调 ：用来调整两个字符之间的间距。操作方法是，使用横排文字工具 T 在两个字符之间单击，出现闪烁的“I”形光标后，如图12-92所示，在该选项中输入数值并按Enter键，以增加（正数）字距，如图12-93所示，或者减少（负数）这两个字符之间的间距量，如图12-94所示。此外，如果要使用字体的内置字距微调，可以在该下拉列表中选择“度量标准”选项；如果要根据字符形状自动调整间距，可以选择“视觉”选项。

图12-92

图12-93

图12-94

● 字距调整 ：字距微调 只能调整两个字符之间的间距，而字距调整 则可以调整多个字符或整个文本中所有字符的间距。如果要调整多个字符的间距，可以使用横排文字工具 T 将它们选取，如图12-95所示；如果未进行选取，则会调整文中所有字符的间距，如图12-96所示。

图12-95

图12-96

● 比例间距 ：可以按照一定的比例来调整字符的间距。在未进行调整时，比例间距值为0%，此时字符的间距最大；设置为50%时，字符的间距会变为原来的一半；当设置为100%时，字符的间距变为0。由此可知，比例间距 只能收缩字符之间的间距，而字距微调 和字距调整 既可以缩小间距，也可以扩大间距。

● 垂直缩放 /水平缩放 ：垂直缩放 可以垂直拉伸文字，不会改变其宽度；水平缩放 可以在水平方向上拉伸文字，不会改变其高度。当这两个百分比相同时，可进行等比缩放。

● 基线偏移 ：使用文字工具在图像中单击设置文字插入点时，会出现闪烁的“I”形光标，光标中的小线条标记的便是文字的基线（文字所依托的假想线条）。在默认状态下，绝大部分文字位于基线之上，小写的g、p、q位于基线之下。调整字符的基线可以使字符上升或下降。

● OpenType字体：包含当前 PostScript 和 TrueType 字体不具备的功能，如花饰字和自由连字。

● 连字符及拼写规则：可对所选字符进行有关连字符和拼写规则的语言设置。Photoshop 使用语言词典检查连字符连接。

12.2.3

创建上标、下标等特殊字体样式

很多单位刻度、化学式、数学公式，如立方厘米（cm^3）、二氧化碳（CO_2），以及某些特殊符号（™ © ®），会用到上标、下标等特殊字符。通过下面的方法可以创建此类字符。首先用文字工具将其选取，然后单击“字符”面板下面的一排“T”状按钮，如图12-97所示。图12-98所示为原文字，图12-99所示为单击各按钮所创建的效果。

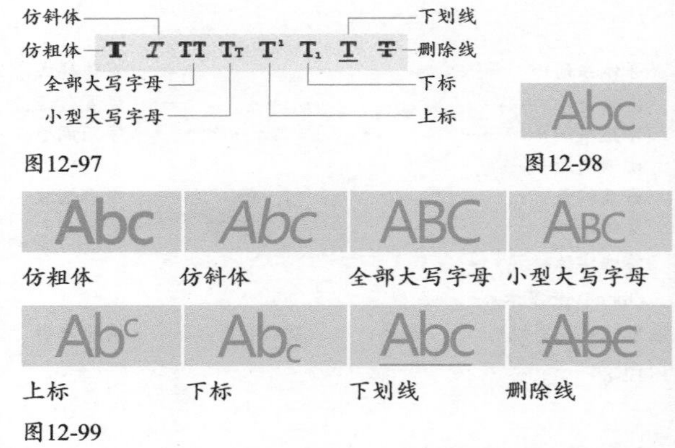

图12-97　图12-98　图12-99

12.3 美化段落

在输入文字时，每按一次Enter键，便切换一个段落。“段落”面板可以调整段落的对齐、缩进和文字行的间距等，让文字在版面中显得更加规整。

12.3.1

“段落”面板

图12-100所示为“段落”面板。

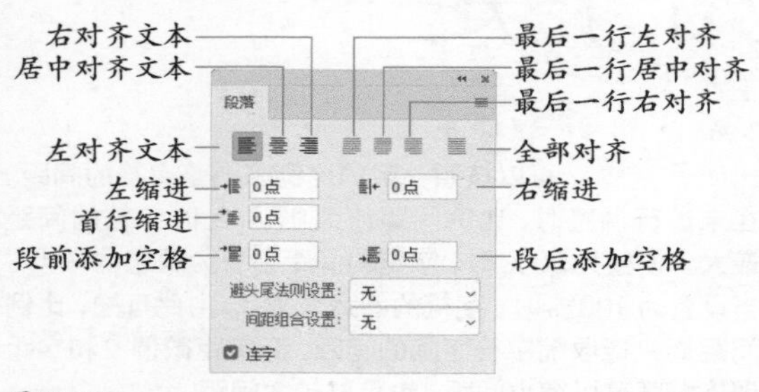

图12-100

“段落”面板只能处理段落，不能处理单个或多个字符。如果要设置单个段落的格式，可以用文字工具在该段落中单击，设置文字插入点并显示定界框，如图12-101所示；如果要设置多个段落的格式，要先选择这些段落，如图12-102所示；如果要设置全部段落的格式，则可以在“图层”面板中选择该文本图层，如图12-103所示。

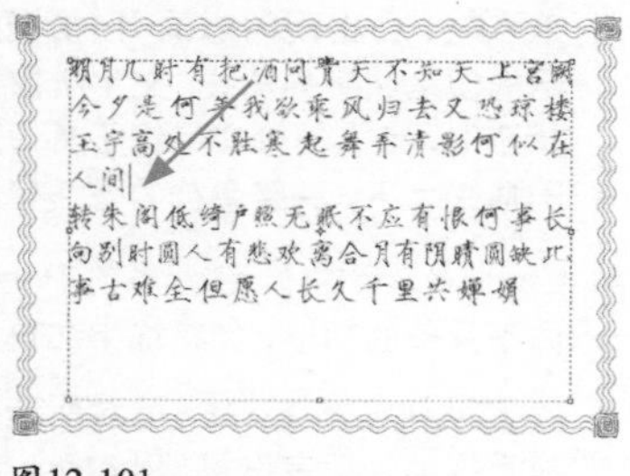

图12-101

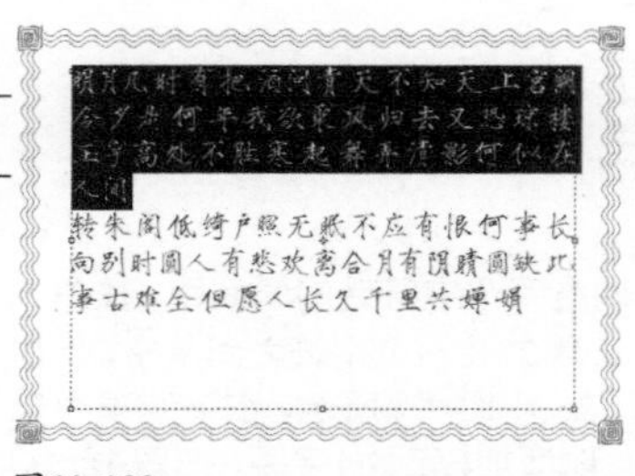

图12-102

图12-103

12.3.2

段落对齐

“段落”面板最上面一排按钮用来设置段落的对齐方式，它们可以将文字与段落的某个边缘对齐。

- 左对齐文本：文字的左端对齐，段落右端参差不齐，如图12-104所示。
- 居中对齐文本：文字居中对齐，段落两端参差不齐，如图12-105所示。
- 右对齐文本：文字的右端对齐，段落左端参差不齐，如图12-106所示。

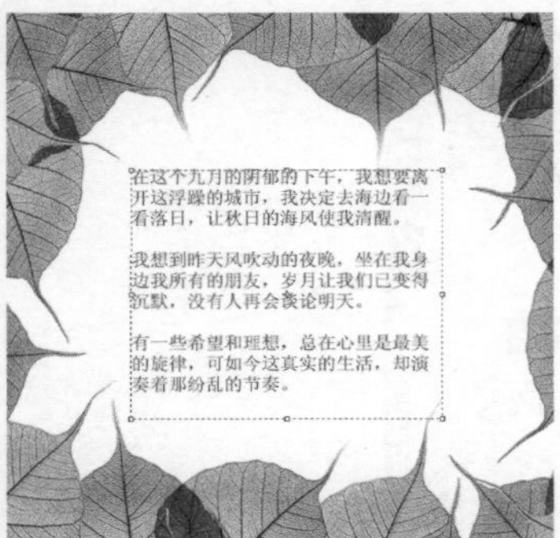

图12-104

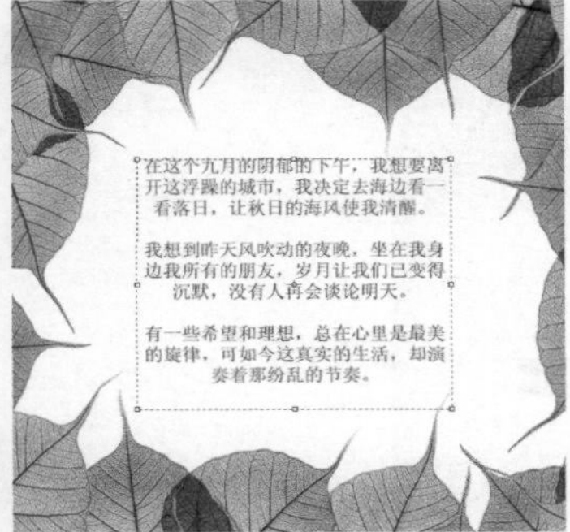

图12-105

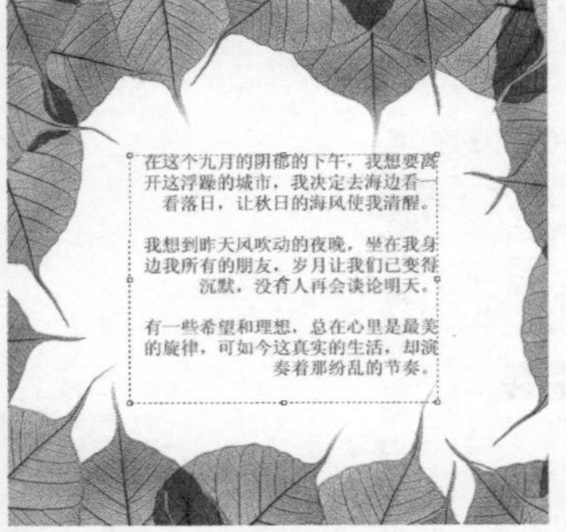

图12-106

- **最后一行左对齐**：段落最后一行左对齐，其他行左右两端强制对齐，如图12-107所示。

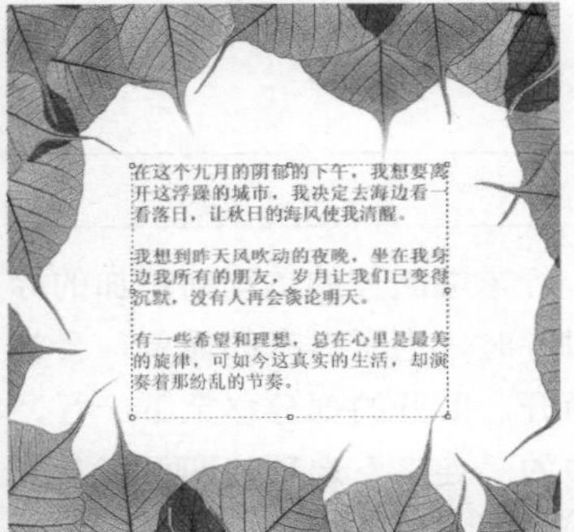

图12-107

- **最后一行居中对齐**：段落最后一行居中对齐，其他行左右两端强制对齐，如图12-108所示。

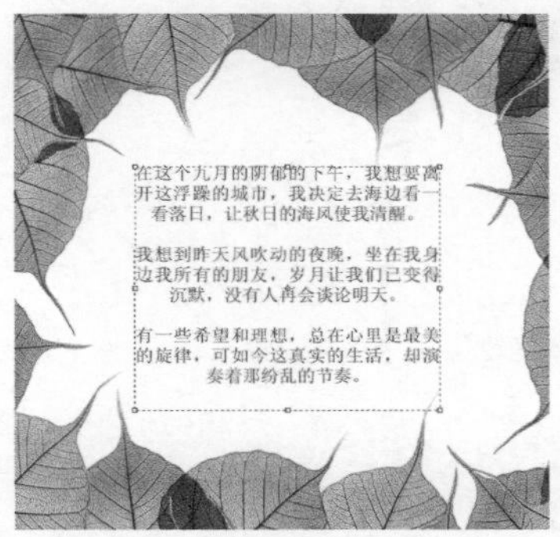

图12-108

- **最后一行右对齐**：段落最后一行右对齐，其他行左右两端强制对齐，如图12-109所示。

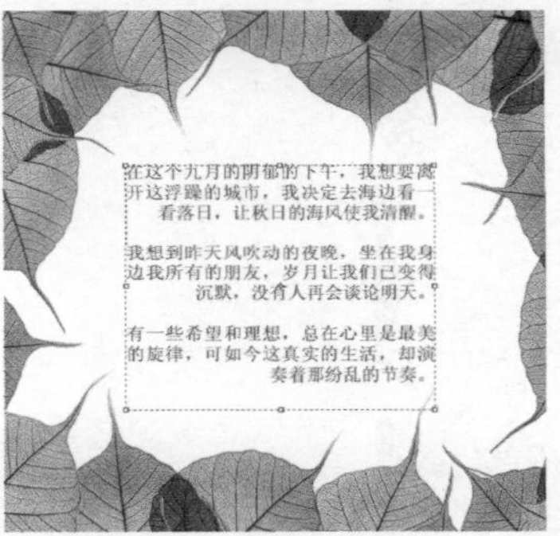

图12-109

- **全部对齐**：在字符间添加额外的间距，使文本左右两端强制对齐，如图12-110所示。

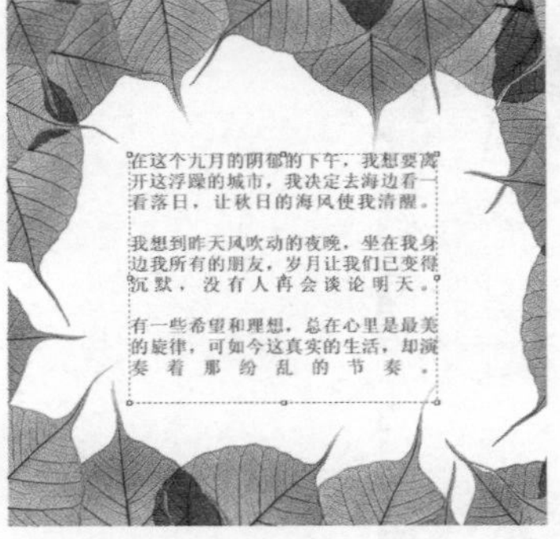

图12-110

12.3.3
段落缩进

缩进用来调整文字与定界框之间或与包含该文字的行之间的间距量。它只影响所选择的一个或多个段落，因此，各个段落可以设置不同的缩进量。

- **左缩进**：横排文字从段落的左边缩进，直排文字从段落的顶端缩进，如图 12-111 所示。

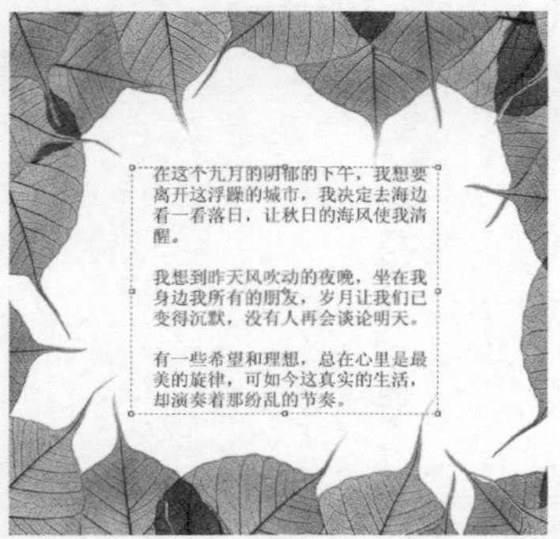

图12-111

- **右缩进**：横排文字从段落的右边缩进，直排文字则从段落的底部缩进，如图 12-112 所示。

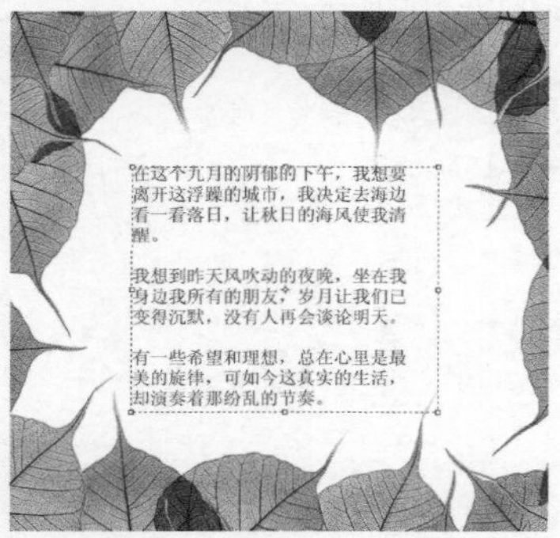

图12-112

- **首行缩进**：缩进段落中的首行文字。对于横排文字，首行缩进与左缩进有关，如图 12-113 所示；对于直排文字，首行缩进与顶端缩进有关。如果将该值设置为负值，则可以创建首行悬挂缩进。

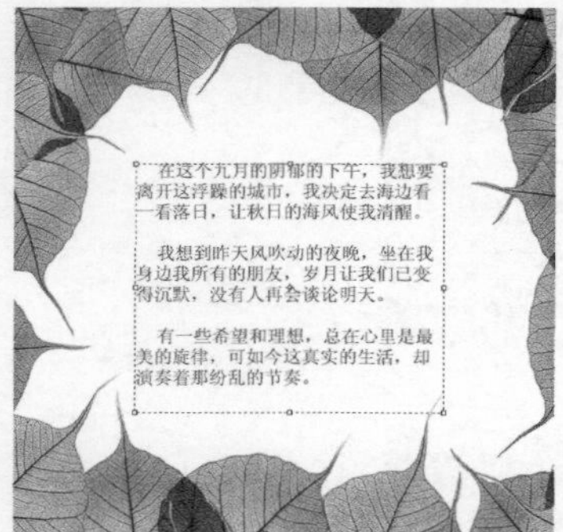

图12-113

12.3.4 设置段落的间距

“段落”面板中的段前添加空格按钮和段后添加空格按钮用于控制所选段落的间距。图12-114所示为选择的段落，图12-115所示为设置段前添加空格为30点的效果，图12-116所示为设置段后添加空格为30点的效果。

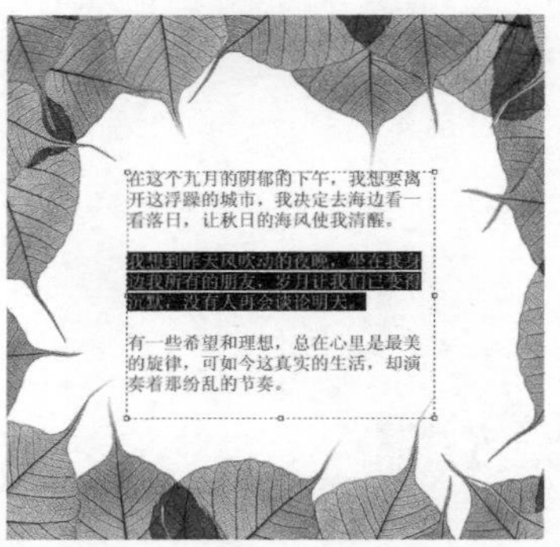

图12-114

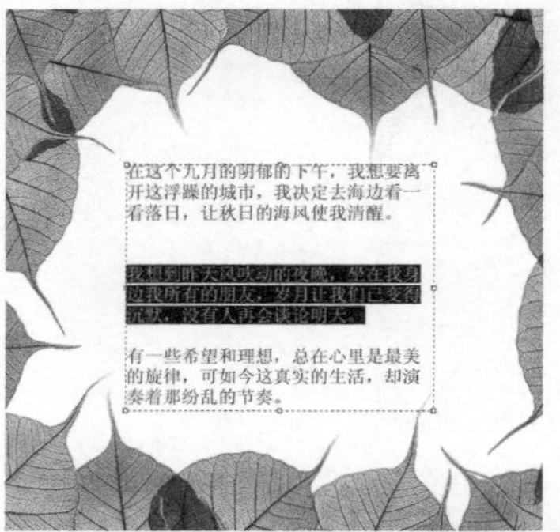

图12-115

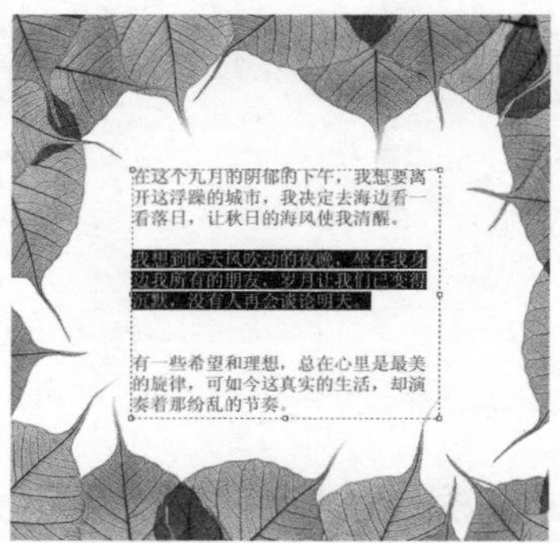

图12-116

12.3.5 连字标记的用处

连字符是在每一行末端断开的单词间添加的标记。在将文本强制对齐时，为了对齐的需要，会将某一行末端的单词断开，断开的部分移至下一行，勾选“段落”面板中的“连字”选项，即可在断开的单词间显示连字标记。

使用字符和段落样式

"字符样式"和"段落样式"面板可以保存文字样式，并可快速应用于其他文字、线条或文本段落，从而极大地节省操作时间。

12.4.1 创建字符样式和段落样式

字符样式是字体、大小、颜色等字符属性的集合。单击"字符样式"面板中的⊞按钮，即可创建一个空白的字符样式，如图12-117所示，双击该样式，打开"字符样式选项"对话框可以设置字符属性，如图12-118所示。

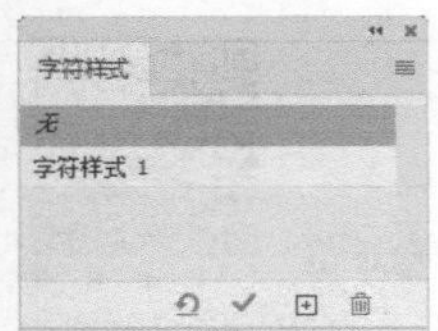

图12-117

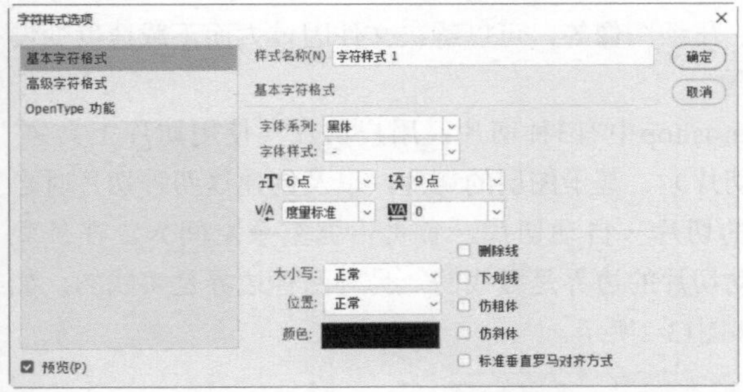

图12-118

对其他文本应用字符样式时，只需选择文字图层，如图12-119所示，再单击"字符样式"面板中的样式即可，如图12-120和图12-121所示。

图12-119

图12-120

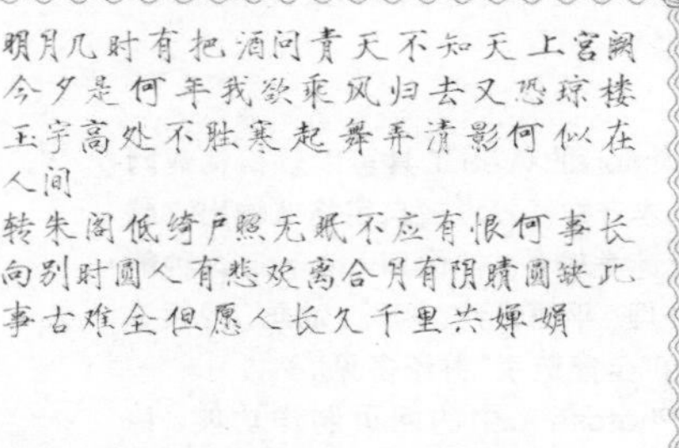

图12-121

段落样式的创建和使用方法与字符样式相同。单击"段落样式"面板中的⊞按钮，创建空白样式，然后双击该样式，可以打开"段落样式选项"对话框设置段落属性。

12.4.2 存储和载入文字样式

当前的字符和段落样式可存储为文字默认样式，它们会自动应用于新的文件，以及尚未包含文字样式的现有文件。如果要将当前的字符和段落样式存储为默认文字样式，可以执行"文字>存储默认文字样式"命令。如果要将默认字符和段落样式应用于文件，可以执行"文字>载入默认文字样式"命令。

第13章 Web图形与网店装修

【本章简介】

使用 Photoshop 的Web工具可以轻松构建网页的组件，或者按照预设或自定格式输出完整网页。在设计类软件中，像Photoshop这种能横跨图像处理、平面设计、网页、动画、视频等多个领域的"全能选手"并不多见。

本章介绍Photoshop中的网页制作功能，包括制作和优化切片等，以及怎样使用画板、从PSD文件中提取图像资源、导出PNG文件等与Web设计相关的功能。

【学习目标】

本章我们需要了解Photoshop在网页设计中发挥怎样的作用，还要学会使用Web工具、掌握图像资源的导出方法，以及熟练使用画板。

【学习重点】

13.1 创建和编辑切片

在Photoshop中可以通过不同的方法创建切片。创建切片后，还可调整其大小、位置，以及重新进行划分和组合，以及进行优化。

13.1.1 实战：制作和优化切片

网络上使用的图片，文件越小，用户浏览时的加载速度越快；反之，文件越大，显示的速度就越慢。用切片分割图像，再对其进行优化，如减小尺寸、减少非必要颜色、压缩图像等，可以解决文件因过大而下载速度变慢这一难题。

Photoshop中有3种切片：用户切片（使用切片工具创建的切片）、基于图层的切片，以及创建这两种切片时自动生成的切片（自动切片，负责占据空余空间）。在外观上，自动切片的边界是虚线的，另外两种边界是实线的，如图13-1和图13-2所示。

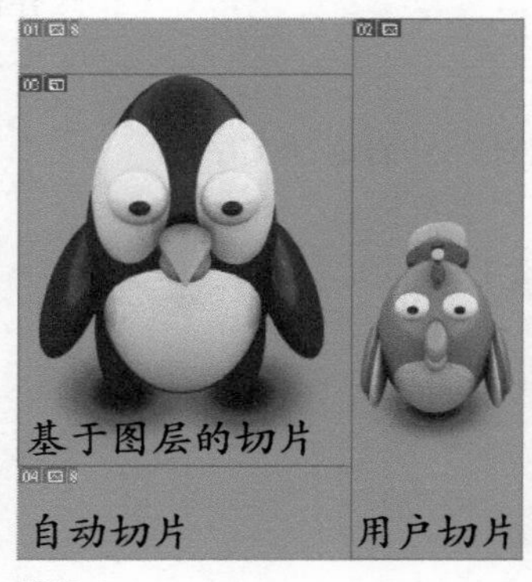

图13-1

图13-2

01 打开素材，如图13-3所示。选择切片工具，拖曳出一个矩形框，将女孩的身体包含在内，释放鼠标左键，创建切片，如图13-4所示。采用同样的方法在女孩手部（包含手提袋）创建一个切片，如图13-5所示。拖曳鼠标时，按住空格键移动鼠标，可以移动切片位置。

图13-3

图13-4

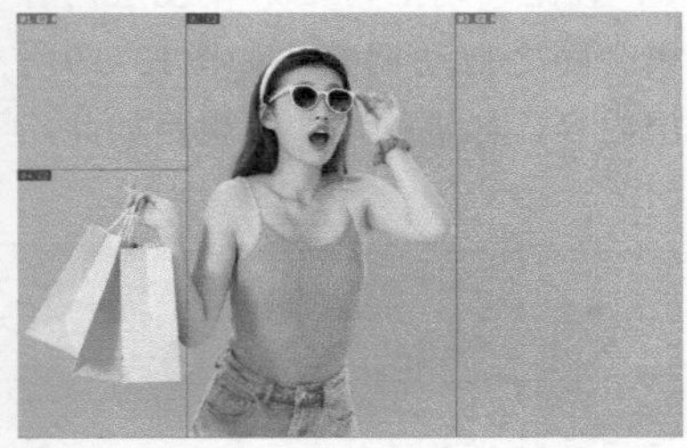
图13-5

02 执行“文件>导出>存储为 Web 所用格式（旧版）”命令，打开“存储为 Web 所用格式”对话框。单击“双联”标签，这时会出现两个窗口，分别显示优化前和优化后的图像，以便于观察效果，如图13-6所示。

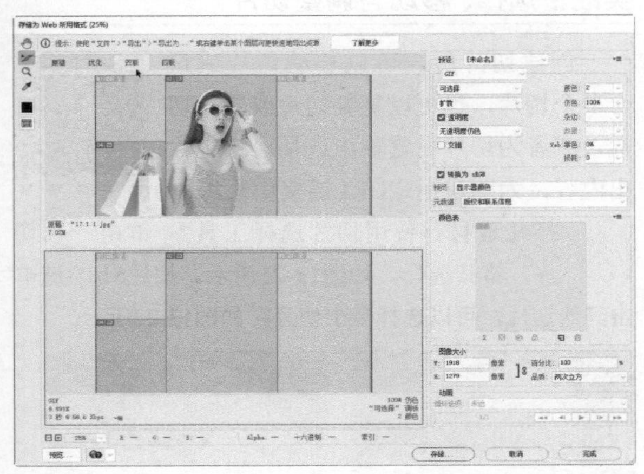
图13-6

03 选择切片选择工具，按住Shift键单击包含女孩图像的两个切片，将其选取，选取“GIF”格式，颜色数量设置为256，如图13-7所示。单击另外两个切片，它们是单色的，压缩程度可以大一些，如图13-8所示。在减少颜色数量时，观察两个窗口中的图像，尽量不要出现明显的差别，就是说要兼顾图像品质，不能影响细节。

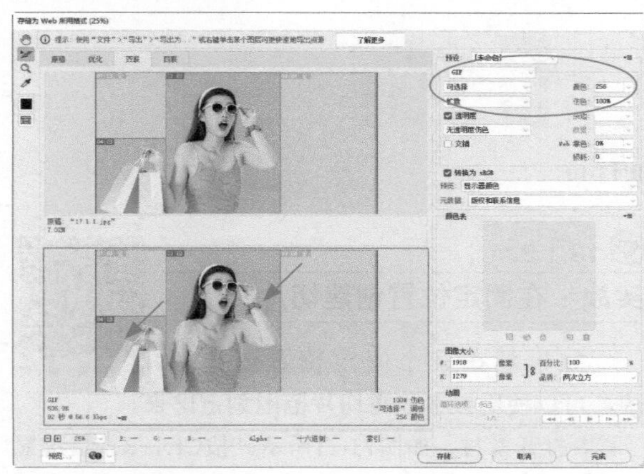
图13-7

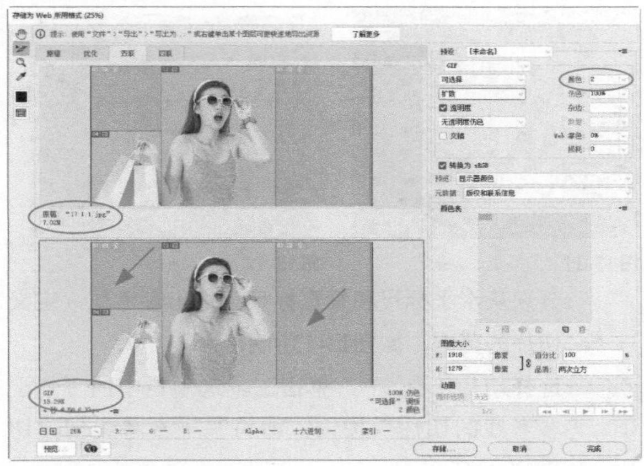
图13-8

04 优化切片以后，图像由之前的7.02MB减小到18.29KB。单击“存储”按钮，弹出“将优化结果存储为”对话框，设置保存位置，将切片导出，如图13-9所示。根据之前保存的路径，找到并打开文件夹，可以看到一张张的图片，如图13-10所示，它们就是根据刚才切片的规格分开存放的。

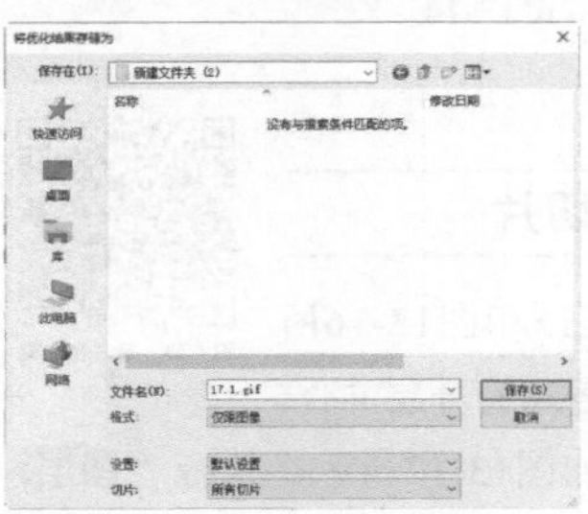
图13-9

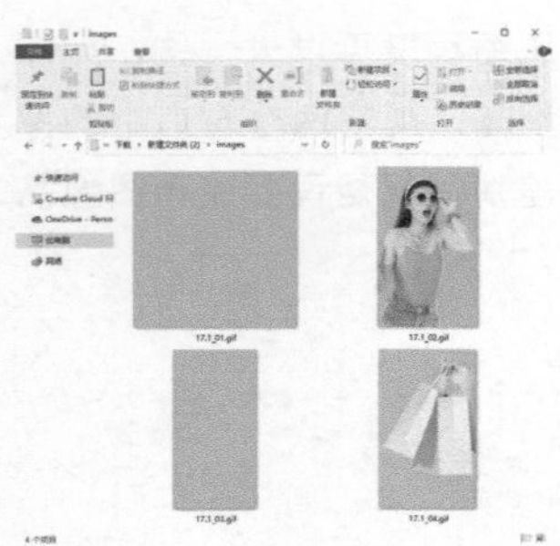

图13-10

13.1.2

实战：在固定位置创建切片

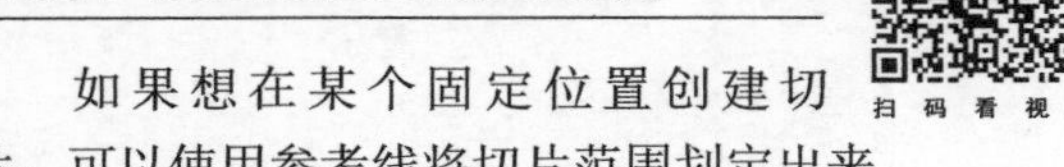

如果想在某个固定位置创建切片，可以使用参考线将切片范围划定出来。

扫码看视频

01 打开素材，如图13-11所示。按Ctrl+R快捷键显示标尺，如图13-12所示。

图13-11　图13-12

02 分别从水平标尺和垂直标尺上拖出参考线，定义切片的范围，如图13-13所示。

03 选择切片工具，单击工具选项栏中的“基于参考线的切片”按钮，即可基于参考线创建切片，如图13-14所示。

图13-13

图13-14

13.1.3

实战：基于图层创建切片

扫码看视频

01 打开素材，如图13-15和图13-16所示。这是一个PSD格式的分层文件。

02 单击“图层 1”，如图13-17所示，执行“图层>新建基于图层的切片”命令，可基于图层创建切片，此时切片会包含该图层中的所有像素，如图13-18所示。

图13-15

图13-16

图13-17

图13-18

03 在这种状态下，使用移动工具移动图层内容时，切片区域会随之自动调整，如图13-19所示。此外，编辑图层内容，如进行缩放时也是如此，如图13-20所示。

图13-19

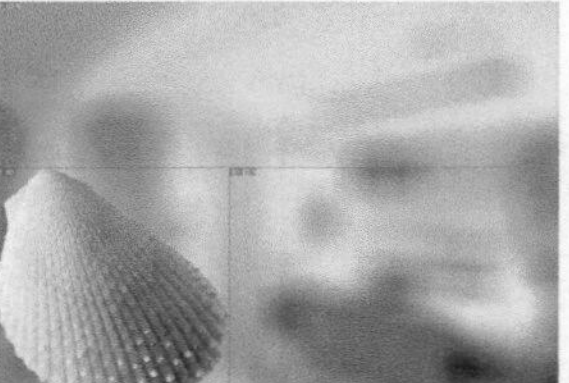

图13-20

13.1.4

实战：选择、移动与调整切片

创建切片后，可以移动切片或组合多个切片，也可以复制切片或删除切片，或者为切片设置输出选项，指定输出内容，为图像指定URL链接信息等。

扫码看视频

01 打开素材。使用切片选择工具单击一个切片，将其选择，如图13-21所示。按住Shift键单击其他切片，可以选择多个切片，如图13-22所示。

图13-21

图13-22

02 选择切片后，拖曳切片定界框上的控制点可以调整切片大小，如图13-23所示。

03 拖曳切片则可以移动切片，如图13-24所示。按住Shift 键可以将移动限制在垂直、水平或 45°对角线的方向上；按住Alt键拖曳鼠标，可以复制切片。如果想防止切片被意外修改，可以执行“视图>锁定切片”命令，锁定所有切片。再次执行该命令则取消锁定。

图13-23

图13-24

提示

选取切片后，按Delete键可将其删除。如果要删除所有用户切片和基于图层的切片，可以执行“视图>清除切片”命令。

使用画板

在工作中，每一种设计方案，Web和UI设计人员都要制作出适合不同设备和应用程序页面的图稿。画板可以帮助设计师简化工作，它提供了一个无限画布，适合不同设备和屏幕的设计。

13.2.1 实战：用5种方法创建画板

扫码看视频

01 画板有5种创建方法。第1种方法是执行“文件>新建”命令，设置文件大小，并勾选“画板”选项，直接创建包含画板的文件，如图13-25~图13-27所示。

图13-25

图13-26

图13-27

02 第2种方法是执行“图层>新建>画板”命令，打开“新建画板”对话框，输入画板的宽度和高度，自定义画板大小；也可以单击⌄按钮，打开下拉列表选择预设的尺寸，如图13-28所示。这里的预设非常多，包括常用的iPhone、Android、Web、iPad、Mac图标等。

03 创建或打开文件以后，可基于其中的图层和图层组创建画板。我们先单击“画板2”左侧的⌄按钮，将画板组折叠，如图13-29所示，然后单击“图层”面板中的⊞按钮，创建两个图层，按住Ctrl键并单击，将它们选取，如图13-30所示。执行“图层>新建>来自图层的画板”命令，可基于所选图层创建画板，这是第3种方法，如图13-31所示。

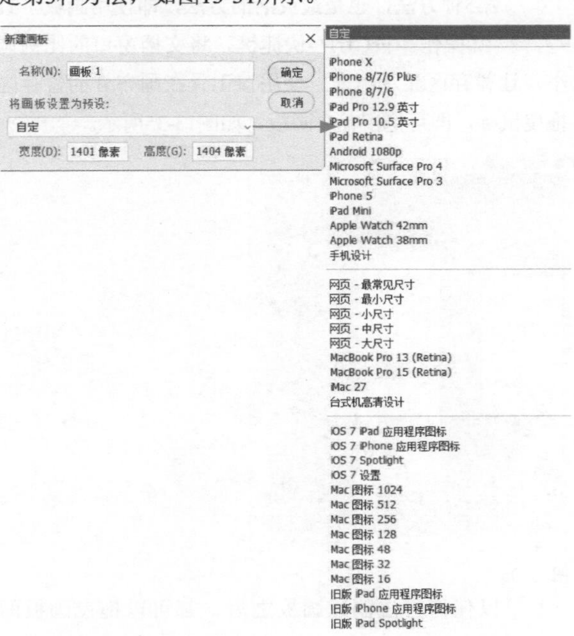

图13-28

图13-29　　图13-30　　图13-31

提示

当画板组打开时，其左侧的按钮为∨状。此时创建的图层和图层组都将位于画板组中。如果想要在画板组外创建，则需要先将画板组折叠。

04 关闭画板组。单击“图层”面板中的 □ 按钮，创建一个图层组，如图13-32所示，执行“图层>新建>来自图层组的画板”命令，可基于所选图层组创建画板，这是第4种方法。通过这种方法创建的画板的默认名称为“组1”，如图13-33所示，识别度不高，容易与其他图层组混淆。执行“图层>重命名画板”命令，或双击画板名称，在显示的文本框中修改画板名称，如图13-34所示。

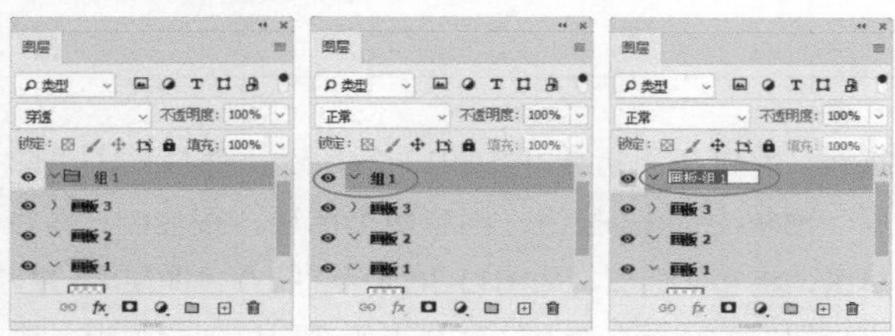

图13-32　　图13-33　　图13-34

05 第5种方法，也是最灵活的方法，即使用画板工具 操作。按Ctrl+-快捷键，将文档窗口的比例调小，让暂存区显示出来。使用该工具在画布外的暂存区拖曳鼠标，即可拖出一个画板，如图13-35所示。

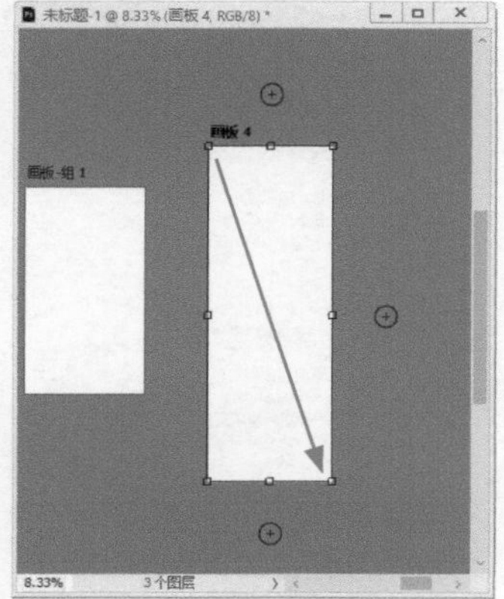

图13-35

06 以任何方法创建画板之后，都可以拖曳画板的定界框自由调整其大小，如图13-36所示；也可以在工具选项栏中输入“宽度”和“高度”值，或者在“大小”下拉列表中选择一个预设的尺寸修改其大小，如图13-37所示。

图13-36

大小：iPad Pro　宽度：2048 像素　高度：2732 像素

图13-37

提示

在画板以及画板工具 处于选取状态下时，单击当前画板旁边显示的⊕图标，可以添加新的画板。按住Alt键并单击⊕图标，可以复制画板及其内容。如果要删除一个画板，可以在“图层”面板中单击它，然后按Delete键。

13.2.2

实战：制作商场促销单（网页版、手机版）

下面在画板中制作两个商场促销单，一个用于网页，另一个用于手机。

扫 码 看 视 频

01 按Ctrl+N快捷键，打开“新建文档”对话框，使用预设创建一个网页文档，如图13-38所示。

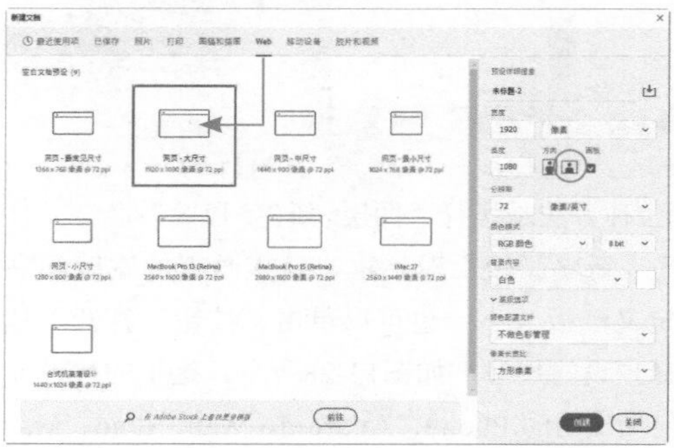

图13-38

02 打开素材，如图13-39所示。使用移动工具 将其拖入网页文档中。

图13-39

03 使用横排文字工具 **T** 输入文字，如图13-40所示。按Esc键结束编辑。再输入一行文字，之后修改字体，如图13-41所示。

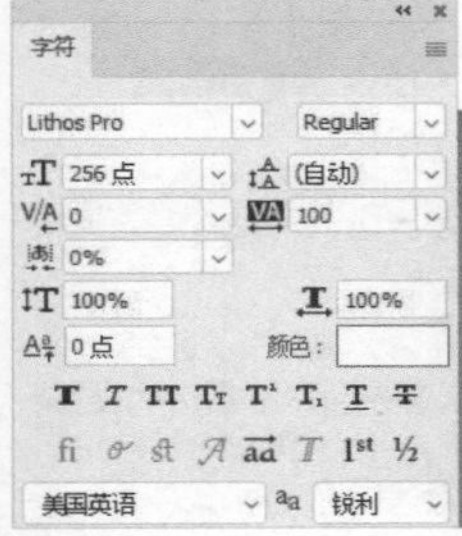

图13-40

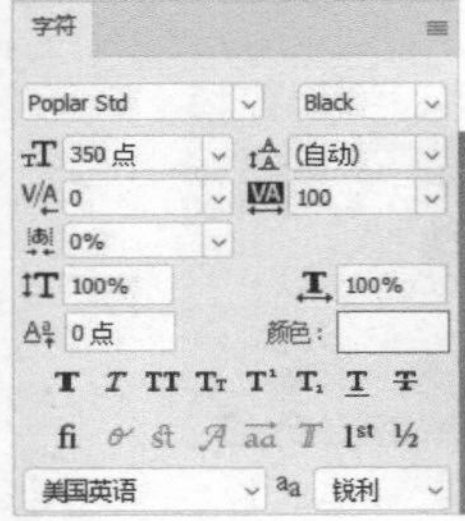

图13-41

04 将鼠标指针移动到文字“0”上方，向右拖曳鼠标，选取文字，如图13-42所示。将文字大小设置为250点并调整基线偏移值，如图13-43所示。

图13-42

图13-43

05 在百分号上拖曳鼠标，将其选取，单击上标按钮 **T¹**，如图13-44所示。再输入几组文字，纵向文字用直排文字工具 **↓T** 输入，如图13-45所示。

图13-44

图13-45

06 单击“图层2”，选取该图层，按住Alt键单击它的眼睛图标，将其他图层全部隐藏，如图13-46所示。执行“选择>主体”命令，将人像选取。执行“选择>选择并遮住”命令，切换到这一工作区。在“属性”面板中单击“颜色识别”按钮，如图13-47所示。选择调整边缘画笔工具，处理图13-48所示的两处图像（即遮盖文字的地方），得到准确的选区，如图13-49所示。

07 在“属性”面板的“输出到”下拉列表中选择“选区”选项，单击“确定”按钮。按住Alt键单击“图层2”的眼睛图标，恢复其他图层的显示，如图13-50所示。单击图层“SALES”，如图13-51所示，按住Alt键单击 ◘ 按钮，为它添加反相的蒙版，这样可以将位于选区内的文字隐藏，使文字看上去是在女郎后方，如图13-52所示。

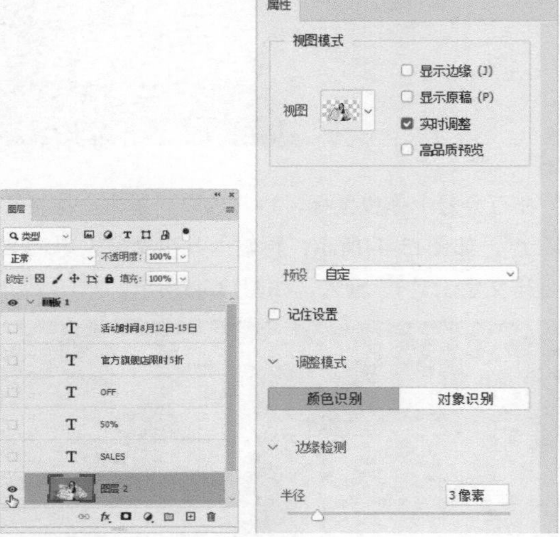

图13-46　　图13-47

图13-48

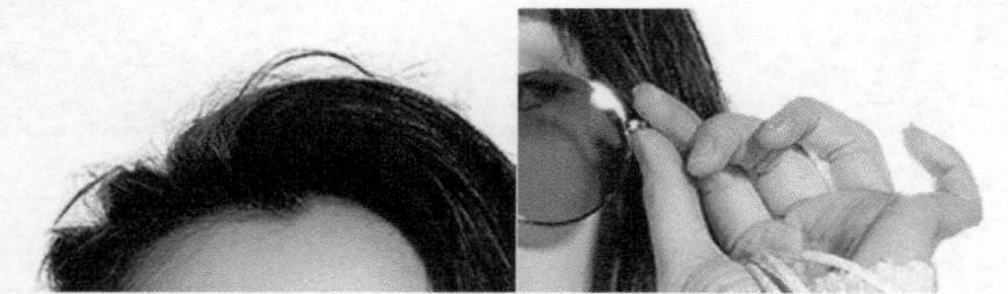

图13-49

图13-50　　图13-51

图13-52

08 按住Alt键，将图层蒙版拖曳到文字“50%”上，为该图层复制相同的蒙版，位于手指前方的文字也被遮盖住了，如图13-53和图13-54所示。

图13-53　　图13-54

09 下面再制作一个手机使用的页面。单击画板，如图13-55所示。选择画板工具 ⊡，将鼠标指针移动到画板右侧的⊕图标上，按住Alt键单击，复制出一个画板，如图13-56所示。

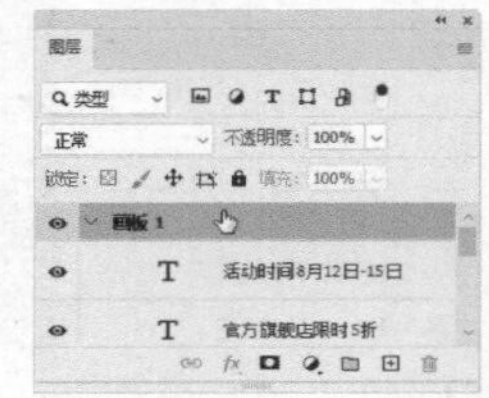

图13-55

图13-56

10 在工具选项栏中选取手机屏幕尺寸预设文件，单击⊡按钮，将画板切换为纵向，如图13-57所示。

图13-57

11 单击“属性”面板中的颜色块，打开“拾色器”对话框，将画板改为浅红色，如图13-58和图13-59所示。

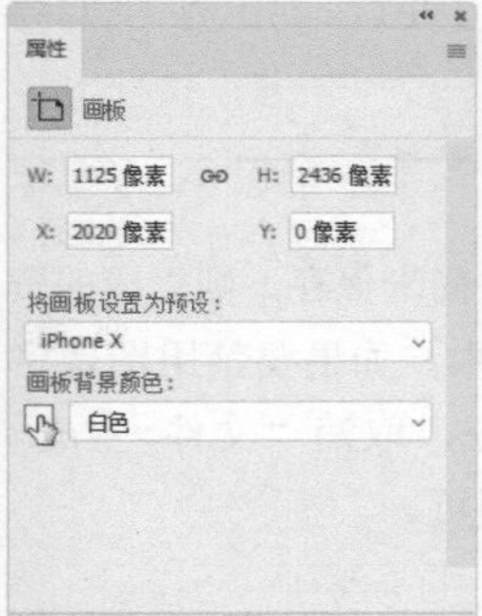

图13-58　图13-59

12 单击人像所在的图层，使用移动工具 向下移动图像，给上部留一些空间，如图13-60所示。使用矩形选框工具 选取图像，按Ctrl+T快捷键显示定界框，按住Shift键向上拖曳控制点，为画面上部铺上颜色，如图13-61所示。按Enter键确认，按Ctrl+D快捷键取消选择。

图13-60　图13-61

13 最后调整一下文字布局。直排文字可以用“文字>文本排列方向>横排”命令转换成横排。图13-62所示为两个设计图稿的最终效果。

图13-62

13.2.3 将画板导出为单独的文件

单击一个画板，如图13-63所示，执行“文件>导出>画板至文件”命令，可以将其导出为单独的文件，如图13-64和图13-65所示。

图13-63　图13-64

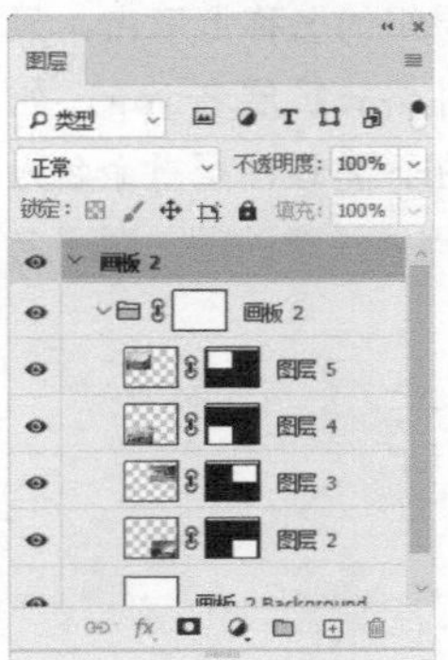

图13-65

导出图层和文件

Photoshop中的PSD文件、画板、图层、图层组等可以导出PNG、JPEG、GIF或 SVG等格式的图像。

13.3.1 实战：从 PSD 文件中生成图像资源

Photoshop可以将PSD文件的每一个图层生成一幅图像。有了这项功能，Web设计人员就可以从PSD文件中自动提取图像，免除了手动分离和转存工作的麻烦。

扫 码 看 视 频

01 将配套资源中的PSD素材复制到计算机中，然后在Photoshop中打开它，如图13-66和图13-67所示。

图13-66

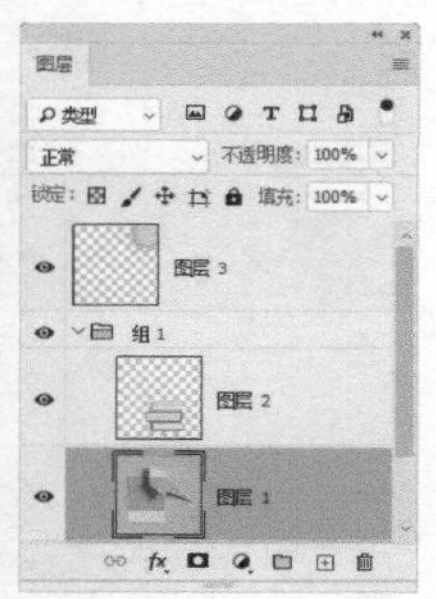

图13-67

02 执行“文件>生成>图像资源”命令，使该命令处于选取状态。在图层组的名称上双击，显示文本框，修改名称并添加文件格式扩展名.jpg，如图13-68所示。在图层名称上双击，将该图层重命名为“太阳.gif”，如图13-69所示。需要注意的是，图层名称不支持特殊字符 /、: 和 *。

图13-68

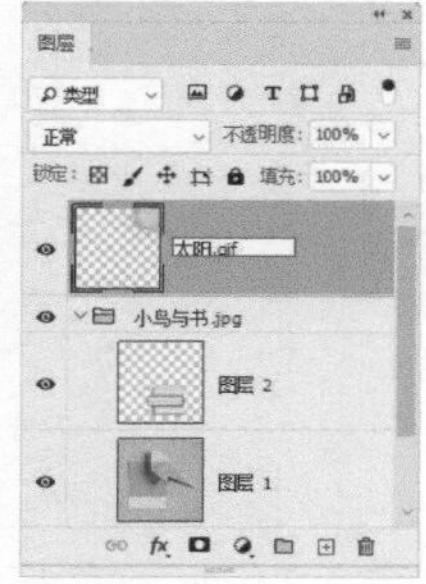

图13-69

03 操作完成后，即可生成图像资源，Photoshop会将其与源PSD文件一起保存在子文件夹中，如图13-70所示。如果源PSD文件尚未保存，则生成的资源会保存在桌面上的新文件夹中。如果要禁用图像资源生成功能，再次执行该命令，取消“文件>生成>图像资源”命令左侧的勾选即可。

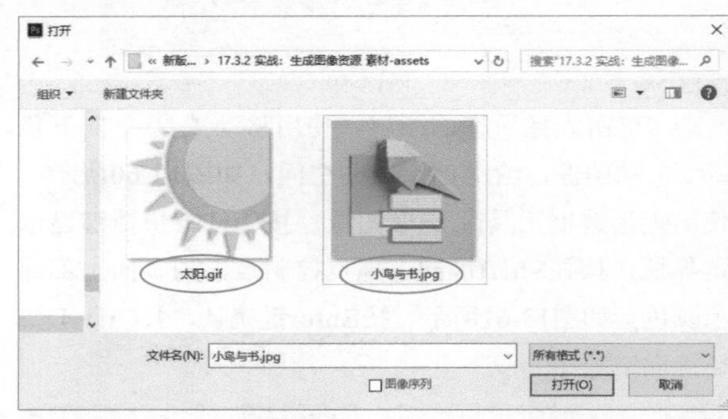

图13-70

13.3.2 实战：导出并微调图像资源

在将图层、图层组、画板或Photoshop文件导出为图像时，想要对设置进行微调，可以使用“导出为”命令操作。该命令设计得非常“贴心”，它充分考虑到了用户使用中会遇到的各种情况。例如，进行Web设计时，制作好的图标用在不同的地方时对于尺寸方面也会有所要求，有的可能是原有尺寸的一半，有的可能要放大到两倍才行。

扫 码 看 视 频

01 打开素材，如图13-71所示。这是在两个画板上创建的设计图稿，如图13-72所示。

图13-71 图13-72

02 执行“文件>导出>导出为”命令，或“图层>导出为”命令，打开“导出为”对话框，在“格式”下拉列表中选择文件格式，如图13-73所示。如果要改变图像或画布尺寸，可以在“图像大小”或“画布大小”选项组中设置。

图13-73

03 单击“后缀”右侧的+状图标，添加一组选项，并选取“0.5×”，该组的“后缀”会自动变为“@0.5×”，如图13-74所示。这样可以同时导出两组图像资源，一组是原始尺寸，另一组是它的一半大小。文件后缀可帮助我们轻松管理导出的资源，因为0.5×资源的名称后缀均为@0.5×。单击“全部导出”按钮，在弹出的对话框中为资源指定保存位置，如图13-75所示，单击“选择文件夹”按钮，导出资源，如图13-76所示。

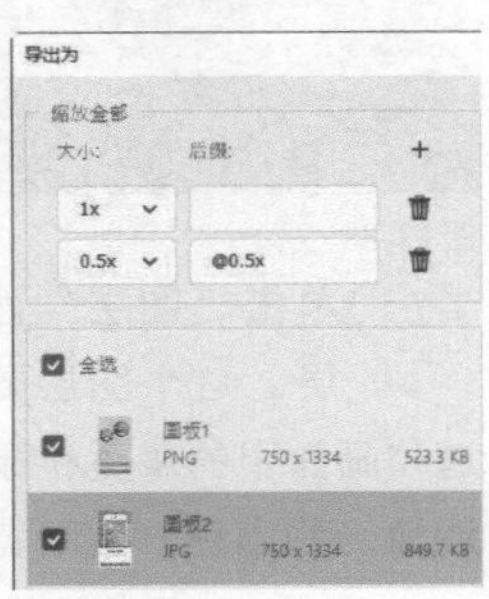

图13-74

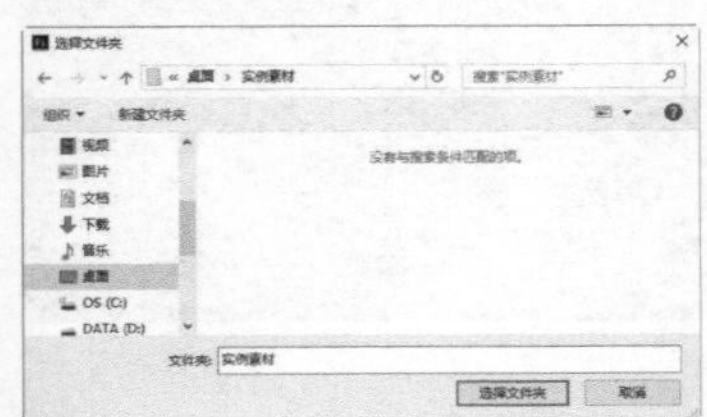

图13-75

图13-76

04 除了导出全部内容外，还可以只导出部分图层、图层组或画板。例如，单击“画板2”左侧的 〉按钮，展开画板组，按住Ctrl键并单击图13-77所示的两个图层，将其选取，然后在它们上方单击鼠标右键，在弹出的快捷菜单中执行“导出为”命令，如图13-78所示，之后按照第2步、第3步的方法操作，便可以将这两个图层导出为资源，如图13-79和图13-80所示。

图13-77

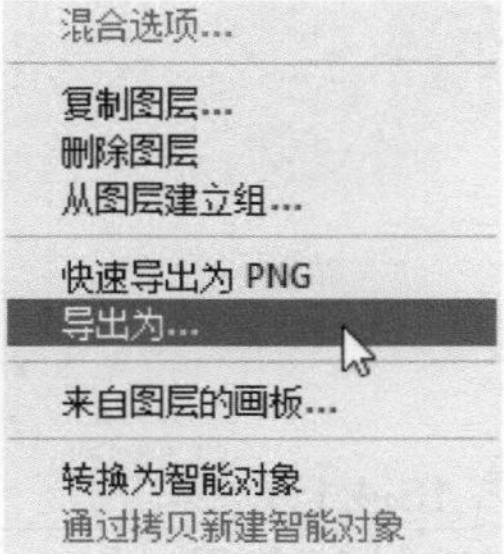

图13-78

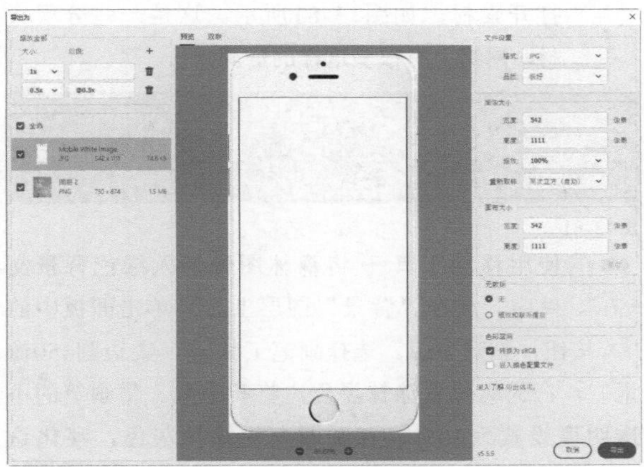

图13-79

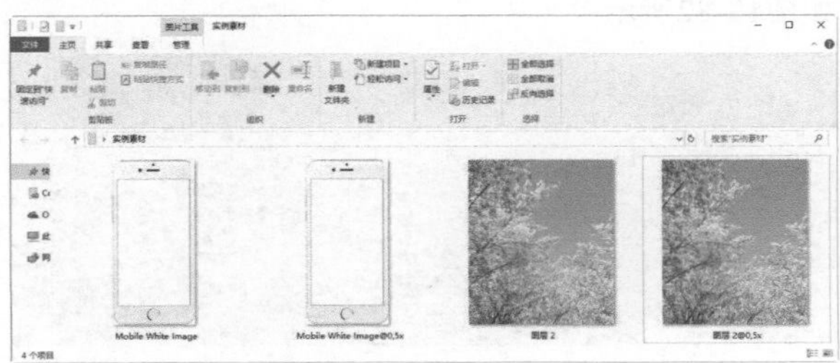

图13-80

13.3.3 快速导出 PNG 资源

PNG是网络上常用的文件格式，其特点是体积小、传输速度快、支持透明背景。该格式采用的是无损压缩方法，可确保导出后图像的质量不会降低。

使用“文件>导出>快速导出为PNG”命令，或者“图层>快速导出为PNG”命令，可以将文件或其中的所有画板导出为PNG资源。如果想要用该快捷方法将文件导出为其他格式，可以执行“文件>导出>导出首选项”命令，打开“首选项”对话框修改文件格式。使用“文件>导出>将图层导出到文件”命令，可以将图层导出为单独的文件。

欢迎模块及新品发布设计

扫码看视频

难度：★★★☆☆ 功能：蒙版、文字转换为形状和编辑路径

说明：使用茂密的大森林作为背景来衬托精油，氛围沉静又有童话般的神秘感，与品牌风格相符。在进行字体设计时，笔画中加入树叶作为装饰，体现取材天然、绿色环保的理念。

13.4.1 打造神秘背景

01 打开素材，如图13-81所示。这是一些分层素材，网络上有很多这样的资源。

图13-81

02 使用移动工具 ✥ 将森林图像拖入绿色背景文件中。放在“背景”图层上方。单击面板中的 ◘ 按钮，创建蒙版。选择画笔工具 🖌（柔边圆450像素），在大树位置涂抹黑色，将其隐藏。将画笔的不透明度设置为30%，在画面左侧涂抹灰色，淡化这部分图像的显示，以使树木之间的白色不再抢眼，如图13-82所示。

图13-82

13.4.2 添加光效以突出产品

01 打开精油素材并拖入文件中，如图13-83所示。背景色调比精油浅，而且画面内容丰富，精油并没有成为主体。应再做调整，使画面分出主次，将精油产品衬托出来。

图13-83

02 单击“图层”面板中的 ⊞ 按钮，新建一个图层。这个图层要位于“组1”下方，才可以不遮挡画面中的藤蔓和绿叶。使用画笔工具 🖌 在精油附近涂一些黑色，压暗背景。在其左侧也涂一些，如图13-84所示。

图13-84

03 打开素材，如图13-85所示。

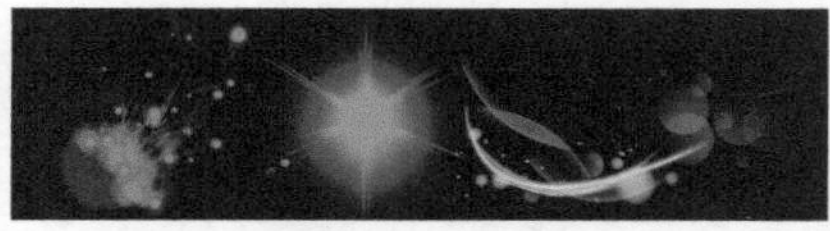
图13-85

04 将“蓝绿光点”和“白光”图层拖入文件，放在精油图层下方，衬托精油，如图13-86和图13-87

所示。再将“蓝黄光斑”图层放在精油图层上方，使产品被绚丽的彩光环绕着，有种强势推出的隆重感，画面焦点也聚集在此，如图13-88所示。

图13-86

图13-87

图13-88

13.4.3 设计专用字体

01 新建一个同样大小的文件，用来制作文字。选择横排文字工具 T ，在“字符”面板中设置字体及大小，将字距设置为-50，输入文字，如图13-89和图13-90所示。

图13-89

图13-90

02 在文字图层上单击鼠标右键，打开快捷菜单，执行“转换为形状”命令，将文字转换为形状后，原来的文字图层也会变为形状图层，如图13-91所示。使用直接选择工具 单击文字“物”的路径，显示锚点，拖曳出一个选框，将图13-92所示的锚点选取，将其向上拖曳，与竖画上边的锚点高度一致，如图13-93所示。

图13-91

图13-92 图13-93

03 框选文字“森”右侧的两个锚点，如图13-94所示，按住Shift键并向右沿水平方向拖曳，与文字“物”连接上，如图13-95所示。

图13-94  图13-95

04 单击文字“林”，显示锚点，如图13-96所示。选择删除锚点工具 ，将鼠标指针放在多余笔画的锚点上，如图13-97所示，单击将锚点删除，如图13-98和图13-99所示。

图13-96 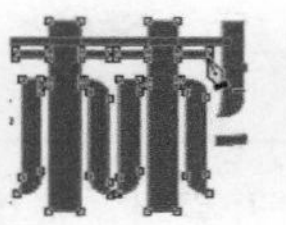 图13-97 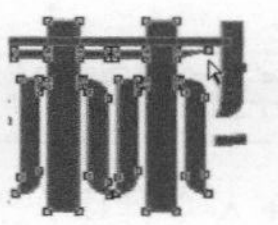 图13-98  图13-99

05 再来编辑文字“物”。使用直接选择工具 单击“物”，显示锚点。锚点密集的话就不能用框选的方法了，可以将要编辑的锚点逐一选取，方法是按住Shift键并单击，选取图13-100所示的4个锚点，向上拖曳，与“森”的延长笔画持平，如图13-101所示。使用删除锚点工具 删除部首上的笔画，如图13-102所示。

图13-100  图13-101  图13-102

06 使用直接选择工具 单击“语”，如图13-103所示。选取口字和言字旁上边的点，之后按Delete键删除，如图13-104所示。再调整偏旁的外观，如图13-105所示。

图13-103 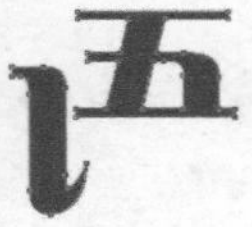 图13-104  图13-105

07 使用椭圆工具 绘制一个椭圆形。选择添加锚点工具 ，在椭圆形最上方的锚点两边分别添加新锚点，如图13-106和图13-107所示。使用直接选择工具 向下拖曳中间的锚点，使图形看起来像一个嘴唇形状，如图13-108所示。使用转换点工具 单击该锚点，将其转换为角点，如图13-109所示。

图13-106  图13-107  图13-108  图13-109

08 选择椭圆工具 ，在工具选项栏中选择“ 排除重叠形状”选项，在嘴唇图形上绘制一个小椭圆形，与原来的图形相减。使用钢笔工具 绘制树叶，作为装饰。树叶要填充绿色，因此不能与文字在同一个形状图层，如图13-110所示。

图13-110

13.4.4 制作其他文字及背板

01 将文字拖入文件中。打开素材，将花纹放在文字下方，如图13-111所示。

图13-111

02 选择横排文字工具 T ，在“字符”面板中设置字体参数，输入文字“初夏新品”，如图13-112所示。输入产品英文名称，使用矩形工具 □ 绘制一个黄色图形作为衬托，如图13-113所示（可在“属性”面板中调成圆角）。

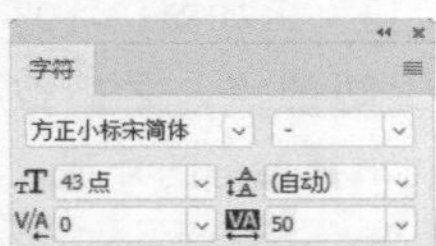

图13-112

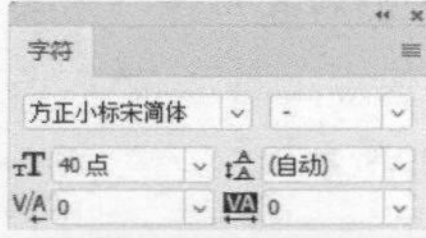

图13-113

03 新建一个图层。绘制一个矩形，如图13-114所示。将其放在花纹图层的下方。双击该图层，添加“描边”效果，设置颜色为黄色，如图13-115和图13-116所示。

图13-114　图13-115　图13-116

04 设置该图层的不透明度为76%，填充不透明度为45%，如图13-117和图13-118所示。

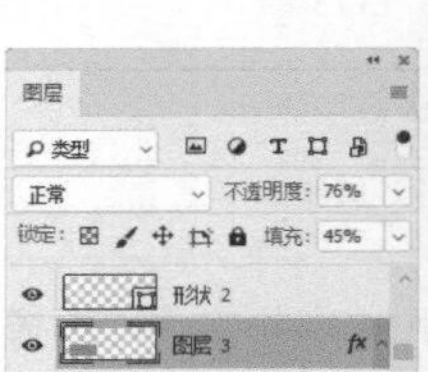

图13-117　图13-118

05 选择直线工具 ╱ ，在工具选项栏中设置宽度为2像素，按住Shift键并绘制两条竖线，如图13-119所示。

图13-119

06 输入其他信息。单击“调整”面板中的 ▽ 按钮，创建“自然饱和度”调整图层，增加自然饱和度，同时适当增加饱和度，使图像色彩更加鲜亮，如图13-120和图13-121所示。

图13-120

图13-121

欢迎模块及新年促销活动设计

难度：★★★☆☆　功能：绘制图形、编辑文字

说明：在制作背景时，以简洁的图形、喜庆的色彩来衬托主题和模特隆重的装束。

13.5.1 绘制热烈喜庆的背景画面

01 创建一个1920像素×720像素、72像素/英寸的文件。将前景色设置为橙色（R255，G153，B0），按Alt+Delete快捷键填充前景色，如图13-122所示。

图13-122

02 选择钢笔工具，在工具选项栏中选择“形状”选项，绘制图13-123所示的图形，填充橘红色（R255，G51，B0）。

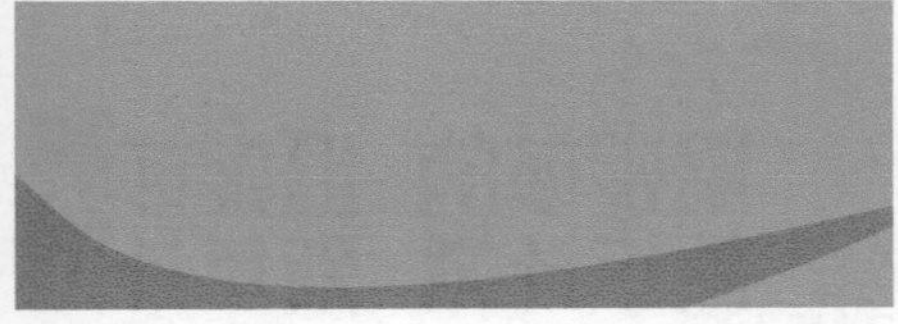

图13-123

03 选择椭圆工具，按住Shift键并绘制几个大小不同的圆形，填充棕红色（R153，G51，B0），如图13-124所示。将颜色相同的圆形绘制在一个形状图层中，方法是绘制完一个圆形后，单击工具选项栏中的按钮，选择“合并形状”选项，再绘制其他的圆形。

图13-124

04 设置图层的混合模式为“正片叠底”，不透明度为68%，如图13-125和图13-126所示。

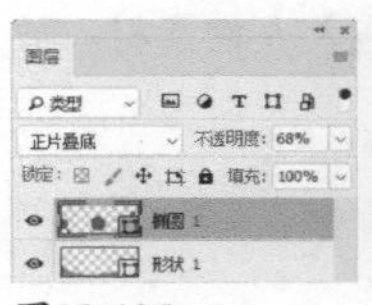

图13-125　图13-126

05 单击工具选项栏中的按钮，打开下拉列表，选择“新建图层”选项，再绘制几个圆形，位于一个新的图层中，填充白色，如图13-127所示。设置该图层的不透明度为60%，如图13-128和图13-129所示。

图13-127

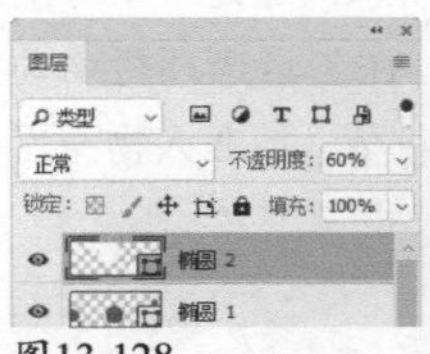

图13-128　图13-129

06 打开蝴蝶结素材。选择魔棒工具，在工具选项栏中单击添加到选区按钮，设置容差为30，在图像背景上单击，然后在蝴蝶结细小的空隙处单击，才能将背景全部选取，如图13-130所示。按Shift+Ctrl+I快捷键反选，选取蝴蝶结，如图13-131所示。

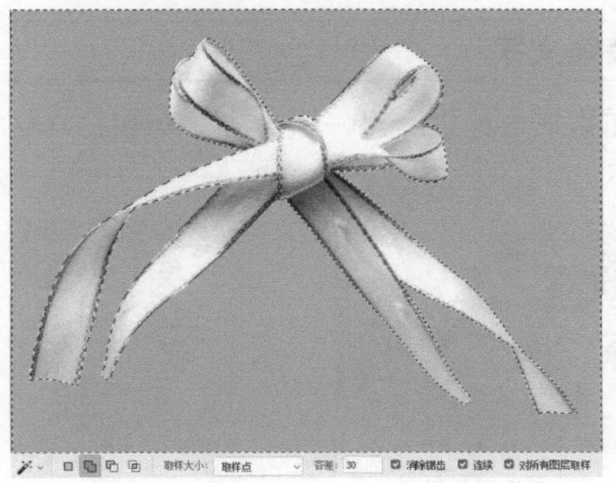

图13-130

图13-131

07 使用移动工具 将选区内的蝴蝶结拖入文件中，如图13-132所示。打开并拖入人物素材，放在蝴蝶结上方，如图13-133所示。

图13-132

图13-133

08 打开花朵素材，如图13-134所示，这是一个分层的文件。选择移动工具 ，在工具选项栏中勾选“自动选择”选项，拖入叶子与花朵，放在人物身后作为装饰物，如图13-135所示。

图13-134

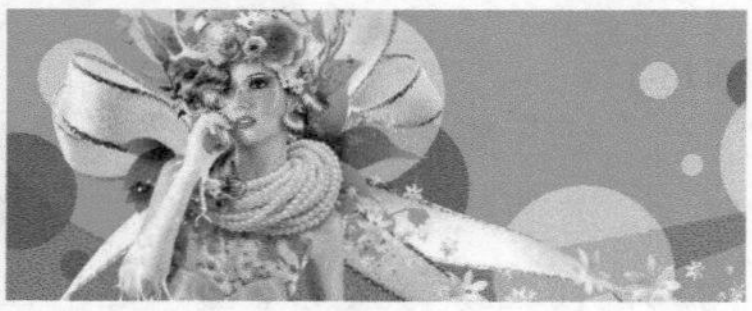

图13-135

13.5.2 制作并装饰文字

01 使用矩形工具 绘制一个矩形，如图13-136所示。

图13-136

02 设置该图层的不透明度为50%，使图形呈现半透明效果，以便让背景图像显示出来，如图13-137和图13-138所示。

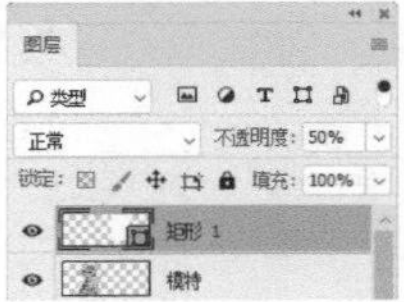
图13-137

图13-138

03 选择横排文字工具 T ，在“字符”面板中设置文字参数，单击面板中的 T 图标，为文字应用仿粗体，如图13-139所示，单击工具选项栏中的 ✓ 按钮，完成输入。在其下方输入主题文字，如图13-140所示，使用横排文字工具 T 在“的”上方拖曳鼠标，将该文字选取，调整大小及垂直缩放参数，使这个字变小一些，如图13-141所示。

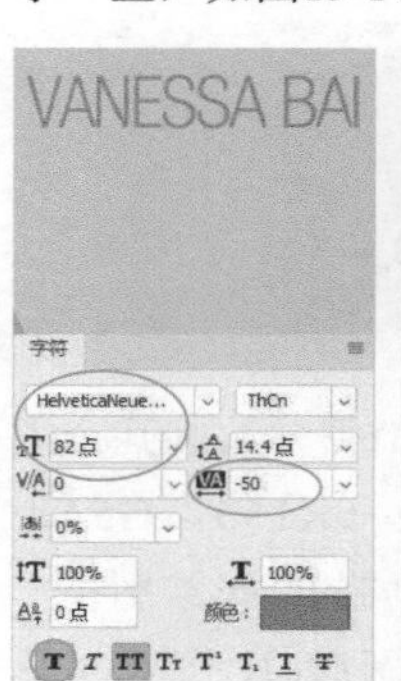

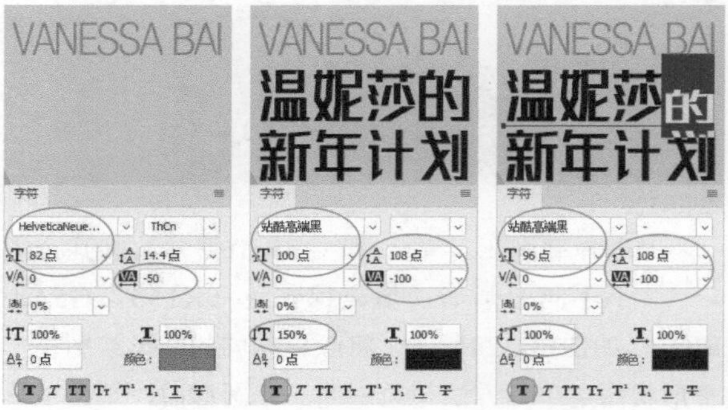

图13-139

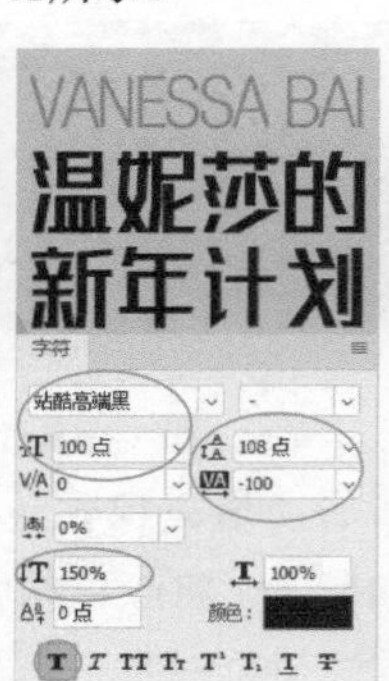

图13-140

VANESSA BAI
温妮莎的
新年计划

图13-141

04 将素材中的蝴蝶拖入，放在文字上。选择直线工具 绘制一条直线，如图13-142所示。选择自定形状工具 ，在形状下拉面板中选择“横幅4”形状，图13-143所示，在画面中创建一个宽于底图色块的图形，如图13-144所示。

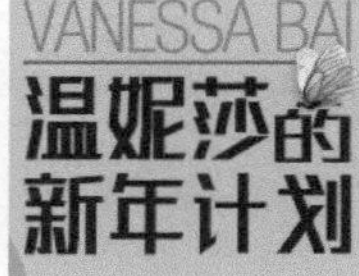

图13-142

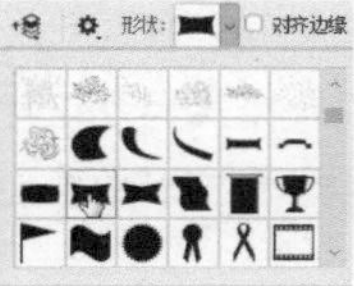

图13-143

图13-144

05 在横幅上输入一行白色小字，如图13-145所示。输入折扣信息，文字大小为27点，颜色为深棕色。再单独选取数字部分，设置大小为45点，修改颜色为绿色，如图13-146所示。输入文字“立即抢购”，在“立即”后面按Enter键，使文字两行排列。绘制一个橙色方形，按Ctrl+[快捷键将其移至文字下方作为衬托，如图13-147所示。

06 输入本次促销活动的时间，文字大小为23点，效果如图13-148所示。

图13-145　图13-146　图13-147

图13-148

制作首饰店店招

扫码看视频

难度：★★☆☆☆　功能：绘制图形、编辑路径

说明：本实例为首饰店店招设计，左侧为店铺名称和信息，中间为店铺的广告语和热销产品，右侧为代金券。目的是在有限的空间内放置能吸引顾客的元素，尽可能地留住顾客。

01 打开素材。在“字符”面板中选择字体，将间距设置为-25，垂直缩放80%，如图13-149所示。用横排文字工具 T 输入文字，如图13-150所示。

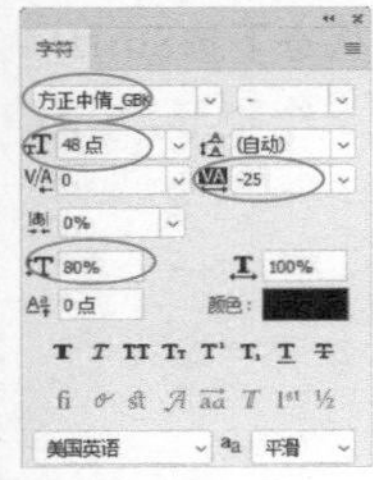

图13-149

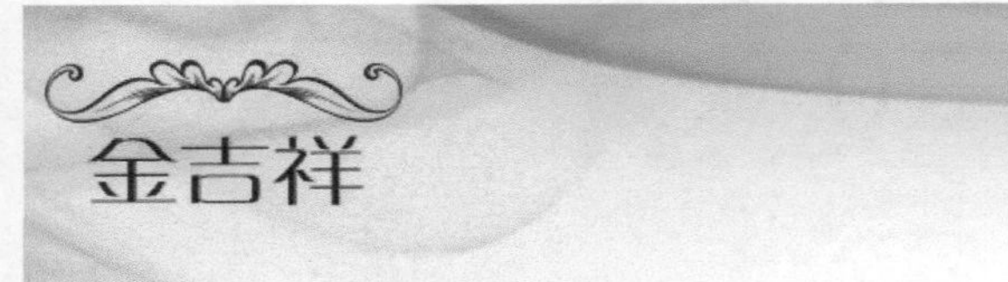

图13-150

02 新建一个图层。选择矩形工具 □ 及“像素”选项，在文字下方绘制品红色长方形（R255，G0，B102）。输入店铺信息，如图13-151和图13-152所示。

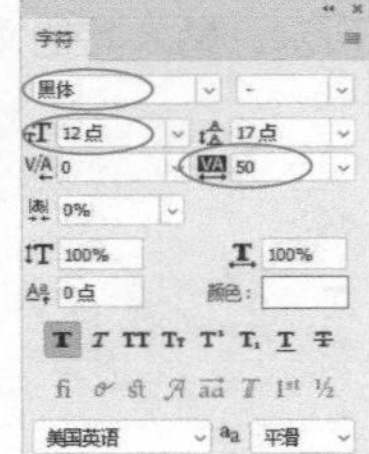

图13-151

图13-152

03 选择椭圆工具 ○ 及“形状”选项，按住Shift键并拖曳鼠标创建圆形，如图13-153所示。使用直接选择工具 在圆形边缘的路径上单击，显示锚点，如图13-154所示。选择钢笔工具 ，将鼠标指针放在图形下方锚点左侧的路径上，钢笔工具显示为 状，如图13-155所示，单击可添加锚点。

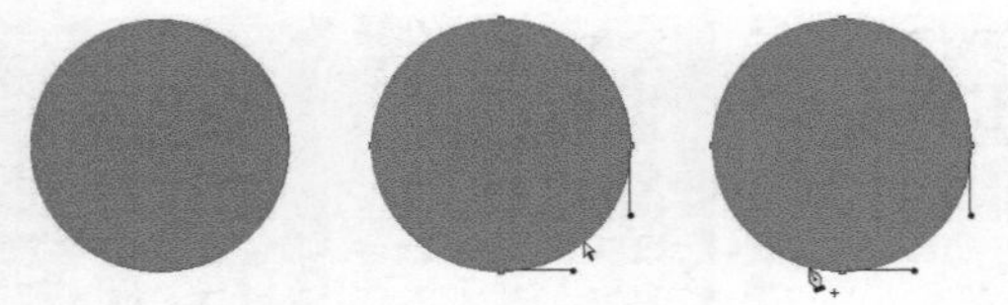

图13-153　图13-154　图13-155

04 用同样的方法在路径右侧也添加一个锚点，如图13-156所示。使用直接选择工具 单击圆形下方的锚点将其选取，如图13-157所示，按住鼠标向左下方拖曳，如图13-158所示。再调整一下锚点两侧的方向线，使路径更流畅，如图13-159所示。

05 选择自定形状工具 及“红心”形状，如图13-160所示，创建白色心形图案，如图13-161所示。

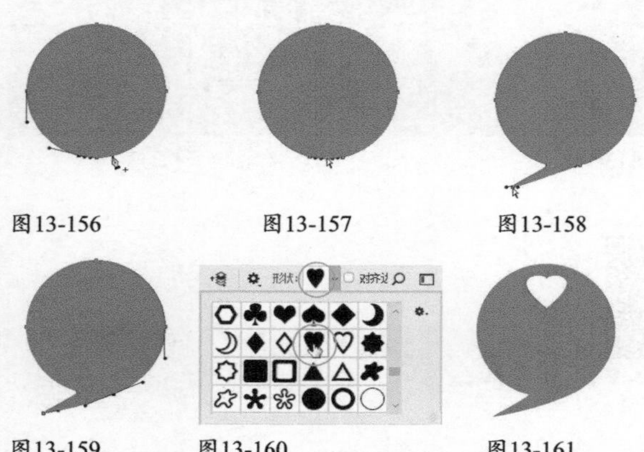

图13-156　图13-157　图13-158

图13-159　图13-160　图13-161

06 使用横排文字工具 T 在空白处输入文字“关注”，再拖曳至图形上，如图13-162和图13-163所示。输入其他文字，如图13-164所示。

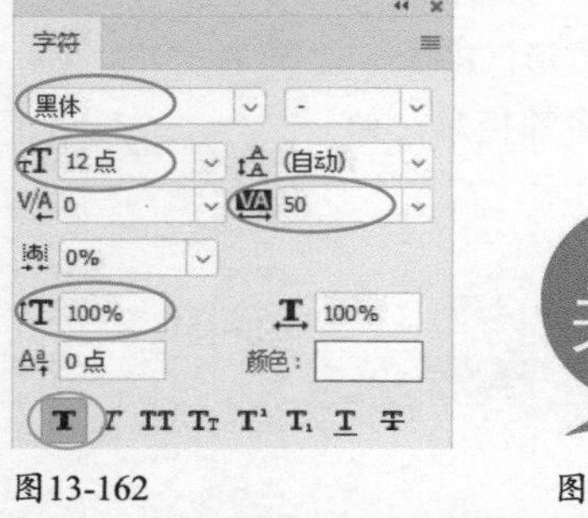

图13-162　图13-163

图13-164

07 新建一个图层。选择矩形工具 及“像素”选项，绘制白色矩形。双击该图层，打开“图层样式”对话框，添加“描边”效果，如图13-165和图13-166所示。

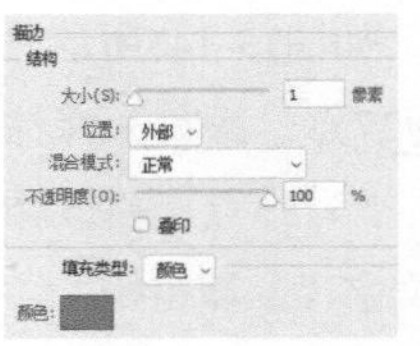

图13-165　图13-166

08 新建一个图层，按Alt+Ctrl+G快捷键创建剪贴蒙版，设置不透明度为50%，如图13-167所示。使用多边形套索工具 创建梯形选区，填充品红色，如图13-168所示。由于图层设置了不透明度，颜色看起来会比较浅。选区可创建得大一些，剪贴蒙版会将多余的区域隐藏。取消选择。

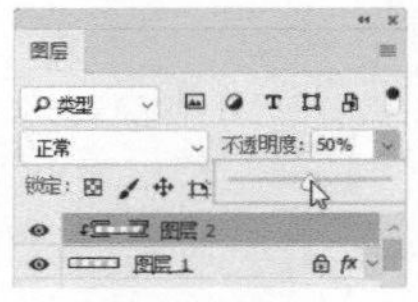

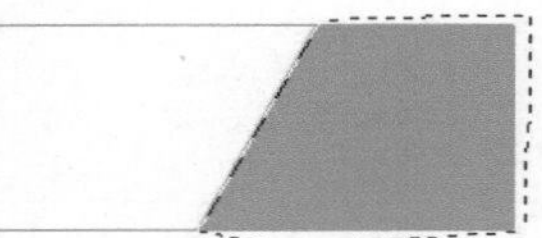

图13-167　图13-168

09 单击“图层1”，按住Alt键并将其向上拖曳至“图层 2”上方，设置不透明度为50%，如图13-169所示。按Ctrl+T快捷键显示定界框，在工具选项栏中设置水平缩放为95%，垂直缩放为85%，如图13-170所示。按Enter键确认。

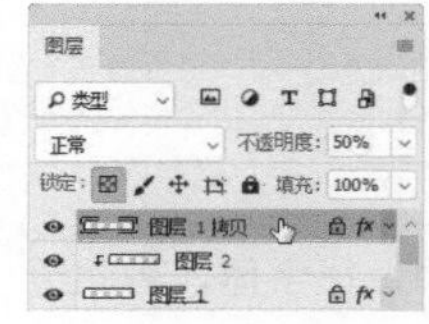

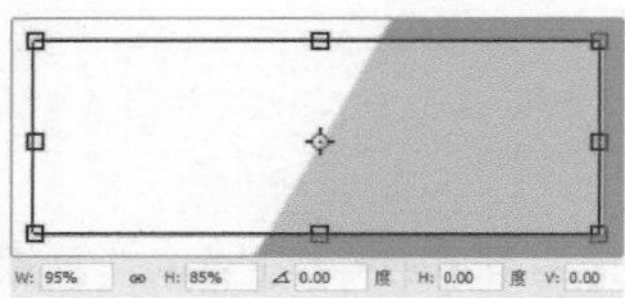

图13-169　图13-170

10 使用横排文字工具 T 输入优惠券金额文字。要输入“¥”符号，在中文输入法状态下按Shift+4快捷键即可。在“点击领取”处绘制一个矩形，用于衬托文字，如图13-171所示。

图13-171

时尚女鞋网店设计

难度：★★★★★　功能：绘图工具、图层样式

说明：本实例是某品牌女鞋的店铺首页设计。欢迎模块的主题文字居中摆放，清晰明确，突出了活动内容。模特穿着女鞋的图片展示，使顾客能清晰地看到产品效果。

01 打开素材，如图13-172所示。这是一个首页模板，以模块形式进行了区域划分，可在此基础上进行设计。由于首页元素多，将图层按照模块名称进行了分组管理，如图13-173所示。

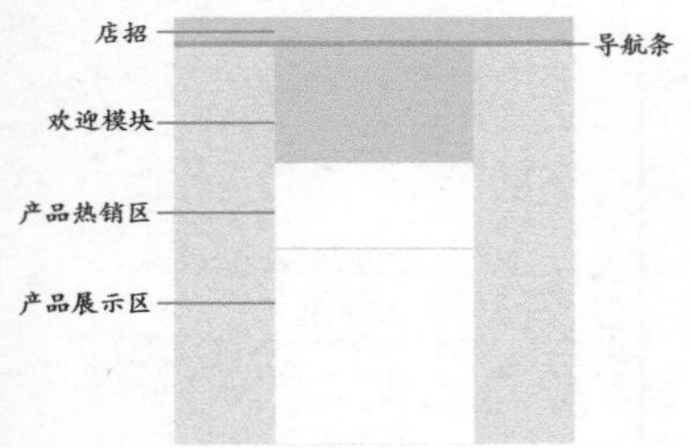

图13-172

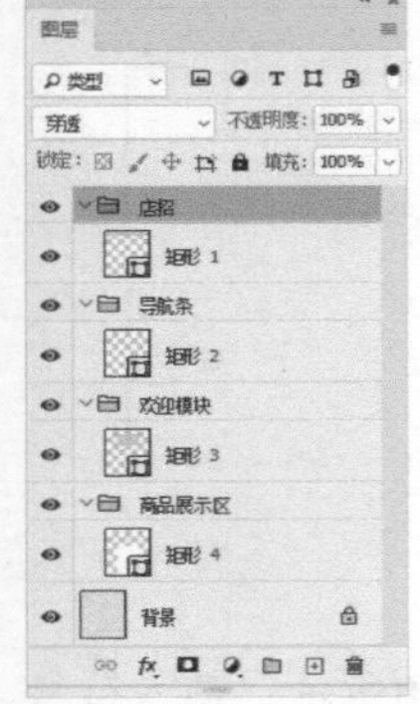

图13-173

02 使用移动工具 将商品Logo、关注和优惠券标签拖入文件，在之前的实例中讲解过制作方法，这里不再赘述。选择横排文字工具 T，输入广告语，如图13-174所示。

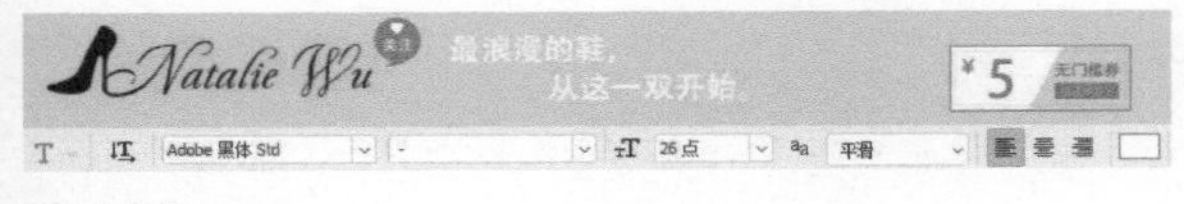

图13-174

03 在导航条上输入文字，每个项目文字之间设置相同的空格间距。使用矩形工具 为"所有分类"文字绘制一个黑色矩形背景，以突出文字的显示。使用钢笔工具 绘制一个白色的三角形，如图13-175所示。

图13-175

04 将女鞋素材和英文拖入文件中。输入本次活动标题文字"夏季满赠，惊喜换新"，设置字体为"微软雅黑"，大小为60点。在其下方分别输入其他文字，字体略调小一些，并为文字加上黑色的圆角矩形和红色圆形背景进行衬托，使文字醒目，如图13-176所示。

图13-176

05 选择矩形工具 ，在画布上单击，弹出"创建矩形"对话框，设置参数，如图13-177所示，创建一个红色的矩形，如图13-178所示。按Ctrl+T快捷键显示定界框，在图形上单击鼠标右键，打开快捷菜单，执行"透视"命令。将鼠标指针放在定界框上并向右拖曳，将矩形变换成平行四边形，如图13-179所示。按Enter键确认。

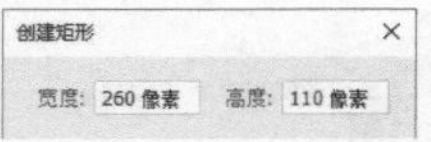

图13-177

图13-178

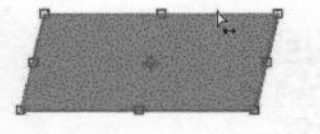

图13-179

06 选择路径选择工具，按住Alt+Shift快捷键并拖曳图形进行复制，共复制4个，如图13-180所示。使用矩形选框工具创建一个与欢迎模块相同宽度的选区，如图13-181所示。

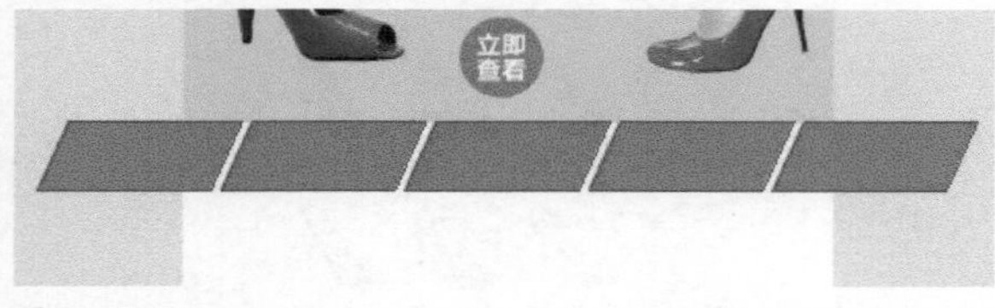

图13-180

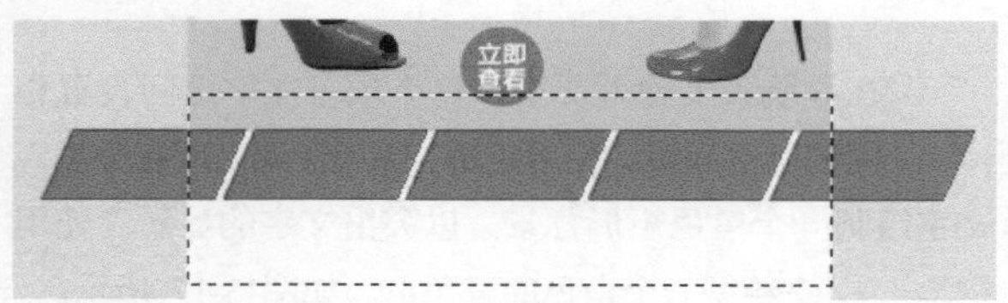

图13-181

07 单击“图层”面板中的按钮，基于选区创建蒙版，将选区以外的图形隐藏，如图13-182和图13-183所示。

图13-182

图13-183

08 输入优惠券上的文字信息。优惠额度字体为“Impact”，大小为66点，如图13-184所示，为了拉长文字的高度，使其与旁边两行文字一致，可以在“字符”面板中将“垂直缩放”参数设置为130%。右侧两行文字的字体为“Adobe黑体”，大小分别是26点和20点。文字的字体、大小有所变化，可以突出要强调的信息，让顾客能一目了然，在设计上也体现出了版式变化之美。

图13-184

09 将女鞋素材拖入文件。选择矩形工具，绘制一个矩形，设置填充为“无”，描边宽度为2点，颜色为黑色，如图13-185所示。

图13-185

10 使用矩形选框工具在黑色边框中间创建一个矩形，如图13-186所示。按住Alt键并单击按钮，创建一个反相的蒙版，将选区内的边框隐藏，如图13-187和图13-188所示。在空白位置输入文字，如图13-189所示。

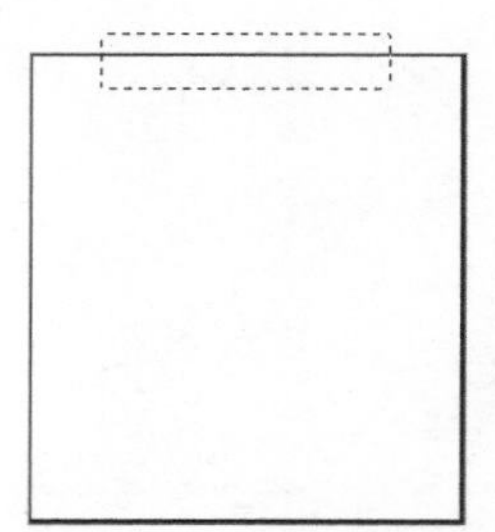

图13-186

图13-187

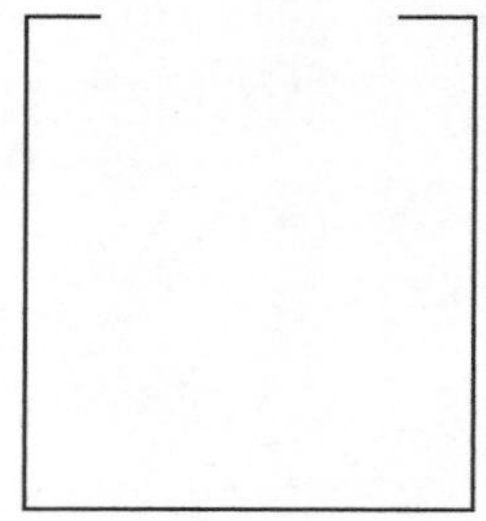

图13-188

图13-189

11 输入其他文字，如图13-190所示。输入符号“¥”。双击该图层，打开“图层样式”对话框，勾选“描边”选项，并设置描边大小为2像素，颜色为白色，如图13-191所示。将符号放在数字“9”上层，如图13-192所示。

图13-190

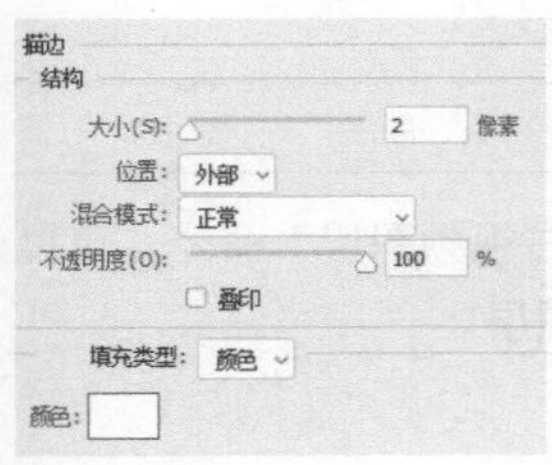

图13-191

图13-192

12 拖入其他女鞋素材，并摆放整齐。使用矩形工具 绘制矩形，然后拖曳到女鞋下层。复制该图形到其他女鞋下层，填充不同的颜色。拖入素材文件中的斜纹图案，放在色块下层，形成淡雅的投影，如图13-193所示。输入价格信息。制作完一组价格信息后，将其复制到其他女鞋上，然后修改价格数字就可以了，女鞋展示要排列整齐，如图13-194所示。

HIGH-HEELED 气质中高跟

图13-193

图13-194

第14章 视频与动画

【本章简介】

Photoshop可以打开和编辑的视频格式包括MPEG-1(.mpg或.mpeg)、MPEG-4(.mp4或.m4v)、MOV、AVI。如果计算机上安装了MPEG-2编码器，则可以支持MPEG-2格式。本章介绍Photoshop中的视频和动画功能。我们还是主要通过实战来学习各种技术。

【学习目标】

在Photoshop中对视频进行编辑之后，可将其渲染为QuickTime影片，或者导出为GIF动画，也可以存储为PSD格式，以便在After Effects、Premiere等软件中使用和播放。通过本章，我们要学会视频和动画文件的编辑和导出方法。

【学习重点】

编辑视频

Photoshop可以打开和编辑现有的视频，也可创建具有各种长宽比的图像，以便它们能够在不同的设备（如视频显示器）上正确显示。

14.1.1 打开/导入视频

使用“文件>打开”命令可以在Photoshop中打开视频文件。如果想将视频导入Photoshop文件中，可以执行“图层>视频图层>从文件新建视频图层”命令。

14.1.2 创建空白视频图层

执行“图层>视频图层>新建空白视频图层”命令，可以在当前文件中创建一个空白的视频图层。

14.1.3 创建在视频中使用的图像

执行“文件>新建”命令，打开“新建文档”对话框，单击“胶片和视频”选项卡，在下方的“空白文档预设”列表中选择一个预设选项，如图14-1所示，单击“创建”按钮，即可创建一个空白的视频图像文件。

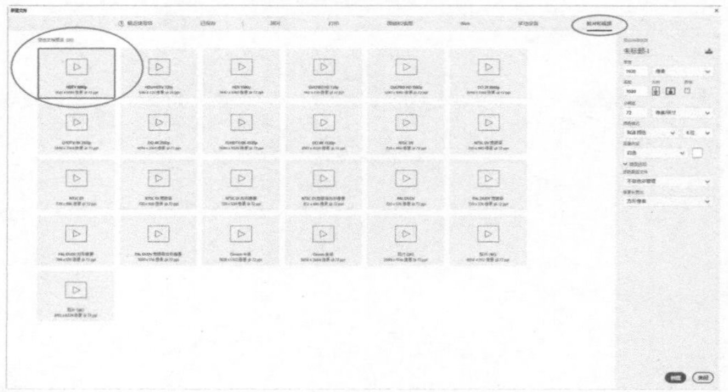

图14-1

14.1.4
实战：从视频中抽出图像

扫码看视频

Photoshop可以从视频文件中获取静帧图像。什么意思呢，就是说，可以从电影、电视剧或其他视频文件中“抽出”图片，用于制作海报或印刷等。

01 执行“文件>导入>视频帧到图层”命令，弹出“打开”对话框，选择视频素材。

02 单击“载入”按钮，打开“将视频导入图层”对话框，选择“仅限所选范围”选项，然后拖曳时间滑块，定义导入的帧的范围，如图14-2所示。如果要导入所有帧，可以选择“从开始到结束”选项。

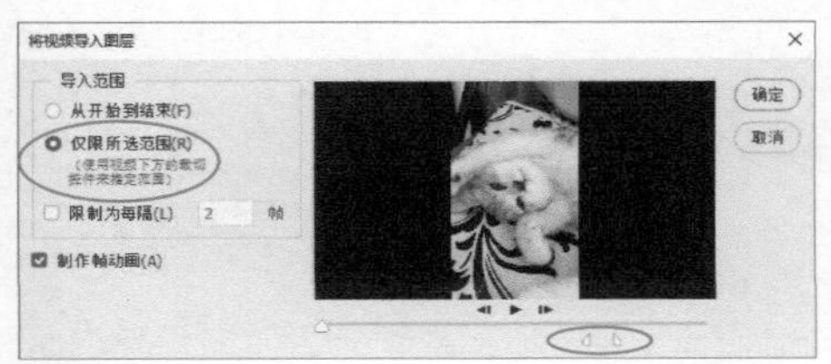

图14-2

03 单击“确定”按钮，即可将指定范围内的视频帧导入图层中，如图14-3所示。

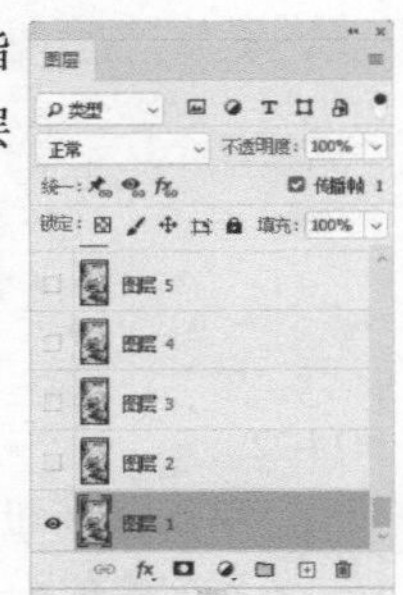

图14-3

14.1.5
实战：制作视频与图像合成特效

扫码看视频

01 打开素材，如图14-4所示。执行“选择>主体”命令，将婴儿选取，如图14-5所示。

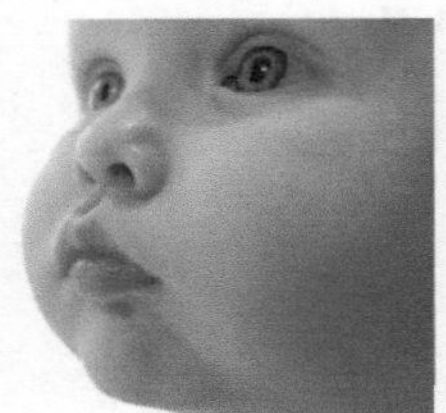

图14-4

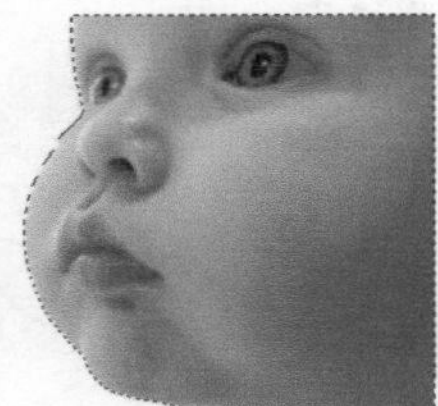

图14-5

02 执行“选择>选择并遮住”命令，切换到这一工作区，对选区进行羽化，如图14-6所示。单击“确定”按钮关闭对话。执行“图像>调整>去色”命令，删除颜色，如图14-7所示。

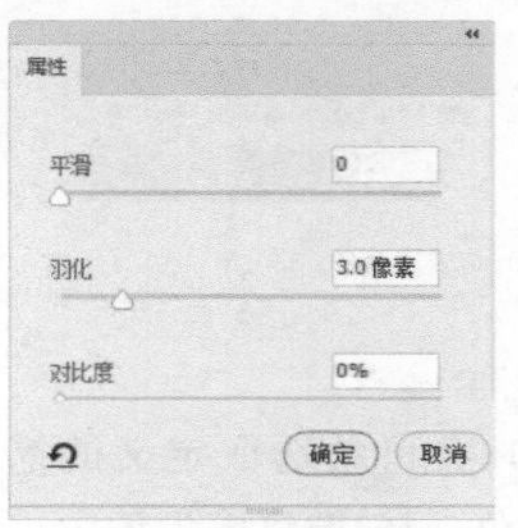

图14-6

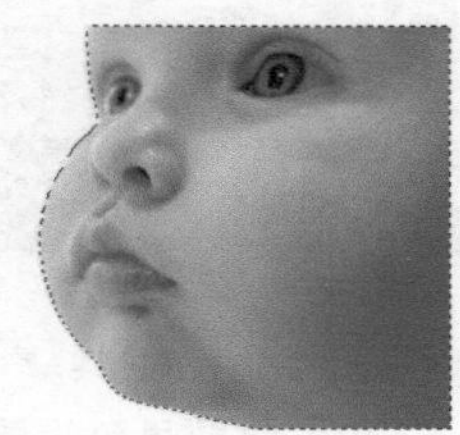

图14-7

03 按Ctrl+L快捷键打开“色阶”对话框，拖曳滑块，增强色调的对比度（深色区域越多，其后在视频中的细节也越丰富），如图14-8和图14-9所示。执行“编辑>定义画笔预设”命令，弹出“画笔名称”对话框，如图14-10所示，单击“确定”按钮，将图像定义为画笔笔尖。

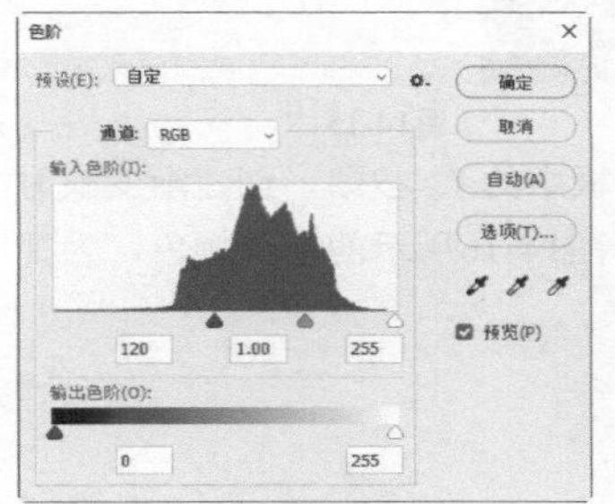

图14-8

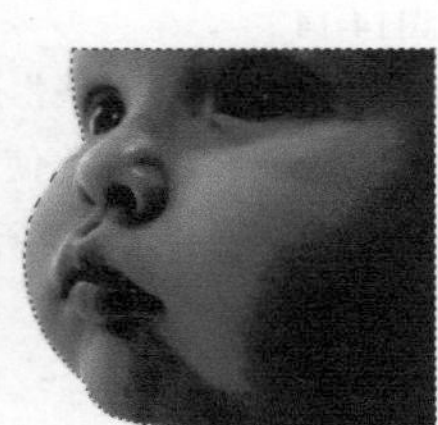

图14-9

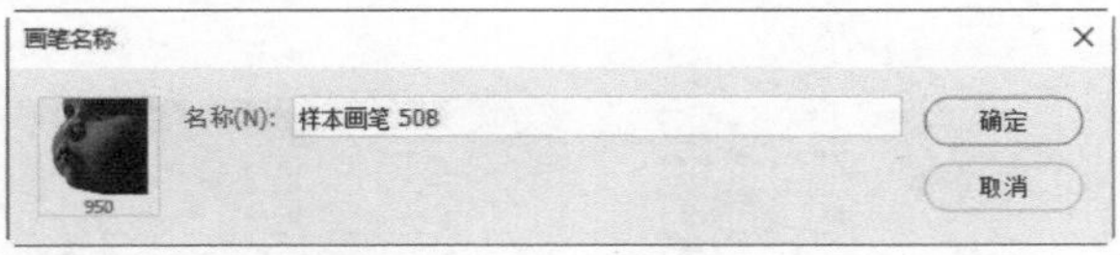

画笔名称

名称(N)：样本画笔 508

确定

取消

图14-10

04 按Ctrl+N快捷键，打开“新建文档”对话框，使用预设创建一个视频文件，如图14-11所示。执行“文件>置入嵌入对象”命令，将视频文件嵌入当前文档中，如图14-12所示。按住Alt键单击 按钮，添加一个黑色的图层蒙版，如图14-13所示。

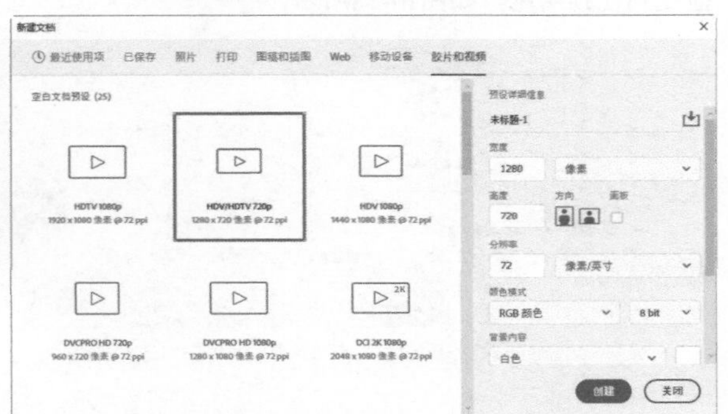

图14-11

图14-12

图14-13

05 选择画笔工具，此时会自动选取定义的笔尖。将前景色设置为白色。按]键将笔尖调大，在画面左侧单击，创建婴儿图像并让视频在其内部显示，如图14-14和图14-15所示。

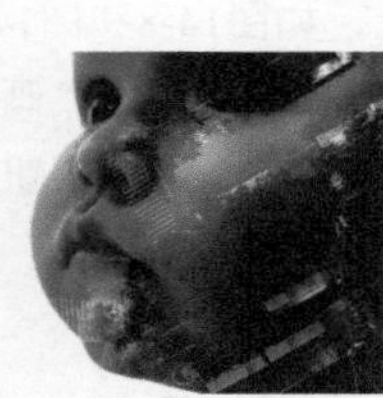

图14-14

图14-15

06 单击“调整”面板中的按钮，创建渐变映射调整图层，使用图14-16所示的渐变颜色，为视频上色，如图14-17所示。

图14-16

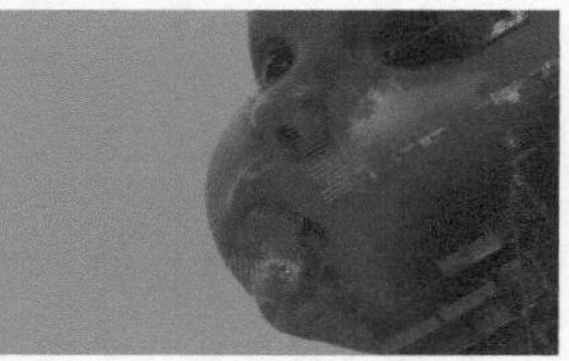

图14-17

07 执行“窗口>时间轴”命令，打开“时间轴”面板。单击按钮，打开菜单，将“渐隐”效果拖曳到视频结尾，如图14-18所示。

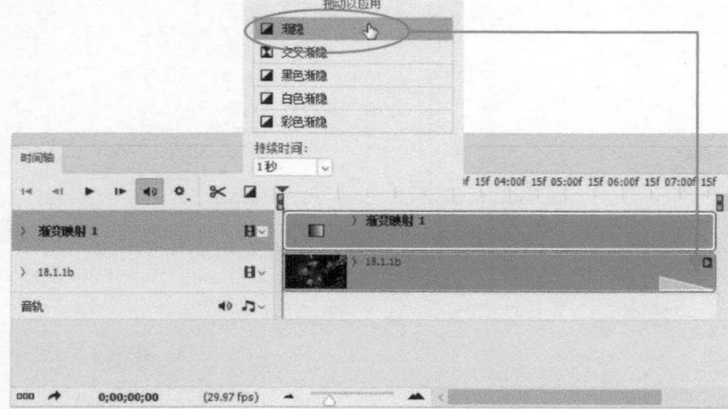

图14-18

08 选择横排文字工具 T，输入文字，如图14-19和图14-20所示。将鼠标指针放在文字轨道上方，如图14-21所示，向右拖曳，如图14-22所示。

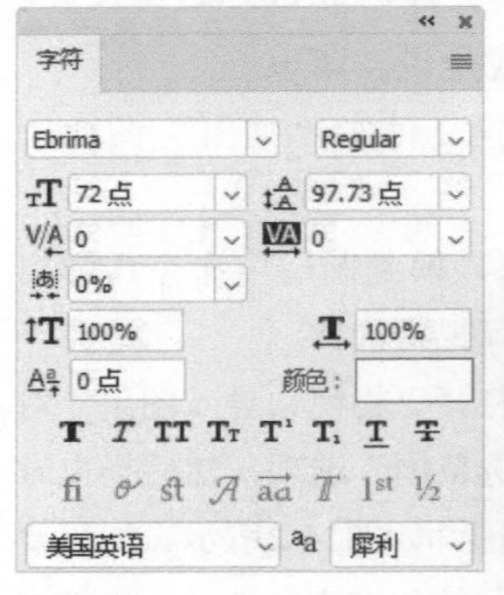

图14-19

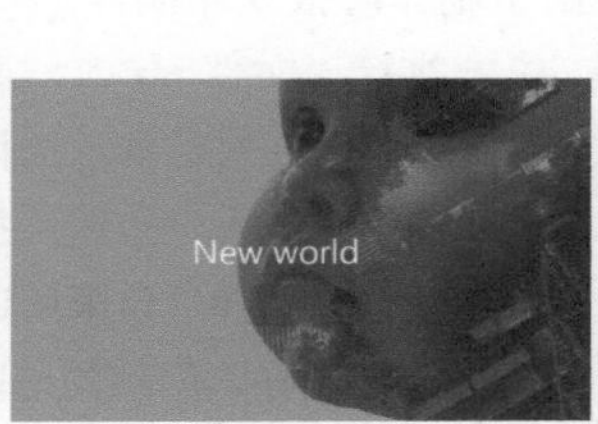

图14-20

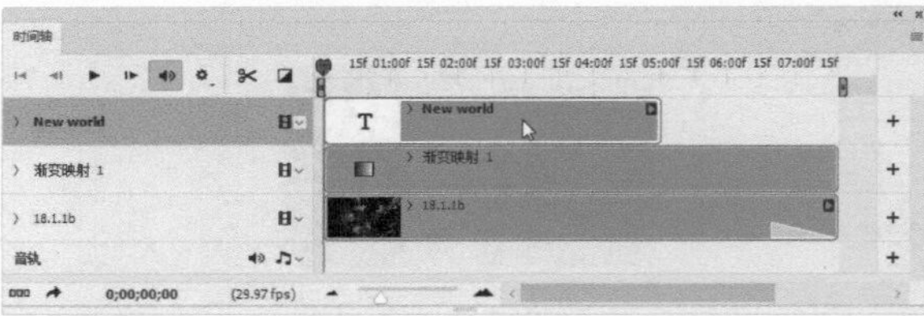

图14-21

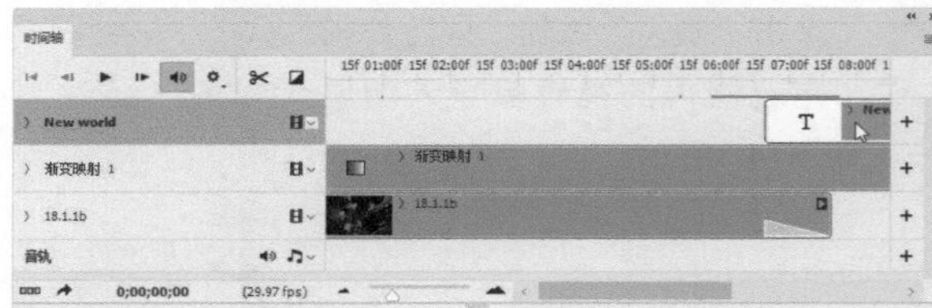

图14-22

09 单击按钮，打开菜单，将“渐隐”效果拖曳到文字的头、尾处，如图14-23所示。将鼠标指针放在结尾的渐隐效果上，如图14-24所示，进行拖曳，将渐隐时间调短，如图14-25所示。

图14-23

图14-24

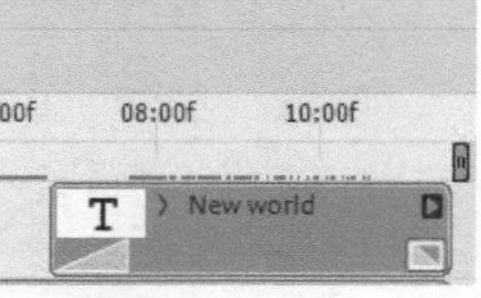

图14-25

10 展开文字视频组，如图14-26所示。将当前指示器拖曳到文字开始处，如图14-27所示，单击“变换”轨道左侧的时间-变化秒表，添加一个关键帧，如图14-28所示。

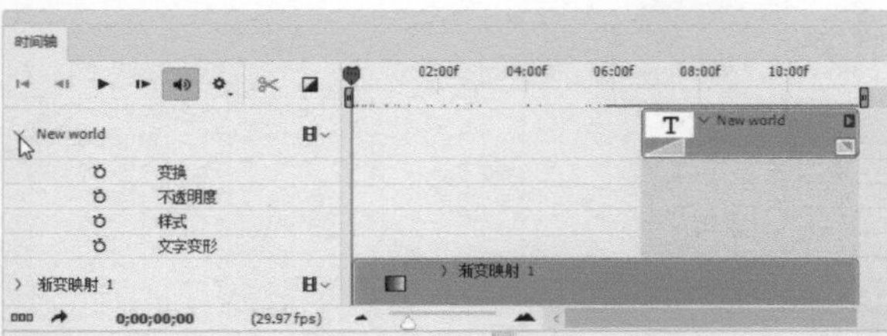

图14-26

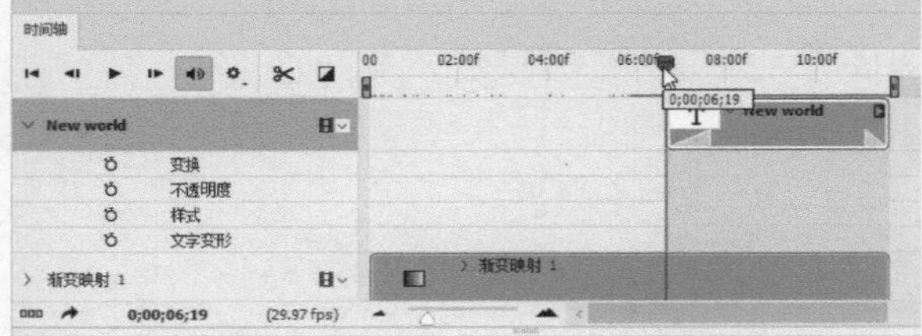

图14-27

图14-28

11 将当前指示器拖曳到文字结尾，单击“变换”轨道左侧的时间-变化秒表，再添加一个关键帧，如图14-29所示。

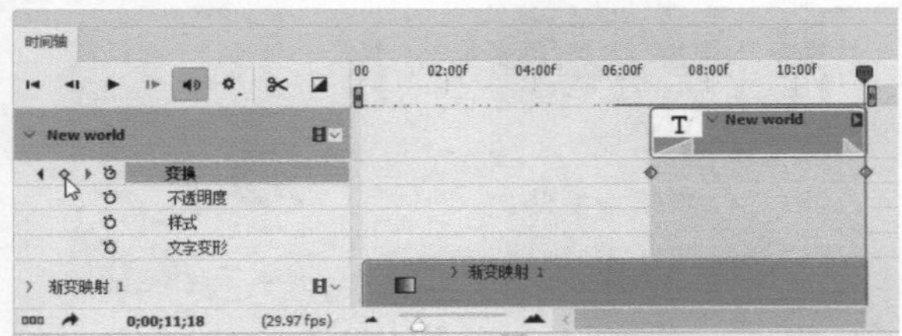

图14-29

12 按Ctrl+T快捷键，显示定界框，按住Alt键拖曳控制点，基于文字中心进行放大，如图14-30和图14-31所示。按Enter键确认。

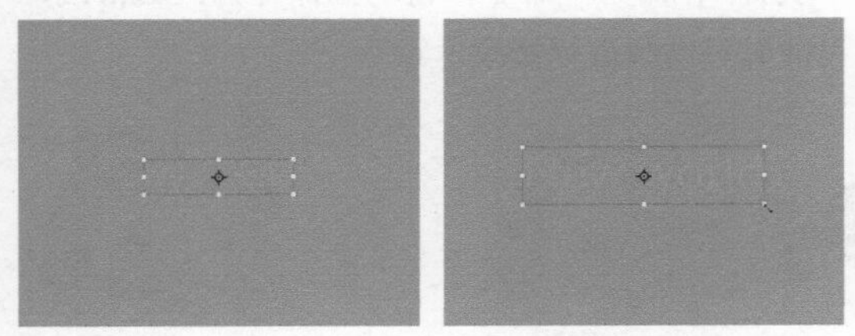

图14-30 图14-31

13 最后通过拖曳的方法，将文字显示时间缩短，如图14-32和图14-33所示。单击播放按钮▶播放视频，观察效果。

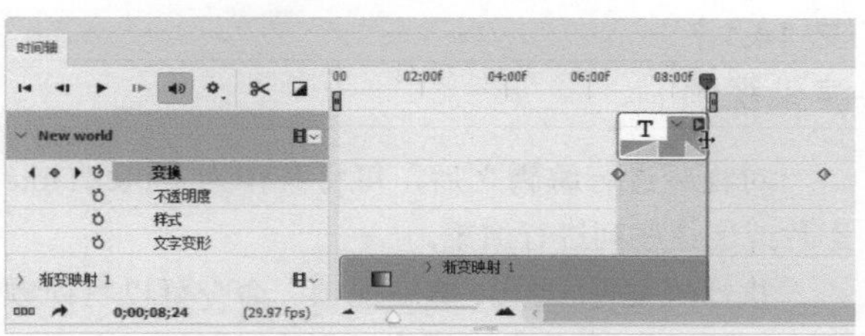

图14-32

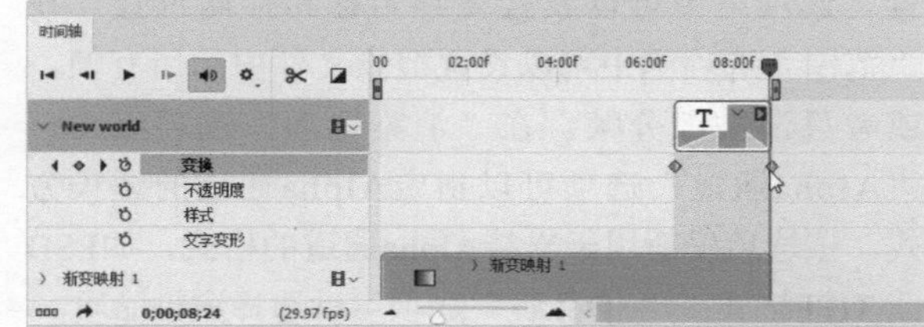

图14-33

提示

如果想加背景音乐，可以单击♫按钮，打开下拉菜单，选择“添加音频”命令。

14 单击“时间轴”面板中的➦按钮，打开“渲染视频”对话框，设置参数如图14-34所示，将文件渲染成.mp4格式的视频文件。

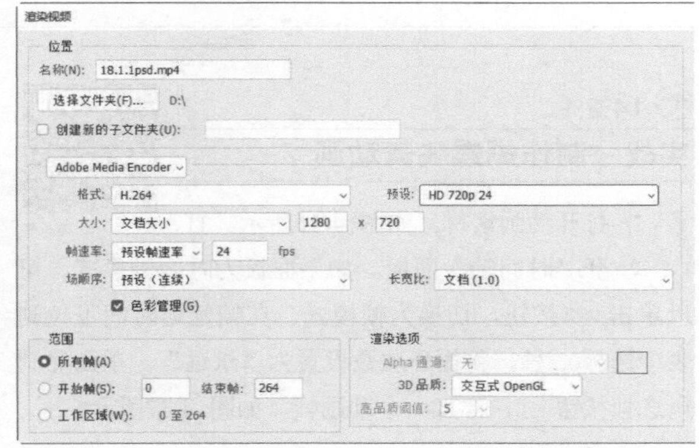

图14-34

14.1.6 存储视频

在Photoshop中编辑视频之后，可以执行“文件>存储为”命令，将其存储为PSD格式。该格式能够保留用户所做的修改，并且文件可以在其他类似于 Premiere Pro 和 After Effects 等Adobe 公司软件中播放，或在其他软件中作为静态文件被访问。

14.1.7

渲染视频

对视频进行编辑之后，可将其作为 QuickTime 影片或图像序列进行渲染。

执行“文件>导出>渲染视频”命令可以将视频导出。图14-35所示为“渲染视频”对话框。在“位置”选项组中可以设置视频名称和存储位置。在“范围”选项组中可以设置渲染文件中的所有帧，或者只渲染部分帧。在“渲染选项”选项组中，“Alpha通道”选项可以指定Alpha通道的渲染方式，该选项仅适用于支持Alpha通道的格式，如PSD或 TIFF格式；“3D品质”选项可以选择渲染品质。

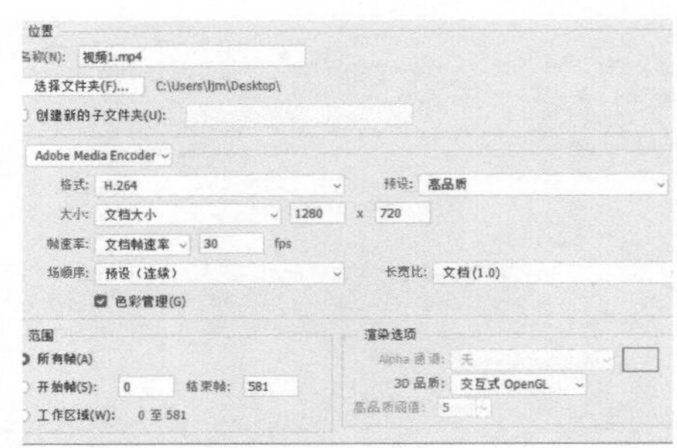

图14-35

14.2 制作动画

动画是在一段时间内显示的一系列图像或帧，当每一帧较前一帧都有轻微的变化时，连续、快速地显示这些帧就会产生运动或其他变化效果。

14.2.1

实战：制作蝴蝶飞舞动画

扫码看视频

01 打开动画素材，如图14-36所示。打开“时间轴”面板。如果面板为时间轴模式，可以单击 按钮，切换为帧模式。在帧延迟时间下拉列表中选择0.2秒，将循环次数设置为“永远”。单击复制所选帧按钮 ，添加一个动画帧，如图14-37所示。

图14-36

图14-37

02 按Ctrl+J快捷键复制“图层1”，然后隐藏原图层，如图14-38所示。按Ctrl+T快捷键显示定界框，按住Shift+Alt键并拖曳中间的控制点，将蝴蝶向中间压扁，如图14-39所示。再按住Ctrl键并拖曳左上角和右下角的控制点，调整蝴蝶的透视，如图14-40所示。按Enter键确认。

图14-38

图14-39

图14-40

03 单击播放动画按钮 ▶ 播放动画，画面中的蝴蝶会不停地扇动翅膀，如图14-41和图14-42所示。再次单击该按钮可停止播放，也可以按空格键切换。执行“文件>存储为”命令，将动画保存为PSD格式，以后可随时对动画进行修改。

图14-41

图14-42

14.2.2 实战：制作发光动画

扫码看视频

01 按Ctrl+O快捷键，打开动画素材，如图14-43所示。

图14-43

02 双击“图层1”，打开“图层样式”对话框，添加“外发光”效果，如图14-44和图14-45所示。

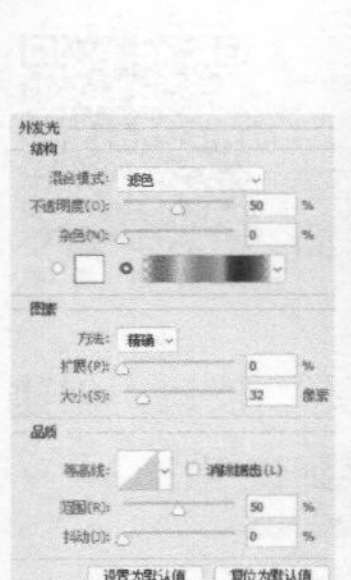
图14-44

图14-45

03 在“时间轴”面板中将帧的延迟时间设置为0.2秒，循环次数设置为“永远”。单击复制所选帧按钮 ⊞，添加一个动画帧，如图14-46所示。

图14-46

04 在“图层”面板中双击“图层 1”的外发光效果，打开“图层样式”对话框修改发光参数，如图14-47所示。单击“确定”按钮关闭对话框。单击“时间轴”面板中的 ⊞ 按钮，再添加一个动画帧，然后重新打开“图层样式”对话框，添加“渐变叠加”和“外发光”效果，如图14-48和图14-49所示。

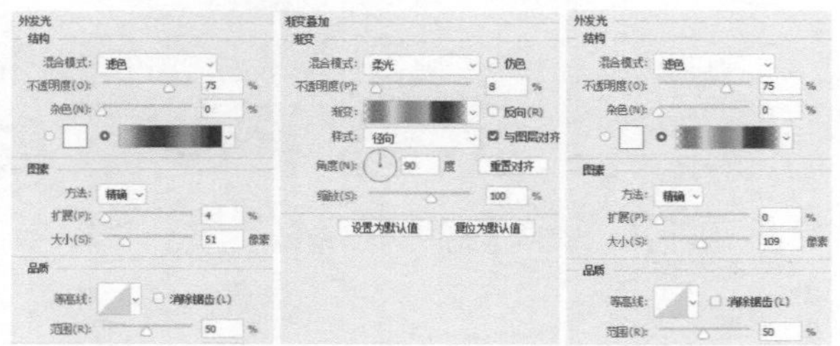
图14-47　图14-48　图14-49

05 单击播放动画按钮 ▶ 播放动画，卡通人物的身体就会向外发出不同颜色的光，如图14-50所示。

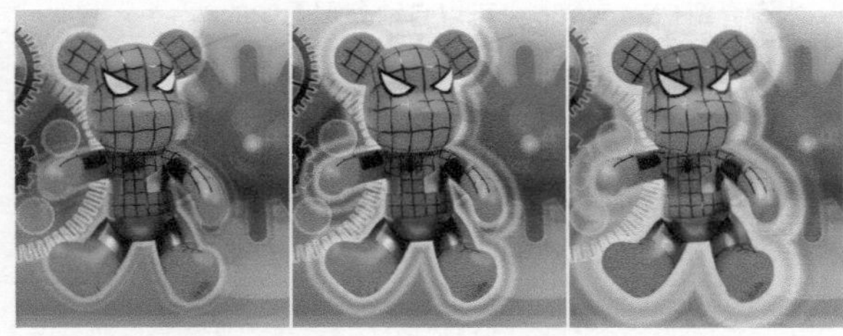
图14-50

06 动画文件制作完成后，执行“文件>导出>存储为Web所用格式（旧版）”命令，选择GIF格式，如图14-51所示，单击“存储”按钮将文件保存，之后就可以将该动画文件上传到网上或作为QQ表情与朋友分享了。

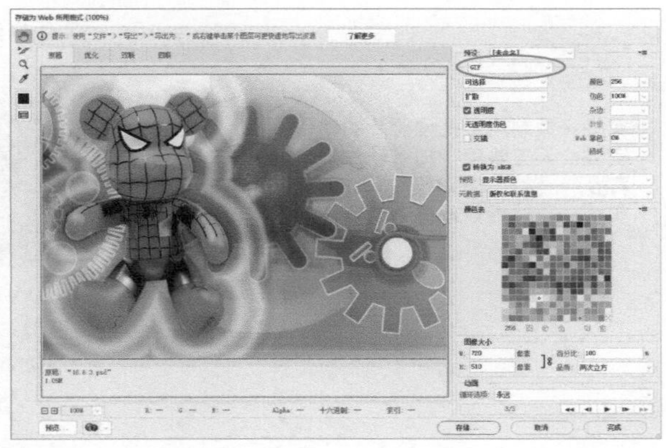
图14-51

第15章 图像处理自动化

【本章简介】

本章介绍Photoshop中可以自动处理图像的功能，即动作、批处理和数据驱动图形。用好这些功能，可以帮助我们减少工作量，让图像编辑变得轻松、简单和高效。

【学习目标】

本章我们应该学会以下技能。

- 动作的录制方法
- 用动作制作下雨效果
- 用动作库的载入方法，制作一幅拼贴照片
- 使用批处理功能为照片加水印
- 创建快捷批处理小程序
- 用数据驱动图形创建多版本图像

【学习重点】

动作

动作是用于处理文件的一系列命令，它就像录屏软件，可以将我们处理图像的过程录制下来，可以提高工作效率。在Photoshop中我们既可以自己录制动作，也可以从网上下载现成的动作库，加载到Photoshop中使用。

15.1.1 实战：录制用于处理照片的动作

扫码看视频

01 打开素材，如图15-1所示。单击“动作”面板中的 按钮，打开“新建组”对话框，输入动作组的名称，如图15-2所示，单击“确定”按钮，创建动作组，如图15-3所示。下面创建的动作会保存到该组中。

图15-1

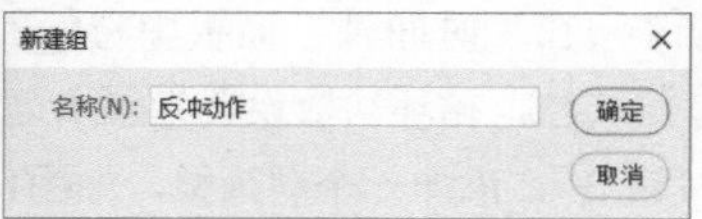

图15-2

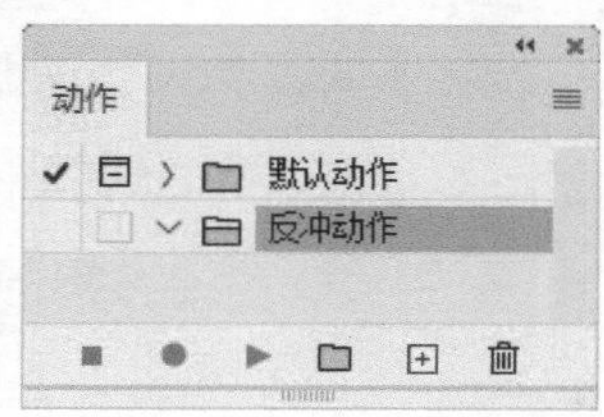

图15-3

02 单击创建新动作按钮 ，打开“新建动作”对话框，输入名称，将颜色设置为蓝色，如图15-4所示。单击“记录”按钮，开始录制动作，此时，面板中的开始记录按钮会变为红色 ，如图15-5所示。

03 按Ctrl+M快捷键，打开“曲线”对话框，在“预设”下拉列表中选择“反冲（RGB）”选项，如图15-6所示。单击“确定”按钮关闭对话框，将该命令记录为动作，如图15-7所

示，图像会变为反转负冲效果，如图15-8所示。

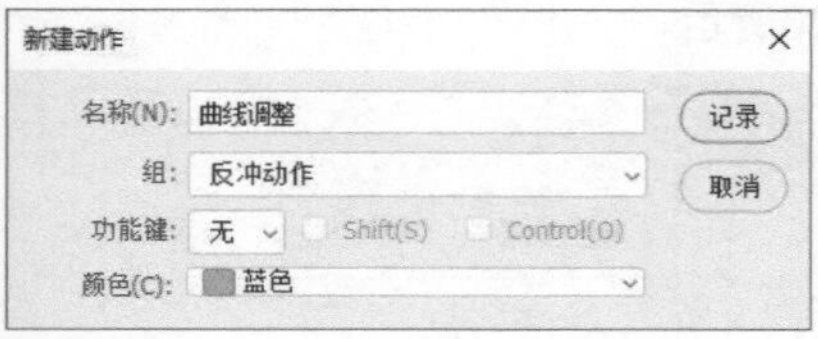

图15-4

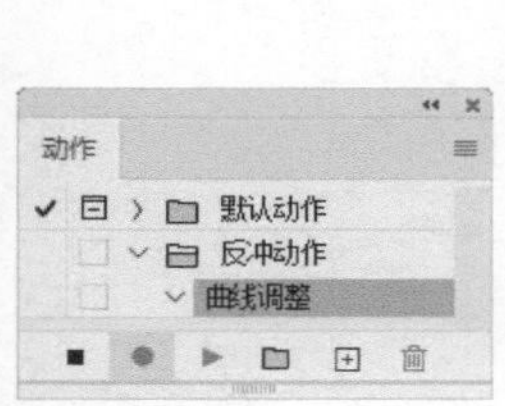

图15-5

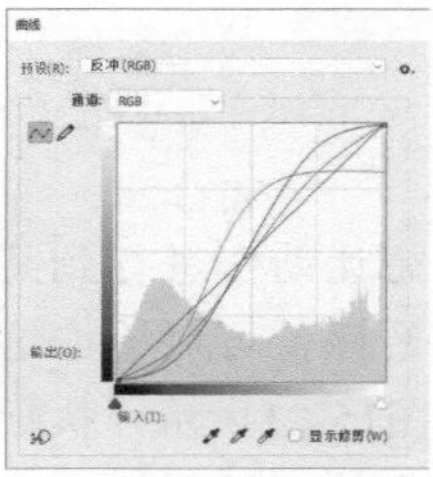

图15-6

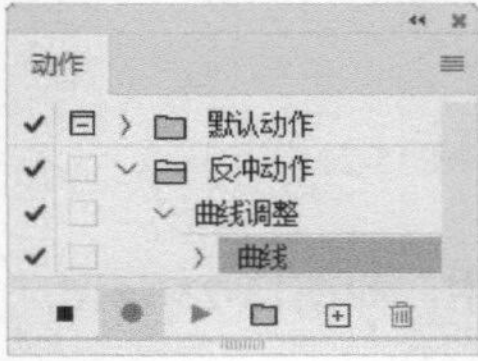

图15-7

图15-8

04 按Shift+Ctrl+S快捷键另存文件，然后关闭。单击“动作”面板中的 ■ 按钮，完成动作的录制，如图15-9所示。由于在“新建动作”对话框中将动作设置为了蓝色，打开面板菜单，执行“按钮模式”命令，所有动作会变为按钮状，新建的动作则突出显示为蓝色，如图15-10所示。在“动作”面板为按钮模式时，单击一个按钮，即可播放相应的动作，操作起来比较方便，而为动作设置颜色便于在按钮模式下区分动作。再次选择“按钮模式”命令，切换为正常模式。

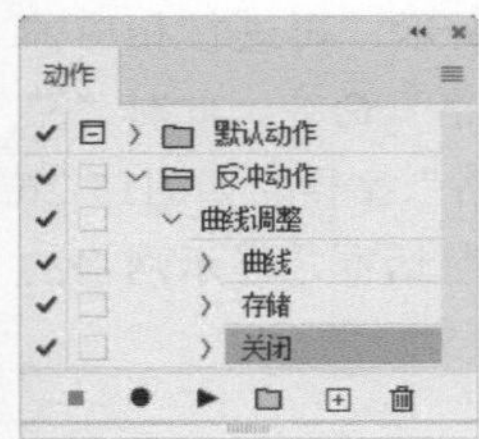

图15-9

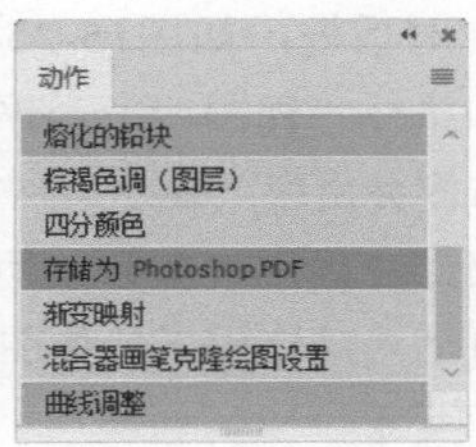

图15-10

05 下面使用录制的动作处理其他图像。打开素材，如图15-11所示。选择“曲线调整”动作，如图15-12所示，单击 ▶ 按钮播放该动作，经过动作处理的图像效果如图15-13所示。

图15-11

图15-12

图15-13

“动作”面板

“动作”面板用于创建、播放、修改和删除动作，如图15-14所示。

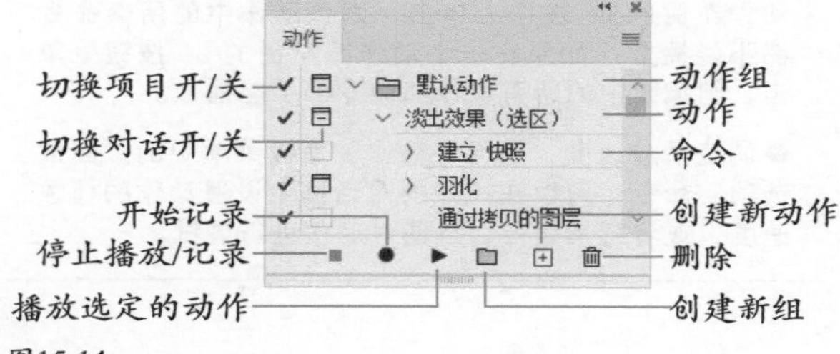

图15-14

- 切换项目开/关 ✓：如果动作组、动作和命令的左侧有该图标，表示这个动作组、动作和命令可以执行；如果动作组或动作的左侧没有该图标，表示该动作组或动作不能被执行；如果某一命令的左侧没有该图标，则表示该命令不能被执行。
- 切换对话开/关 ▭：如果命令的左侧有该图标，表示动作执行到该命令时会暂停，并打开相应命令的对话框，此时可修改命令的参数，单击“确定”按钮可继续执行后面的动作；如果动作组和动作的左侧有该图标，则表示该动作中有部分命令设置了暂停。
- 动作组/动作/命令：动作组是一系列动作的集合，动作是一系列操作命令的集合，单击命令左侧的 ▶ 按钮可以展开命令列表，显示命令的具体参数。
- 停止播放/记录 ■：用来停止播放动作和停止记录动作。
- 开始记录 ●：单击该按钮，可录制动作。
- 播放选定的动作 ▶：选择一个动作后，单击该按钮，可播放该动作。
- 创建新组 ▭：可以创建动作组，以保存新建的动作。
- 创建新动作 ⊞：单击该按钮，可以创建一个新的动作。
- 删除 🗑：选择动作组、动作和命令后，单击该按钮，可将其删除。

技术看板　动作播放技巧

●按照顺序播放全部动作：选择一个动作，单击播放选定的动作按钮 ▶，可按照顺序播放该动作中的所有命令。

●从指定的命令开始播放动作：在动作中选择一个命令，单击播放选定的动作按钮 ▶，可以播放该命令及后面的命令，它之前的命令不会播放。

●播放单个命令：按住Ctrl键并双击面板中的一个命令，可单独播放该命令。

●播放部分命令：在动作左侧的 ✓ 按钮上单击（可隐藏 ✓ 图标），这些命令便不能播放；如果在某一动作左侧的 ✓ 按钮上单击，则该动作中的所有命令都不能播放；如果在一个动作组左侧的 ✓ 按钮上单击，则该组中的所有动作和命令都不能播放。

●调整播放速度：执行“动作”面板菜单中的“回放选项”命令，可以在打开的对话框中设置动作的播放速度，或者将其暂停，以便对动作进行调试。

15.1.2 修改动作

如果要修改动作组或动作的名称，可以将它选择，如图15-15所示，执行面板菜单中的“组选项”或“动作选项”命令，打开对应的选项对话框进行设置，如图15-16所示。如果要修改命令的参数，可以双击命令，如图15-17所示，在弹出的对话框中修改即可。

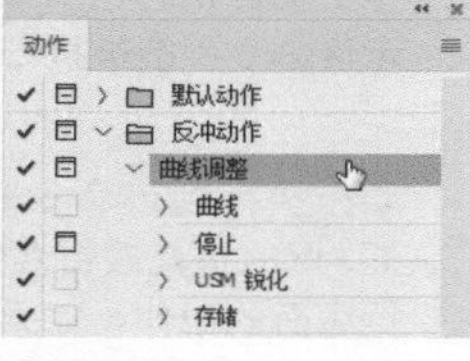

图15-15

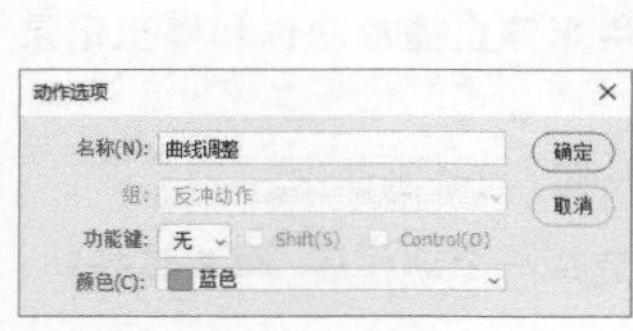

图15-16

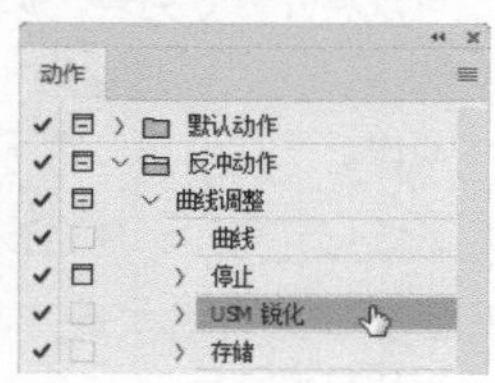

图15-17

15.1.3 插入命令、停止、菜单项目和路径

单击动作中的一个命令，如图15-18所示，单击开始记录按钮 ●，再执行其他命令，例如使用某个滤镜，如图15-19所示，之后单击停止播放/记录按钮 ■ 停止录制，便可将命令插入动作中，如图15-20所示。

图15-18

图15-19

图15-20

如果想让动作进行到某一步自动暂停，可以单击这一步，如图15-21所示，执行面板菜单中的“插入停止”命令，在打开的对话框输入提示信息，并勾选“允许继续”选项，如图15-22所示，单击“确定”按钮关闭对话框，即可将停止指令插入动作中，如图15-23所示。

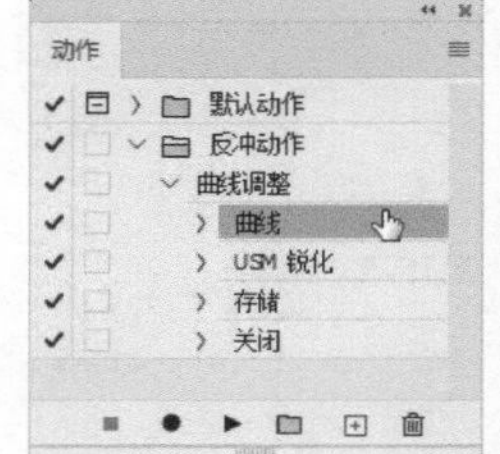

图15-21

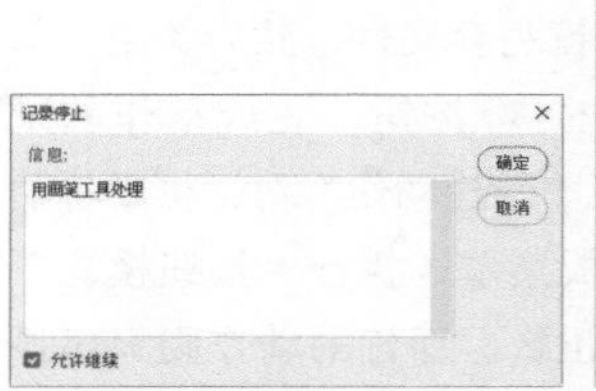

图15-22

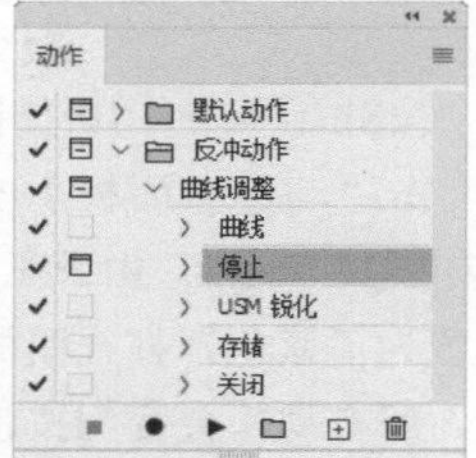

图15-23

有些命令不能用动作录制下来，如绘画和色调工具，“视图”和“窗口”菜单中的命令等。对于这些项目，可以执行“动作”面板菜单中的“插入菜单项目”命令，如图15-24所示，打开“插入菜单项目”对话框，如图15-25所示，再进行相应的操作，如执行“视图>显示>网格”命令，此时“菜单项”右侧会出现“显示：网格”字样，如图15-26所示，单击“确定”按钮关闭对话框，显示网格的命令便可插入动作中了，如图15-27所示。

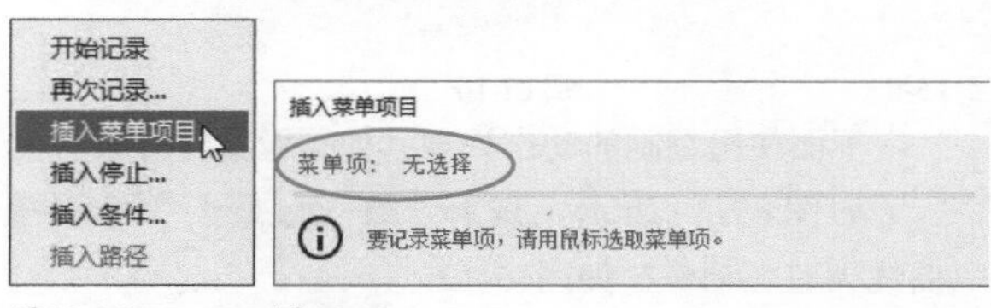

图15-24　图15-25

图15-26

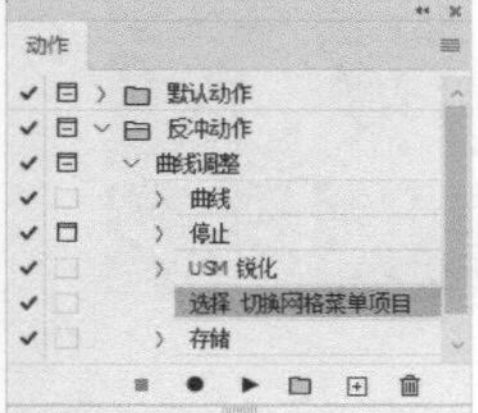

图15-27

路径也不能用动作录制，但可以插入动作中。绘制或选取路径后，单击动作中的一个命令，打开“动作”面板菜单，执行“插入路径”命令，即可在该命令后插入路径。播放动作时，会自动创建该路径。如果要在一个动作中记录多个“插入路径”命令，则应在记录每个“插入路径”命令后，都执行“存储路径”命令。否则每记录的一个路径都会替换前一个路径。

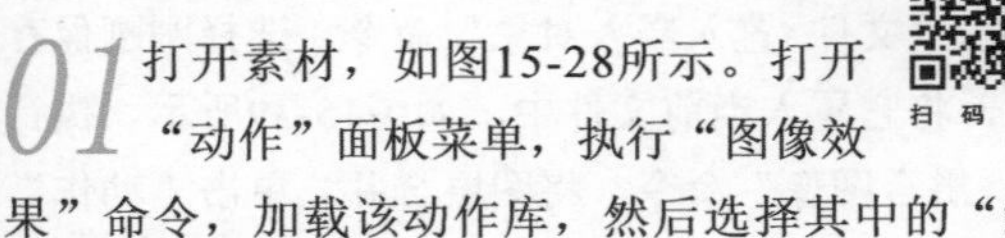

15.1.4

实战：人工降雨（加载动作）

扫码看视频

01 打开素材，如图15-28所示。打开“动作”面板菜单，执行“图像效果”命令，加载该动作库，然后选择其中的“细雨”动作，如图15-29所示。

图15-28

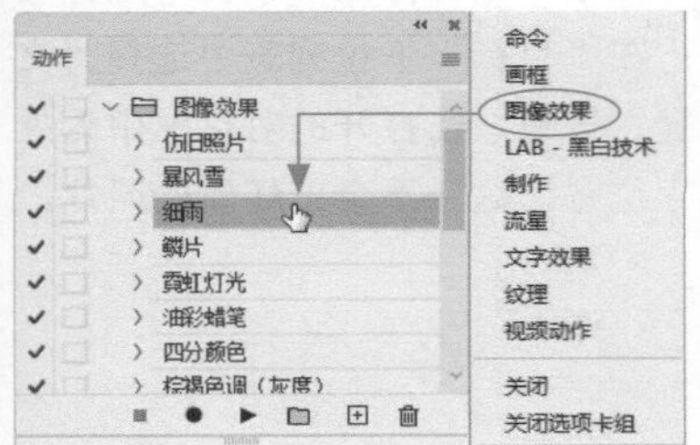

图15-29

02 将前景色设置为黑色。单击 ▶ 按钮播放动作。只需1秒，细雨就会呈现在我们面前，如图15-30所示。

图15-30

15.1.5

实战：一键打造拼贴照片（加载外部动作）

扫码看视频

01 打开素材，如图15-31所示。在“窗口”菜单中打开“动作”面板。单击 ≡ 按钮打开面板菜单，执行“载入动作”命令，在弹出的对话框中选择配套资源中的拼贴动作，如图15-32所示，单击“载入”按钮，将其加载到“动作”面板中。

图15-31

图15-32

02 单击“拼贴”动作，如图15-33所示，单击 ▶ 按钮播放该动作，Photoshop会自动处理图像，创建拼贴效果，如图15-34所示，整个过程无须我们动手操作。

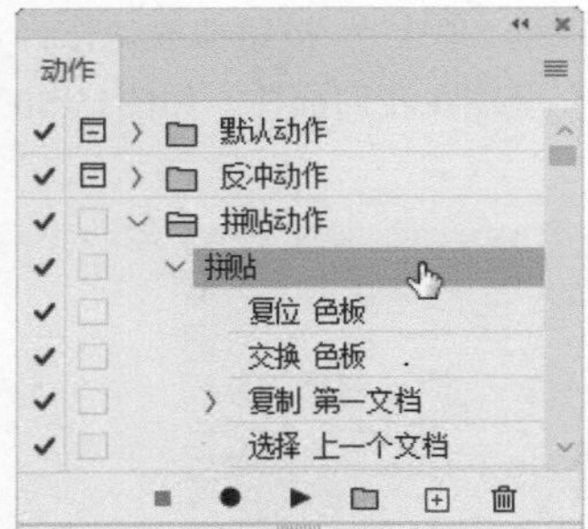

图15-33

图15-34

批处理

当需要处理多张照片，或者一大批照片时，可以是用批处理的方法，对这些照片播放动作，二者配合好，能帮助我们完成重复性的操作，实现图像处理自动化。

15.2.1

实战：通过批处理自动为照片加水印

01 打开素材，如图15-35所示。单击“背景”图层，如图15-36所示，按Delete键删除，让水印位于透明背景上，如图15-37和图15-38所示。

扫码看视频

图15-35

图15-36

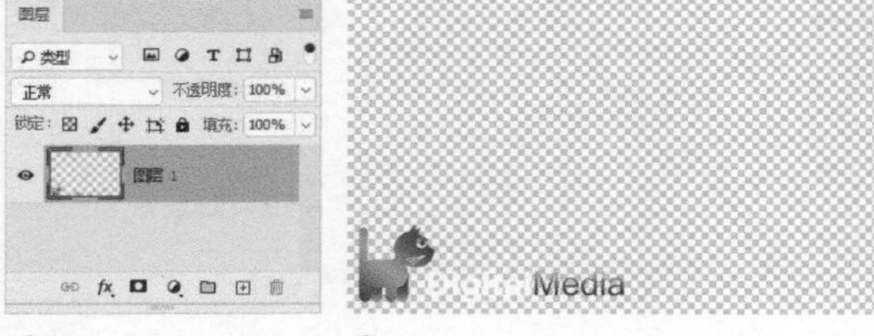

图15-37　　图15-38

> 提示
>
> 制作好水印后，将其放在要加入水印的图像中，并调整好位置，然后删除图像，只保留水印，再将这个文件保存。加水印的时候用这个文件，只要它与要贴水印的文件的大小相同，水印就会贴在指定的位置上。

02 在批处理前，首先应该将需要批处理的文件保存到一个文件夹中，然后用动作将水印贴在照片上的过程录制下来。执行“文件>存储为”命令，将文件保存为PSD格式，然后关闭。单击“动作”面板中的 □ 按钮和 ⊞ 按钮，创建动作组和动作。打开一张照片。执行“文件>置入嵌入对象”命令，选择刚刚保存的文件，将它置入当前文件中，如图15-39所示。执行“图层>拼合图像”命令，将图层合并。单击“动作”面板底部的 ■ 按钮，结束录制，如图15-40所示。

图15-39

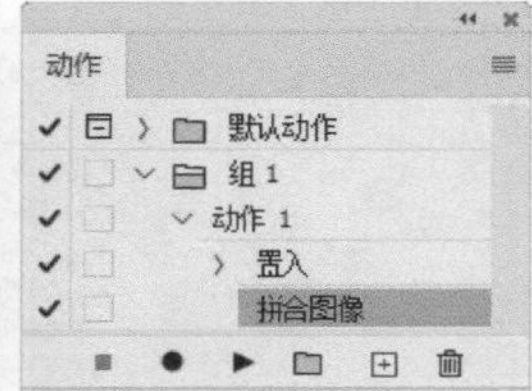

图15-40

03 执行“文件>自动>批处理”命令，打开“批处理”对话框，选择刚刚录制的动作；单击“源”选项组中的“选择”按钮，在打开的对话框中选择要添加水印的文件夹；在“目标”下拉列表中选择“文件夹”，单击“选择”按钮，在打开的对话框中为处理后的照片指定保存位置，这样不会破坏原始照片，如图15-41所示。

图15-41

04 单击“确定”按钮，开始批处理，Photoshop会为目标文件夹中的每一张照片添加一个水印，如图15-42所示，并将处理后的照片保存到指定的文件夹中。

图15-42

图15-42（续）

15.2.2 实战：创建快捷批处理小程序

扫码看视频

快捷批处理是一个可以快速完成批处理的小应用程序，能够简化批处理操作的过程。在桌面上，其图标为⬇状。将图像或文件夹拖曳到该图标上，便可以直接对图像进行批处理。

01 执行“文件>自动>创建快捷批处理”命令，打开“创建快捷批处理”对话框，它与“批处理”对话框相似。选择一个动作，然后在“将快捷批处理存储为”选项组中单击“选择”按钮，如图15-43所示。打开“存储”对话框，为即将创建的快捷批处理设置名称和保存位置。

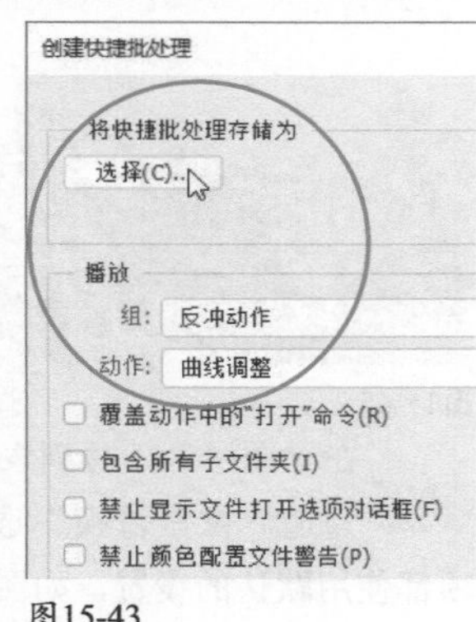

图15-43

02 单击“保存”按钮关闭对话框，返回“创建快捷批处理”对话框中，此时“选择”按钮的下方会显示快捷批处理程序的保存位置，如图15-44所示。单击“确定”按钮，即可创建快捷批处理程序并保存到指定位置。

将快捷批处理存储为
选择(C)...
C:\Users\xiaoping\Documents\未标题.exe
播放
组: 反冲动作
动作: 曲线调整
覆盖动作中的"打开"命令(R)

图15-44

数据驱动图形

数据驱动图形是一种可以让图像快速生成多个版本的功能，可用于印刷项目或 Web 项目。例如，以模板设计为基础，使用不同的文本和图像可以制作出100种不同的Web横幅。

15.3.1 实战：创建多版本图像

进行数据驱动图形操作时，先要创建用作模板的基本图形，再将图像中需要改变的部分分离为单独的图层，之后在图形中定义变量，通过变量指定在图像中更改的部分，接下来创建或导入数据组，用数据组替换模板中相应的图像，最后将图形与数据一起导出，生成图形（PSD文件）。

01 打开素材，如图15-45和图15-46所示。执行"图像>变量>定义"命令，打开"变量"对话框。

图15-45

图15-46

02 在"图层"下拉列表中选择"图层0"选项，并勾选"像素替换"选项，"名称""方法"选项都使用默认的设置，如图15-47所示。在对话框左上角的下拉列表中选择"数据组"选项，切换到"数据组"选项设置面板。单击基于当前数据组创建新数据组按钮，创建新的数据组，当前的设置内容为"像素变量1"，如图15-48所示。

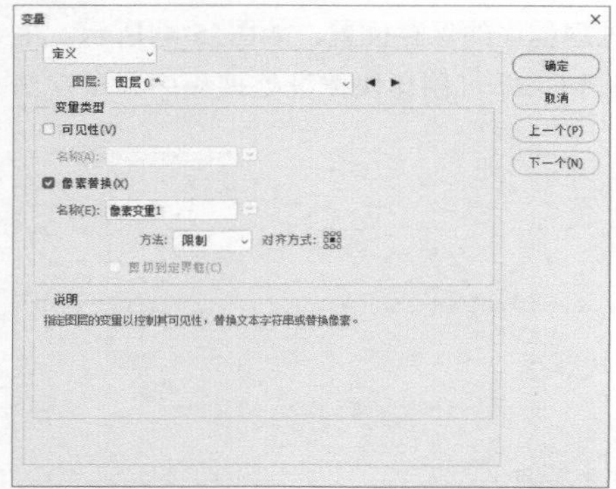
图15-47

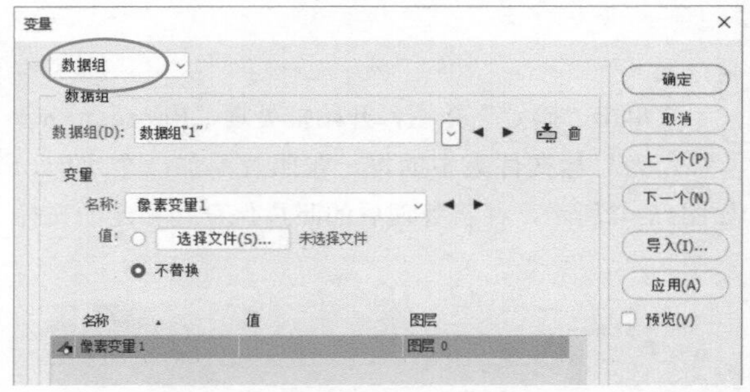
图15-48

03 单击"选择文件"按钮，在打开的对话框中选择素材，如图15-49所示。单击"打开"按钮，返回"变量"对话框，如图15-50所示，单击"确定"按钮关闭对话框。

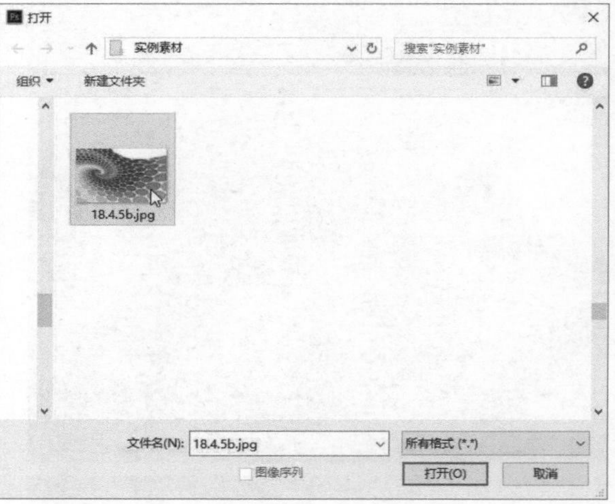
图15-49

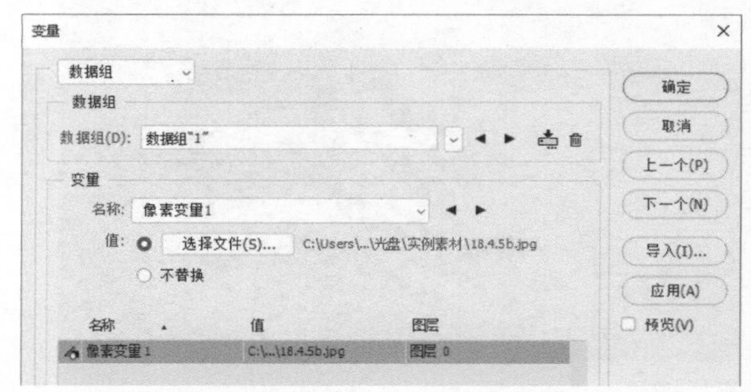
图15-50

04 执行“图像>应用数据组”命令，打开“应用数据组”对话框，如图15-51所示。勾选“预览”选项，可以看到，文件中背景（图层0）图像被替换为指定的另一个背景，如图15-52所示。单击“应用”按钮，将数据组的内容应用于基本图像，同时所有变量和数据组保持不变。

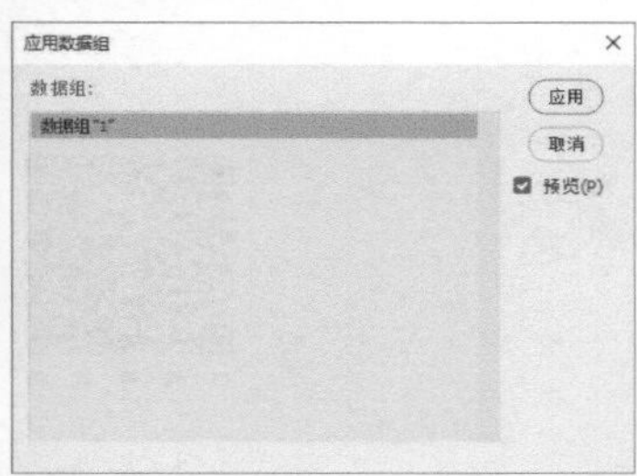

图15-51

图15-52

15.3.2 变量的种类

变量用来定义模板中的哪些元素将发生变化。在Photoshop中可以定义3种类型的变量：可见性变量、像素替换变量和文本替换变量。

可见性变量用来显示或隐藏图层中的图像内容。像素替换变量可以使用其他图像文件中的像素替换图层中的像素。勾选“像素替换”选项后，可在下面的“名称”选项中输入变量的名称，然后在“方法”选项中选择缩放替换图像的方法。选择“限制”选项，可以缩放图像以将其限制在定界框内；选择“填充”选项，可以缩放图像以使其完全填充定界框；选择“保持原样”选项，不会缩放图像；选择“一致”选项，将不成比例地缩放图像以将其限制在定界框内。图15-53所示为不同方法的效果展示。单击对齐方式图标上的手柄，可以选取在定界框内放置的图像的对齐方式。勾选“剪切到定界框”选项则可以剪切未在定界框内的图像区域。

限制

填充

保持原样

一致

图15-53

文本替换变量可以替换文字图层中的文本字符串。在操作时应先在“图层”选项中选择相应的文本图层。

15.3.3 导入与导出数据组

数据组是变量及其相关数据的集合。除了可以在Photoshop中创建数据组外，如果在其他软件，如文本编辑器或电子表格软件（Microsoft Excel）中创建了数据组，执行“文件>导入>变量数据组”命令，可将其导入Photoshop。定义变量及一个或多个数据组后，可以执行“文件>导出>数据组作为文件”命令，按批处理模式使用数据组值将图像输出为PSD 文件。

综合实例

【本章简介】

本章为综合实例，是本书的收尾部分。综合实例用到的工具多、技术全面，可以锻炼我们整合不同功能、调动各种资源的能力。在演练过程中，可充分了解视觉效果的实现方法，以及背后的技术要素，在各个功能之间搭建连接点，将它们融会贯通，通过练习，发现规律，总结经验。

回顾过往，我们会有这样的体会：从完全不懂PS，到掌握了Photoshop应用技巧，并具备了一定经验，整个过程中，我们都在重复着两件事，学习和实战（即实践）。其实，想要学好Photoshop，靠的就是这个简单、朴素的道理，这也是本书的要义所在。

【学习目标】

通过不同类型的实例来加强练习，掌握更多的编辑技术，将Photoshop各种功能融会贯通。

【学习重点】

制作重金属风格特效字

扫码看视频

难度：★★★☆☆　功能：文字、图层样式

说明：使用图层样式制作具有真实质感的金属特效字。

01 打开背景素材。使用横排文字工具 **T** 输入文字。双击文字图层，打开“图层样式”对话框，添加“投影”和“内发光”效果，如图16-1~图16-4所示。

图16-1

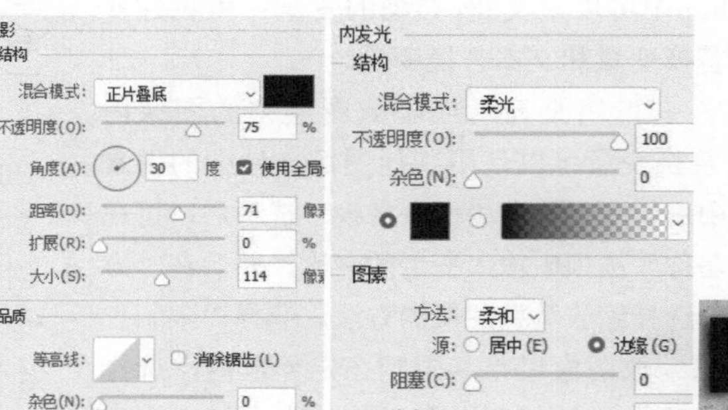

图16-2　图16-3　图16-4

02 添加“渐变叠加”效果，设置渐变颜色为黑白线性渐变。添加“斜面和浮雕”效果，让文字呈现立体效果，选择预设的光泽等高线，通过它塑造高光形态，如图16-5~图16-8所示。

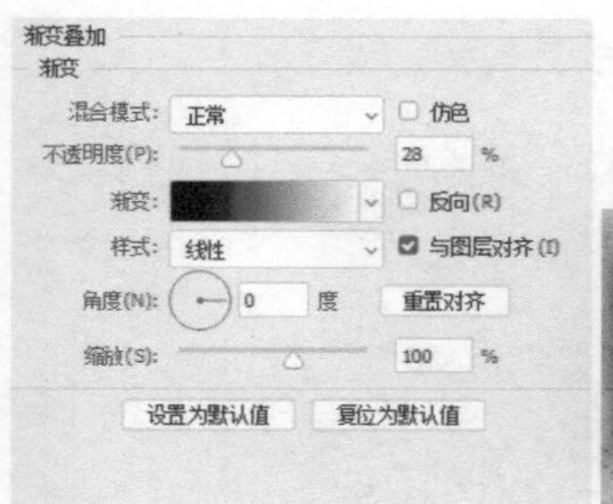

图16-5

图16-6

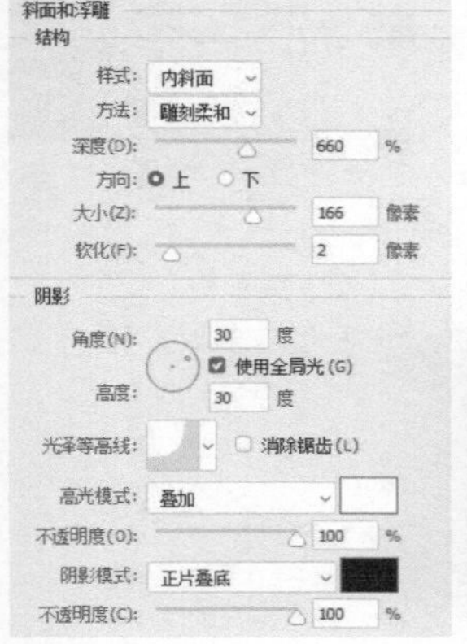

图16-7

图16-8

03 勾选“等高线”选项并选取一个等高线，为立体字的表面添加更多的细节，如图16-9和图16-10所示。

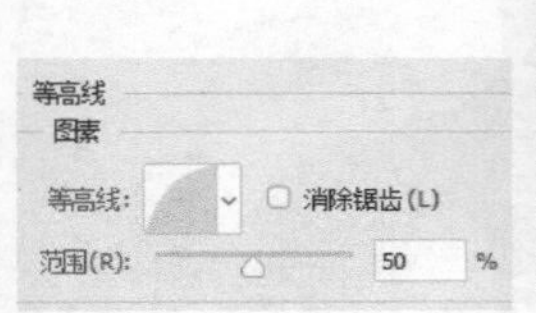

图16-9

图16-10

04 打开纹理素材，使用移动工具 将其拖入文字文件中。按Alt+Ctrl+G快捷键创建剪贴蒙版，将纹理图像的显示范围限定在文字范围内，如图16-11和图16-12所示。

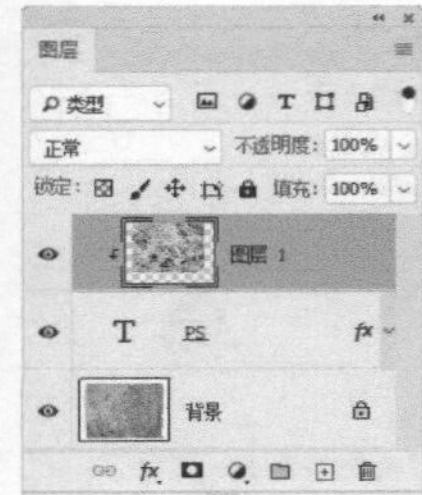

图16-11

图16-12

05 双击“图层1”，打开“图层样式”对话框。按住Alt键并拖曳“本图层”选项中的黑色滑块，该滑块会分为两半，拖曳时观察渐变条上方的数值，当出现202时释放鼠标左键。此时的纹理素材中，色阶高于202的亮调图像会被隐藏起来，只留下深色图像。通过这种方法，可以巧妙地为文字贴图，使其呈现出斑驳的金属质感，如图16-13所示。

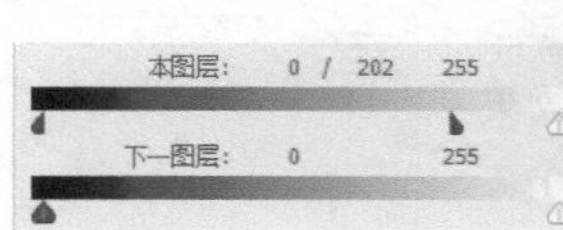

图16-13

06 选择“PS”文字图层，单击“图层”面板中的 按钮，为它添加图层蒙版。使用多边形套索工具 创建一条狭长的选区。下面来为文字添加一个凹槽。调整前景色（R141，G141，B141），按Alt+Delete快捷键在蒙版中填色，按Ctrl+D快捷键取消选择，如图16-14和图16-15所示。

图16-14

图16-15

07 选择“图层 1”。使用横排文字工具 T 输入一组文字，如图16-16所示。文字图层会创建在“图层 1”的上方。

图16-16

08 按住Alt键，将文字“PS”的效果图标 fx 拖曳到当前文字图层上，进行复制，如图16-17和图16-18所示。

图16-17

图16-18

09 执行“图层>图层样式>缩放效果”命令，对效果进行缩放，设置缩放参数为20%，使之与文字大小相匹配，如图16-19和图16-20所示。

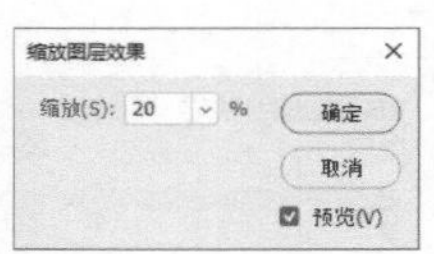

图16-19

图16-20

10 按住Alt键，将“图层1”拖曳到当前文字图层的上方，复制出一个纹理图层。按Alt+Ctrl+G快捷键创建剪贴蒙版，为当前文字应用纹理贴图，如图16-21和图16-22所示。

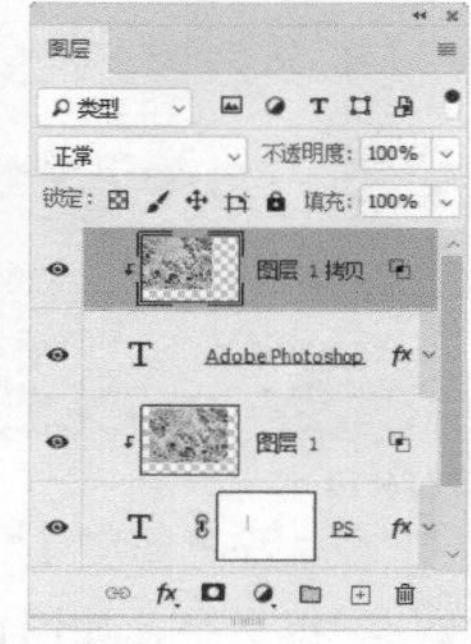

图16-21

图16-22

11 使用直排文字工具IT在文字“P”的凹槽内输入一行小字，如图16-23所示。按住Alt键，将“Adobe Photoshop”层的效果图标fx拖曳到该图层中，复制效果，如图16-24和图16-25所示。

图16-23

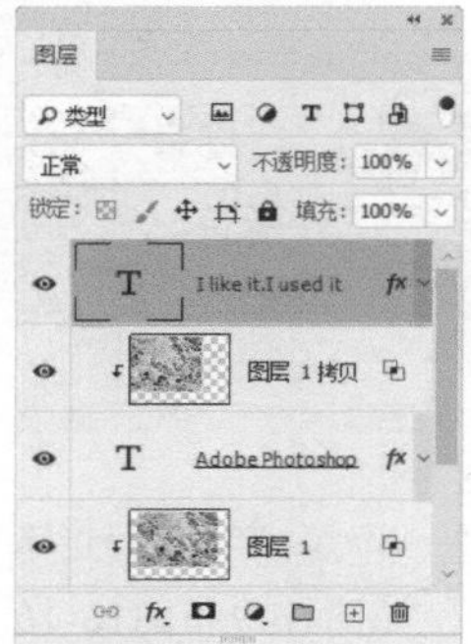

图16-24

图16-25

12 单击“调整”面板中的按钮，创建“色阶”调整图层。拖曳黑色的阴影滑块，增加图像色调的对比度，让金属质感更强、文字更加清晰，如图16-26和图16-27所示。添加一些文字和图形，让版面更加充实，如图16-28所示。

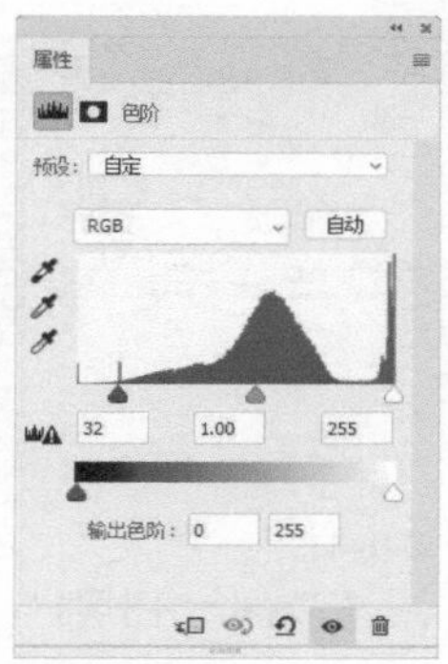

图16-26

图16-27

图16-28

制作有机玻璃字

难度：★★★☆☆ 功能：扩展选区、变换并复制图像

说明：通过变换让文字呈现透视感，再对文字进行复制，通过堆叠表现立体效果。

01 按Ctrl+N快捷键打开“新建文档”对话框，创建一个20厘米×10厘米、300像素/英寸的文档。将前景色设置为灰色（R210，G209，B207），按Alt+Delete快捷键填色。

02 在“字符”面板中设置字体和大小，如图16-29所示。使用横排文字工具 T 输入文字，如图16-30所示。执行“图层>栅格化>文字”命令。按住Ctrl键并单击文字图层的缩览图，载入文字选区，如图16-31所示。

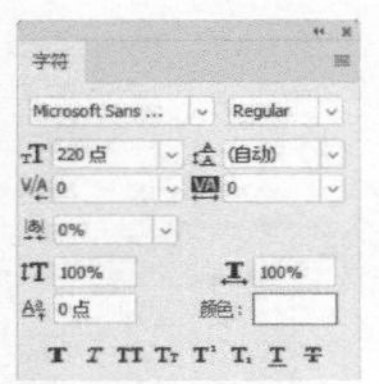

图16-29

图16-30 图16-31

03 执行“选择>修改>扩展”命令，打开“扩展选区”对话框，将选区向外扩展20像素，如图16-32和图16-33所示。按Ctrl+Delete快捷键填充背景色（白色），如图16-34所示。按Ctrl+D快捷键取消选择。

图16-32

图16-33 图16-34

04 按Ctrl+T快捷键显示定界框。按住Alt+Ctrl+Shift键并拖曳右上角的控制点进行透视扭曲，如图16-35所示。放开按键，向下拖曳中间的控制点，将文字压扁，如图16-36所示。拖曳右上角的控制点，等比放大，如图16-37所示。

图16-35 图16-36 图16-37

05 选择移动工具 ✥，按住Alt键不放并连续按↓键（大概40下），复制文字图层，如图16-38和图16-39所示。

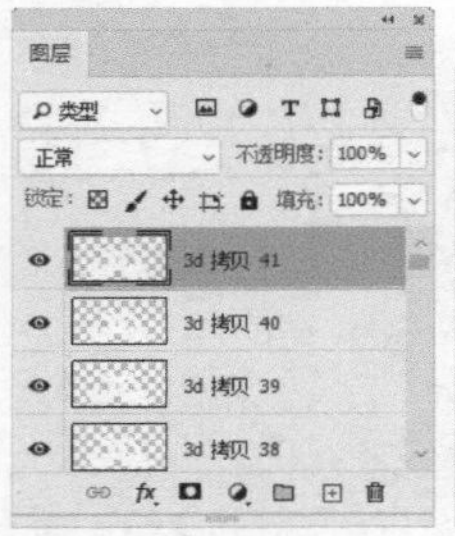
图16-38

图16-39

06 按住Shift键并单击“3d拷贝41”图层，将当前图层与该图层中间的所有图层一同选取，如图16-40所示。按Ctrl+E快捷键合并所选图层，按Ctrl+[快捷键，将该图层移动到“3d”图层的下方，如图16-41所示。

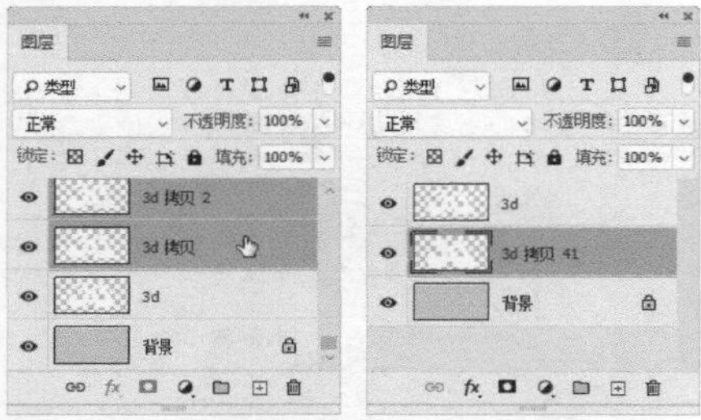
图16-40　图16-41

07 双击该图层，打开“图层样式”对话框，添加“颜色叠加”效果，如图16-42和图16-43所示。

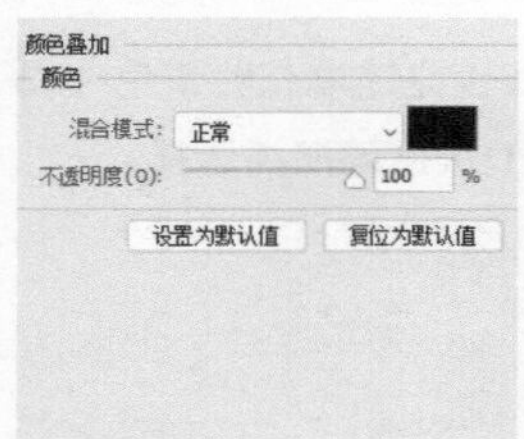
图16-42

图16-43

08 在左侧列表中勾选“内发光”效果，设置发光颜色为红色（R255，G0，B0），如图16-44和图16-45所示。按Enter键关闭对话框。

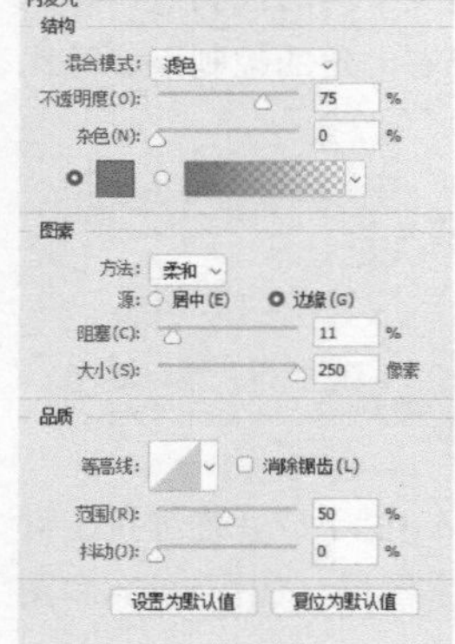
图16-44

图16-45

09 双击“3d”图层，打开“图层样式”对话框，添加“渐变叠加”效果，渐变颜色设置为黑-灰色，如图16-46和图16-47所示。添加“内发光”效果，设置发光颜色为红色，如图16-48和图16-49所示。按Enter键关闭对话框。

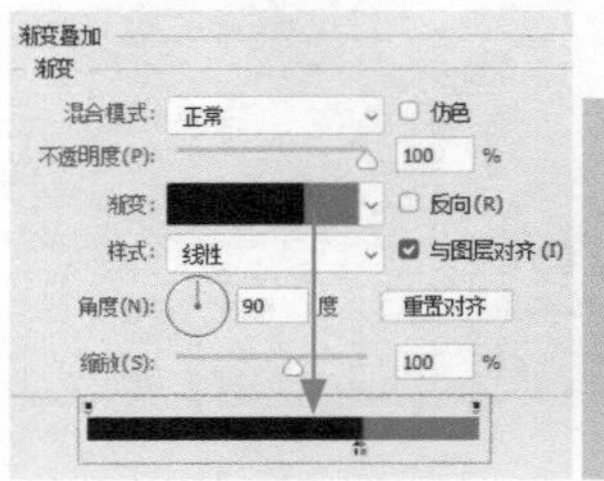
图16-46

图16-47

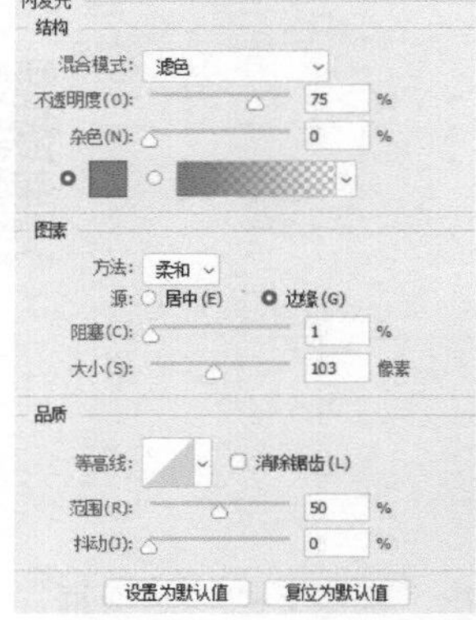
图16-48

图16-49

10 在“背景”图层左侧的眼睛图标 上单击，将该图层隐藏，如图16-50和图16-51所示。

图16-50

图16-51

11 按Alt+Ctrl+Shift+E快捷键，将图像盖印到一个新的图层中。执行“滤镜>模糊>高斯模糊”命令，对图像进行模糊处理，如图16-52和图16-53所示。

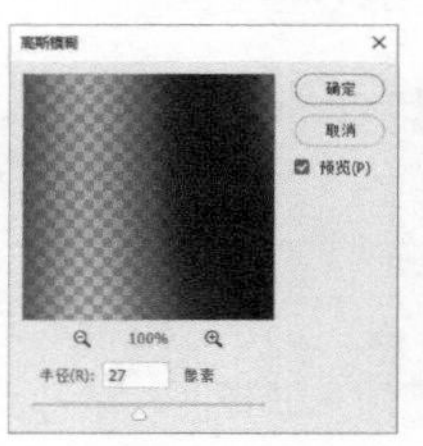
图16-52

图16-53

12 按Ctrl+Shift+[快捷键，将该图层移至底层，如图16-54所示。显示“背景”图层，如图16-55所示。

图16-54　　图16-55

13 设置“图层1”的不透明度为46%。使用移动工具 将图像向右下方拖曳，使它成为文字的投影，如图16-56所示。也可将文字方在其他背景上，如图16-57所示。

图16-56

图16-57

创意风暴：菠萝城堡

扫码看视频

难度：★★★★★　功能：蒙版、混合模式、“色彩平衡”命令

说明：将不同色调、光线的图像合成在一起，制作出具有童话艺术氛围的有趣作品。

01 按Ctrl+O快捷键，打开素材，如图16-58所示。选择渐变工具，单击工具选项栏中的按钮，打开“渐变编辑器”对话框调整渐变颜色，如图16-59所示。新建一个图层，按住Shift键并由上至下拖曳鼠标，填充线性渐变，如图16-60所示。

图16-58

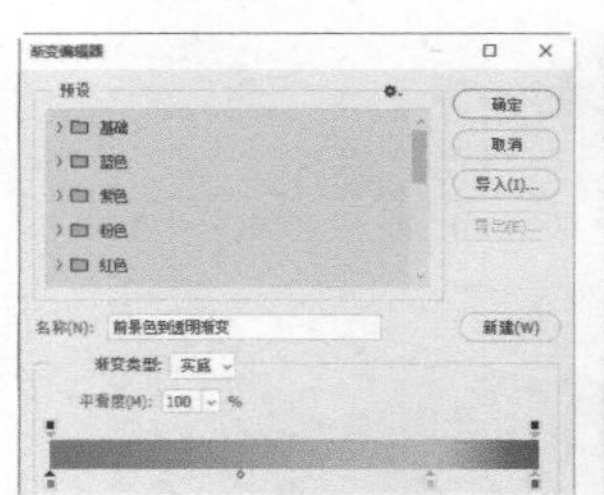

图16-59　　图16-60

02 设置混合模式为“强光”，使画面颜色变得明亮纯净，如图16-61和图16-62所示。

图16-61

图16-62

03 打开素材，如图16-63所示。使用移动工具✥将沙粒图像拖入当前文件中。按Ctrl+T快捷键显示定界框，调整图像的高度，按Enter键确认，如图16-64所示。

图16-63

图16-64

04 单击“图层”面板中的◘按钮，创建图层蒙版。使用渐变工具■填充线性渐变，操作时起点应在沙粒图像内，才能将沙粒图像的边缘隐藏，将两幅图像合成在一起，如图16-65和图16-66所示。

图16-65

图16-66

05 新建一个图层，设置混合模式为“叠加”，不透明度为35%。将前景色设置为黑色，在渐变下拉面板中选择“前景色到透明渐变”渐变，由画面下方向上拖曳鼠标填充渐变，使沙粒色调变深，如图16-67和图16-68所示。按Shift+Ctrl+E快捷键合并图层。

图16-67

图16-68

06 打开菠萝素材。使用移动工具 将其拖入当前文件中。执行“编辑>变换>顺时针旋转90度”命令，旋转图像，如图16-69所示。

图16-69

07 单击“图层”面板中的 按钮，添加图层蒙版。选择画笔工具 及半湿描边油彩笔笔尖，设置大小为100像素，如图16-70所示，在菠萝底部涂抹黑色，使其隐藏到沙粒中。在菠萝叶的边缘涂抹灰色，如图16-71和图16-72所示。

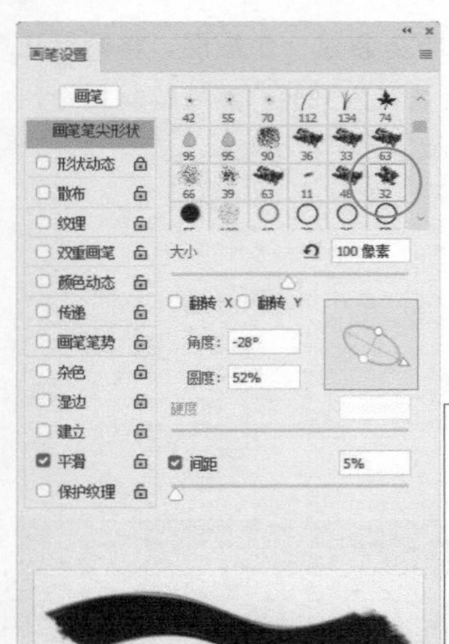

图16-70

图16-71

图16-72

08 按Ctrl+J快捷键，复制该图层。执行“滤镜>模糊>高斯模糊”命令，设置模糊半径为10像素，如图16-73和图16-74所示。

图16-73

图16-74

09 单击该图层的蒙版缩览图，如图16-75所示，使用画笔工具 在菠萝的中心位置涂抹黑色，隐藏中心的模糊图像，只让菠萝的边缘则呈现模糊效果，如图16-76所示。

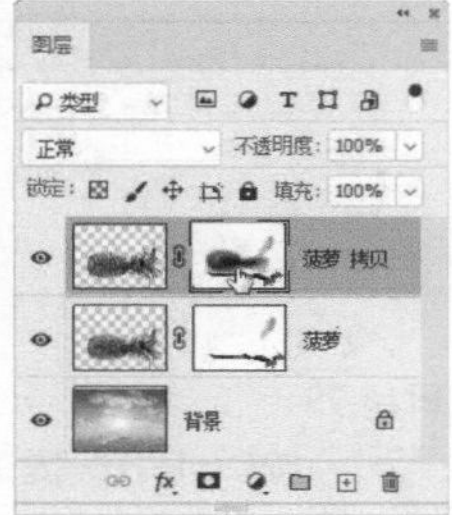

图16-75

图16-76

10 单击“菠萝”图层的蒙版缩览图，如图16-77所示。在图像中菠萝的左侧涂抹深灰色，使图像呈现虚实变化，如图16-78所示。

图16-77

图16-78

11 按住Ctrl键并单击“菠萝 拷贝”图层，选取这两个图层，如图16-79所示，按Ctrl+E快捷键，将它们合并，如图16-80所示。

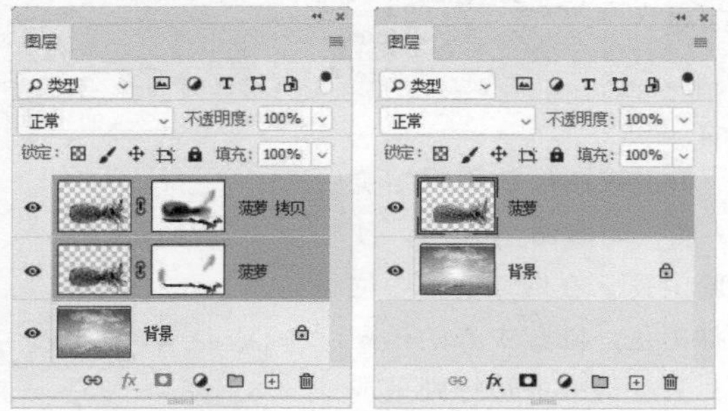

图16-79　图16-80

12 按Ctrl+B快捷键，打开“色彩平衡”对话框，分别对“中间调”“阴影”“高光”选项做出调整，使菠萝颜色变黄，画面色调更加温暖，如图16-81~图16-84所示。

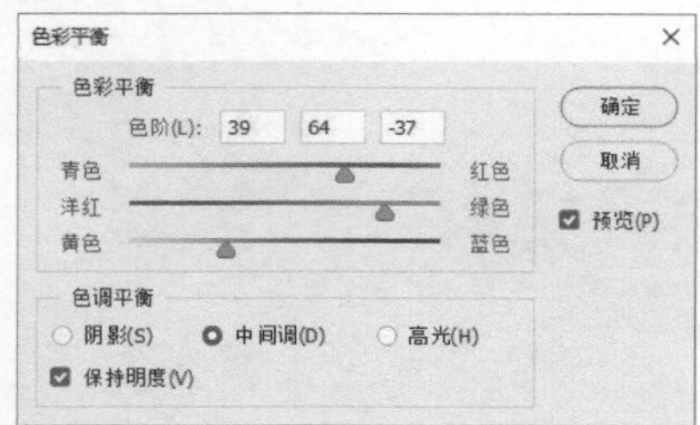

图16-81

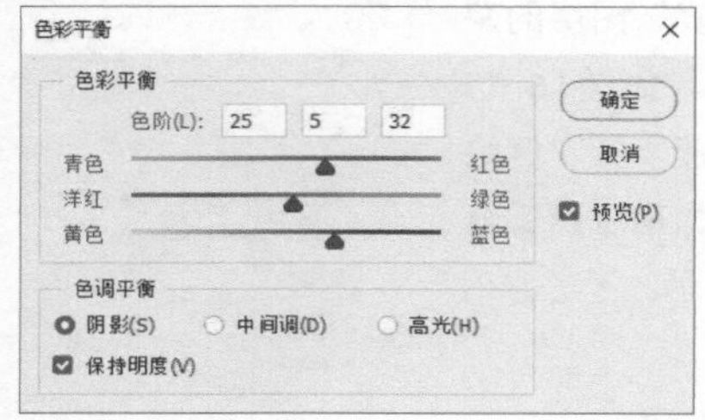

图16-82

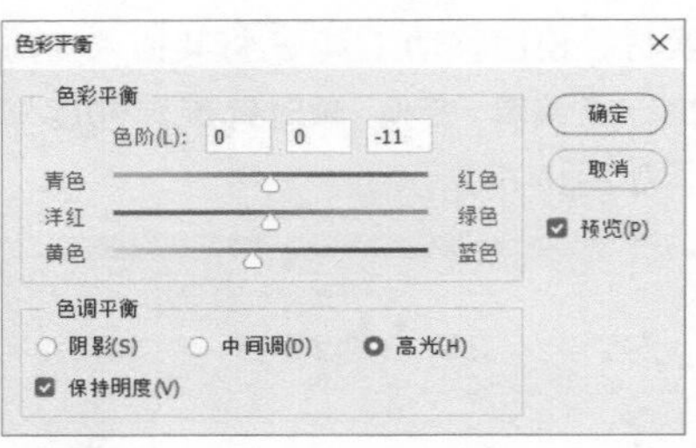

图16-83

图16-84

13 在“菠萝”图层下方新建一个图层。将画笔工具的不透明度设置为32%，然后绘制投影，如图16-85和图16-86所示。

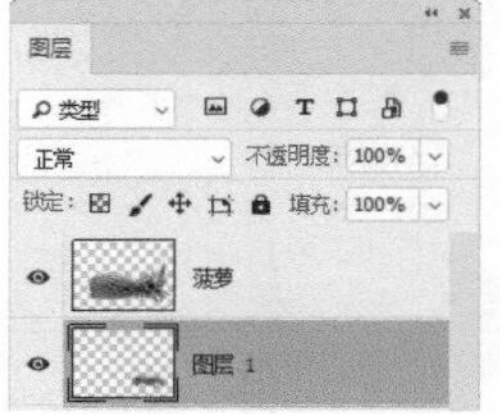

图16-85

图16-86

14 打开素材，如图16-87所示。使用移动工具将素材拖入当前文件中，装饰在菠萝上面，如图16-88所示。

图16-87

图16-88

15 在“菠萝”图层上方新建一个图层，设置混合模式为“正片叠底”。使用画笔工具（不透明度20%）绘制门、窗、草丛和路灯的投影，使画面中各种元素的合成更加自然。在菠萝叶子上涂抹一些黑色，使色调变化更丰富，在画面左上角加入文字，如图16-89所示。

图16-89

制作趣味换景照

扫 码 看 视 频

难度：★★★☆☆ 功能：创建和编辑选区、调色命令

说明：复制图像，通过选区和蒙版控制图像显示范围，将其限定在纸片区域，之后将图像调整为黑白效果。

01 打开素材，如图16-90所示。使用移动工具将手图像拖入狗狗文档中。

图16-90

02 按住Ctrl键单击“卡片”图层的缩览图，从中载入选区，如图16-91和图16-92所示。

图16-91

图16-92

03 执行“选择>变换选区”命令，显示定界框，拖曳控制点调整选区大小，如图16-93所示。按Enter键确认。

图16-93

04 将“背景”图层拖曳到 按钮上复制。单击 按钮添加蒙版。按Ctrl+]快捷键，将该图层向上移动一个堆叠顺序，如图16-94和图16-95所示。

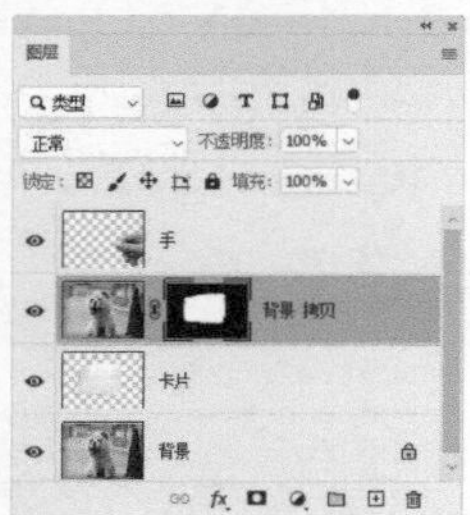
图16-94

图16-95

05 单击“调整”面板中的 按钮，创建“色相/饱和度”调整图层。将“饱和度”滑块拖曳到最左侧，如图16-96所示。按Alt+Ctrl+G快捷键创建剪贴蒙版，使调整图层只影响它下面的一个图层，不影响其他图层，如图16-97所示。

图16-96

图16-97

06 创建“曲线”调整图层，拖曳控制点，增强色对比度，如图16-98所示。按Alt+Ctrl+G快捷键，将其加入剪贴蒙版组中，效果如图16-99所示。

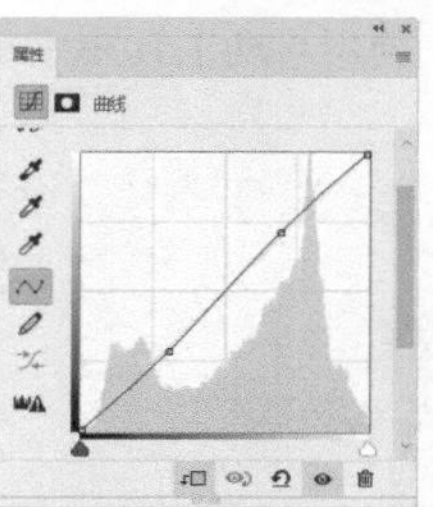
图16-98

图16-99

07 单击“调整”面板中的按钮，创建“色阶”调整图层，将色调稍微调亮一些，如图16-100所示。按Ctrl+Shift+]快捷键，将调整图层移动到面板顶部。图像效果如图16-101所示。

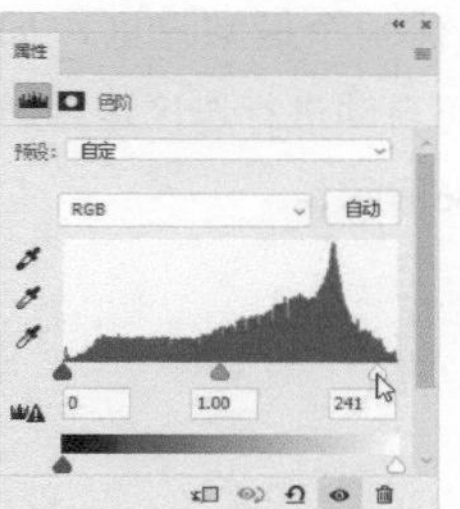

图16-100

图16-101

16.5 制作玻璃质感雷达图标

扫 码 看 视 频

难度：★★☆☆☆ 功能：透明渐变、混合模式

说明：使用透明渐变制作扫描线，用画笔工具绘制亮点。

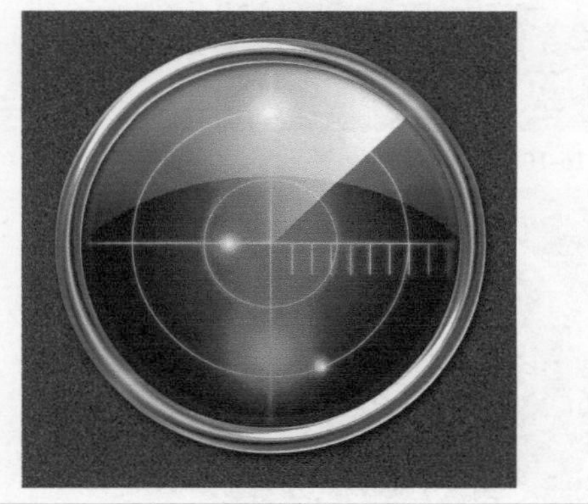

01 打开素材。新建一个图层。使用多边形套索工具创建一个扇形选区，如图16-102所示。将前景色设置为白色，选择渐变工具，在工具选项栏中打开渐变下拉面板，选择前景到透明渐变，在选区内填充线性渐变，如图16-103所示。按Ctrl+D快捷键取消选择。

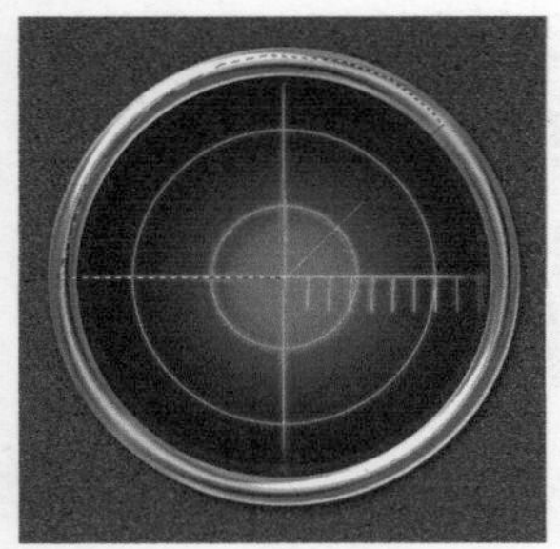

图16-102

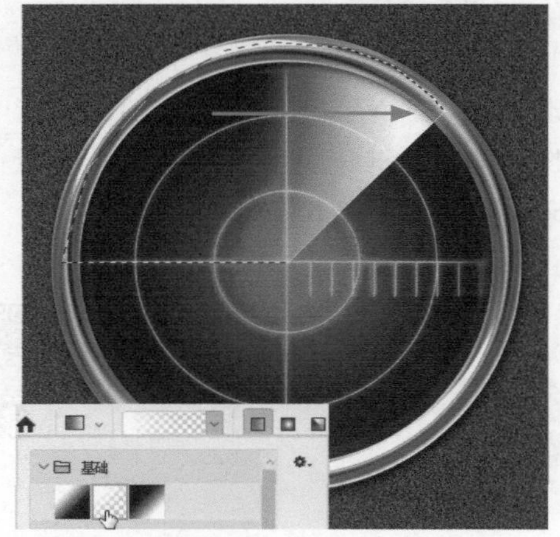

图16-103

02 新建一个图层。选择椭圆选框工具，按住Shift键拖曳鼠标，创建圆形选区，如图16-104所

示。按住Alt键在雷达下半部创建一个椭圆选区，如图16-105所示；释放鼠标左键后可自动进行选区运算，得到一个月牙形选区，如图16-106所示。

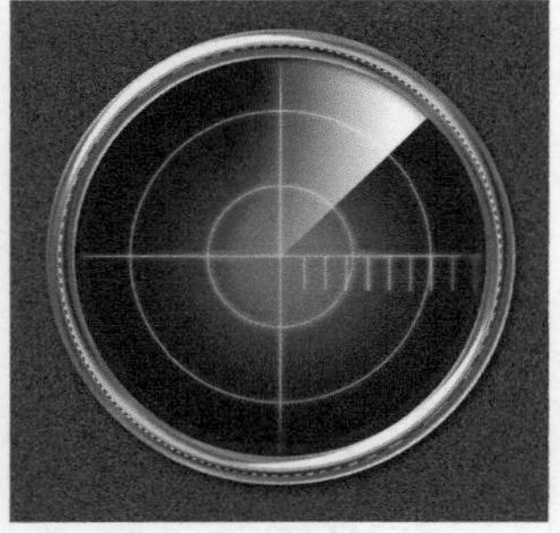
图16-104

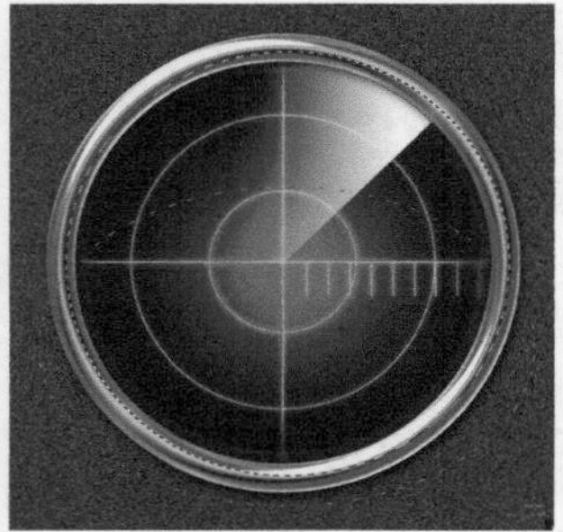
图16-105

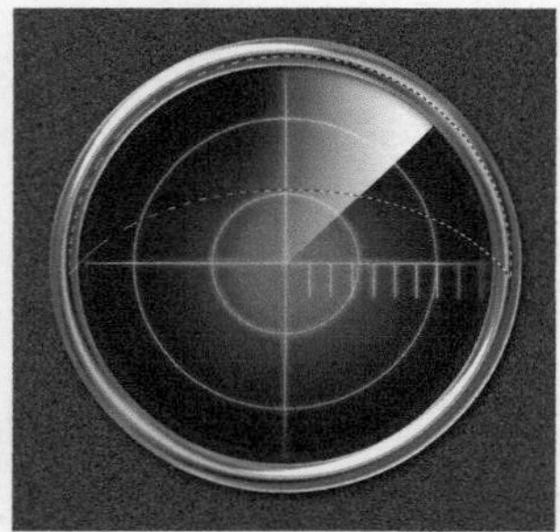
图16-106

03 使用渐变工具 填充透明渐变，如图16-107所示。按Ctrl+D快捷键取消选择。将该图层的不透明度设置为64%，效果如图16-108所示。

图16-107

图16-108

04 在“背景”图层上方新建一个图层，设置混合模式为“线性减淡（添加）”，如图16-109所示。将前景色设置为棕色，选择画笔工具 及柔边圆笔尖，如图16-110所示。

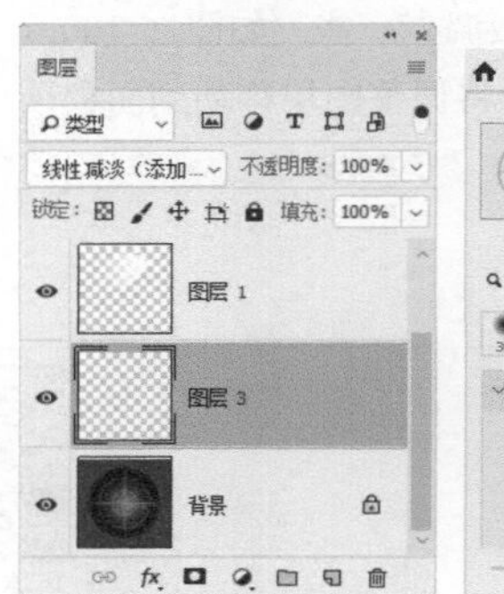

图16-109

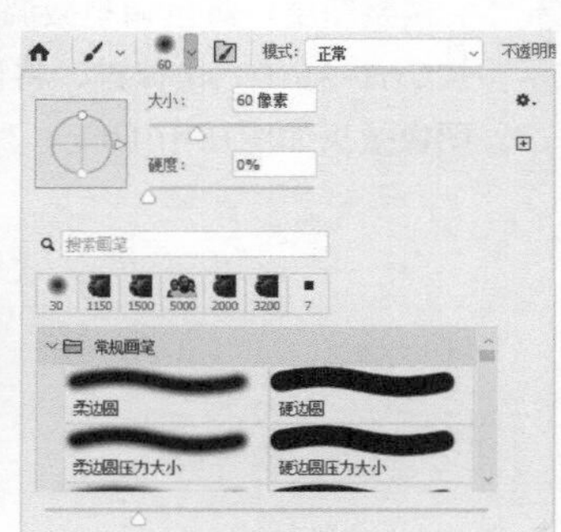

图16-110

05 在雷达图标上点几处亮点，如图16-111所示。将前景色设置为黄色，再点几处亮点。按[键将笔尖调小，在黄点中央点上小一些的白点，效果如图16-112所示。

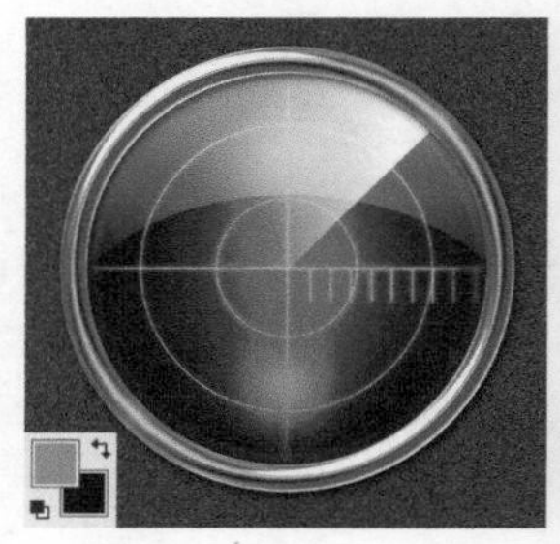
图16-111

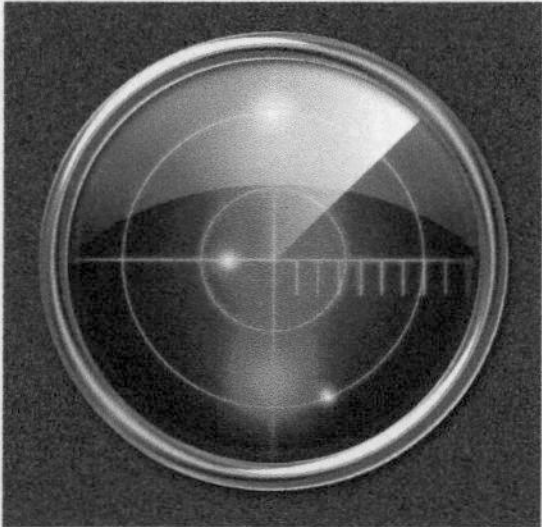
图16-112

制作糖果字

扫 码 看 视 频

难度：★★★☆☆ 功能：“定义图案”命令、图层样式

说明：将纹理素材定义为图案，通过图层样式制作立体字，并添加此图案制作成糖果字。

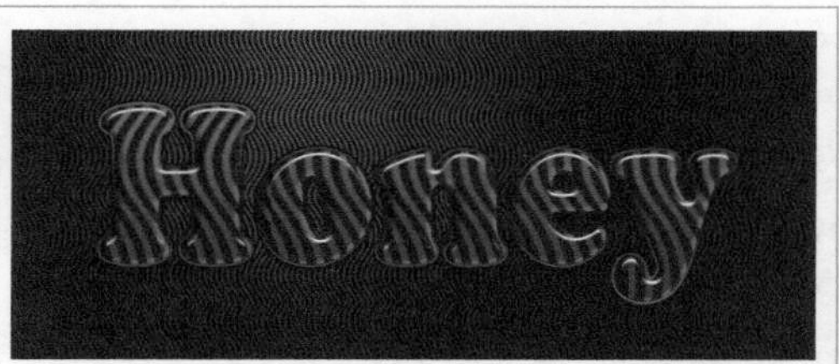

01 打开图案素材，如图16-113所示。执行“编辑>定义图案”命令，弹出“图案名称”对话框，如图16-114所示，单击“确定”按钮，将纹理定义为图案。

图16-113

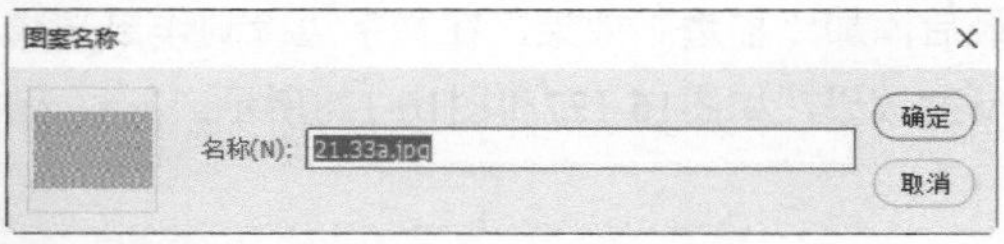

图16-114

02 再打开一个素材，如图16-115所示。双击文字所在的图层，如图16-116所示，打开“图层样式”对话框。

图16-115

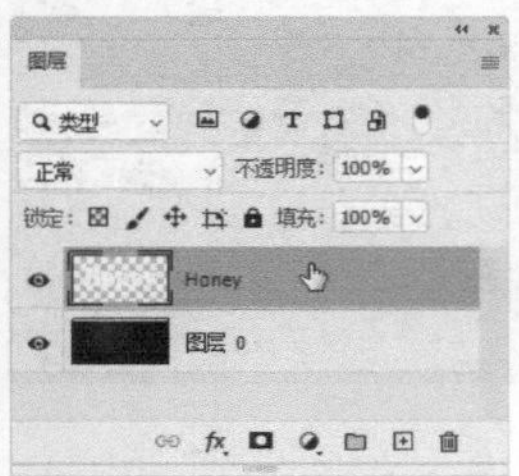

图16-116

03 为该图层添加“投影”“内阴影”“外发光”“内发光”“斜面和浮雕”“颜色叠加”“渐变叠加”效果，如图16-117~图16-124所示。

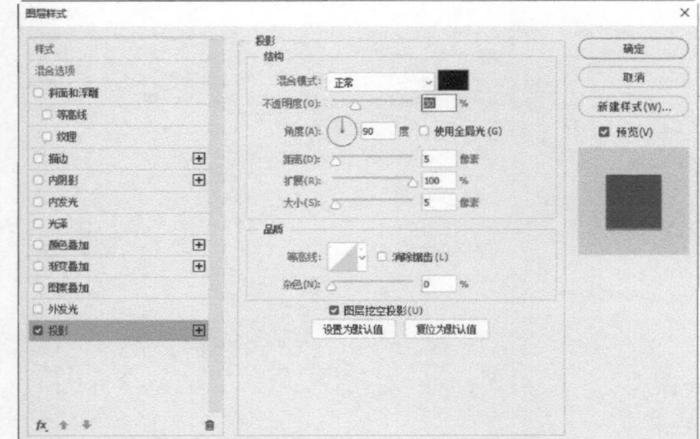
图16-117

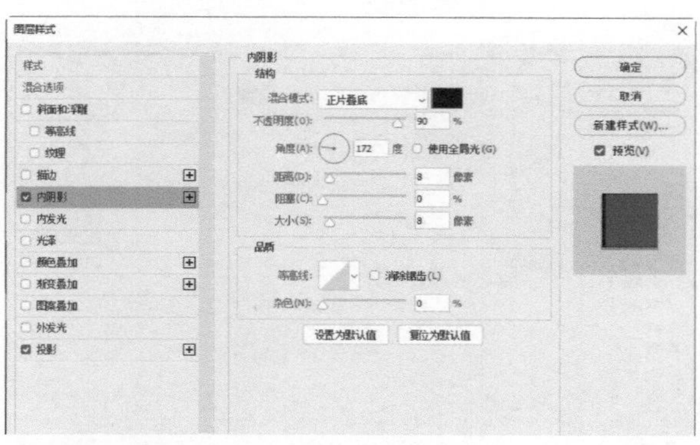
图16-118

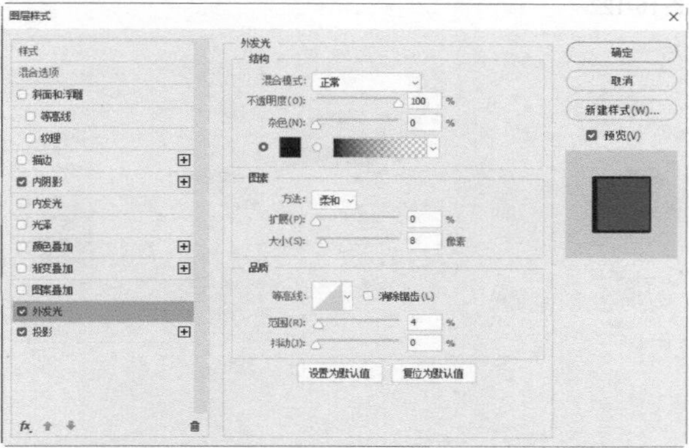
图16-119

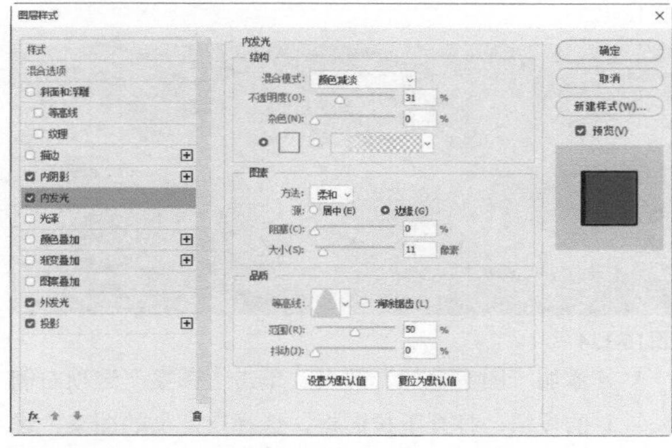
图16-120

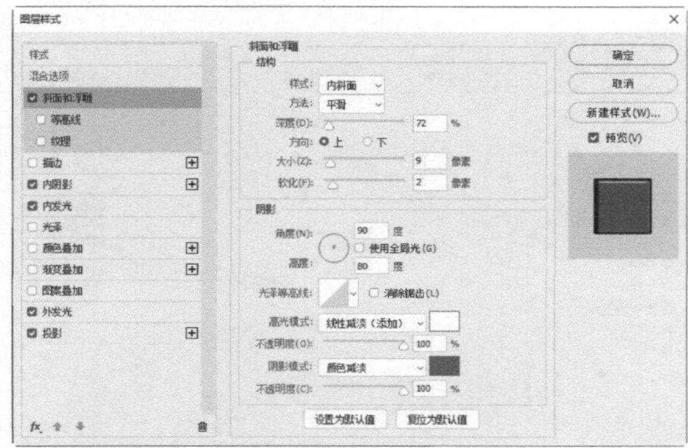
图16-121

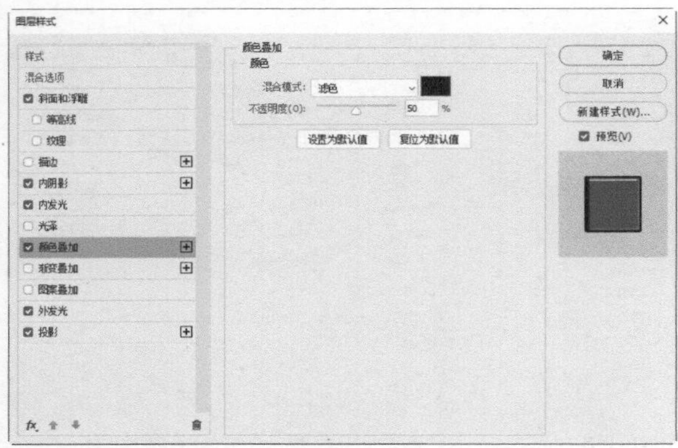

图16-122

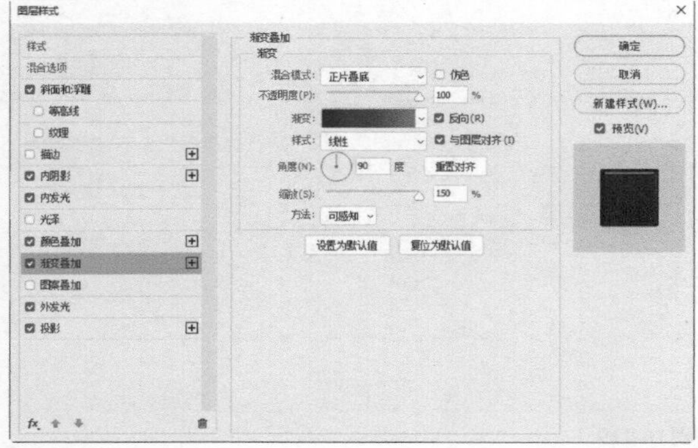

图16-123

图16-124

04 添加“图案叠加”效果。单击“图案”选项右侧的按钮，打开下拉面板，选择自定义的图案，设置其缩放比例为150%，如图16-125和图16-126所示。

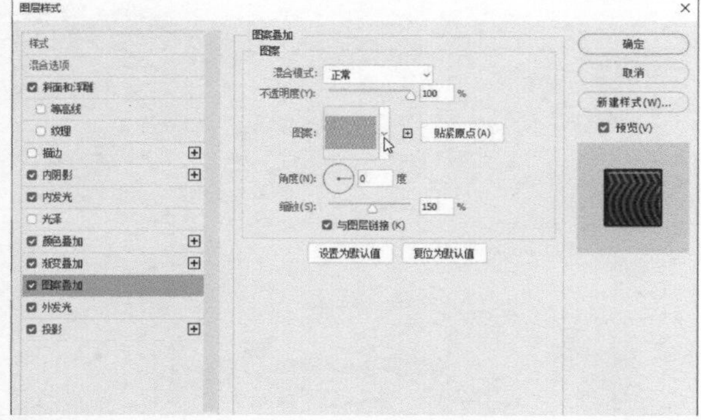

图16-125

图16-126

05 最后添加“描边”效果，在文字边缘制作出光线反射效果，如图16-127和图16-128所示。

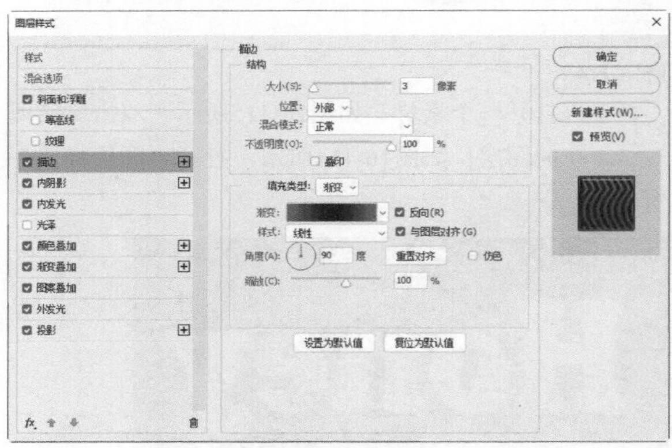

图16-127

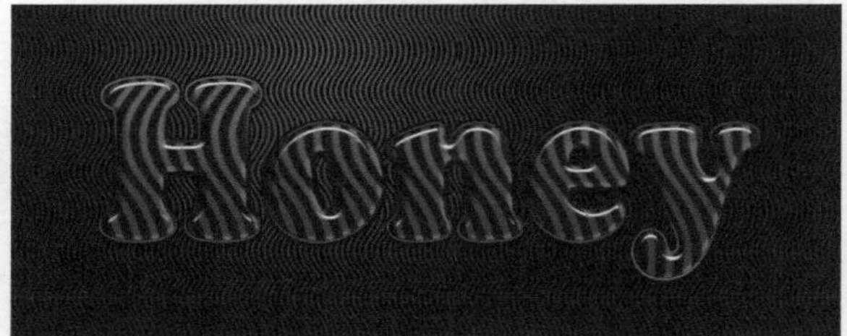

图16-128

制作爱心云朵

难度：★★★★☆ 功能：滤镜、仿制图章工具、橡皮擦工具

说明：使用滤镜制作云彩，使用仿制图章工具塑造云彩的形态，使之成为一个心形。

01 创建一个大小800像素×600像素，分辨率为72像素/英寸的文件。执行“滤镜>渲染>云彩”命令，制作云彩图案，如图16-129所示。

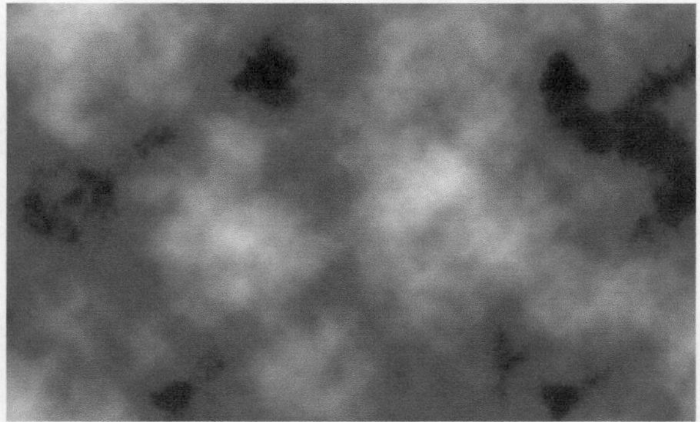

图16-129

02 按Ctrl+J快捷键复制“背景”图层，设置混合模式为“颜色加深”，如图16-130所示。

图16-130

03 执行“选择>色彩范围”命令，打开“色彩范围”对话框，将鼠标指针放在图像中的白色区域，如图16-131所示，单击进行取样，将颜色容差设置为200，如图16-132所示。单击“确定”按钮创建选区，如图16-133所示。

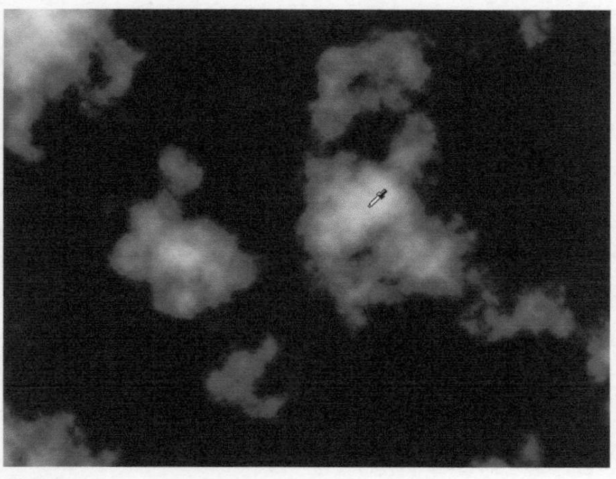

图16-131

图16-132

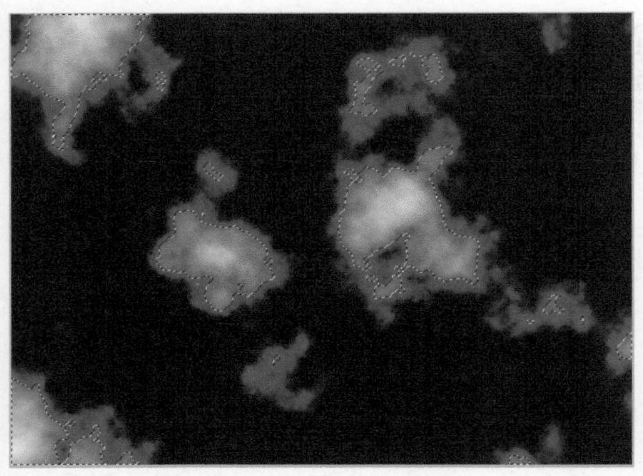

图16-133

04 新建一个图层。在选区内填充白色，如图16-134所示，然后按Ctrl+D快捷键取消选择。按住Ctrl键并单击“图层”面板中的 按钮，在当前图层下方创建一个图层，如图16-135所示。

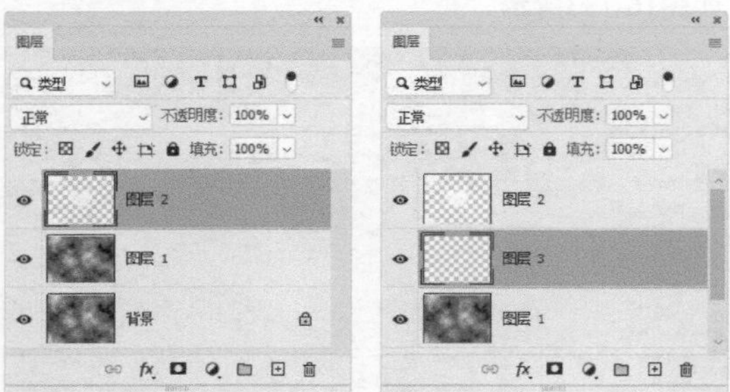

图16-134　　图16-135

05 设置前景色为浅蓝色（R109、G141、B198），背景色为深蓝色（R53、G84、B158）。选择渐变工具，由画面左上方向右下方拖曳鼠标，填充渐变，制作出天空，如图16-136所示。

图16-136

06 云彩与天空做好以后，下面再将画面中心位置的云彩修成心形。选择云彩图像所在的“图层2”。使用套索工具选取图16-137所示的云彩。将鼠标指针放在选区内，按住Ctrl键拖曳，将云彩向画面中间移动，如图16-138所示。

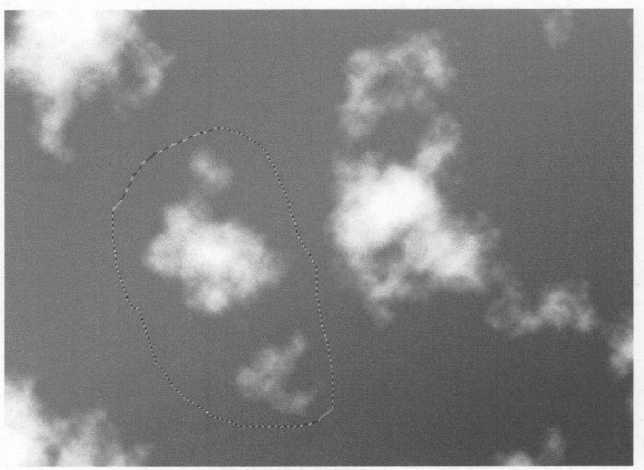

图16-137

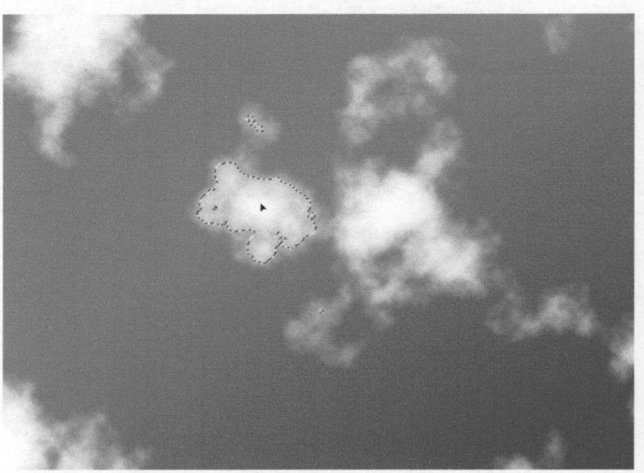

图16-138

07 使用橡皮擦工具（柔边圆笔尖）将多余的云彩擦除，使画面更干净、通透。现在中心的云彩已经大致呈现为心形，如图16-139所示。

图16-139

08选择仿制图章工具，设置笔尖大小为50像素，取消“对齐”选项的勾选，如图16-140所示。按住Alt键在画面左上角的云彩上单击进行取样，放开Alt键，在心形上拖曳，将云彩复制到心形上，如图16-141和图16-142所示。

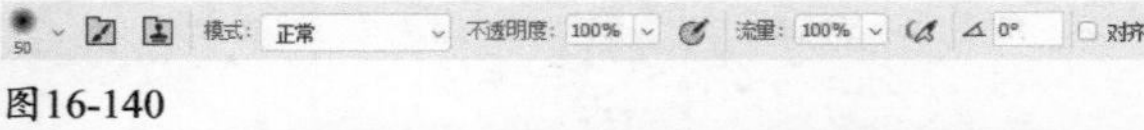

图16-140

图16-141

图16-142

09在复制云彩时，鼠标的运行轨迹像在绘制心形一样，多余的部分可以使用橡皮擦除工具擦除，如图16-143所示。

图16-143

10选择横排文字工具 T ，在工具选项栏中设置字体及大小，单击输入字母“I”和“U”，在字母之间按几次空格键，增加字母间的距离，使字母中间可以容纳心形云彩。在画面下方输入一行小字，最终效果如图16-144所示。

图16-144

制作浪漫雪景

扫 码 看 视 频

难度：★★★☆☆　功能：调色命令、滤镜

说明：用“通道混合器”“可选颜色”等调整图层调整色调和色彩，打造雪景氛围，用滤镜制作出漫天纷飞的雪花。

01 按Ctrl+O快捷键，打开素材，如图16-145所示。

图16-145

02 单击“调整”面板中的 按钮，创建“通道混合器”调整图层，勾选“单色”选项，使照片成为黑白效果。拖曳“绿色”滑块，让远处的草地呈现白色，如图16-146和图16-147所示。

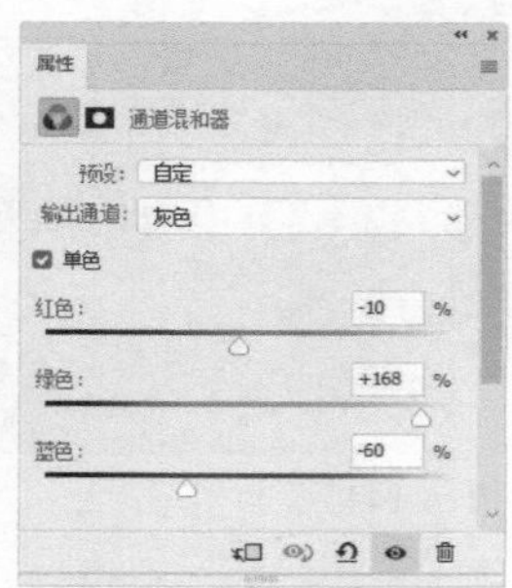

图16-146

图16-147

03 设置调整图层的混合模式为“变亮”，减弱对人物的影响，如图16-148和图16-149所示。

图16-148

图16-149

04 单击“调整”面板中的 按钮，创建“可选颜色”调整图层，调整“红色”（设置黑色为-78），对人物的皮肤和小桥的颜色进行调修。调整“中性色”，使画面整体色调变亮，如图16-150~图16-152所示。

图16-150

图16-151

图16-152

05 选择套索工具，设置羽化参数为200像素，在人物四周创建一个选区，如图16-153所示。

图16-153

06 按Shift+Ctrl+I快捷键反选。单击“调整”面板中的按钮，基于选区创建“色相/饱和度”调整图层，设置明度为91，将图像周围调亮，如图16-154和图16-155所示。

图16-154

图16-155

07 选择画笔工具，设置不透明度为30%，涂抹蒙版中的黑白交界线，使之形成柔和的过渡，从而营造出雪天白茫茫的效果。使用黑色涂抹时可使图像变清晰，使用白色则会使图像更加朦胧，如图16-156所示。

图16-156

08 创建“亮度/对比度”调整图层，将画面适当调亮并增强对比度，如图16-157和图16-158所示。调亮画面后，婚纱的亮部失去了层次。使用画笔工具在亮部涂抹黑色，使调整图层不影响这部分区域。

图16-157

图16-158

09 将“背景”图层拖曳到按钮上进行复制，将复制后的图层拖至顶层。设置前景色为黑色，背景色为白色。执行“滤镜>素描>影印”命令，使图像变成线描效果，如图16-159所示。

图16-159

10 设置图层的混合模式为“颜色加深”，在画面中保留线描，体现手绘风格。创建蒙版，使用画笔工具在人物手臂、婚纱边缘的黑色线条上涂抹黑色（蒙版中的黑色为透明区域），将多余的线条隐藏，如图16-160所示。

图16-160

11 打开“通道”面板，单击面板中的按钮，新建一个Alpha通道。设置前景色为白色，背景色为黑色。执行“滤镜>像素化>点状化”命令，设置单元格大小为5，生成灰色杂点，如图16-161所示。执行“图像>调整>阈值”命令，设置阈值色阶为41，让杂点更加清晰，以便用于制作雪花，如图16-162和图16-163所示。

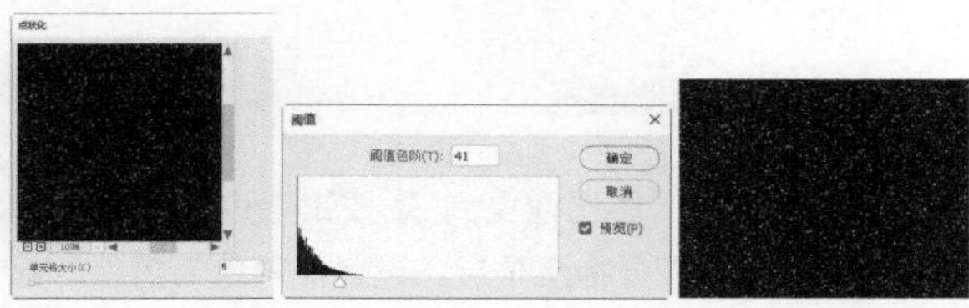

图16-161　图16-162　图16-163

12 单击“通道”面板中的按钮，加载通道中的选区，如图16-164所示。按Ctrl+2快捷键返回彩色图像编辑状态。新建一个图层。在选区内填充白色，按Ctrl+D快捷键取消选择，如图16-165所示。

图16-164

图16-165

13 执行“滤镜>模糊>动感模糊”命令，对杂点进行模糊，制作出雪花飘落效果，如图16-166所示。单击按钮添加蒙版，使用画笔工具将人物脸上和身上的雪花适当隐藏。可调整画笔的不透明度，在雪花上涂抹深灰色，使雪花变得透明。最后，在人物头上装饰花朵，如图16-167所示。

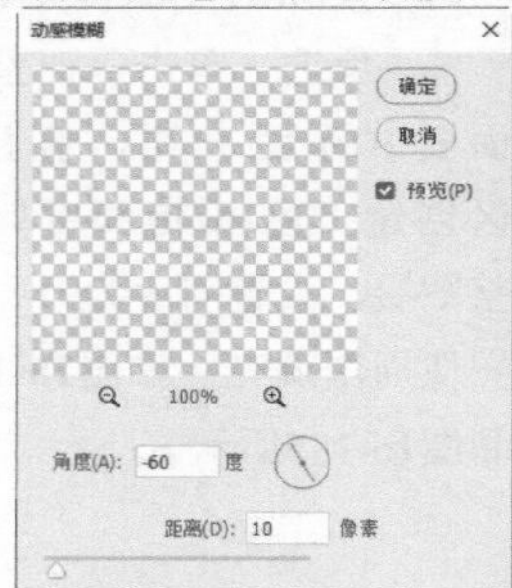

图16-166

图16-167

制作海底世界平面广告

难度：★★★★★ 功能：渐变、调色命令、蒙版、滤镜

说明：用渐变制作出水下环境，表现光影映射的空间感。通过练习将诸多素材应用到画面中，可提高组织画面的能力。

01 按下Ctrl+N快捷键，打开“新建文档”对话框，创建一个297毫米×210毫米、200像素/英寸的文件。

02 设置前景色为深蓝色（R6、G122、B165），背景色为蓝色（R8、G142、B180）。选择渐变工具，按住Shift键拖曳鼠标填充渐变（鼠标移动距离很小），效果如图16-168所示。

图16-168

03 将前景色设置为黑色，在渐变下拉面板中选择“前景色到透明渐变”，设置工具的不透明度为30%，由画面外侧向中心拖曳鼠标填充渐变，让画面的边缘变暗，如图16-169所示。

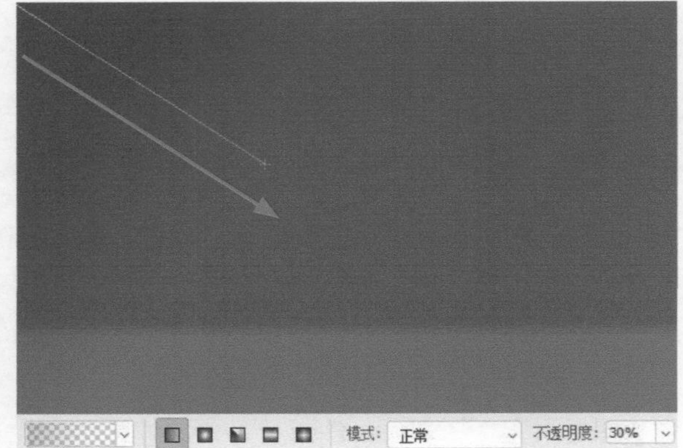

图16-169

04 在画面右上方连续填充3次渐变，以加深右上角的色调，如图16-170所示。在画面边角继续填充渐变，效果如图16-171所示。

图16-170

图16-171

05 单击对称渐变按钮。将工具的不透明度设置为10%，在画面中水平线的位置向下拖曳鼠标，填充对称渐变，以加深这部分区域的色调，如图16-172所示。

图16-172

06 将前景色设置为白色。新建一个图层。单击径向渐变按钮。将工具的不透明度设置为100%，在画面中心填充渐变，注意渐变范围不要太大，如图16-173所示。

图16-173

07 按Ctrl+T快捷键显示定界框，将鼠标指针放在定界框内，拖曳渐变到画面左下角，调整高度呈椭圆形，以加亮左下角的区域，如图16-174所示。

图16-174

08 打开素材，如图16-175所示。使用移动工具将其拖入广告文档中，如图16-176所示。

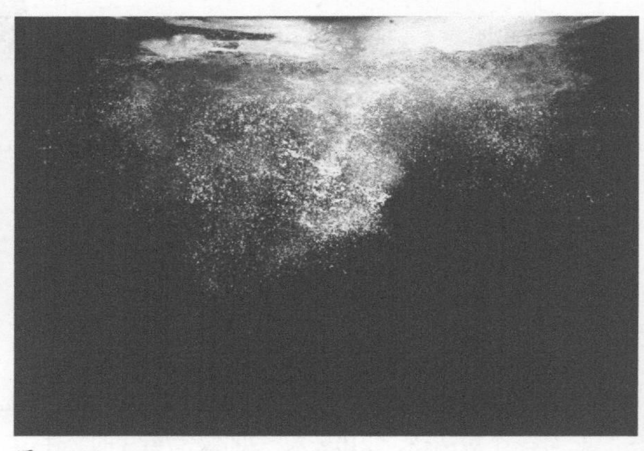

图16-175

图16-176

09 打开人物素材，如图16-177所示。使用快速选择工具选取人物。注意在减选臂弯区域的背景时要按住Alt键。使用移动工具将选区内的人物拖入广告文档中，如图16-178所示。

图16-177

图16-178

10 单击“调整”面板中的 按钮，创建“曲线”调整图层，向上拖曳曲线，通过调整亮度使人物与周围场景的光线协调一致，如图16-179所示。

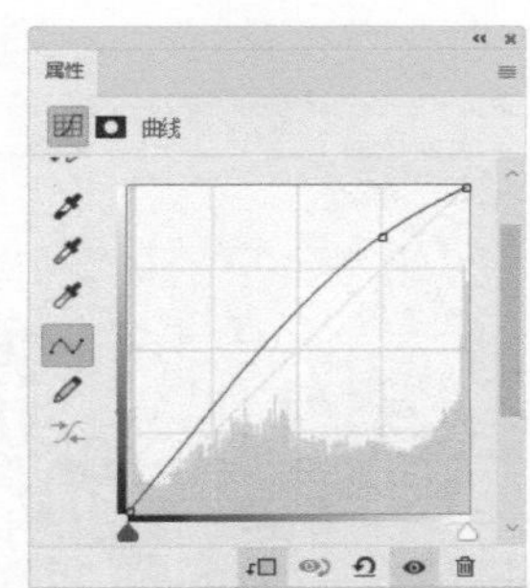

图16-179

11 我们只想让人物的上半身色调变亮，腿部色调不变。此时是蒙版工作状态。在画面中填充线性渐变（上白下黑），蒙版中的白色表示曲线会对这部分图像产生影响。按Alt+Ctrl+G快捷键创建剪贴蒙版，使调整图层只对人物起作用，如图16-180所示。

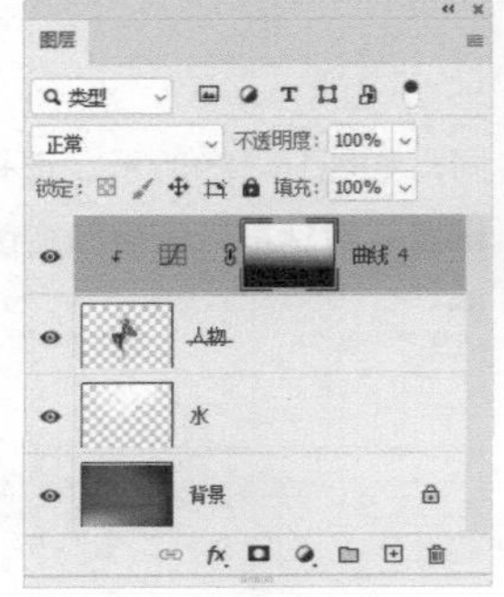

图16-180

图16-180（续）

12 打开素材，如图16-181所示。这是一个分层素材，每个物品都位于一个单独的图层中，为了便于管理，将它们分别放置在两个图层组中。

图16-181

13 使用移动工具 将“组1”拖到“人物”图层下方，将“组2”拖到调整图层上方，调整各素材的位置，组合成一个翅膀的形状，如图16-182所示。

图16-182

14 按住Shift键单击“组1”，选取如图16-183所示的图层，按下Alt+Ctrl+E快捷键盖印，将得到的图层拖曳到“组1”下方，并设置不透明度为30%，之后单击 按钮锁定透明区域，如图16-184所示。

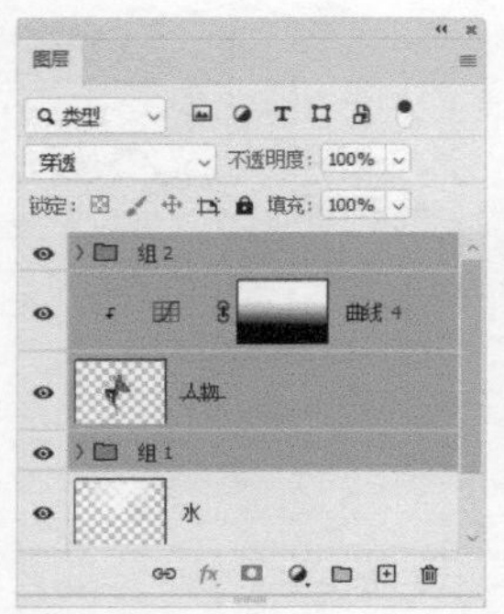

图16-183

图16-184

15 在该图层中填充黑色作为投影。按Ctrl+T快捷键显示定界框，将鼠标指针放在定界框上进行拖曳，调整高度；再把鼠标指针放在定界框内拖动，调整其位置，如图16-185所示。按Enter键确认。

图16-185

16 使用套索工具选取海豚的投影，将鼠标指针放在选区内，按住Ctrl键拖曳，将其移到大的投影中，使效果看起来符合透视关系，如图16-186所示。

图16-186

17 单击按钮解除图层的锁定。执行“滤镜>模糊>高斯模糊”命令，设置半径为7像素，使投影边缘变柔和，如图16-187和图16-188所示。

图16-187

图16-188

网店店招与导航条设计

扫码看视频

难度：★★☆☆☆ 功能：渐变、变形文字

说明：本实例是口腔护理店的导航条设计，将其与店招一体制作，形成空间的相互借用，不仅突出了品牌，而且使导航不会因范围小而显得局促，还有空间扩大的感觉。

导航条是网店首页的重要组成部分，可以使顾客更方便地找到所需商品，快速地从一个页面跳转到另一个页面。导航条的位置在店招下方，在设计时要考虑与网店的整体风格一致，字体和用色方面都要有统一的规划。导航条的尺寸为950像素×50像素，由于空间有限，导航条一般不会有太繁复的设计，它注重的是用户体验，因此要视觉清晰，使用方便。

01 新建一个文件，将高度设置为200像素，即150像素高度的店招和50像素高度的导航条，宽度相同，如图16-189所示。选择渐变工具，打开“渐变编辑器”对话框，调整渐变颜色，如图16-190所示。

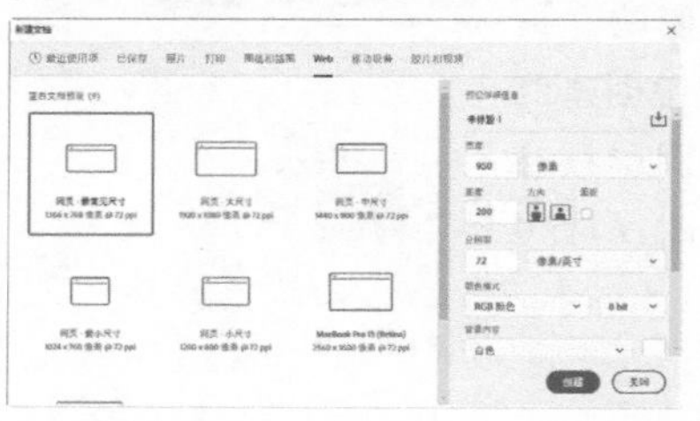

图16-189

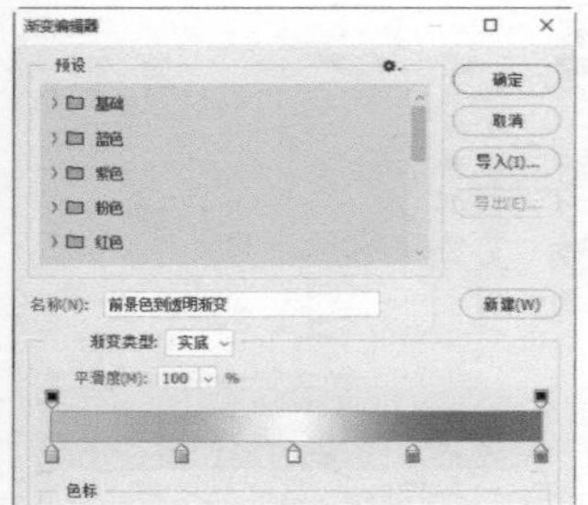
图16-190

02 按住Shift键同时拖曳鼠标填充线性渐变，如图16-191所示。打开素材，使用移动工具 将导航条背景和牙刷素材拖曳到当前文件中，如图16-192所示。

图16-191

图16-192

03 选择横排文字工具 T ，输入品牌名称“洁士”，设置字体为“微软雅黑”，大小为55点。英文字母大小为36点。左右两侧的广告语的大小分别为31点和17点，如图16-193所示。

图16-193

04 在工具选项栏中设置字体及大小，在导航条上单击，输入文字，每个类别之间要保持相同的距离，在装饰彩带处可根据图形位置添加空格，使文字不遮挡彩带。在“所有分类”后面用钢笔工具 绘制一个倒三角形图标，如图16-194所示。

图16-194

05 在彩带上输入大小为14点的白色小字，如图16-195所示。单击工具选项栏中的 按钮，打开“变形文字”对话框，在样式下拉列表中选择“拱形”选项，使文字产生弯曲，并与彩带的弧形一致，如图16-196和图16-197所示。

图16-195

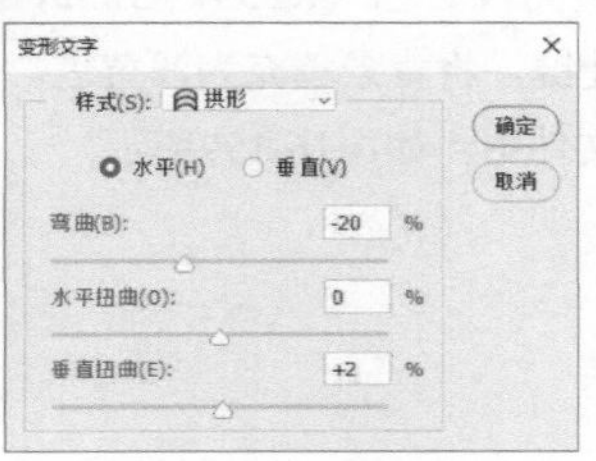

图16-196

图16-197

06 选择移动工具 ，按住Ctrl键并单击“背景”图层，将其与当前文字图层一同选取，单击工具选项栏中的 按钮，进行水平居中对齐，如图16-198所示。

图16-198

手机界面效果图展示设计

难度：★★★★☆ 功能：绘图工具、剪贴蒙版、图层样式、智能对象

说明：手机界面制作完成后，会统一放在效果图中进行展示，这也是对界面设计进行的整体包装。好的效果图展示更容易得到客户的认可。

01 新建一个750像素×1334像素、72像素/英寸的文件。将前景色设置为浅黄色（R255，G255，B204），按Alt+Delete快捷键，将背景填充为浅黄色。打开素材，将状态栏拖入文件中，如图16-199所示。

图16-199

02 选择圆角矩形工具▢，在画布上单击，打开“创建矩形”对话框，创建120像素×120像素、半径为22像素的圆角矩形，填充浅黄色（R233，G231，B210），如图16-200和图16-201所示。

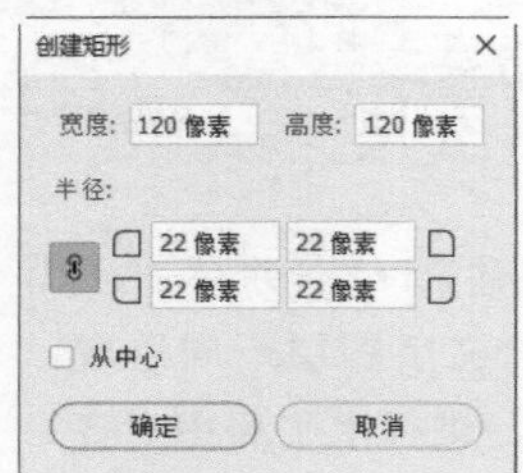

图16-200 图16-201

03 创建一个圆角矩形，填充黄色（R255，G204，B0），如图16-202所示。选择椭圆工具◯，按住Shift键并创建一个圆形，使用路径选择工具▶，按住Alt+Shift键并拖曳圆形，进行复制，如图16-203所示。

图16-202 图16-203

04 创建一个矩形。按Ctrl+T快捷键显示定界框，在图形上单击鼠标右键，打开快捷菜单，执行“透视”命令，在定界框底边上拖曳鼠标，进行透视调整，如图16-204和图16-205所示。按Enter键确认。使用直接选择工具↖调整右上角的锚点，与白色圆形边缘对齐，如图16-206所示。

图16-204 图16-205 图16-206

05 选择路径选择工具▶，按住Alt+Shift键并拖曳图形进行复制，如图16-207所示。将该形状图层拖曳到黄色圆角矩形上方，按Alt+Ctrl+G快捷键创建剪贴蒙版，将多余的图形隐藏，如图16-208和图16-209所示。

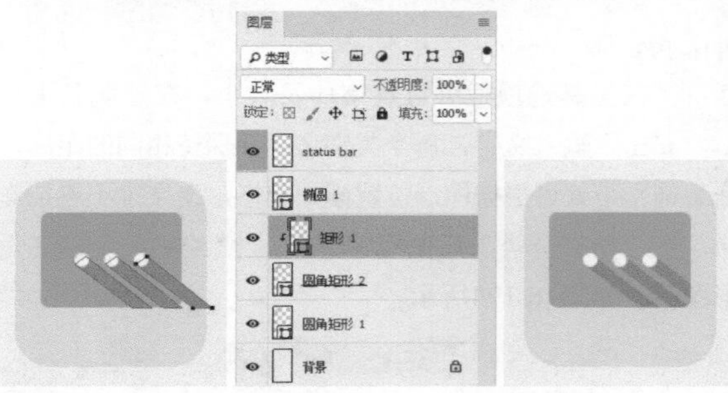

图16-207 图16-208 图16-209

06 使用钢笔工具✒绘制图形及投影部分，如图16-210和图16-211所示。

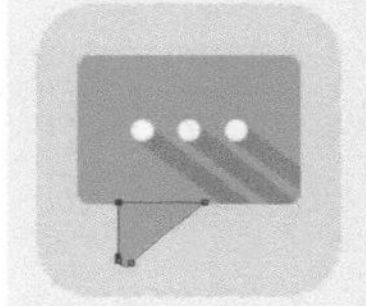

图16-210 图16-211

07 双击“圆角矩形1”图层，打开“图层样式”对话框，添加“投影”效果，如图16-212和图16-213所示。

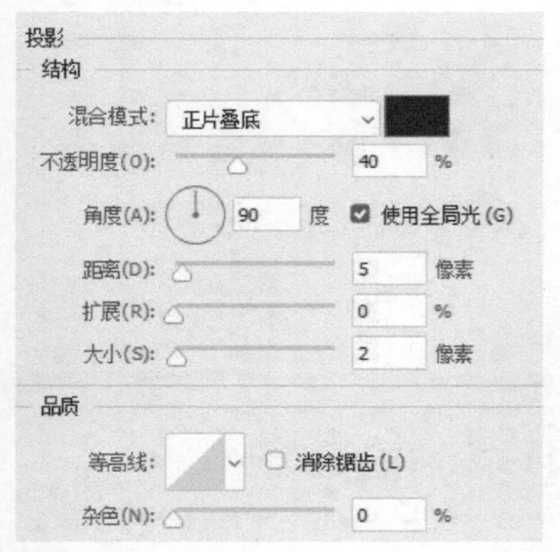

图16-212　图16-213

08 使用横排文字工具 T 输入文字“信息”，如图16-214所示。在“图层”面板中，将组成图标的图层全部选取，按Ctrl+G快捷键编组，如图16-215所示。

图16-214　图16-215

09 按Ctrl+J快捷键复制该图层组，在此基础上制作其他图标，将树木插图拖入文件中，如图16-216所示。按Alt+Shift+Ctrl+E快捷键盖印图层，将图像盖印到一个新的图层中。按Ctrl+A快捷键全选，按Ctrl+C快捷键复制，在制作效果图时，会将它粘贴到手机屏幕中。

图16-216

提示

制作图标时，如果边缘没有对齐到像素网格，就会出现像素模糊的情况，可以在工具与命令的设置上进行调整。如设置图形大小时应尽量为偶数，不带小数点；使用路径选择工具 时，在工具选项栏中勾选“对齐边缘”选项，使矢量形状边缘自动与像素网格对齐；首选项中也有相应的设置。按Ctrl+K快捷键，打开“首选项”对话框，勾选“将矢量工具与变化和像素网格对齐”选项，也可以起到自动对齐像素网格的作用。

10 新建一个900像素×2600像素、72像素/英寸的文件。将背景填充为浅黄色。打开素材，将手机拖入文件中，如图16-217所示。在“Screen 1”图层的 图标上双击，如图16-218所示，打开源文件。

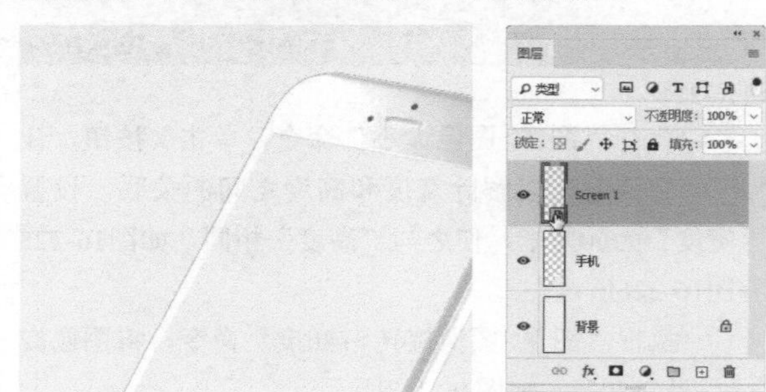

图16-217　图16-218

11 按Ctrl+V快捷键，将图标粘贴到文件中，如图16-219所示，通过自由变换适当放大图像以适合文档。按Ctrl+E快捷键将图层合并。按Ctrl+S快捷键保存，然后关闭该文件，手机屏幕图像会更新为图标界面，如图16-220所示。

图16-219　图16-220

12 使用矩形工具 绘制两个矩形，分别位于图像上、下两端，下方的矩形要放在手机后面，如图16-221所示。将素材文档中的树林插图、云朵和彩虹等图形拖入效果图文件中，如图16-222所示，输入文字，如图16-223所示。

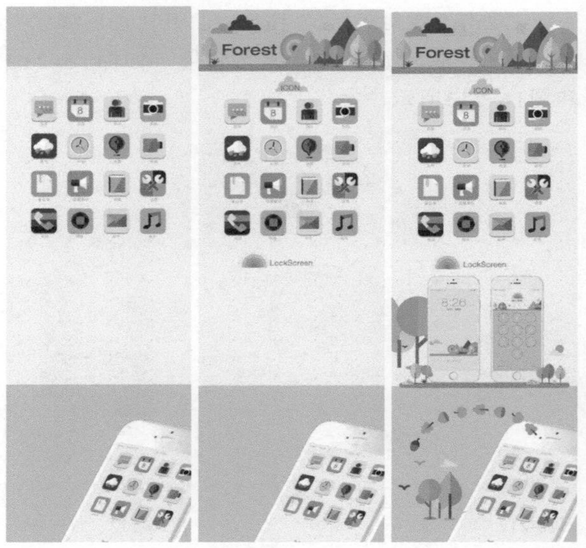

图16-221　图16-222　图16-223

制作球面极地特效

难度：★★★☆☆　功能：“图像大小”命令、滤镜

说明：调整图像大小、通过极坐标命令制作极地效果。

01 打开素材，如图16-224所示。

图16-224

图16-225

02 执行“图像>图像大小”命令，单击按钮，让它弹起，以解除宽度和高度之间的关联。设置“宽度”为60厘米，使之与“高度”相同，如图16-225和图16-226所示。

03 执行“图像>图像旋转>180度”命令，将图像旋转180°，如图16-227所示。

04 执行“滤镜>扭曲>极坐标”命令，在打开的对话框中选取“平面坐标到极坐标”选项，如图16-228所示，效果如图16-229所示。

图16-226　图16-227

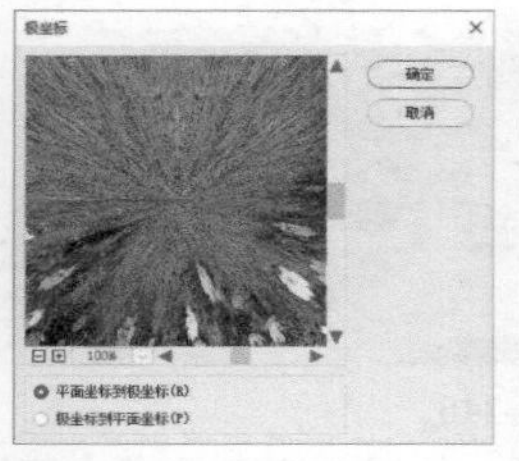
图16-228

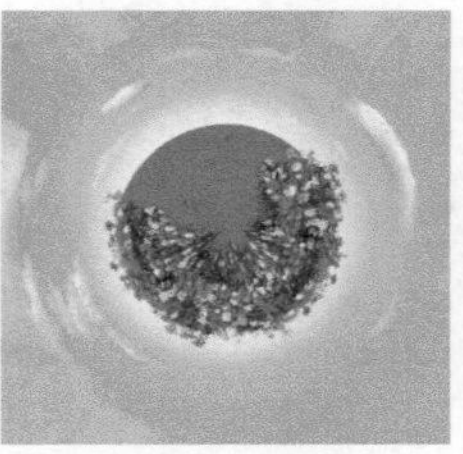
图16-229

05 打开素材，将极地效果拖入该素材中。按Ctrl+T快捷键显示定界框，单击鼠标右键，在打开的快捷菜单中执行“水平翻转”命令，再将图像放大并调整角度，如图16-230所示，按Enter键确认。新建一个图层，设置混合模式为“柔光”。使用画笔工具在球形边缘涂抹黄色，绘制出发光效果，如图16-231所示。新建一个图层，在画面上方涂抹蓝色，下方涂抹橘黄色，如图16-232所示。

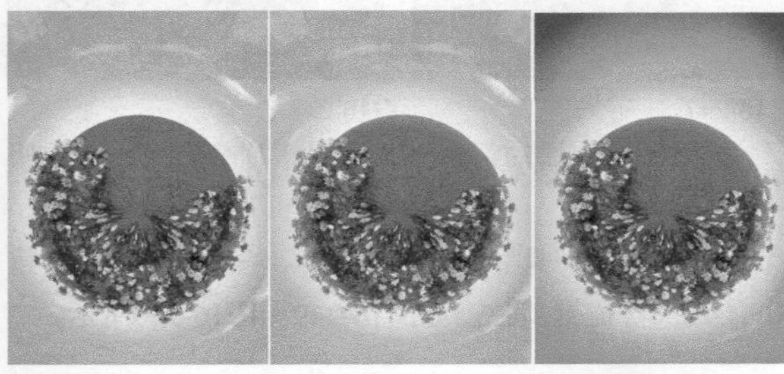
图16-230　图16-231　图16-232

06 在“组 1”左侧单击，显示该图层组，如图16-233和图16-234所示。

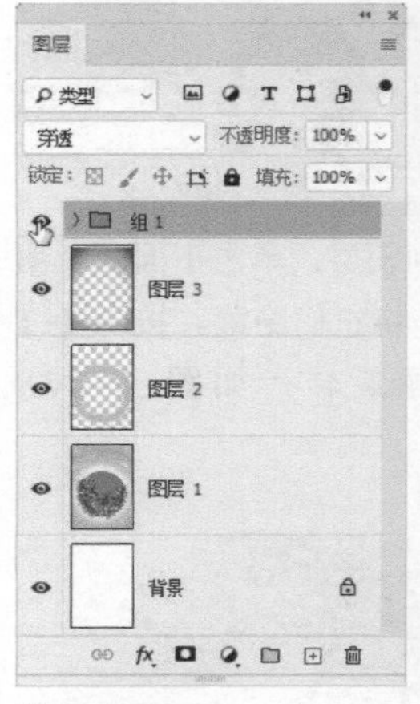

图16-233

图16-234

创意合成：擎天柱重装上阵

难度：★★★★★　功能：滤镜、蒙版

说明：通过影像合成技术把虚拟与现实结合，制作具有视觉震撼力的作品。

01 打开变形金刚素材。打开“路径”面板，单击路径层，如图16-235所示。按Ctrl+Enter快捷键，将路径转换为选区，如图16-236所示。

02 打开手素材，如图16-237所示。使用移动工具将选中的变形金刚拖入手文件中，如图16-238所示。

图16-235

图16-236

图16-237

图16-238

03 按两次Ctrl+J快捷键复制图层。单击下面两个图层左侧的眼睛图标，将它们隐藏。按Ctrl+T快捷键显示定界框，将图像旋转，如图16-239和图16-240所示。

图16-239

图16-240

04 单击“图层”面板中的按钮，添加蒙版。使用画笔工具在变形金刚腿部涂抹黑色，将这部分图像隐藏，如图16-241和图16-242所示。

图16-241

图16-242

05 将该图层隐藏，选择并显示中间的图层。按Ctrl+T快捷键显示定界框，按住Ctrl键并拖曳控制点，对图像进行变形处理，按Enter键确认，如图16-243和图16-244所示。

图16-243

图16-244

06 按D键，恢复默认的前景色和背景色。执行“滤镜>滤镜库”命令，打开“滤镜库”对话框，在“素描”滤镜组中找到“绘图笔”滤镜，设置参数，如图16-245所示，将图像处理成为铅笔素描效果。将图层的混合模式设置为“正片叠底”，效果如图16-246所示。

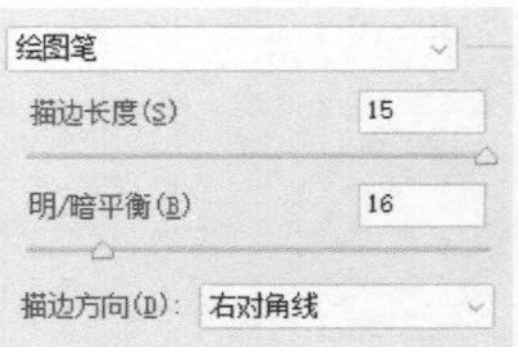

图16-245

图16-246

07 单击按钮，添加蒙版。使用画笔工具在变形金刚上半身，以及遮挡住手指和铅笔的图像上涂抹黑色，将其隐藏，如图16-247所示。单击图层左侧的眼睛图标，将该图层隐藏，选择并显示最下面的变形金刚图层，对该图像进行适当扭曲，如图16-248所示。

图16-247

图16-248

08 设置该图层的混合模式为“正片叠底”，不透明度为55%。单击“图层”面板顶部的按钮，锁定透明区域，调整前景色（R39，G29，B20），按Alt+Delete快捷键填色，如图16-249和图16-250所示。

图16-249

图16-250

09 单击按钮，解除锁定。执行“滤镜>模糊>高斯模糊”命令，让图像的边缘变得柔和，使之成为变形金刚的阴影，如图16-251所示。为该图层添加蒙版，用画笔工具修改蒙版，将下半边图像隐藏，如图16-252和图16-253所示。

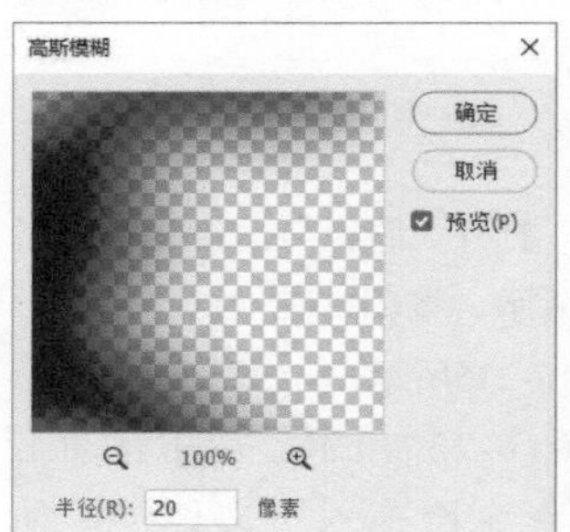

图16-251

图16-252

图16-253

10 将上面的两个图层显示出来。单击“调整”面板中的 按钮，创建“曲线”调整图层并将图像调亮，如图16-254所示。将其拖曳到面板的顶层。使用渐变工具 填充黑白线性渐变，对蒙版进行修改，如图16-255和图16-256所示。

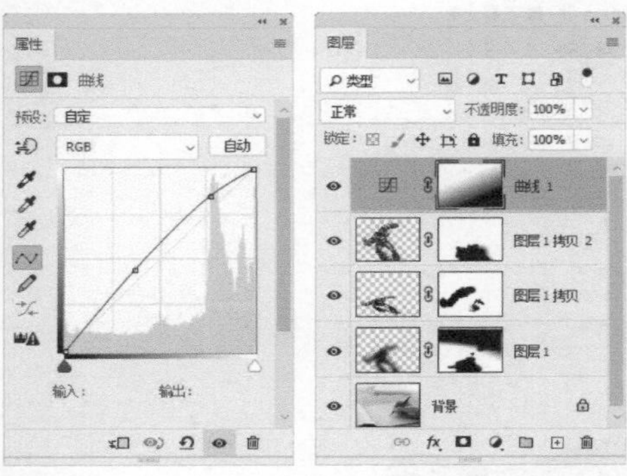

图16-254　图16-255

图16-256

11 新建一个图层，设置混合模式为“柔光”，不透明度为60%。使用画笔工具 在画面四周涂抹黑色，加深边角颜色，如图16-257和图16-258所示。

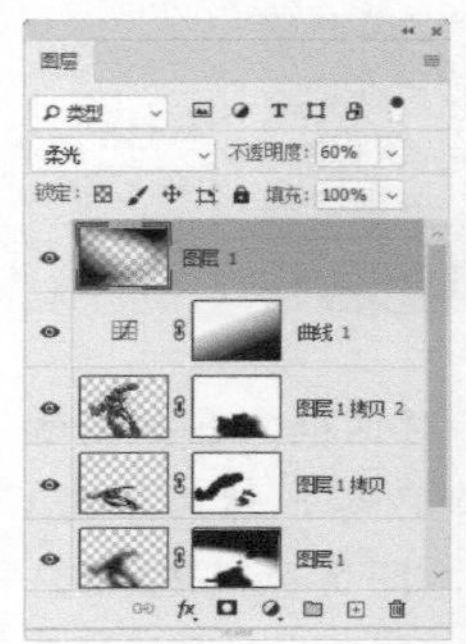

图16-257　图16-258

制作炫彩气球字

扫码看视频

难度：★★★★★　功能：渐变、混合器画笔工具、描边路径

说明：下面使用混合器画笔工具的图像采集功能将渐变球用作样本，对路径进行描边，制作气球字。

01 打开背景素材。单击“图层”面板中的 按钮，创建一个图层。选择椭圆选框工具 ，按住Shift键并拖曳鼠标，创建圆形选区（观察鼠标指针旁边的提示，圆形大小在15毫米左右即可）。

02 选择渐变工具 ，单击工具选项栏中的 按钮。单击渐变颜色条，如图16-259所示，打开“渐变编辑器”对话框。单击渐变色标，打开“拾色器”对话框调整颜色，将两个色标分别设置为天蓝色（R31，G210，B255）和紫色（R217，G38，B255），如图16-260所示。

图16-259

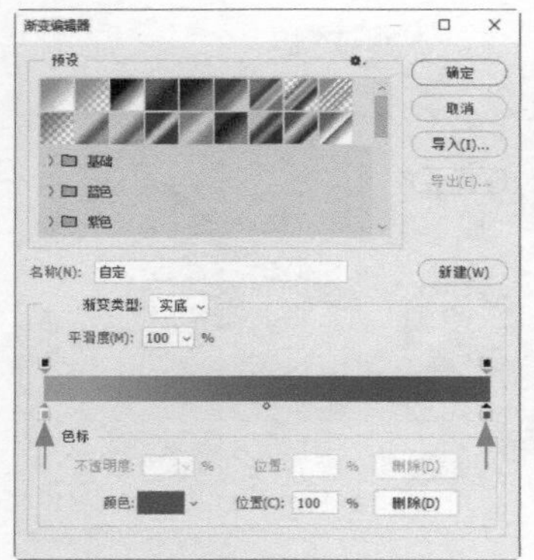

图16-260

03 在选区内拖曳鼠标填充渐变色，如图16-261所示。选择椭圆选框工具，将鼠标指针放在选区内，并进行拖曳，将选区向右移动，如图16-262所示。

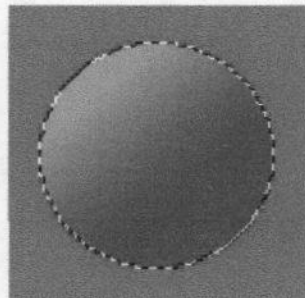
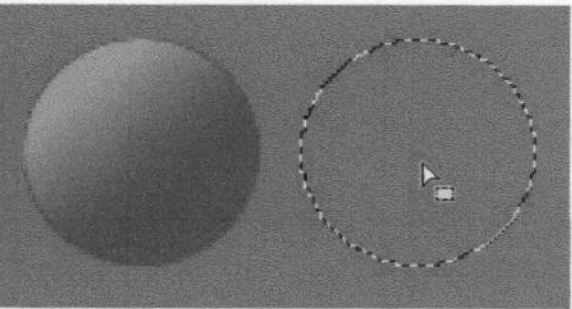

图16-261　图16-262

04 再次打开“渐变编辑器”对话框。在渐变颜色条下方单击，添加一个色标，然后单击3个色标，重新调整它们的颜色，即黄色（R255，G239，B151）、橘黄色（R255，G84，B0）和橘红色（R255，G104，B101），如图16-263所示。在选区内填充渐变色，如图16-264所示。双击当前图层的名称，修改为“渐变球”。

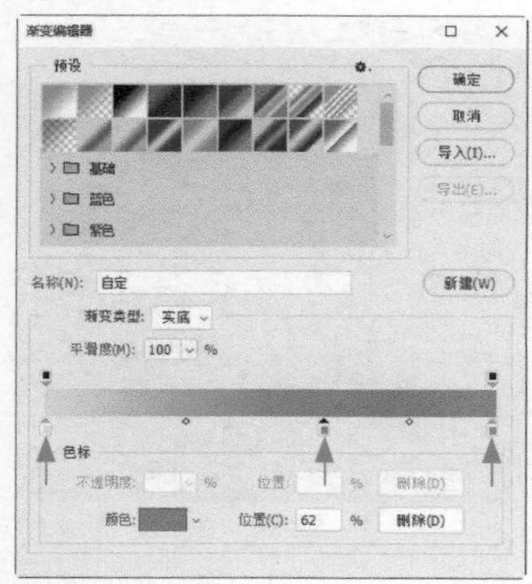

图16-263

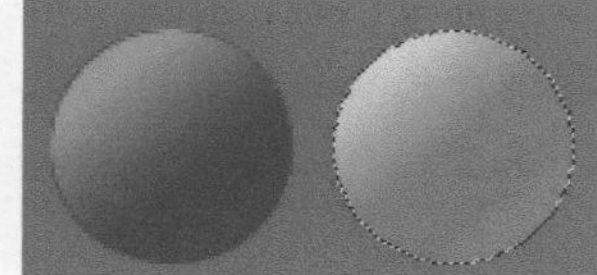

图16-264

05 选择混合器画笔工具和硬边圆笔尖（大小为160像素）并单击按钮，选择“干燥，深描”预设及设置其他参数，如图16-265所示。在“画笔设置”面板中，将“间距”设置为1%，如图16-266所示。将鼠标指针放在蓝色球体上，如图16-267所示，鼠标指针不要超出球体，如果超出了，可以按[键，将笔尖调小一些。按住Alt键并单击，进行取样。新建一个图层。打开“路径”面板，单击“路径2”，画面中会显示心形，如图16-268和图16-269所示。

图16-265

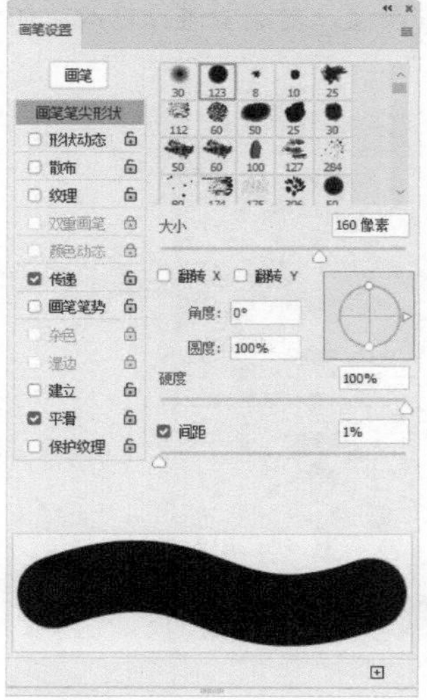

图16-266

图16-267

图16-268　图16-269

06 按住Alt键并单击“路径”面板中的按钮，打开“描边路径”对话框，选择“混合器画笔工具”，如图16-270所示，单击“确定”按钮，用该工具描边路径，如图16-271所示。

图16-270

图16-271

07 双击当前图层，打开“图层样式”对话框，添加“外发光”和“投影”效果，如图16-272~图16-274所示。

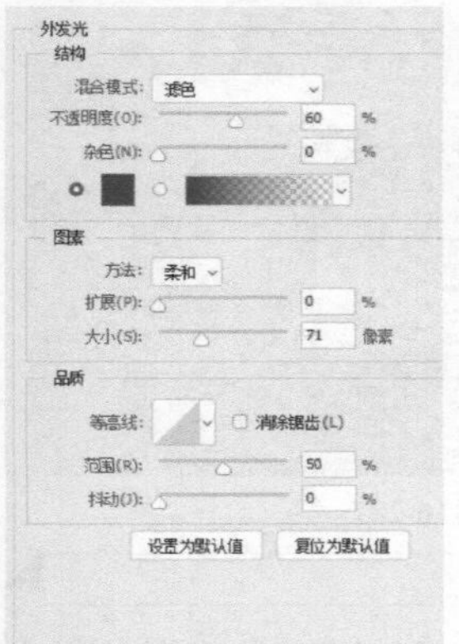

图16-272

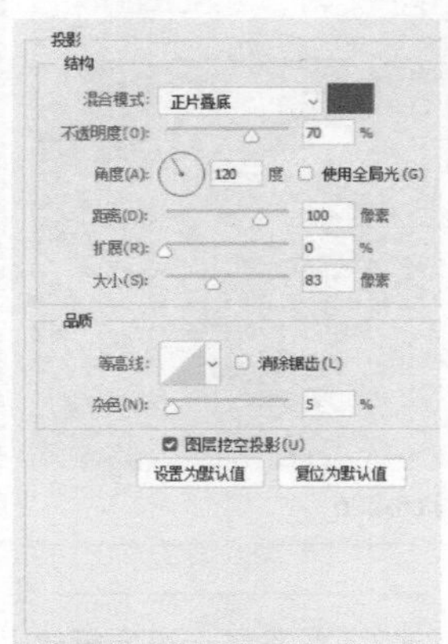

图16-273

图16-274

08 单击“渐变球”图层。将鼠标指针放在橙色球体上，按[键将笔尖调小，使笔尖范围位于球体内部，如图16-275所示。按住Alt键并单击，进行取样。将笔尖大小设置为45像素，如图16-276所示。

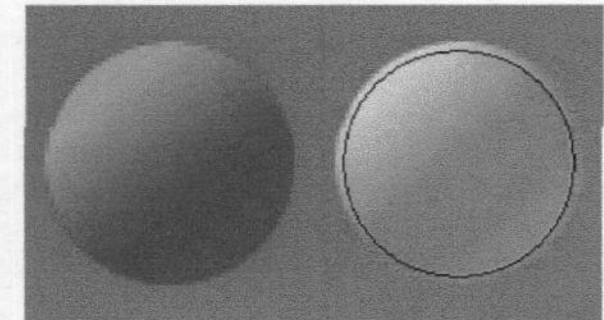

图16-275

45 干燥，深描

图16-276

09 新建一个图层，按Ctrl+]快捷键，将其移动到顶层。单击“路径1”，如图16-277所示，之后再单击 ○ 按钮，描边路径，如图16-278所示。将“渐变球”图层隐藏，按Ctrl+H快捷键隐藏路径。

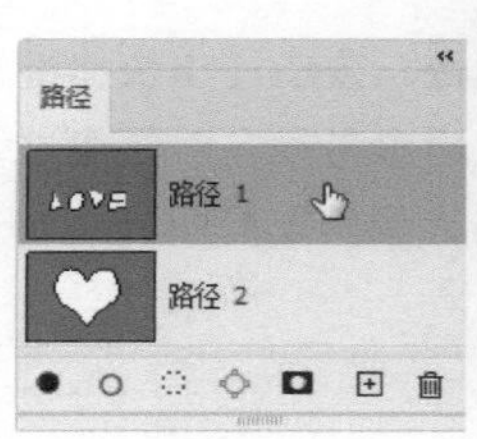

图16-277

图16-278

10 双击当前图层，打开“图层样式”对话框，添加“外发光”和“投影”效果，如图16-279~图16-281所示。

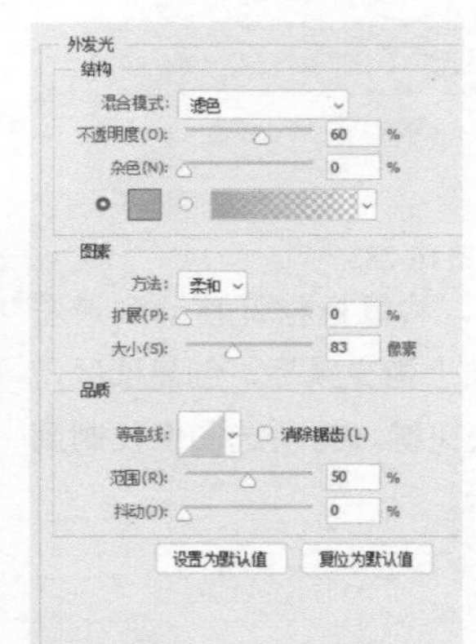

图16-279

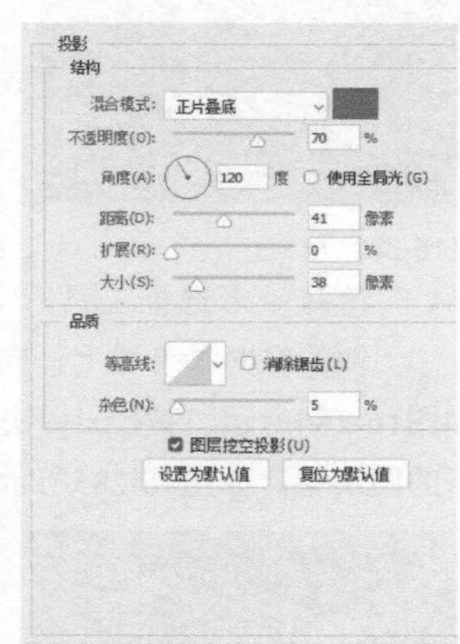

图16-280

图16-281

像素拉伸效果

难度：★★★★★ 功能：剪贴蒙版、智能对象、变形

说明：选取人物局部图像，进行拉伸并通过变形功能旋转。

01 打开素材。这是抠好的图像。按Ctrl+R快捷键显示标尺。从标尺上拖曳出参考线，对图像进行划分，如图16-282所示。单击人像所在的图层，如图16-283所示。

图16-282

图16-283

02 选择矩形选框工具，将鼠标指针移动到最左侧的纵向参考线上，向上拖曳鼠标，创建选区，如图16-284所示。按Ctrl+J快捷键，将所选图像复制到新的图层中，如图16-285所示。

图16-284

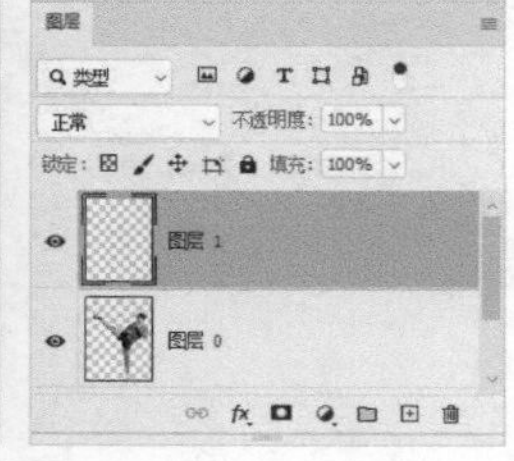
图16-285

03 采用与上一步相同的方法，选取图16-286和图16-287所示的图像，并复制到单独的图层中。

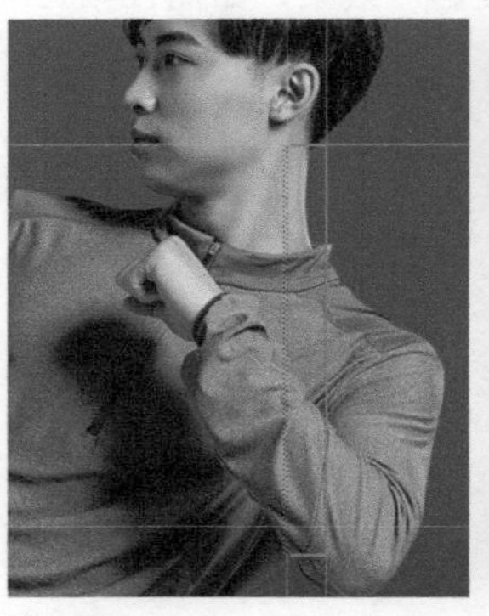
图16-286

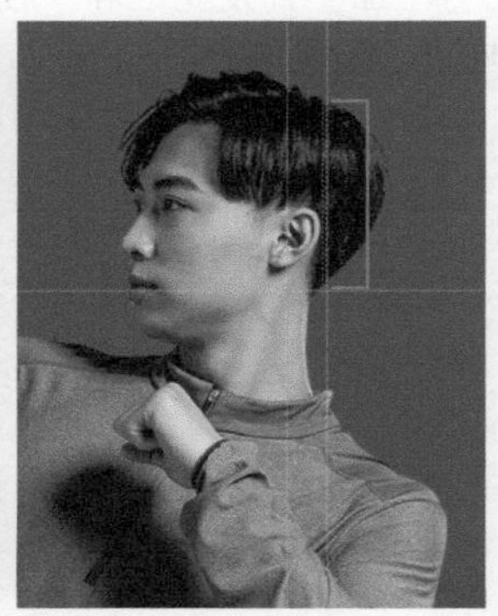
图16-287

提示

这3条线首尾一定要衔接上，可以多选取一些，让它们互相重叠，但不能少选，否则图形之间有空隙。

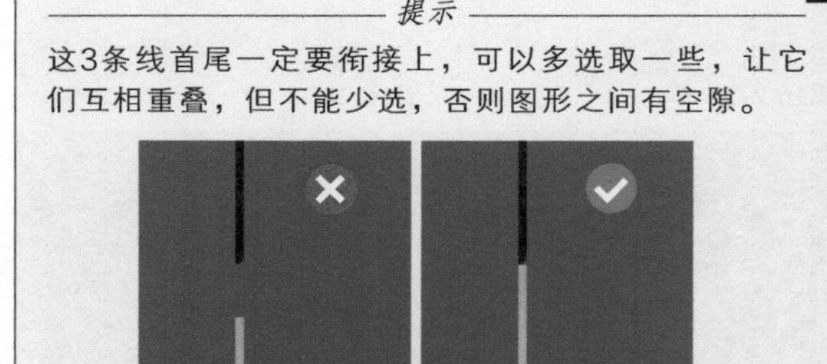

04 按住Ctrl键单击另外两个图层，将这3个图层选取，如图16-288所示。选择移动工具，单击工具选项栏中的按钮，如图16-289所示，让这几个图层左对齐。按Ctrl+E快捷键合并图层。按Ctrl+;快捷键隐藏参考线。

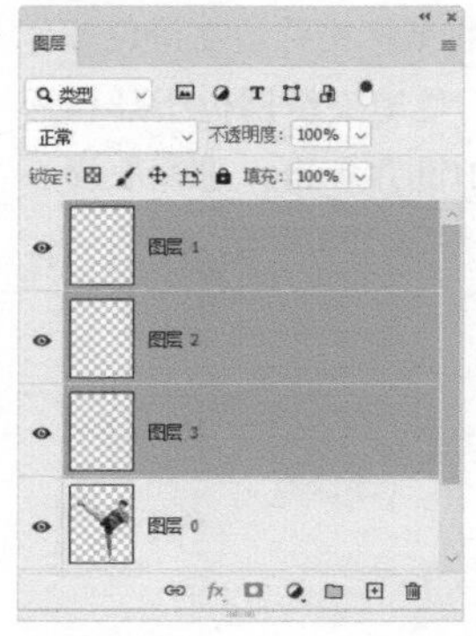
图16-288

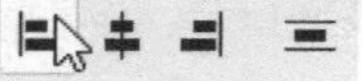
图16-289

05执行“图像>画布大小”命令，打开对话框后，设置参数并单击“定位”选项中的按钮，如图16-290所示，向右扩展画布，如图16-291所示。

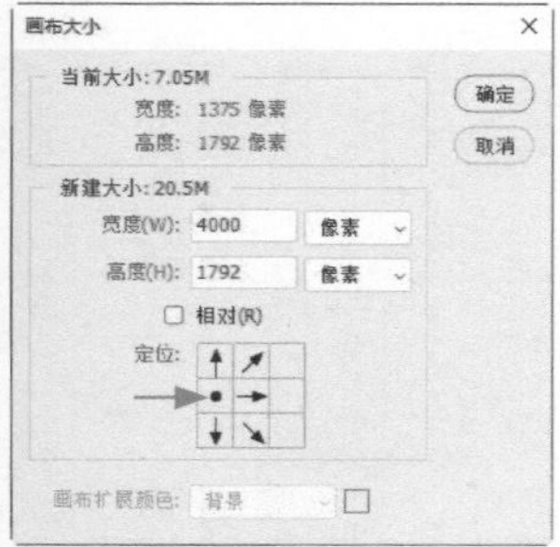

图16-290

图16-291

06按几次Ctrl+－快捷键，将视图比例调小。按Ctrl+T快捷键显示定界框，按住Shift键拖曳控制点，向右拉伸图像，如图16-292所示。

图16-292

07按Enter键确认变换。按Ctrl+[快捷键，将当前图层移动到人像后方，如图16-293所示。按Ctrl+A快捷键全选，执行“图像>裁剪”命令，将画布之外的图像裁掉。执行“图层>智能对象>转换为智能对象”命令，创建智能对象。

图16-293

08执行“编辑>变换>变形”命令，显示变形网格，拖曳网格控制点，让图像翻转，如图16-294~图16-297所示。

图16-294

图16-295

图16-296

图16-297

09创建一个图层，按Alt+Ctrl+G快捷键，将它与下方图层创建为一个剪贴蒙版组，如图16-298所示。选择画笔工具及柔边圆笔尖，将工具的不透明度设置为10%左右，在人像及翻转的图像下方涂抹黑色，绘制出阴影，如图16-299所示。

图16-298

图16-299

10 创建一个图层，设置混合模式为“滤色”，按Alt+Ctrl+G快捷键创建剪贴蒙版，如图16-300所示。按X键，将前景色切换为白色，绘制高光，如图16-301所示。

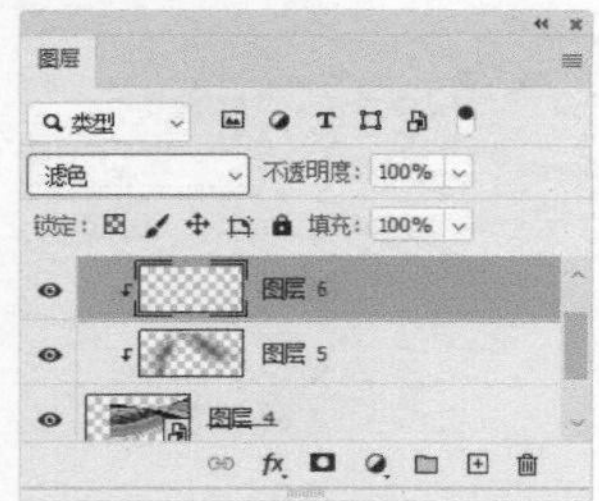

图16-300

图16-301

11 单击“调整”面板中的 按钮，创建“曲线”调整图层，将它也加入剪贴蒙版组中。向下拖曳曲线，将色调调暗，如图16-302和图16-303所示。

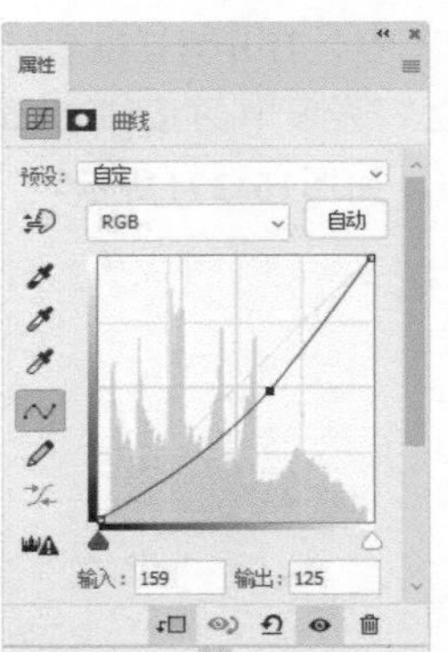

图16-302

图16-303

12 选择“图层4”，为它添加图层蒙版，如图16-304所示。使用画笔工具 将脸部左侧多余的图像涂黑，如图16-305所示。整体效果如图16-306所示。

图16-304

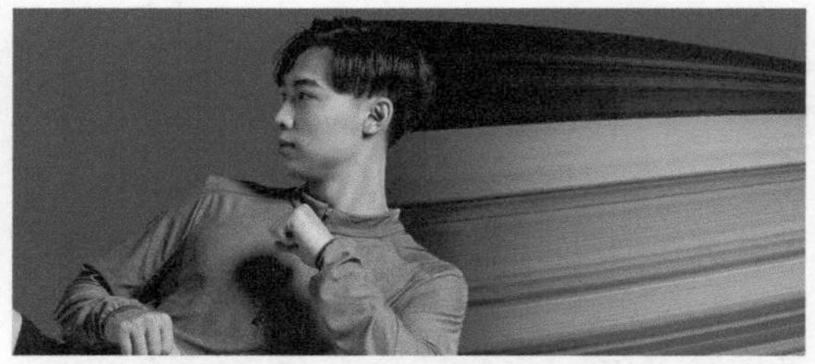

图16-305

图16-306

制作商业插画

扫 码 看 视 频

难度：★★★★★ 功能：绘画类工具、绘图类工具

说明：灵活使用画笔工具、钢笔工具绘制插画元素。

01 打开素材，如图16-307所示。这是一个分层文件，人物位于单独的图层中。

02 单击“图层”面板中的 ◘ 按钮，添加蒙版。使用画笔工具 在人物头发上涂抹黑色，将其隐藏，只显示面部区域，如图16-308所示。

图16-307

图16-308

03 新建一个图层，设置它的混合模式为“柔光”。将前景色设置为皮肤色（R250、G212、B185）。使用画笔工具 在嘴唇上涂抹，使嘴唇颜色变浅，如图16-309所示。

图16-309

04 将前景色设置为红色。选择钢笔工具 及“形状”选项，在眼睛上面绘制波浪形状的路径，如图16-310所示。单击工具选项栏中的合并形状按钮 ，然后继续绘制，使两个路径位于同一个形状图层中，设置其混合模式为“正片叠底”，效果如图16-311所示。

图16-310

图16-311

05 新建一个图层。使用画笔工具 （不透明度为50%）在眼睛周围涂抹黑色，制作出眼影，如图16-312所示。按] 键将笔尖调大，将不透明度设置为100%，在头上绘制橙色，使头部形状完整，如图16-313所示。

图16-312

图16-313

06 按住Shift键单击“图层1”，选取除“背景”图层以外的所有图层，按Ctrl+E快捷键合并图层，在图层名称上双击，重新命名为“人物”，如图16-314所示。

图16-314

07 在“画笔设置”面板中选择硬边圆形笔尖，调整其大小为80像素，间距为137%，如图16-315所示。单击左侧列表中的“形状动态”选项，设置“大小抖动”为70%，如图16-316所示。

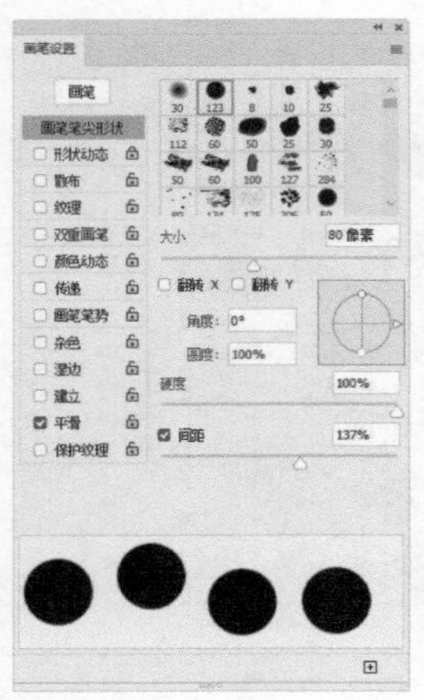
图16-315

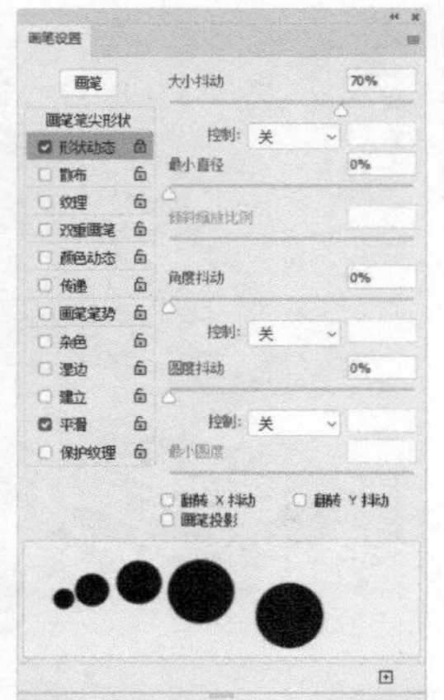
图16-316

08 继续添加“散布”属性，设置参数为412%，如图16-317所示。添加“颜色动态”属性，设置“色相抖动”为40%，如图16-318所示。

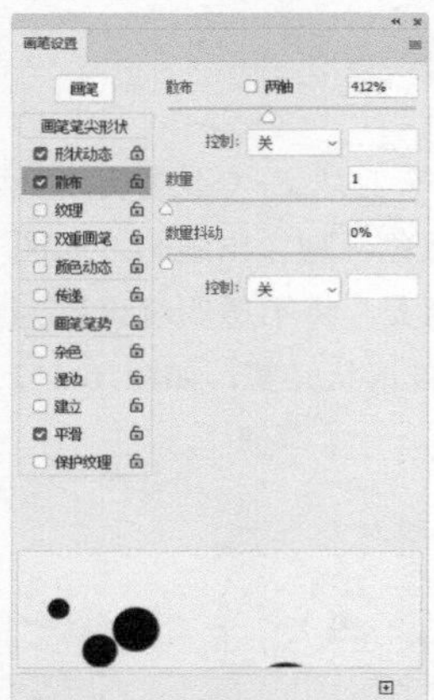
图16-317

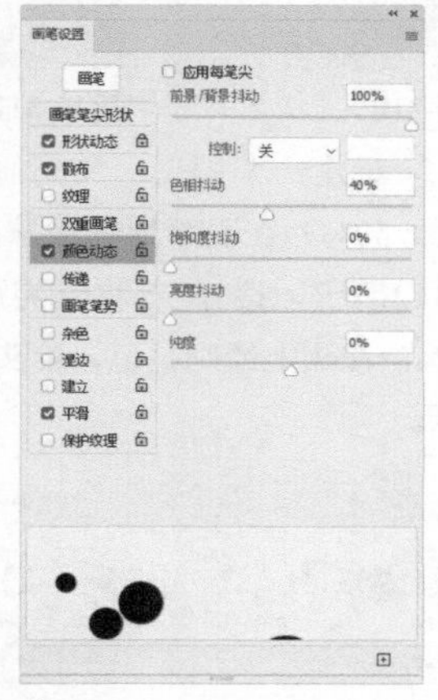
图16-318

09 新建一个图层。将前景色设置为红色，背景色为白色，绘制圆点对头发进行装饰，如图16-319所示。单击“路径”面板中的 按钮，新建一个路径层。选择钢笔工具 及“路径”选项，在画面中绘制发丝路径，如图16-320所示。

图16-319

图16-320

10 按Ctrl+Enter快捷键将路径转换为选区，新建一个图层。选择渐变工具 ，单击工具选项栏中的渐变颜色条，打开“渐变编辑器”设置颜色，如图16-321所示。在选区内拖曳鼠标填充渐变，如图16-322所示。

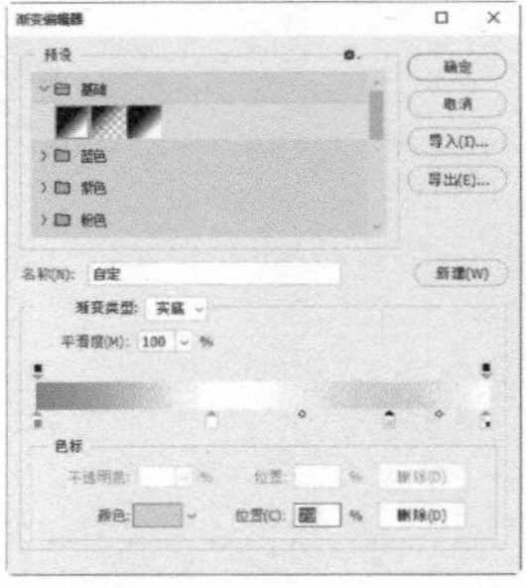
图16-321

图16-322

11 执行“编辑>描边”命令，打开“描边”对话框设置参数，如图16-323所示。按Ctrl+D快捷键取消选择，效果如图16-324所示。

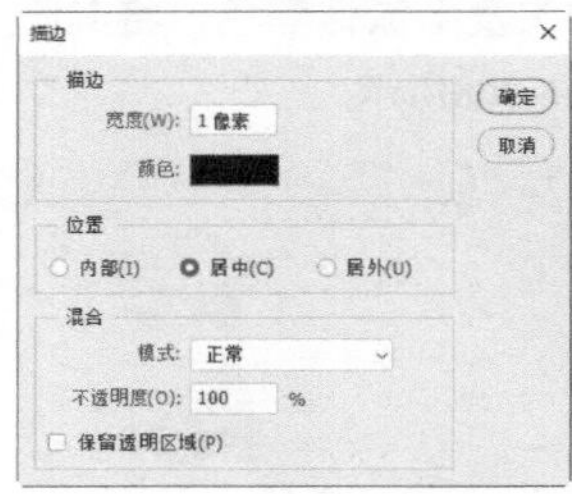
图16-323

图16-324

12 选择移动工具 ，按住Alt键拖曳发丝进行复制。按Ctrl+T快捷键显示定界框，调整角度和大小，使发丝浓密并且有所变化，如图16-325所示。

13 使用钢笔工具 继续绘制发丝，注意形态的变化，体现韵律的同时又有动感，如图16-326所示。

图16-325

图16-326

14 打开素材，如图16-327所示。使用移动工具 将其拖入人物文档，将“喷溅”图层放在“背景”图层上方，最终效果如图16-328所示。

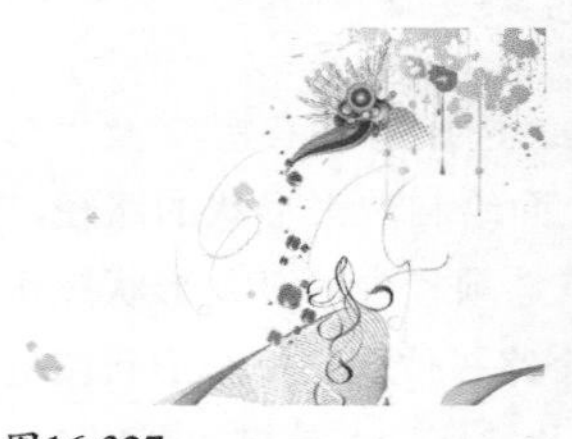
图16-327

图16-328